U0187287

中国安装工程关键技术系列丛书

大型公共建筑机电工程关键技术

中建安装集团有限公司　编写

中国建筑工业出版社

图书在版编目（CIP）数据

大型公共建筑机电工程关键技术 / 中建安装集团有限公司编写. —北京：中国建筑工业出版社，2021.2
（中国安装工程关键技术系列丛书）
ISBN 978-7-112-25873-4

Ⅰ. ①大… Ⅱ. ①中… Ⅲ. ①公共建筑-机电工程-设备安装 Ⅳ. ①TU242

中国版本图书馆 CIP 数据核字（2021）第 024647 号

本书以总结经验、展现特色、突出创新、引领示范为原则，依托集团公司既已实施完成的会展中心、会议中心、剧院场馆、文化中心等项目，筛选通风空调、给水排水、消防、电气、智能化等主要机电专业关键技术，以智慧建造为纲，以精益管理为序，以绿色和谐为瞻，归纳为专业施工技术、特色施工技术、精细化调试技术以及绿色建造技术四大类，以飨同仁。本书共 6 章，包括：概述、专业施工技术、特色施工技术、调试技术、绿色节能技术、典型工程。

本书为集团公司关键技术系列丛书之一。依托既有工程项目实践经验，对大型公建机电系统全过程建造运用的关键技术进行精炼总结，筛选 48 项关键技术、24 项典型工程，通过展示技术实施流程，抛砖引玉，推动行业技术合作与交流，为大型公共建筑机电安装技术领域发展尽绵薄之力。

责任编辑：王华月 张 磊
责任校对：张 颖

中国安装工程关键技术系列丛书
大型公共建筑机电工程关键技术
中建安装集团有限公司 编写

*

中国建筑工业出版社出版、发行（北京海淀三里河路 9 号）
各地新华书店、建筑书店经销
北京鸿文瀚海文化传媒有限公司制版
临西县阅读时光印刷有限公司印刷

*

开本：880 毫米×1230 毫米 1/16 印张：22¾ 字数：695 千字
2021 年 6 月第一版 2021 年 6 月第一次印刷
定价：**268.00** 元
ISBN 978-7-112-25873-4
（37069）

把专业做到极致

以创新增添动力

靠品牌赢得未来

——摘自2019年11月25日中建集团党组书记、董事长周乃翔在中建安装调研会上的讲话

丛书编写委员会

本书编写委员会

主　编： 陈洪兴

副主编： 宋志红　陈永昌　高增孝

编　委：（以下按姓氏笔画排序）

王　岭　王　喆　王少华　牛永和　叶　慧　付　勇
冯　满　司徒双杰　刘　欢　刘　景　刘国华　刘咏梅
祁　春　许庆江　孙晓涵　严　俊　李　超　杨怀旭
余　雷　张　雷　张金河　陈　静　陈灿辉　陈继鹏
项龙康　周　明　周　凯　周天宇　周宝贵　郝冠男
钟华斌　郭远宁　倪琪昌　徐洪涛　黄云国　梁　刚
蒋　旭　缑广会　樊现超　戴林宏　魏　来

序

改革开放以来，我国建筑业迅猛发展，建造能力不断增强，产业规模不断扩大，为推进我国经济发展和城乡建设，改善人民群众生产生活条件，做出了历史性贡献。随着我国经济由高速增长阶段转向高质量发展阶段，建筑业作为传统行业，对投资拉动、规模增长的依赖度还比较大，与供给侧结构性改革要求的差距还不小，对瞬息万变的国际国内形势的适应能力还不强。在新形势下，如何寻找自身的发展“蓝海”，谋划自己的未来之路，实现工程建设行业的高质量发展，是摆在全行业面前重要而紧迫的课题。

“十三五”以来，中建安装在长期历史积淀的基础上，与时俱进，坚持走专业化、差异化发展之路，着力推进企业的品质建设、创新驱动和转型升级，将专业做到极致，以创新增添动力，靠品牌赢得未来，致力成为“行业领先、国际一流”的最具竞争力的专业化集团公司、成为支撑中建集团全产业链发展的一体化运营服务商。

坚持品质建设。立足于企业自身，持续加强工程品质建设，以提高供给质量标准为主攻方向，强化和突出建筑的“产品”属性，大力发扬工匠精神，打造匠心产品；坚持安全第一、质量至上、效益优先，勤练内功、夯实基础，强化项目精细化管理，提高企业管理效率，实现降本增效，增强企业市场竞争能力。

坚持创新驱动。创新是企业永续经营的一大法宝，建筑企业作为完全竞争性的市场主体，必须锐意进取，不断进行技术创新、管理创新、模式创新和机制创新，才能立于不败之地。紧抓新一轮科技革命和产业变革这一重大历史机遇，积极推进 BIM、大数据、云计算、物联网、人工智能等新一代信息技术与建筑业的融合发展，推进建筑工业化、数字化和智能化升级，加快建造方式转变，推动企业高质量发展。

坚持转型升级。从传统的按图施工的承建商向综合建设服务商转变，不仅要提供产品，更要做好服务，将安全性、功能性、舒适性及美观性的客户需求和个性化的用户体验贯穿在项目建造的全过程，通过自身角色定位的转型升级，紧跟市场步伐，增强企业可持续发展能力。

中建安装组织编纂出版《中国安装工程关键技术系列丛书》，对企业长期积淀的关键技术进行系统梳理与总结，进一步凝练提升和固化成果，推动企业持续提升科技创新水平，支撑企业转型升级和高质量发展。同时，也期望能以书为媒，抛砖引玉，促进安装行业的技术交流与进步。

本系列丛书是中建安装广大工程技术人员的智慧结晶，也是中建安装专业化发展的见证。祝贺本系列丛书顺利出版发行。

中建安装党委书记、董事长

2020 年 12 月

丛书前言

《国民经济行业分类与代码》GB/T 4754—2017将建筑业划分为房屋建筑业、土木工程建筑业、建筑安装业、建筑装饰装修业等四大类别。安装行业覆盖石油、化工、冶金、电力、核电、建筑、交通、农业、林业等众多领域，主要承担各类管道、机械设备和装置的安装任务，直接为生产及生活提供必要的条件，是建设与生产的重要纽带，是赋予产品、生产设施、建筑等生命和灵魂的活动。在我国工业化、城镇化建设的快速发展进程中，安装行业在国民经济建设的各个领域发挥着积极的重要作用。

中建安装集团有限公司（简称中建安装）在长期的专业化、差异化发展过程中，始终坚持科技创新驱动发展，坚守“品质保障、价值创造”核心价值观，相继承建了400余项国内外重点工程，在建筑机电、石油化工、油气储备、市政水务、城市轨道交通、电子信息、特色装备制造等领域，形成了一系列具有专业特色的优势建造技术，打造了一大批“高、大、精、尖”优质工程，有力支撑了企业经营发展，也为安装行业的发展做出了应有贡献。

在“十三五”收官、“十四五”起航之际，中建安装秉持“将专业做到极致”的理念，依托自身特色优势领域，系统梳理总结典型工程及关键技术成果，组织编纂出版《中国安装工程关键技术系列丛书》，旨在促进企业科技成果的推广应用，进一步培育企业专业特色技术优势，同时为广大安装同行提供借鉴与参考，为安装行业技术交流和进步尽绵薄之力。

本系列丛书共分八册，包含《超高层建筑机电工程关键技术》、《大型公共建筑机电工程关键技术》、《石化装置一体化建造关键技术》、《大型储运工程关键技术》、《特色装备制造关键技术》、《城市轨道交通站后工程关键技术》、《水务环保工程关键技术》、《机电工程数字化建造关键技术》。

《超高层建筑机电工程关键技术》：以广州新电视塔、深圳平安金融中心、北京中信大厦（中国尊）、上海环球金融中心、长沙国际金融中心、青岛海天中心等18个典型工程为依托，从机电工程专业技术、垂直运输技术、竖井管道施工技术、减震降噪施工技术、机电系统调试技术、临永结合施工技术、绿色节能技术等七个方面，共编纂收录57项关键施工技术。

《大型公共建筑机电工程关键技术》：以深圳国际会展中心、西安丝路会议中心、江苏大剧院、常州现代传媒中心、苏州湾文化中心、南京牛首山佛顶宫、上海迪士尼等24个典型工程为依托，从专业施工技术、特色施工技术、调试技术、绿色节能技术等四个方面，共编纂收录48项关键施工技术。

《石化装置一体化建造关键技术》：从石化工艺及设计、大型设备起重运输、石化设备安装、管道安装、电气仪表及系统调试、检测分析、石化工程智能建造等七个方面，共编纂收录65项关键技术和24个典型工程。

《大型储运工程关键技术》：从大型储罐施工技术、低温储罐施工技术、球形储罐施工技术、特殊类别储运工程施工技术、储罐工程施工非标设备制作安装技术、储罐焊接施工技术、油品储运管道施工技术、油品码头设备安装施工技术、检验检测及热处理技术、储罐工程电气仪表调试技术等十个方面，共编纂收录 63 项关键技术和 39 个典型工程。

《特色装备制造关键技术》：从压力容器制造、风电塔筒制作、特殊钢结构制作等三个方面，共编纂收录 25 项关键技术和 58 个典型工程。

《城市轨道交通站后工程关键技术》：从轨道工程、牵引供电工程、接触网工程、通信工程、信号工程、车站机电工程、综合监控系统调试、特殊设备以及信息化管理平台等九个方面，编纂收录城市轨道交通站后工程的 44 项关键技术和 10 个典型工程。

《水务环保工程关键技术》：按照净水、生活污水处理、工业废水处理、流域水环境综合治理、污泥处置、生活垃圾处理等六类水务环保工程，从水工构筑物关键施工技术、管线工程关键施工技术、设备安装与调试关键技术、流域水环境综合治理关键技术、生活垃圾焚烧发电工程关键施工技术等五个方面，共编纂收录 51 项关键技术和 27 个典型工程。

《机电工程数字化建造关键技术》：从建筑机电工程的标准化设计、模块化建造、智慧化管理、可视化运维等方面，结合典型工程应用案例，系统梳理机电工程数字化建造关键技术。

在系列丛书编纂过程中得到中建安装领导的大力支持和诸多专家的帮助与指导，在此一并致谢。本次编纂力求内容充实、实用、指导性强，但安装工程建设内容量大面广，丛书内容无法全面覆盖；同时由于水平和时间有限，丛书不足之处在所难免，还望广大读者批评指正。

前 言

在现代化城市建设和发展过程中，大型公共建筑肩负着传承城市历史文脉、展现时代文化特征、营造宜居人文环境、与自然和谐共生的使命，以其优美的建筑形态和卓越的效能品质，为城市居民提供丰富多彩的生产生活服务功能。

大型公共建筑包括办公建筑、商业建筑、旅游建筑、科教文卫建筑、通信建筑以及交通运输建筑，多为高大空间结构，具有建构复杂、功能独特、人员密集、安全等级高等显著特点。机电系统作为其中的功能性、安全性、舒适性保障中枢，在大型公建中扮演重要角色，在传统机电系统基础上，专业精度不断细化、功能不断增强、智能化程度不断提高，系统联动运行高效可靠。

大型公建机电系统性能的提升决定了其独特的建造特征。机电系统规模庞大，超大、超长管线应用广泛，吊装作业易发生挠性变形；高大空间与狭小空间施工技术复杂；用能设备众多，能源管理难度大；风、水系统的水力平衡特性及舒适性指标要求严格；“四新”技术及以 BIM 技术为代表的精益管理技术的推广应用，对传统机电安装工程的施工组织提出了更多挑战。

中建安装集团有限公司始终以“拓展幸福空间”为使命，秉承“品质保障、价值创造”的核心价值观和“诚信、创新、超越、共赢”的企业精神，致力打造具有全球竞争力的世界一流企业。公司顺应市场需求，在大型公建机电工程施工技术领域进行了一系列探索与创新，先后承建了中国博览会会展中心（上海）、深圳国际会展中心、西安丝路国际展览中心和杭州国际博览中心等重点项目，积累了丰富的施工与项目管理经验和一系列科学先进的施工关键技术，圆满地完成深化设计、建造、调试以及运维全过程施工与管理工作，向社会交出一份份满意的答卷。

本书以总结经验、展现特色、突出创新、引领示范为原则，依托集团公司既已实施完成的会展中心、会议中心、剧院场馆、文化中心等项目，筛选通风空调、给水排水、消防、电气、智能化等主要机电专业关键技术，以智慧建造为纲，以精益管理为序，以绿色和谐为瞻，归纳为专业施工技术、特色施工技术、精细化调试技术以及绿色建造技术四大类，以飨同仁。

专业施工技术锤炼精品工程。围绕传统机电安装技术，针对施工过程中影响质量的关键及特殊工序、存在较高安全风险的分部分项工程和特定项目工艺性与声学、美学需求，本着以人为本、安全至上、精益求精的原则，弘扬“工匠精神”，因势利导，在传统机电安装施工技术基础上进行创新改进，为建造精品工程提供了专业技术支撑。

特色施工技术打造完美艺术作品。大型公建工程具有区别于其他民用建筑的典型特征，不同类型大型公建具有各自独特的施工技术。剧场类建筑，以舞台机械、灯光音响、座椅送风等为其特色技术；展馆类建筑，以展沟、展位箱、埋地式消火栓等为其特色技术；会议类建筑，以智能化、可靠性会议系统等为其特色技术。根据不同大型公建机电系统的特点，运筹帷幄、全面规划、安全先行，创新技术措施，以精准安装塑造舒适唯美的艺术精品。

精细化调试圆满实现设计功能。精细化调试检验机电安装工程施工工艺与工序质量，是设计、施工和运行的有效衔接，由单机到系统，从单专业到全专业联动，进行全方位、精细化调试。单机调试以参数测量为主线，以精准的测量仪器保证测试精度，实现设备高效运行；系统调试及联合调试，以多工况模拟为平台，以专业协同联动为手段，统筹系统参数，实现系统运行可控、安全可靠、环保节能和使用舒适的设计功能。

绿色建造引领行业风向。通过群控技术等节能管理技术，将传统机电设备数字化、要素化、编码化，根据设备运行数据进行分析，自动进行节能控制和管理，实现智慧运维管理；基于人文角度，在建造全过程、全方位控制噪声；充分合理利用雨水、自然光等绿色资源，实现自然资源及可再生资源的创新利用。

本书为集团公司关键技术系列丛书之一。依托既有工程项目实践经验，对大型公建机电系统全过程建造运用的关键技术进行精炼总结，筛选48项关键技术、24项典型工程，通过展示技术实施流程，抛砖引玉，推动行业技术合作与交流，为大型公建机电安装技术领域发展尽绵薄之力。

本书在编写过程中参考并引用了部分文献资料，并邀请行业、企业专家对本书稿进行了审阅，在此，谨对参考文献原作者和对本书提出宝贵意见的行业、企业专家表示衷心的感谢。同时，因编写时间有限，编著者以工程一线管理技术人员为主，理论功底不够丰富，书中难免存在错误及纰漏之处，请读者不吝指正。

目　录

第1章

概　述

大型公共建筑机电安装技术具有上百年的历史，随着时代的发展与科技的进步，建设工程向高空和大跨度方向延伸，机电系统的规模和体量逐步增大，其功能性、安全性和美观性要求也随之提高。机电安装技术与信息化技术、绿色节能技术相结合，实现工业化建造和生产要素的精细化管理，是大型公共建筑机电安装技术的主要发展方向。

本章从大型公共建筑机电安装技术的发展历史以及前沿技术的发展趋势剖析机电安装技术的演变脉络，对大型公共建筑机电安装技术进行了系统阐述。

1.1 发展历史

大型公共建筑（以下简称“大型公建”）发展历史悠久，具有现代意义的公共建筑最早可以追溯到19世纪中期。随着先进设计理念和“四新”技术的出现，具有鲜明时代特征的大型公建工程不断涌现。研究大型公建机电系统及其建造技术的历史演变，对总结历史发展经验、提炼关键技术、研判大型公建机电安装技术未来发展趋势具有重要的意义。

剖析大型公共建筑机电安装技术的历史演变规律，将其分为初始阶段、发展阶段和成熟阶段。

1.1.1 初始阶段

第二次工业革命后，新材料及新技术的出现推动了西方现代建筑的发展，具有现代意义的公共建筑开始出现。在我国，公共建筑出现于20世纪50年代，并得到大力发展建设。建筑技术借鉴苏联经验，给水排水、暖通专业开始设立，试行《室内给水排水和热水供应设计规范》TJ 15-74，室内给水排水仅停留在怎样让人们使用净水和集中排水的阶段。此时，公共建筑规模小，机电系统以满足给水排水、供暖及照明等常规功能为主，一般不设通风换气和空气调节。建造方式采用手持式工具，机械化程度低、施工效率低。

1.1.2 发展阶段

20世纪60年代，国外开始将计算机技术运用于建筑辅助设计，以复杂异形结构为特征的公共建筑逐渐增多，对机电系统的功能性要求随之提高，机电系统的复杂性和建造难度也随之增大。

20世纪70年代末，改革开放打开国门，科技发展日新月异。给水排水方面，我国开始将国外先进技术与我国国情相结合，建立了一套与城镇发展水平相适应的建筑给水排水技术体系，柔性铸铁管和气压给水等设备不断涌现，基本满足了这一时期大型公建给水排水的需求，并于1986年审批通过了《建筑给水排水设计规范》GBJ 15-1988。其间，我国逐渐具备了分体式空调的生产能力，通风空调逐渐成为大型公建的重要组成部分。直至20世纪90年代，我国企业逐步具备了冷（热）水机组、风机盘管等设备的生产能力，全空气系统、风机盘管加新风系统、多联机系统等集中式、半集中式中央空调系统逐步应用于对温、湿度要求较高的大型公共建筑。

大型公建机电系统的通风、给水排水、电气等管线密集，不同专业间交叉作业增多，而生产工具相对传统，吊装以手拉葫芦为主，起重能力有限；焊接以电弧焊为主，焊缝质量低；测量以钢卷尺为主，测量精度低，难以适应规模日益庞大的机电系统安装要求。新工艺、新技术的欠缺，给传统机电安装技术带来了诸多挑战，大型公建机电安装技术在探索中前进。

1.1.3 成熟阶段

进入21世纪后，随着我国加入WTO，中外交往日益增多，建筑行业大量引进了国外先进的施工技术和管理经验，暖通、给水排水、电气等各专业系统逐步建设成熟，大型公建机电安装技术进入快速发展时期。大型公建根据使用功能不同分为办公建筑、商业建筑、旅游建筑、科教文卫建筑等多种类型，对机电系统的功能性、安全性、信息化及智能化要求大幅提高且各有特色，对空调系统的水力平衡特性、消防系统的联动可靠性、电气系统供电稳定性等提出了更高的要求。机电管线布置向大跨度、高空方向延伸，单位空间机电管线密度越来越大，受限空间作业、交叉作业、高处作业广泛，施工难度大。

随着“四新”技术在大型公建机电安装中不断应用，生产工具发生了根本性变化。水准仪、经纬仪、全站仪和3D扫描仪等逐步国产化，并在机电设备、管线定位放线中广泛应用，安装精度大幅提高；履带吊、汽车吊等流动式起重机应用于设备、管线吊装，大幅提高了起重量及垂直运输效率；氩弧焊、气体保护焊、自动埋弧焊和焊接机器人等焊接技术的推广，提高了焊接效率和焊缝工艺质量；电动剪板机、咬口机及风管自动生产线的应用，大幅提高了风管加工生产效率；风速仪、声级计、尘埃粒子计数器等的出现，提高了室内空气参数的检测精度，保证了室内环境参数指标。

以BIM技术为代表的计算机信息技术逐步推广，基于BIM技术进行协同设计和深度开发，实现机电系统的虚拟建造、工厂化预制加工、装配式建造，以及建造全过程、全要素的动态信息管理，极大创新了大型公建机电建造模式，推动了大型公建机电安装技术领域的发展。

纵观历史，大型公建机电安装技术发展历经百年时光，机电系统的功能性、智能型、安全性逐步提高，设备、系统分类更加精细，各专业之间的协调难度也随之增大，形成了较为独特的建造特征。管理理念也从最初仅关注建造过程，到设计、建造、调试和运维的全过程建造管理。我国建筑企业对大型公建机电安装技术进行了不懈探索和创新，提升了机电安装的科技含量，推动了机电安装技术的发展。

1.2　前沿趋势

1.2.1　政策引领

建筑业“十三五”规划指出，我国建设项目组织实施方式和生产方式落后，产业现代化程度不高，技术创新能力不足，要落实“适用、经济、绿色、美观”的建筑方针，推动建造方式创新，着力提升建筑业企业核心竞争力。

2011年住房和城乡建设部发布《2011—2015年建筑业信息化发展纲要》，第一次将BIM纳入信息化标准建设内容，2013年推出《关于推进建筑信息模型应用的指导意见》，2016年发布《2016—2020年建筑业信息化发展纲要》，BIM成为“十三五”建筑业重点推广的五大信息技术之首；进入2017年，国家和地方加大BIM政策与标准落地，《建筑业十项新技术（2017版）》将BIM列为信息技术之首。

2020年7月，住房和城乡建设部等多部门联合发布《关于推动智能建造与建筑工业化协同发展的指导意见》，明确提出了推动智能建造与建筑工业化协同发展的指导思想、基本原则、发展目标、重点任务和保障措施。围绕建筑业高质量发展总体目标，以大力发展建筑工业化为载体，以数字化、智能化升级为动力，创新突破相关核心技术，加大智能建造在工程建设各环节应用，形成涵盖科研、设计、生产加工、施工装配、运营等全产业链融合一体的智能建造产业体系，提升工程质量安全、效益和品质。

综上所述，我国政策强调建筑机电安装的数字化、智能化和工业化，注重将计算机信息技术与建造全过程、全要素相结合，且着眼于技术细节突破，通过一系列关键技术攻关完成成套技术建设，为大型公建机电安装领域的发展指明了方向。

1.2.2　行业背景

1. BIM技术引领行业变革

大型公建机电设备、管道种类繁多，系统划分精细，施工中经常遇到管道之间、管道与结构构件之间的交叉碰撞，需要进行设计变更。此外，某一专业安装完成之后导致其他专业施工空间不足的情况也时有发生。如何减少变更和返工，提高施工效率和管理水平，是机电安装过程中急需解决的问题。

BIM技术以三维模型为载体，模型中包含了项目所有相关信息，工作人员可以随时从中提取需要的几何尺寸、构件材质、设备性能等参数，实现建设项目各项信息的高度集成，可在全生命周期内，对建设项目的设计、施工、运营管理过程进行优化。

作为一种新型的建设工程管理模式，国外对 BIM 技术行业标准、BIM 应用新技术、BIM 软件等方面进行了研究。美国推行基于 BIM 的集成项目交付（Integrated Project Delivery，简称“IPD”）模式，英国和新加坡提出的基于 BIM 的网络工作平台及 4D 计划管理工具，实现了施工计划模拟、概预算、机电安装施工项目的假设分析。

国内一些软件开发商纷纷抓住机遇，投入到 BIM 软件开发及应用中，部分建筑设计单位、施工单位和运维单位已经组建了企业内部的 BIM 团队，在项目设计、施工及运维过程中广泛应用 BIM 技术，实现了系统优化、施工模拟、进度管理、成本控制等功能。

2. 工业化建造技术提质增效

大型公共建筑的机电安装工程规模庞大，传统施工方式难以满足现场进度、质量、安全等要求，基于 BIM 技术的广泛应用，工业化建造技术应运而生。

工业化建造技术是从多个维度对行业的整体提升，主要包括设计技术、制造技术、总装技术和信息技术，通过现代化的制造、运输、安装和科学管理的大工业的生产方式，来代替传统建筑业中分散、低水平、低效率的手工业生产方式。它的主要标志是建筑设计标准化、构配件生产工厂化、施工机械化和组织管理科学化。工业化建造相对传统建造的优势如表 1. 2-1 所示。

工业化建造与传统建造优势比较 **表 1. 2-1**

比较项目	传统生产方式	建筑工业化生产方式
人工成本	工人工资不断上涨、劳动力需求量大、人工成本不可控	劳动力需求量少，人员固定、工资稳定，成本可控
劳动生产率	现场手工作业，生产效率较低	构件和部品工厂化生产，现场施工机械化程度高，劳动生产率较高
资源和能源使用	耗地、耗水、耗能、耗材	资源和能源节约效果显著
环境影响	建筑垃圾、施工扬尘和建筑噪声是城市环境污染的重要来源	工厂化生产，减少噪声和扬尘、施工垃圾量少，垃圾回收率高
施工人员	从业人员流动性大、受教育程度低、劳动时间长、福利待遇差、社会保障程度低	工厂化生产和现场机械化安装对工人的技能要求高，有利于整建制的劳务企业的发展；劳动力需求少，能解决劳动力资源紧缺问题
建造质量	建造质量不可控、施工误差大	工厂化生产、产品质量有保证，构件产品精度要求高，装配施工误差小
建筑施工安全	现场施工露天、高空作业，安全事故隐患大	机械化施工安装、降低施工人员劳动强度，安全隐患小

1. 2. 3 发展方向

以国家政策为导向，将传统机电安装技术、新型工业化技术与现代化信息技术相结合，注重绿色节能技术的推广应用，以工业化筑基、信息化赋能、绿色化融通，是提升大型公建机电安装科技水平、促进机电行业转型升级的有效措施，也是未来的发展方向，具体如下：

1. 基于 BIM 技术的数字化设计

基于 BIM 技术，通过将数字化的构件和部品构建成机电系统轻量化模型，实现设计信息的数字化、快捷化集成。运用 BIM 软件所具备的强大兼容性与学科扩展性，开发 BIM 模型所涵盖建筑信息多参数数据集的调用工具，提高建筑信息模型的多参数整合运算能力，实现机电系统优化设计。通过 BIM 深度加工模型与模块化预制技术，结合“虚拟施工”，实现设备与管路的精准布置，提升工程建设品质。

2. 工业化装配式建造

工业化装配式建造是从全生命周期角度出发，采用设计施工一体化的生产方式，以“设计标准化、构件部品化、施工机械化、管理信息化”为主要特征。设计环节将构配件标准、建造阶段的配套技术、建造规范等均纳入设计方案中，进而将设计方案作为构配件生产标准及施工装配的指导文件；构件生产环节，以建筑信息模型为基础，科学合理地拆分、组合机电安装单元，优化加工机具的模数设计，进行工厂化预制加工；同时，结合现代物料配送和追踪技术实现加工构件的运输和准确定位，施工环节采用装配式工机具实现构件的定位组装。

构建设计建造一体化的协同管理平台，实现建造信息的传递和共享，进而建立一套高效精准的工业化装配式机电安装技术体系。

3. 绿色建造

绿色建造是以资源的高效利用为核心，以环保优先为原则，统筹兼顾，实现经济、社会综合效益最大化的绿色施工模式。“绿水青山就是金山银山”，绿色建造已成为建筑行业施工技术发展的必然趋势。其实现方式，一是采用绿色建材，减少资源消耗；二是清洁施工过程，控制环境污染；三是加强施工安全管理和工地卫生文明管理。机电安装建造过程应革故鼎新，不断优化施工方法和工艺，并采取切实有效的技术措施合理利用自然资源，保护环境。

4. 智慧化管理及运维技术

大型公共建筑的用能设备众多，位置分散，管理难度大。基于 BIM 技术、大数据分析、移动互联网等技术应用，以 BIM 模型为载体、智能化技术和物联网技术为感知、人工智能技术为大脑，实现对智慧建筑各种零碎、分散、割裂和动态信息数据的整合，基于信息化手段为智慧建筑内部管理提供更加高效、便捷、节能、智慧的管理模式，从而提供更加舒适的工作、生活环境。

目前，我国建筑企业正在致力于推动信息技术、工业化建造技术与传统机电安装技术的融合，已经取得了一定成效，但整体而言仍处于探索阶段，正在逐渐形成成熟有效的标准建造模式。中建安装集团紧跟建筑机电安装技术发展趋势，在大型公建机电安装的工业化、信息化方面勇于开拓，不断创新。本书依托公司既已完成的大型公建类项目，根据大型公建机电安装关键技术特点，将其划分为专业施工技术、特色施工技术、调试技术和绿色建造技术，从技术概况、技术特点、技术措施和小结等方面图文并茂地展示各项技术，为引领行业施工、实现中建集团“一创五强”战略目标提供技术支撑。

第2章

专业施工技术

机电系统的施工工艺质量及运行可靠性，直接决定大型公共建筑的功能实现与运行安全。从每项工艺到每道工序，从细部质量至宏观美感，都离不开专业施工技术的精雕细琢。在传统施工技术基础上，传承精华，守正创新，因地制宜地进行改进升级，是建筑机电系统施工技术与时俱进的永恒主题。

本章以保障和提升大型公共建筑机电系统工艺质量为目标，兼顾提高工程建造与项目管理效率，针对机电安装施工中广泛应用且显具特色的专业施工技术，从高压供电系统运行安全、管线设备视觉美学、制冷系统的运行功能、消防系统应急运行保障等方面着手，对电缆除潮和穿洞密封、泛光照明、大型制冷系统、防排烟和消防抗震等专业施工技术做出细致的阐述。通过专业施工技术的实施，顺利实现精益建造与绿色建造，交付合格、满意工程。

2.1 水蓄冷施工技术

2.1.1 技术概况

水蓄冷空调是夜间采用冷水机组在水池内蓄冷，白天水池放冷的蓄能运行方式。蓄冷水池通常有专用蓄冷水池及建筑物固有消防水池等形式，用消防水池来进行冷量储存具有投资小、运行可靠、制冷效果好、经济效益明显的优点。蓄冷水池中水温的分布是按其密度自然地进行分层，温度低的水密度大，位于蓄冷水池的下方，而温度高的水密度小，位于蓄冷水池的上方，在充冷或释冷过程中控制水流缓慢地自下而上或自上而下的流动，整个过程在蓄冷水池内形成稳定的温度分布，水蓄冷系统原理见图 2.1-1。本技术以混凝土消防共用水池为例进行介绍。

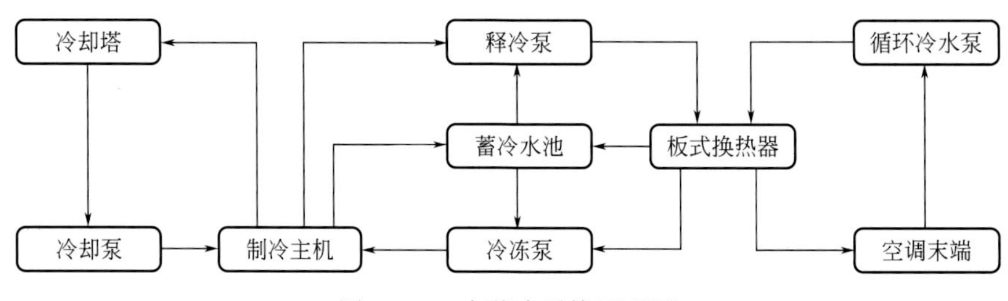

图 2.1-1 水蓄冷系统原理图

2.1.2 技术特点

(1) 建立蓄冷水池模型，对布水工况进行三维模拟，优化蓄冷水池内管线及布水系统布置，实现管线位置功能及整体布水效果的提升。

(2) 通过水力计算，优化蓄冷水池流体力学参数，使蓄、放冷过程能完美运行。

(3) 布水系统采用在加工厂预加工和预组装及在蓄冷水池内现场装配的工艺，施工便捷，减少受限空间作业时间。

2.1.3 技术措施

1. 施工工艺流程（图 2.1-2）

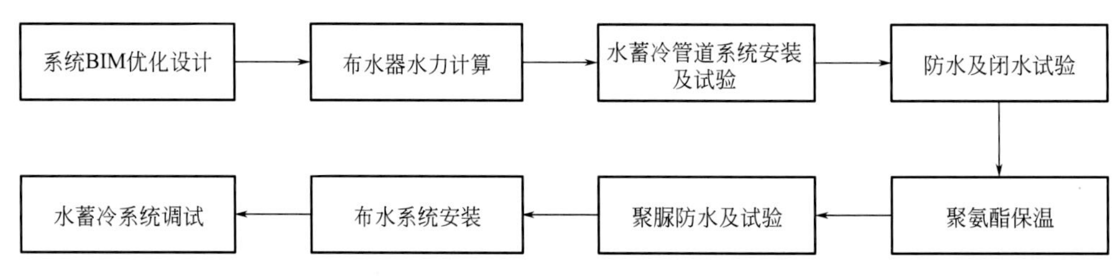

图 2.1-2 施工工艺流程图

2. 建立 BIM 模型

水蓄冷布水系统布水器为方形隔板四面出水式布水器，采用建筑物固有消防水池作为蓄冷水池。为优化蓄冷水池内管线及布水系统，通过 BIM 技术，建立蓄冷水池模型，对管线及布水系统进行优化布置，对布水工况进行三维模拟，充分考虑各类消防管道的位置功能及整体布水效果，避免管线碰撞，利于施工安装。蓄冷水池管线及布水系统优化见图 2.1-3、图 2.1-4。

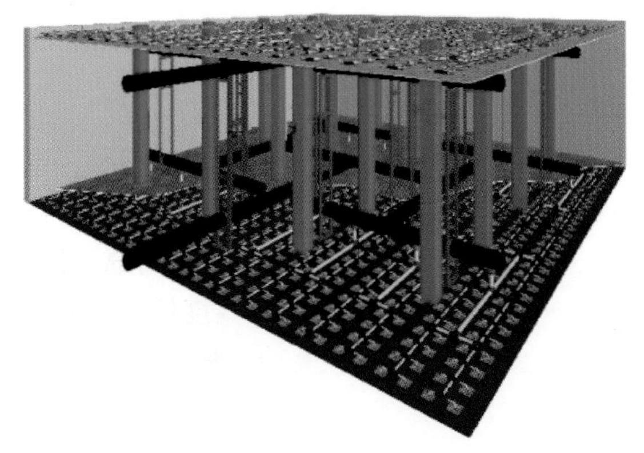

图 2.1-3　蓄冷水池管线优化图

图 2.1-4 布水系统优化图

3. 布水器水力计算

（1）水力计算原理

布水器的水力计算是通过计算整个水池内单层所有布水头中每个布水头损失的差异，以评估对布水过程中水流分布的影响值。计算方法是选取最不利路径的布水头与最有利路径的布水头，直接计算所有布水头中水头损失最大和最小的两个布水头之间的差距，评估整个水池内布水头的流量分布是否均衡，最不利路径见图 2.1-5。

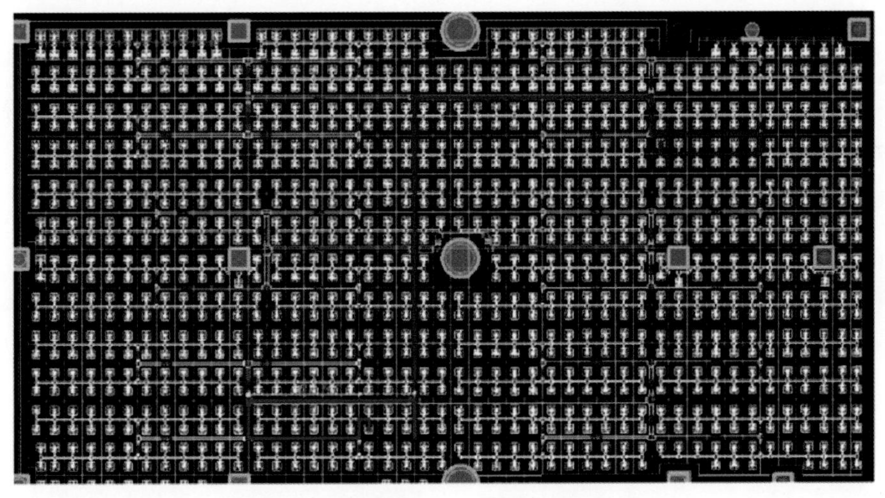

图 2.1-5　最不利路径（红色粗实线）图

（2）布水器流体力学评价参数计算

蓄冷水池斜温层的水力学特性由弗朗特数（F_r）和雷诺数（Re）决定。当 $F_r \leqslant 1$ 时，在进口水流中浮力大于惯性力，很好地形成重力流；$F_r > 1$ 时，也能形成重力流；$F_r \geqslant 2$ 时，惯性流为主，惯性力作用增大会产生明显的混合现象，并且 F_r 的微小增加就会造成混合作用的显著增加。对于确定的流量，可以通过调整布水器的有效长度来得到所需的 Re 数。布水器的设计应控制在较低的 Re 值，若 Re 值过大，由于惯性流而引起的冷温水混合将加剧，致使蓄冷水池所需容量增大。较低的进口 Re 值有利于减小斜温层进口侧的混合作用，进口 Re 值一般取在小于 800 时均能取得理想的分层效果。

（3）计算结论

根据水力计算结果，蓄冷水池因异型水池问题造成的布水管道水头损失差异，可通过调整异形布水单元上的流量平衡，最大限度减少水头损失差异，使水力不平衡率10%范围内的流体达到完美平衡。通过优化流体力学参数，使整个水池蓄放冷过程的分层水流整体的上下运动按重力流的层流状态运动，蓄、放冷过程能完美的运行。

4. 水池结构闭水试验

为满足水池的功能性，保证水池结构的密闭性，水池在保温防水施工之前，需进行闭水试验，也叫蓄水试验，蓄水深度为有效容积水位。蓄水时间不得低于24h，观察侧壁和底部有无漏水现象，无漏水现象视为合格。

5. 管道进出水池支架设置

为保证水池的密闭性，防止因膨胀螺栓或水管承重导致结构出现漏水，进出水池水管采用落地支架安装，支架不得生根在池壁上，并在水池防水保温施工前完成。

6. 聚氨酯喷涂工艺

蓄冷水池采用内保温的形式，保温材料为聚氨酯发泡，水池底部聚氨酯厚度以设计要求为准，聚氨酯表面喷涂一定厚度聚脲材料作为防水层。

（1）池底防水保温结构

池壁防水保温结构：JS（聚合物水泥）防水涂层，80mm聚氨酯发泡保温，聚脲专业配套底漆，2mm聚脲防水，60mm混凝土保护层。

（2）调配喷涂方式

聚氨酯喷涂发泡材料由A/B双组分材料在现场直接调配，通过A/B泵输送到喷枪，同时用压缩空气加压后喷射到物体上面。底脚或阴角处以及外围骨架冷桥周围做保温施工，需特别注意线条直观度及包边处理。

（3）喷涂聚脲弹性体防水施工

聚脲施工需要干燥、温暖的环境，施工时环境温度在10～35℃，相对湿度在80%以下。喷涂聚脲防水涂料的施工，由专业枪手进行喷涂操作。喷涂前先对喷涂设备进行调试，运转正常后，开始喷涂聚脲涂料。

（4）喷涂施工工艺

为保证喷涂效果的完整性和美观，采用喷机流量调整法、距离推进法等施工方法。先在喷涂范围内薄喷一遍，聚脲材料凝胶时，依次喷涂涂料，且厚度不小于1mm，最后对感观厚度小的区域补充喷涂（俗称压枪），确保涂层均匀，全过程应连续完成。喷涂共计两遍，如果喷涂出现针眼，每遍喷涂完成后需要人工修补表面针孔。聚氨酯保温及聚脲防水喷涂见图2.1-6、图2.1-7。

图2.1-6　聚氨酯保温喷涂图

图2.1-7　聚脲防水喷涂图

7. 布水器安装

单个布水器由布水器盖子、布水器、弯头、直管、大小头、稳压器、四通/三通依次组装而成。布水系统主要由上布水器、下布水器、布水管道及测温带组成。

（1）布水支管预制

按照BIM模型，硬聚氯乙烯（Unplasticized Polyvinyl Chloride，简称UPVC）管道切割成规定的尺寸，管口清理干净后涂刷胶水，管件和相关配件进行粘接。布水支管UPVC管道连接见图2.1-8。

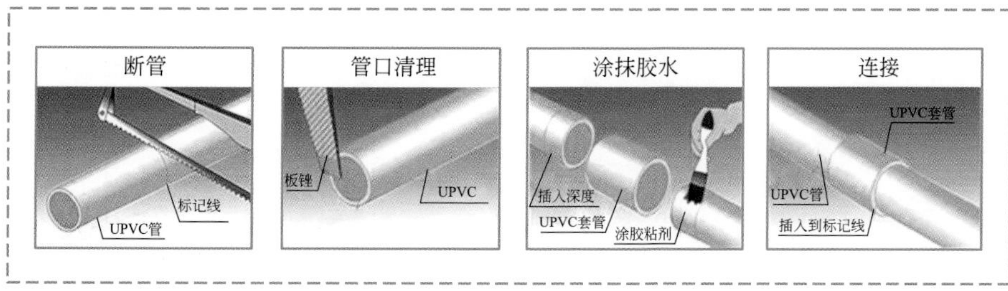

图2.1-8　布水支管UPVC管道连接图

（2）布水器预制

按图纸规定的数量、规格、材质选配管道组装成件，并按图纸标明管道系统号，按预制顺序标明各组成件的顺序号。单个布水器组合见图2.1-9，布水器预制见图2.1-10。

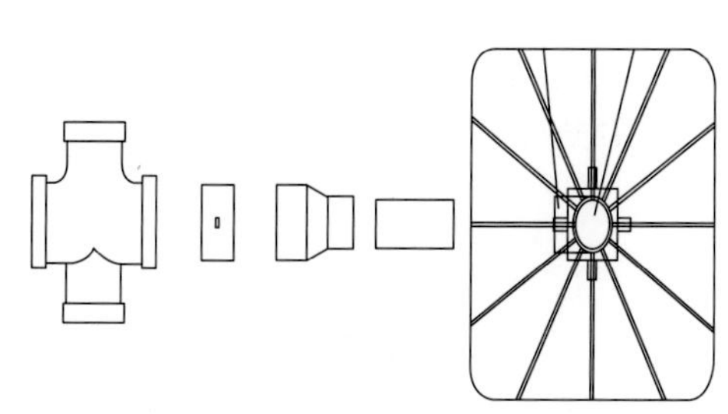

图2.1-9　单个布水器组合图

图2.1-10　布水器预制图

（3）布水器安装

根据图纸进行放线，将布水支管放置于指定位置。布水支管安装见图2.1-11。

图2.1-11　布水支管安装图

布水器与布水器管道之间采用胶水粘接，保证密闭性。布水器管道和空调水主管采用法兰连接，法兰密封面与垫片均匀压紧，由此保证靠同等的螺栓应力对法兰进行连接。在紧固螺栓时，使用力矩扳手，保证各螺栓受力均匀。布水器与布水支管连接见图 2.1-12。

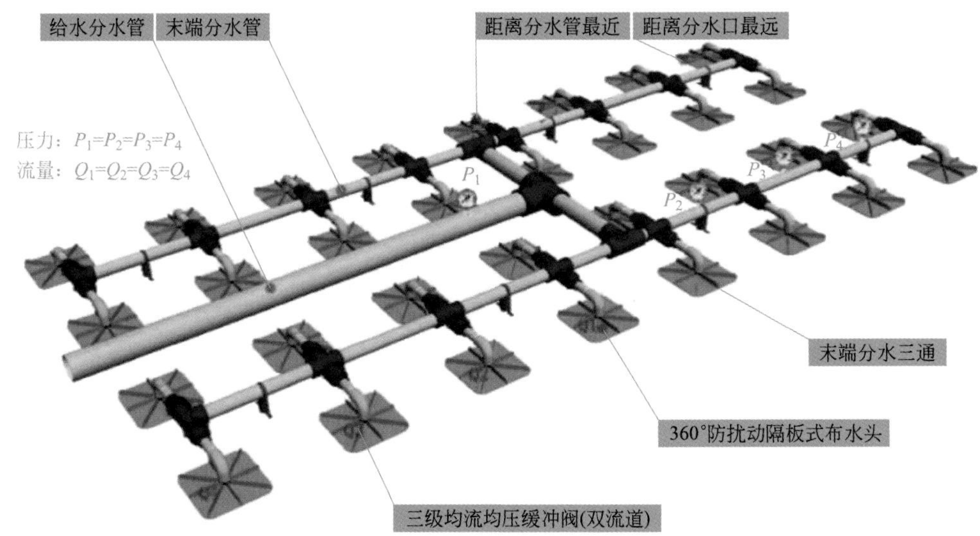

图 2.1-12　布水器与布水支管连接图

安装上布水器（放线、支架安装、上布水器安装）。布水器安装从主管道法兰开始依次往四周推进安装，布水器间距为 750mm，纵横向间距相同。上布水器设计及安装见图 2.1-13、图 2.1-14。

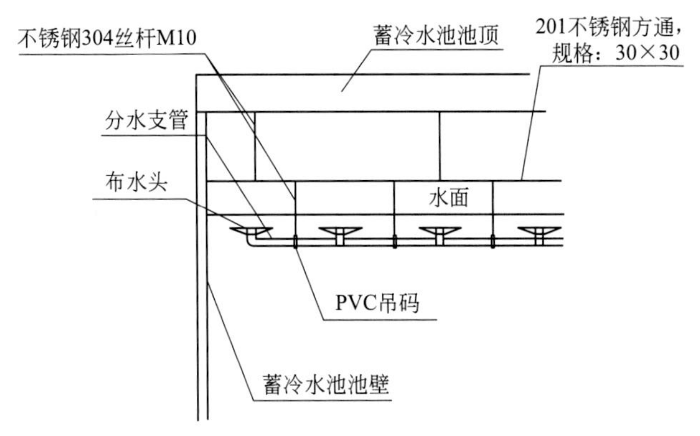

图 2.1-13　上布水器设计图

图 2.1-14　上布水器安装图

安装下布水器（放线、下布水器安装、管道固定）。布水器安装从主管道法兰开始依次往四周推进安装，下布水器管道管箍固定使用卡钉，需在水池地面打膨胀螺栓，为防止破坏防水层及保温层，对冲击钻使用限位措施，保证孔洞深度不大于 4cm。下布水器设计及安装见图 2.1-15、图 2.1-16。

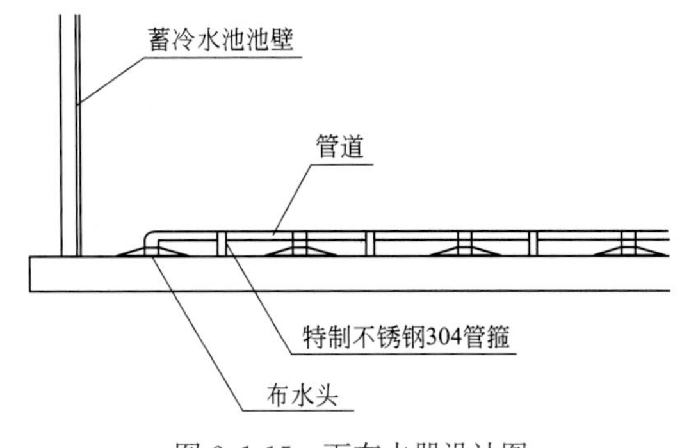

图 2.1-15　下布水器设计图

图 2.1-16　下布水器安装图

布水器安装完成后整体效果见图 2.1-17。

图 2.1-17　布水器安装后整体效果图

8. 测温带的安装

蓄冷水池内设置测温带，每 250mm 一个测温探头，用于测量斜温层厚度。为保证测温带的测温准确性，不受其他因素干扰，测温带设置于水池内远离池壁和支架的位置。测温带底部悬挂重锤平稳放置于池底。测温带安装见图 2.1-18。

图 2.1-18　测温带安装图

9. 水蓄冷系统调试

通过水蓄冷系统调试检验蓄冷及放冷效率。调试过程主要含四种运行工况：制冷机组蓄冷、蓄冷水池单放冷、蓄冷水池与冷机联合供冷、制冷机组边供冷边蓄冷，详见表 2.1-1。

（1）蓄冷工况的试运行（制冷机组蓄冷、制冷机组边供冷边蓄冷）

1）蓄冷水池到制冷机组相关联管道上的手动阀门全部开启。

2）执行蓄冷命令，观察相应的电动阀门的切换工作是否正确。

3）将冷冻泵进水阀门打开，并启动冷冻泵，调整冷冻泵出水阀门的开度，注意观察蓄冷水池的溢流管是否有水溢出，如有水溢出，立即停止蓄冷。

水蓄冷系统调试流程表　　　　表 2.1-1

<table>
<tr><th>项目</th><th colspan="9">内容</th></tr>
<tr><td>调试程序</td><td colspan="9">冷却塔→冷却泵→制冷主机→蓄冷水池→释冷泵(冷冻泵)→
板式换热器→供回水装置</td></tr>
<tr><td rowspan="7">工况
调试</td><td colspan="9">四种运行工况调试方法:</td></tr>
<tr><td rowspan="2">工况</td><td rowspan="2">运行模式</td><td colspan="6">冷冻站内制冷与蓄冷、放冷设备</td><td rowspan="2">调试方法</td></tr>
<tr><td>主机</td><td>冷冻泵</td><td>冷却泵</td><td>冷却塔</td><td>释冷泵</td><td>循环
冷水泵</td></tr>
<tr><td>1</td><td>制冷机组蓄冷</td><td>开</td><td>开</td><td>开</td><td>开</td><td>关</td><td>关</td><td>离心冷水机组→蓄冷水池→
冷冻泵→离心冷水机组</td></tr>
<tr><td>2</td><td>蓄冷水池单放冷</td><td>关</td><td>关</td><td>关</td><td>关</td><td>开</td><td>开</td><td>蓄冷水池→释冷泵→板换→
蓄冷水池</td></tr>
<tr><td>3</td><td>蓄冷水池与
冷机联合供冷</td><td>开</td><td>开</td><td>开</td><td>开</td><td>开</td><td>开</td><td>蓄冷水池→释冷泵→板换→
蓄冷水池
离心冷水机组→释冷泵→板
换→冷冻泵→离心冷水机组</td></tr>
<tr><td>4</td><td>制冷机组边
供冷边蓄冷</td><td>开</td><td>开</td><td>开</td><td>开</td><td>开</td><td>开</td><td>离心冷水机组→释冷泵→板
换→冷冻泵→离心冷水机组
离心冷水机组→蓄冷水池→
冷冻泵→离心冷水机组</td></tr>
</table>

4）待冷冻泵运转正常后，观察系统的流量是否正常，正常后将对应主机冷却水管上的阀门打开，启动冷却水泵和冷却塔，待冷却水泵和冷却塔运转正常后再启动主机。

5）蓄冷过程中要详细记录制冷主机进出口压力、温度、负荷；冷冻泵进出口的压力、电流；蓄冷水池内的每层温度的变化情况；蓄冷系统的流量和电表的数值。

6）停止蓄冷时，要先停主机，然后停冷却塔和冷却水泵，最后执行蓄冷结束。

（2）放冷工况的试运行（蓄冷水池单放冷、蓄冷水池与冷机联合供冷）

1）蓄冷水池到板换（板式换热器）侧相关联管道上的手动阀门全部开启。

2）执行放冷开始，观察相应的电动阀门的切换工作是否正确。

3）把释冷泵进水管的手动阀门打开，启动释冷泵，调整释冷泵出水阀门的开度，同时也开启板换热端的循环冷水泵。

4）详细观察记录蓄冷水池内温度、板换各处的压力和温度、原系统内的温度、释冷泵和循环冷水泵进出口的压力、电流、放冷时系统的流量、冷量等。

5）放冷结束时，关闭释冷泵、循环冷水泵和相关电动阀门。

2.1.4 小结

水蓄冷是一种主机避峰运行的节能空调方式，能平衡电网的负荷，移峰填谷。本技术通过对蓄冷水池整体布局进行深化设计、工况模拟及水力计算，合理排布管线、布水系统，布水器采用工厂预制、现场装配，优化施工及调试工序，提升蓄冷及放冷效率。

2.2　冰蓄冷施工技术

2.2.1　技术概况

冰蓄冷是指中央空调系统制冷机组在用电低谷时电力制冰，将冰暂时蓄存在蓄冰装置中，在需要时（如白天用电高峰）把冷量释放出来进行利用，实现对电网的“削峰填谷”，利用供电峰谷电价差降低用电成本，减少了空调主机的装机容量。冰蓄冷空调系统主要包括四部分：制冷机组、冰蓄冷设备、辅助设备及设备之间连接的管道和调节控制装置等。冰蓄冷原理见图2.2-1。

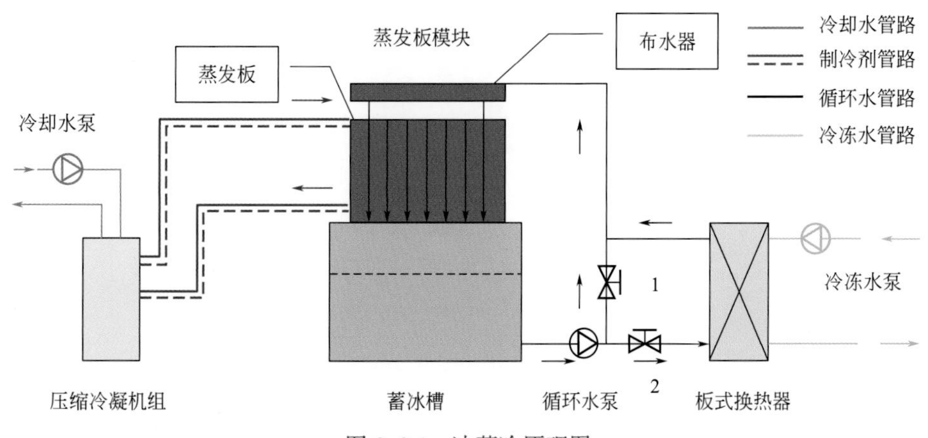

图2.2-1　冰蓄冷原理图

冰蓄冷空调有四种常用蓄冰装置，分别为：

(1) 外融冰盘管蓄冰，冰层自外向内融化；

(2) 内融冰盘管蓄冰，冰层自内向外逐渐融化；

(3) 封装式蓄冰，由多个封装有蓄冷介质容器浸泡在箱体或容器中构成蓄冷装置；

(4) 冰片滑落式系统，在制冰模式下运行时，分为制冰期及收冰期（即脱冰）两个工况。制冰期为10～30min、收冰期为20～60s。

本技术主要阐述内融冰盘管蓄冰施工技术。

2.2.2　技术特点

(1) 应用冰蓄冷技术，制冷机组设计容量小于常规空调系统，冷却塔、水泵、输变电系统容量相应减少。冰蓄冷与低温送风相结合，采用大温差、小流量，冷冻水的出水温度比常规空调系统偏低，这样可选用容量较小的水泵、风机和空调箱，其耗电量也会相应地得到减少。

(2) 机组的运行效率较高，故障的发生率降低。在蓄、融冰的过程中，机组基本上都处于满负荷下运行，机组的运行效率最高，加上机组开启频率减少，运行状态较平稳，因此发生故障的概率也随应减少。

(3) 冰蓄冷空调系统能在多种灵活工作模式下运行。根据不同的气候环境情况，合理地采用不同的运转模式，使运行效率最优化，对电网进行削峰填谷，提高了电网运行稳定性、经济性，节约能源。

2.2.3 技术措施

1. 施工工艺流程（图 2.2-2）

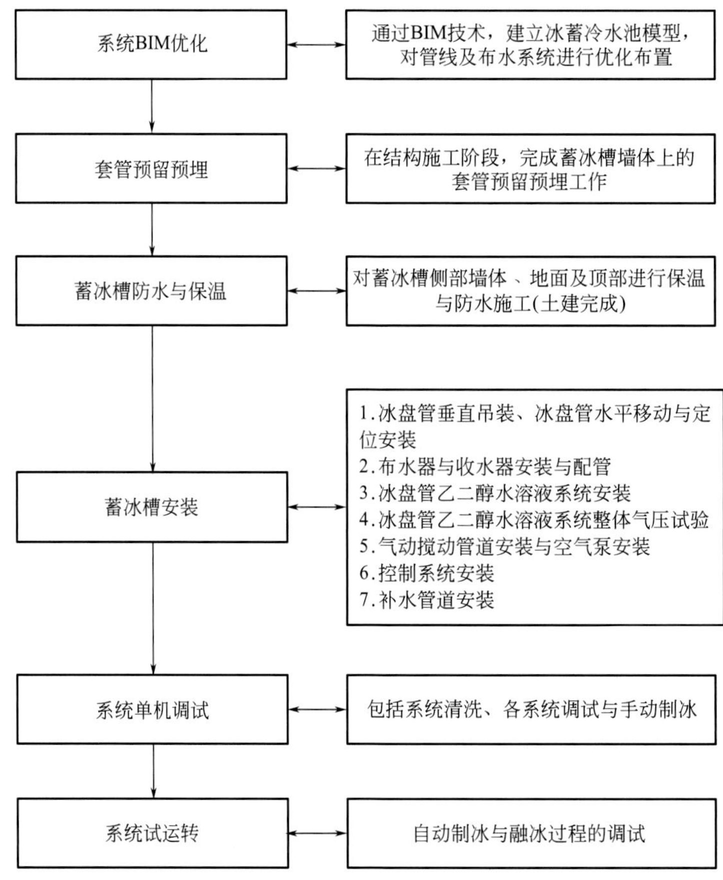

图 2.2-2　冰蓄冷系统安装流程图

2. 建立 BIM 模型

为优化蓄冰槽内冰盘管、布水器与收水器系统，通过 BIM 技术，建立蓄冰槽模型，对冰盘管系统进行优化布置，对布水器与收水器及保温情况进行三维模拟，充分考虑各类管道的位置功能及整体效果，避免管线碰撞，利于施工安装，蓄冰槽三维模型见图 2.2-3。

3. 水力计算

蓄冰空调系统二次冷剂为乙二醇水溶液，其黏性系数、传热系数、比热、密度都与水不同。因此，需要对乙二醇管道进行水力计算。

(1) 沿程阻力计算

根据流体力学原理，对于圆形管，沿程阻力计算式为：

$$\Delta P_{\mathrm{n}}=\lambda\frac{1}{d}\cdot\frac{\rho u^{2}}{2}L$$

沿程阻力系数入值在紊流区的计算可用柯列洛克公式：

$$\frac{1}{\sqrt{\lambda}}=-2Lg\left(\frac{K}{3.71d}+\frac{2.51}{Re\sqrt{\lambda}}\right) \tag{2.2-1}$$

上式中的雷诺数为：

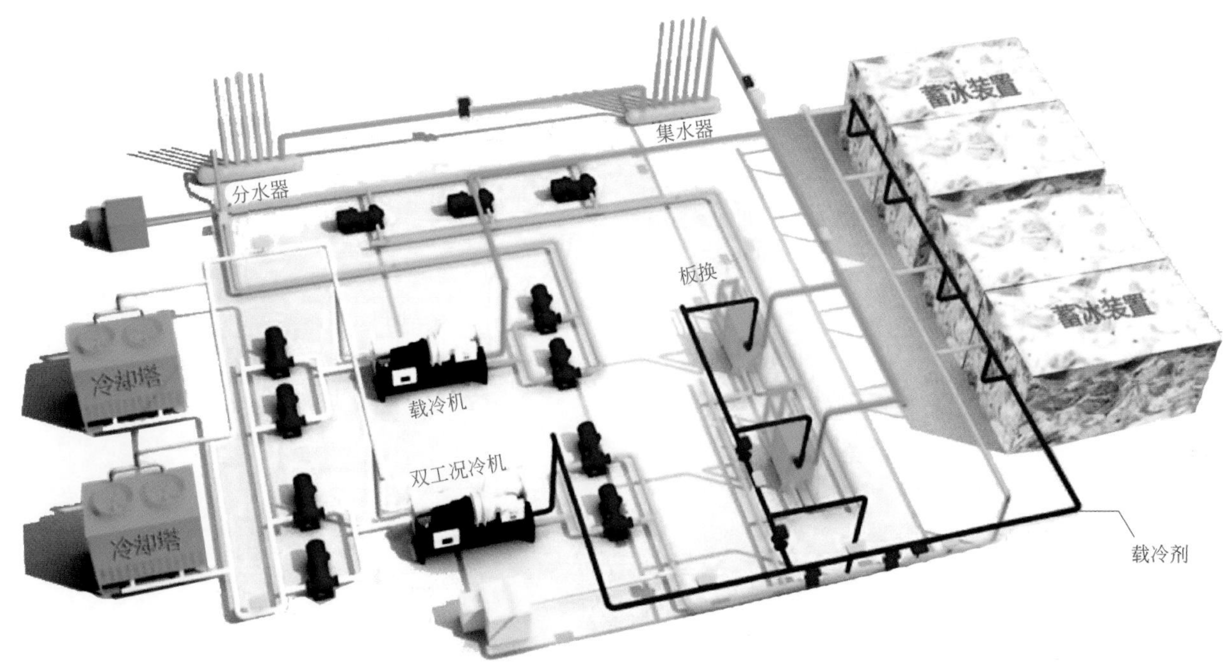

图 2.2-3　蓄冰槽三维简图

$$Re=\frac{ud\rho}{\mu} \tag{2.2-2}$$

式中　ΔP_{n}——摩擦阻力，Pa；

λ——摩擦阻力系数；

d——管道直径，m；

ρ——密度，$\mathrm{kg/m^3}$；

u——管道中的平均流速，m/s；

L——管道长度，m；

K——内壁粗糙度，mm；

Re——雷诺数。

根据式（2.2-1）～式（2.2-3）和有关参数，我们可以进行沿程阻力的计算。

（2）局部阻力计算局部阻力计算公式为：

$$Z=\zeta\cdot\frac{u^2\rho}{2} \tag{2.2-3}$$

式中　Z——局部阻力，Pa；

ζ——局部阻力系数。

式（2.2-3）中的局部阻力系数 ζ 值本应由实验确定，对此，采取的措施是权且用水流的局部阻力系数，然后加以修正。

4. 施工要求

（1）冰盘管安装

蓄冰槽及其盘管布置见图 2.2-4。吊装安装前，蓄冰槽内部应清理干净，地面及侧壁保温、防水施工、地面混凝土施工完成合格后进行。

冰盘管吊装应使用盘管上的专用吊环，防止吊装过程中损坏设备，冰盘管吊装见图 2.2-5。

移动盘管时，切勿碰撞拖行，以免损毁设备或防水层。

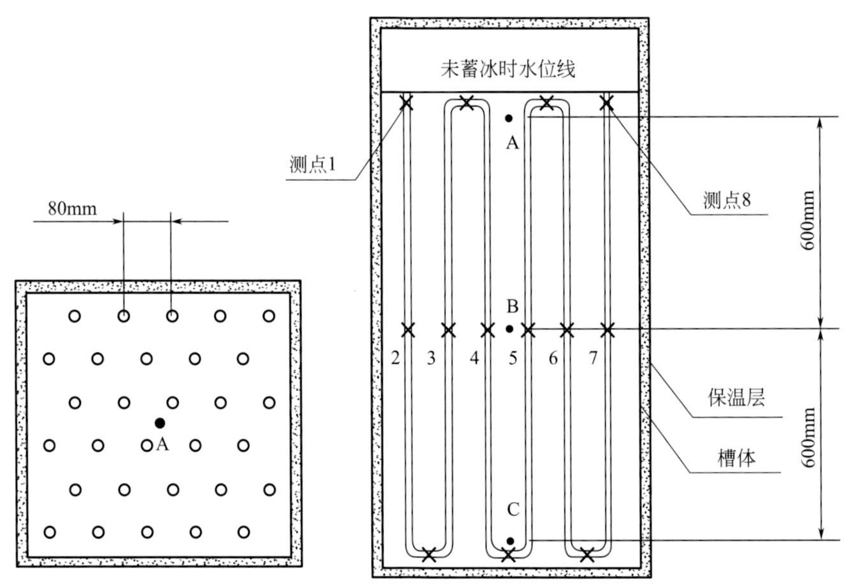

图 2.2-4　蓄冰槽及其盘管布置

图 2.2-5　冰盘管吊装

（2）布水器与收水器安装与配管

根据设计要求制作布水器与收水器的部件，在蓄冰槽内焊接组装，再与穿过套管的供回水管焊接相连。

（3）冰盘管乙二醇水溶液系统安装

按照设计要求将冰盘管与冰盘管、冰盘管与主管、阀门进行连接，见图 2.2-6，要点如下：

1）每个冰盘管的供回液管道路程为同程式，保证四个冰盘管的乙二醇溶液流量基本平衡，冰盘管与无缝钢管之间采用法兰连接，无缝钢管之间采用焊接连接。

2）每个蓄冰装置的截止阀与接管之间应安装放气阀，以免被膨胀液压损坏。

3）系统应安装膨胀水箱，在管路最高点设排气管，排出滞留气体。

4）冰盘管乙二醇水溶液系统安装完毕后，应进行整体气压试验。

（4）控制系统安装

1）根据设计要求安装冰厚度控制器及探头。探头固定于冰盘管上，用于检测与控制结冰厚度。

图 2.2-6　冰盘管安装

2）温度传感器和压力传感器的安装应利于平衡流量和检修故障。

（5）系统的清洗

冰蓄冷系统对管道洁净度要求较高，特别是乙二醇系统，管道必须冲洗干净。

蓄冰槽不参与系统整体水冲洗，待系统整体水冲洗合格后，直接进行整体化学镀膜。

（6）调试前准备

调试前，调试人员首先要熟悉整个冰蓄冷系统的全部设计资料，包括图纸设计说明书、全部深化设计图纸、设计变更指令、工程备忘录等，充分了解设计意图，了解各项设计参数、系统全貌及空调设备的性能和使用方法，特别要注意调节装置及检测仪表所在位置及自控原理。同时，做好相关施工资源的准备工作。

按照设计图纸，对冰蓄冷系统水管、设备、动力电源、控制等各系统进行检查，在图纸上标识清楚重要管线、设备的安装位置。对管道试压过程中的临时固定物（如隔离设备的管道盲板等），应安排专门人员进行现场标识和管理。

（7）乙二醇溶液的填充

在添加乙二醇溶液之前，所有的管路必须确保试压合格，完全清洗干净，不可有任何杂质。在添加乙二醇溶液之前需将蓄冰盘管与系统隔离。乙二醇溶液的成分及比例必须严格符合设计要求。当乙二醇溶液添加完毕后，在开始蓄冰模式运转前，至少将系统运转 6h 以上，使系统内的空气能够完全排出。故在系统所有高的地方需安装排气阀，以便使系统排气顺利。在试运转的过程中，可再次取得乙二醇溶液，确定其为正确的浓度。

乙二醇系统：乙烯乙二醇水管路为防止腐蚀，需加腐蚀抑止剂使钢管内形成保护膜。腐蚀抑制剂需符合环保要求，其品种及剂量，应符合设计要求。

最后检查：在所有的安装步骤完成后，检查是否所有的封盖均已盖好。在安装过程中，若发现任何支架镀锌处有损坏，需要将其重补以避免锈蚀。

（8）调试

在调试过程中，要遵循调试前准备、分段调试、系统调试的顺序进行。

冰蓄冷中央空调方案采用使用灵活的并联循环回路供冷方式，流程中设有板式热交换器，用以将蓄冰系统的乙二醇回路与通往空调负荷的冷水回路隔离开。空调冷冻水及乙二醇系统定压均采用定压罐定压。在供冷期间，板式热交换器将蓄冰系统中循环的乙二醇溶液温度调整到空调负荷所需要的温度，同时保证乙二醇仅在蓄冰循环中流动，而不流经各空调负荷回路中，可减少乙二醇用量并避免乙二醇在空调负荷回路中的泄漏。蓄冰槽运行情况见图 2.2-7。

图 2.2-7　蓄冰槽运行情况

结合空调设计日逐时冷负荷分布图及当地的电费政策，确定日冷负荷时冰蓄冷空调运行方式，具体有以下五种工作模式运行：双工况主机制冰模式；双工况主机制冷直供模式；融冰供冷模式；双工况主机与融冰联合供冷模式；主机制冰同时供冷。进入双温工况冷机的乙二醇，是经过板式换热器放冷的乙二醇，故当机组运行时，其供冷是优先满载运行。

1）系统待机工况

关闭冰蓄冷系统中的所有电动阀门→将所有电动装置（水泵、双工况冷水机组等）处于停机状态→记录双工况冷水机组乙二醇侧、冷却水侧进出口的温度和压力，记录乙二醇泵进出口压力，记录板式换热器冷热侧进出口温度和压力，记录冷冻水泵进出口压力，记录分集水器温度和压力。

2）双工况冷水机组制冰工况

打开对应回路的电动阀门→启动乙二醇泵→启动冷却水泵、启动冷却塔→检查各个温度计、压力表、电流、电压是否正常→启动双工况冷水机组。

蓄冰结束时，关闭双工况冷水机组→5min 后关闭乙二醇泵→关闭冷却塔→直到双工况冷水机组乙二醇侧检测温度系统≥0℃，关闭冷却水泵→恢复到待机工况。

3）双工况冷水机组和融冰联合供冷工况

打开对应回路的阀门→启动乙二醇泵→启动冷却水泵→启动冷却塔→检查各个温度计、压力表、电流、电压是否正常→所有机组为空调工况→启动双工况冷水机组→冷冻（融冰）水泵→双工况冷水机组和融冰联合供冷工况启动。

机组融冰联合供冷结束，关闭双工况冷水机组→关闭乙二醇泵→关闭冷却塔→关闭冷却水泵→关闭冷冻（融冰）水泵→系统恢复到待机工况。

4）融冰单独供冷工况

打开对应回路的阀门→检查各个温度计、压力表、电流、电压是否正常→融冰泵→冷冻泵→融冰单独供冷工况启动。

融冰单独供冷工况结束，关闭融冰泵→冷冻泵→系统恢复到待机工况。

5）双工况冷水机组单独供冷工况

打开对应回路的阀门→启动乙二醇泵→启动冷却水泵→启动冷却塔→检查各个温度计、压力表、电流、电压是否正常→所有机组为空调工况→启动双工况冷水机组→启动冷冻水泵→双工况冷水机组单独供冷工况启动。

机组供冷结束，关闭双工况冷水机组→关闭乙二醇泵→关闭冷却塔→关闭冷却水泵→关闭冷冻水泵→系统恢复到待机工况。

（9）开车前的检查

开车前要求所有的设备根据设计图纸进行挂牌，标明设备的位号、用途等。系统管道流向要求作箭头标志，明示管道系统的流向。对有油漆脱落或有局部破损的地方应进行修补。

1）检查主机上所有阀门位置是否正常，制冷压缩机油位是否正常，制冷剂充灌量是否正常。

2）检查各控制及安全保护设定是否正常，检查控制箱指示灯是否正常。

3）检查系统管路上所有阀门位置是否正常，是否有漏水现象。

4）检查水泵、冷却塔、制冷主机等设备的电源电压是否正常，检查水泵、冷却塔、板式换热器、制冷机等设备的进出水口压差是否正常。

上述各位置发现有不正常必须立即修正，之后方可正常投入运行。

2.2.4 小结

冰蓄冷空调技术是为实现电网电力“移峰填谷”而兴起的一项实用综合技术，从技术上它改善和缓解了当前电力供应用电高峰期存在的紧张状况，是实现电网移峰填谷的重要措施之一，同时还与低温送风相结合，实现了多种有效的空调节能措施。从经济效益上看，由于实施分时电价政策，冰蓄冷空调系统节省了运行费用，达到了供电部门与用户双赢的效果。

2.3 消防系统抗震措施的应用与安装技术

2.3.1 技术概况

建筑物在地震发生后由于燃气管、电管破裂等原因易酿成火灾，消防系统作为建筑物最重要的防灾系统，若震中或震后还能发挥灭火功能，将显著减少地震引起的次生灾害。消防管道抗震措施能有效提升消防系统抗震能力，降低消防系统受地震破坏而渗漏的风险。消防系统抗震措施主要包括挠性连接、设置抗震隔离组件、预留洞口封堵及支吊架抗震四种方式，在地震发生时，有效缓冲和减弱管线与结构间的碰撞、压缩和拉伸等动作，减少消防系统管线的破坏，从而降低地震对人和财物的损失，是发生应急情况下重要的保障措施。本技术围绕消防系统抗震措施的应用与安装进行阐述。

2.3.2 技术特点

（1）通过BIM深化设计及部分支吊架的抗震受力计算，合理准确设置抗震措施的加设位置，减少系统碰撞，提升消防系统抗震能力。

（2）消防管道通过不同区域位置时预留一定空间，进行封堵，可有效避免结构晃动时对管道造成的碰撞、拉伸、压缩等直接应力型破坏。

（3）优化卡箍管件、柔性管等抗震隔离组件的组合，有效消除消防系统各方位产生的形变量。

（4）抗震支吊架采用多种形式的设计，实现横向防晃、纵向防晃和四向防晃功能。

2.3.3 技术措施

1. 抗震措施的设置原则

（1）挠性连接

1）所有立管顶端及底端设置柔性卡箍。对于多层建筑而言，立管穿越每层楼板的上方及下方设置柔性卡箍。如果立管有本层的分支主管，并且楼板下方的柔性卡箍位于分支三通的上方，该分支主管顶部的竖向接头设置柔性卡箍。

2）所有混凝土或砌筑墙体的两侧距墙面设置柔性卡箍。距结构伸缩缝一定距离设置柔性卡箍。

3）无论管径大小，所有下接至消防箱、高架仓储式洒水栓头和夹层立管的顶部及底部设置柔性卡箍。所有下接供给多于两个喷头的立管，当其长度大于一定距离时，其顶部设置柔性卡箍。

（2）抗震隔离组件。针对不同的管径，不同的形变量要求，卡箍管件组合可以通过调整短管的长度来改变整个组件的形变量大小。地面以上任何管径的消防管在穿越结构伸缩缝时，加设柔性管。

（3）预留洞口封堵。消防管道在穿越墙体、楼板、平台或基础时设置预留洞口，预留洞口在配管完成后用柔性材料（如黏性水泥）封堵，若穿越位置为防火分区，封堵时采用柔性防火材料。

（4）支吊架抗震

1）一般吊架的设置。每个吊架必须能支撑起此段管路满水时规范要求的承载力，每个吊架的间距不得超过规范要求的最大间距。

2）横向防晃支撑的设置。所有管径的供水总管、分支供水管、一定管径以上的支管均设置横向防晃支撑，横向防晃支撑距该管路的末端不超过 600mm。

3）纵向防晃支撑的设置。所有管径的供水总管、分支供水管均设置纵向防晃支撑。

4）四向防晃支撑的设置。立管顶端长度超过 90mm 时，必须设置四向防晃支撑，立管上的纵向防晃支撑间距不超过 750mm。

2. BIM 深化设计

针对抗震支吊架形式及布置进行 BIM 深化设计，建立消防系统管线模型，优化确定消防系统抗震支吊架的位置和方向。基于抗震支吊架与结构的连接布置、架杆与垂直方向的夹角以及设计荷载，选择消防系统抗震支吊架的类型、尺寸以及最大长度。根据设计载荷、架杆与垂直方向的夹角，选择适当的紧固件类型和规格，将抗震支吊架固定在建筑物结构上。

3. 消防系统抗震措施的组成

（1）挠性连接。消防系统采用的挠性连接主要为柔性卡箍的运用，柔性卡箍与刚性卡箍的区别在于两片卡箍接缝形式不同，柔性卡箍紧拧螺栓旋紧后卡箍内径为固定值，因此两根管道在此处保留一部分的挠性，配套使用的橡胶圈也能够在确保一定挠度的同时确保接口的密封。柔性卡箍、刚性卡箍见图 2.3-1、图 2.3-2。

图 2.3-1 柔性卡箍

图 2.3-2 刚性卡箍

（2）抗震隔离组件。消防系统中采用的抗震隔离组件通常有柔性卡箍管件组合和柔性管，这两种形式均可以借助自身的特殊构造消除各个方位的较大形变量。柔性管三维六向移动见图 2.3-3。

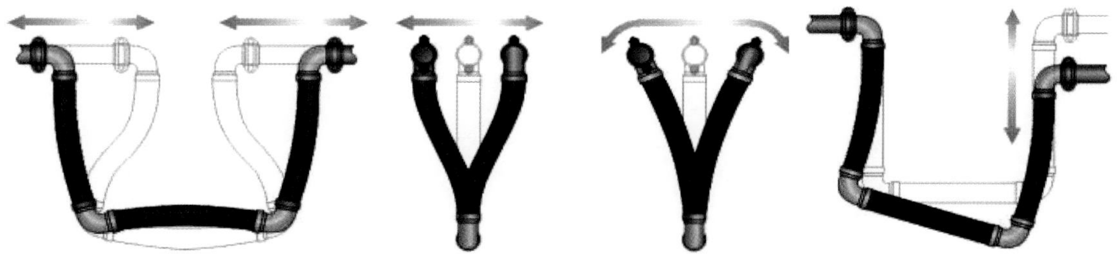

图 2.3-3　柔性管三维六向移动图

（3）预留洞口封堵。当管道穿越墙壁、楼板、平台或基础时设置预留洞并预留套管，预留洞口及套管设置通常如下：

1）消防管穿过建筑物承重墙或基础时，预留洞口高度保证管顶上部净空不小于建筑物的沉降量，且不宜小于 0.1m，并填充不透水的弹性材料。

2）消防管穿过墙体或楼板时加设套管，套管长度不小于墙体厚度，或高出楼面或地面 50mm；套管与管道的间隙采用不燃材料填塞，管道的接口不得位于套管内。

3）消防管穿过伸缩缝及沉降缝时，采用波纹管和补偿器等技术措施。

（4）支吊架抗震

1）一般吊架主要由环形吊架、通丝吊杆、内膨胀/老虎夹组合而成。其吊架及通丝吊杆的组合满足承重要求，并具有一定的挠性。一般吊架组成见图 2.3-4。

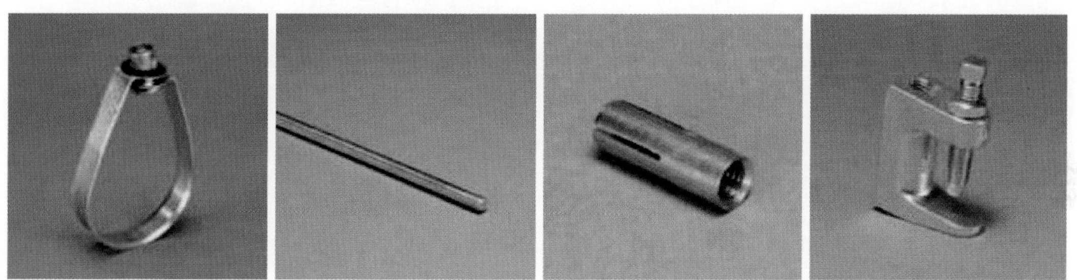

图 2.3-4　一般吊架组成图

2）防晃支撑主要分为横（侧）向防晃支撑、纵（轴）向防晃支撑、四向防晃支撑。支撑组成见图 2.3-5～图 2.3-7。

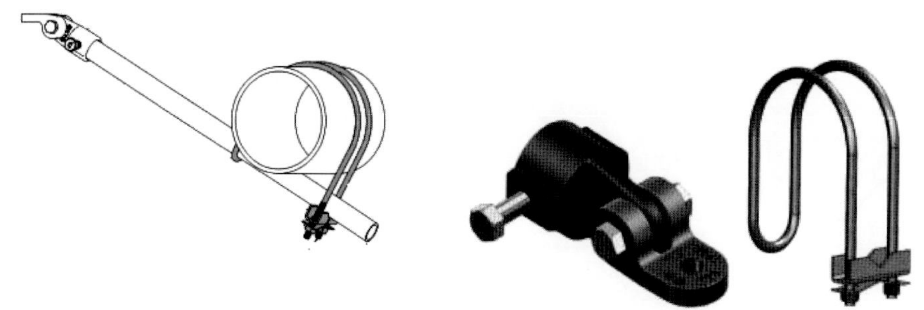

图 2.3-5　横向防晃支撑组成图

4. 抗震隔离组件安装

（1）卡箍管件组合安装。使用柔性卡箍，各短节的长度、短管的切槽/压槽标准、毛刺处理及柔性

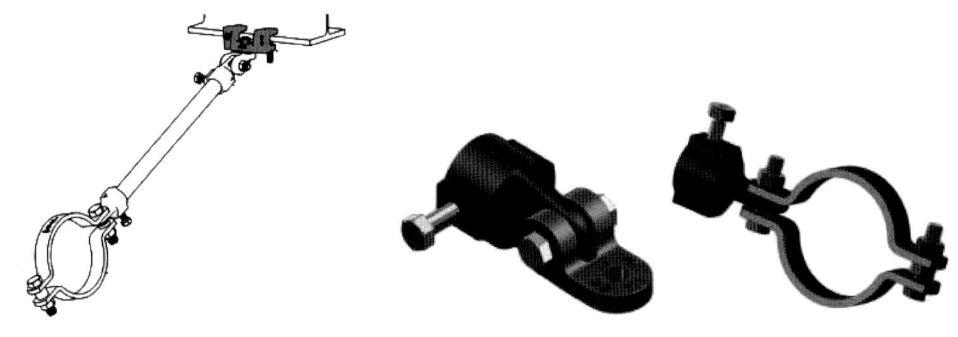

图 2.3-6 纵向防晃支撑组成

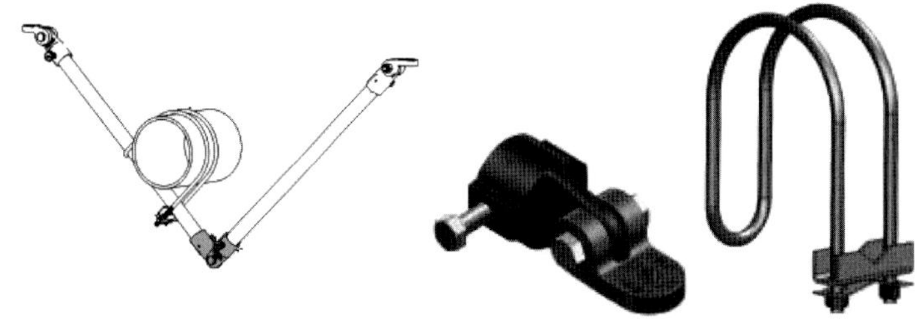

图 2.3-7 四向防晃支撑组成

卡箍的安装符合相关要求，卡箍管件组合中短管保持水平，卡箍管件组合整体安装后无任何外力造成的形变。

(2) 柔性管安装

使用前检查软管未受任何不可恢复性形变及破坏。吊线及附配件用于对应尺寸的柔性管。

柔性管可以沿各个方向安装。测量好柔性管接口的间距，柔性管安装后不承载管段的任何外部负荷，同时软管段无扭曲，错位及其三维方向上的设计形变量负载满足规范要求。柔性管除接驳卡箍外需要安装四向防晃支撑，柔性卡箍外 4 倍管径内如无四向防晃支撑时，需要安装一般吊架。柔性管三维方向形变示意见图 2.3-8。

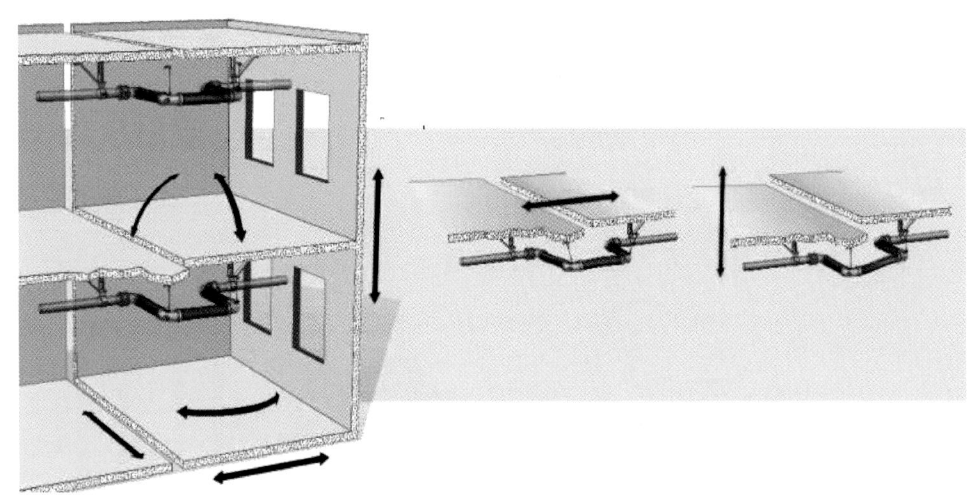

图 2.3-8 柔性管三维方向形变示意图

5. 抗震支吊架安装

(1) 一般吊架安装

依据图纸定位吊架生根点，混凝土结构采用内膨胀管，钢结构生根选择老虎夹，调节吊架螺帽，保证管段的水平。

（2）横向、纵向防晃支撑安装

1）支撑臂旋转连接件的固定，对于混凝土结构采用外膨胀固定，对于钢结构部位采用钢梁附件固定，支撑臂生根见图 2.3-9、图 2.3-10。

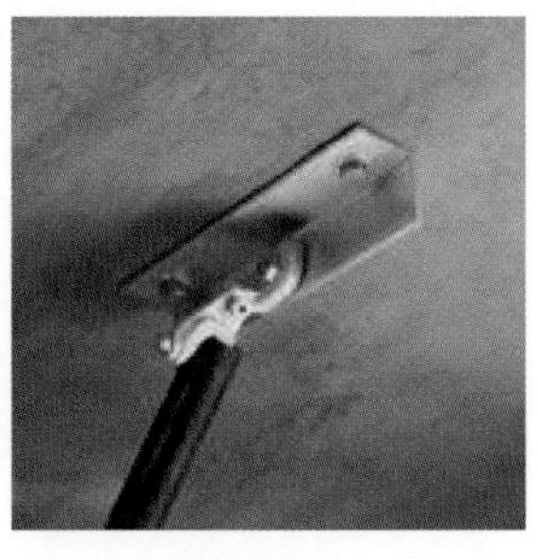

图 2.3-9　支撑臂外膨胀生根图

图 2.3-10　支撑臂钢梁附件固定

2）支撑杆一般采用镀锌管或焊接钢管，安装角度为 30°～60°。

3）所有横向防晃支撑的支撑杆角度及末端超出尺寸要求统一，支撑杆末端作倒角及防腐处理，横纵向防晃支撑的安装见图 2.3-11。

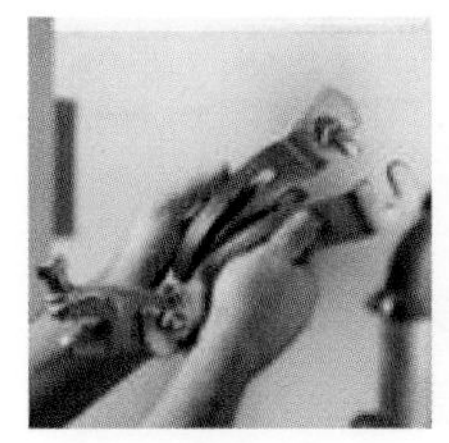

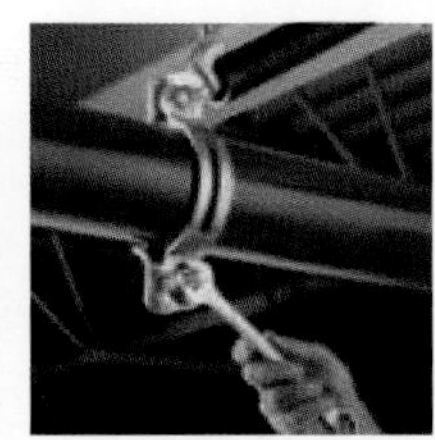

图 2.3-11　横纵向防晃支撑安装示意图

（3）四向防晃支撑安装

1）双支撑夹四向防晃支撑的安装，是在一个横向防晃支撑的基础上对称加一组横向防晃支撑，安装时注意两组横向防晃支撑的垂直间距符合要求。双支撑夹四向防晃支撑见图 2.3-12。

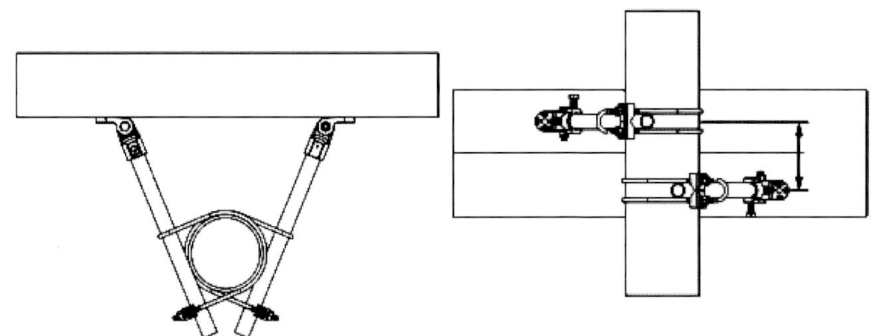

图 2.3-12　双支撑夹四向防晃支撑图

2）单支撑夹四向防晃支撑的安装，是在原横向防晃支撑的基础上，通过四向防晃支撑连接件加设一根支撑杆，并通过旋转连接件生根固定，安装过程中注意支撑杆末端需要超过连接件一定距离。单支撑夹四向防晃支撑见图 2.3-13。

3）所有四向防晃支撑的支撑杆角度要求统一，支撑杆末端作倒角及防腐处理。

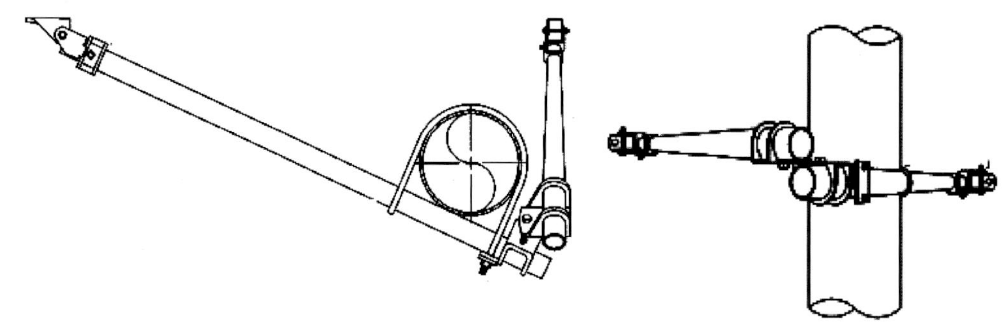

图 2.3-13　单支撑夹四向防晃支撑图

2.3.4　小结

本技术利用 BIM 技术，建立消防系统管线模型，优化确定消防系统抗震支吊架的位置和方向，保证挠性连接、抗震隔离组件、预留洞口及抗震支吊架等措施得当，减小消防系统与结构之间的震动联动，提升整个消防系统的抗震水平，降低地震灾害对建筑物的破坏。

2.4　低温送风系统内衬风管施工技术

2.4.1　技术概况

低温送风系统在降低建筑综合造价、提高建筑投资收益率、提升综合品质和室内环境、降低建筑长期持有成本、增强建筑竞争力等诸多方面具有明显的特点，是高档现代化办公大楼较先进、绿色、健康的空调形式，逐渐为国内高端建筑投资和业主所接受并采用。

配合低温送风系统的内衬风管，采用热凝树脂合成高强度纤维＋聚丙烯涂层材料，在高风速下不出现纤维脱落，在长期潮湿环境下不出现细菌和真菌增长，并且具有良好的吸声效果，保证了低温送风系统整体效果。

2.4.2　技术特点

1. 耐受高风速

根据 UL 181 抗侵蚀测试方法，内衬风管可以经受高达 62.2m/s 的风速，是经许可最高风速的 30.5m/s 的 2 倍。

2. 吸收噪声

内衬风管有极佳的吸声性能，可以有效吸附气流运行发出的噪声以及机械设备的串声，从而降低噪声对室内环境的影响。

3. 节约能源

内衬风管的玻璃纤维具有良好的保温性能，加之风管独特的 TDC 共板法兰连接方式，从而从导热性和漏风量两个方面保障了内衬风管的节能效果。

4. 防尘防污

气流经过的表面涂有坚硬的聚丙烯聚合物，可以有效防止灰尘污物侵入基质，降低微生物生长的可能性。

5. 气流阻力小

内衬风管内衬材料表层平滑，气流阻力小。

2.4.3　技术措施

1. 施工工艺流程（图 2.4-1）

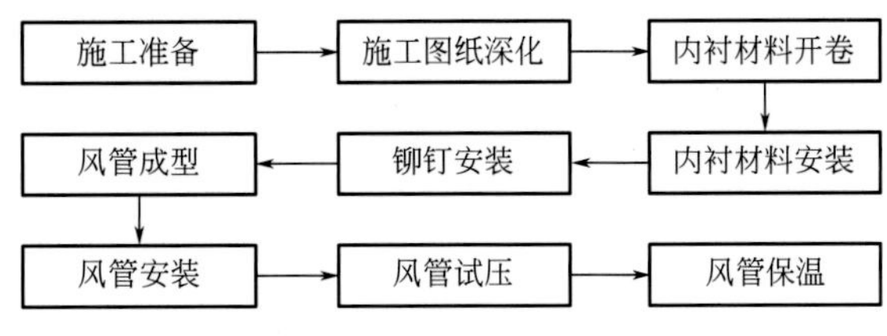

图 2.4-1　施工工艺流程图

2. 施工技术内容

（1）施工图纸深化

与低温送风系统配套的低温风口在设计上对风速、距离、诱导比有严格的要求，但现场精装修风口布置往往与施工图纸相差较大，因此在深化设计阶段就需要与精装修紧密配合，在图纸得到确认后方可进行施工。

（2）内衬材料开卷

1）内衬材料存放应保持房间干燥，且防潮、防雨和防风沙。

2）内衬材料开卷可以分为手工切割和机器切割，手工切割时使用实用刀或其他合适的快刀，机器切割时可以使用自动化设备，见图 2.4-2。

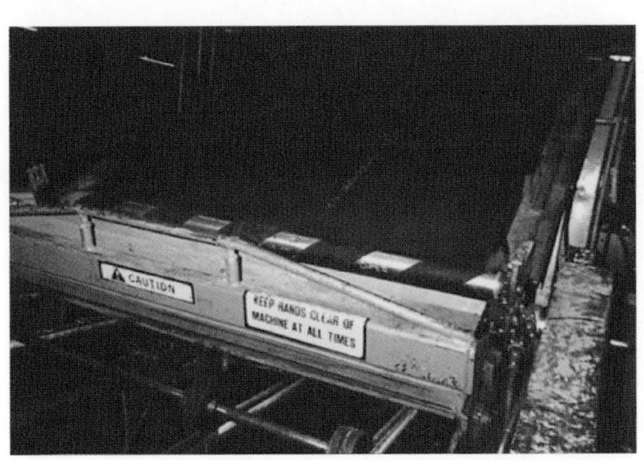

图 2.4-2　内衬风管开卷

3）运用计算机控制设备切割，可以编辑程序将板材切割成风管短节、弯管接头、三通管、接头管和转换导管等配件展开图的特定形状，节省了时间和节约材料。

（3）内衬材料安装

1）内衬风管应采用专用密封胶，用于向风面及切割处的面层修补，保证系统结构的一致性。

2）镀锌钢板上刷涂料采用机械自动化刷涂，保证了刷涂的进度和均匀度，见图 2.4-3。

3）安装时应保证内衬材料与镀锌钢板粘接牢固，表面应平整、两端面平行，无明显凹穴、变形、起泡，内衬材料无破损，见图 2.4-4。

图 2.4-3 自动化刷涂

图 2.4-4 安装内衬材料

（4）安装铆钉

1）铆钉分为杯型和楔型两种形式，见图 2.4-5；铆钉的固定可以采用焊接或粘接形式，见图 2.4-6。

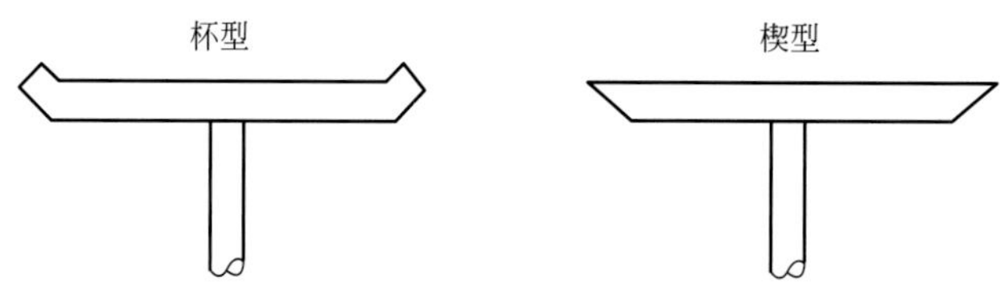

图 2.4-5 铆钉形式

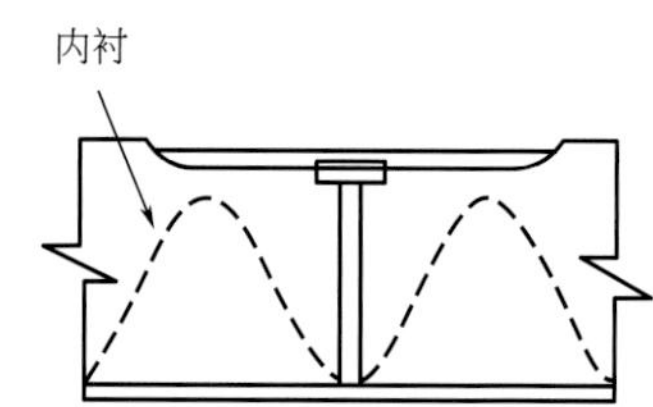

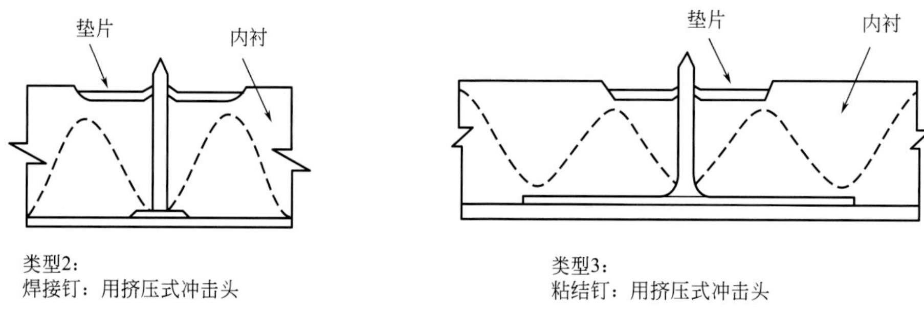

图 2.4-6 铆钉固定形式

2）铆钉排列间距根据风速不同合理布置，布置铆钉应均匀，在进行风管自动下料的同时由设备统一完成铆钉安装，见图 2.4-7；已加固的内衬材料见图 2.4-8。

（5）风管成型

安装完铆钉后设备自动折边，见图 2.4-9，留最后一道边需要人工咬口，咬口时应保持地面干净，风管成型还需注意以下几点：

图 2.4-7　安装铆钉

图 2.4-8　加固后内衬板材

图 2.4-9　风管折边

1）风管板材拼接的咬口缝应错开，不得有十字形拼接缝。

2）风管与配件的咬口缝应紧密、宽度应一致，折角应平直，两端面平行；风管无明显扭曲与翘角，表面应平整，凹凸不大于 10mm。

3）风管法兰折边应平直，角件与风管法兰四角接口的固定应稳固、紧贴，相连处不应有缝隙大于 2mm 的连续穿透缝。

4）风管加工后应用塑料薄膜将两端封好做好成品保护。

（6）风管安装

内衬风管安装时有以下几点需注意：

1）在运输过程中轻拿轻放，不要破坏风管保护膜。

2）运输至现场的风管先根据放样图正确放置，以免造成风管长短不一影响风口定位。

3）风管在地面安装时应保持地面的清洁，做好成品保护，在拼接时清理多余的风管保护膜，两端保护膜应保留。

4）风管法兰的垫片采用闭孔海绵，厚度不小于 3mm，垫片不能凸入管内，亦不宜突出法兰外，风管连接法兰的螺栓应均匀拧紧，其螺母应在同一侧。

5）风管连接采用弹性插条，间距不应大于 150mm，且分布均匀，无松动现象，插条连接后的矩形风管，连接后的板面应平整、无明显弯曲。

6）风管安装的支吊架间距应符合规范要求，并设置固定支架。风管安装见图 2.4-10。

（7）风管试验

低温送风系统按照中压系统考虑，应进行漏光检测，在漏光检测合格后进行漏风量检测，抽检率不低于 25%。

（8）风管保温

风管试验合格后进行风管外保温，由于内衬材料具有一定的保温效果，因此外保温采用 15mm 厚橡塑板进行保温粘接，保温应注意以下几点：

1）粘接剂需均匀涂在风管外表面，橡塑板与风管表面应紧密贴合，无空隙。

2）橡塑板纵、横向接缝应错开。

3）风管法兰处也应进行保温。风管保温见图 2.4-11。

图 2.4-10　正在安装的内衬风管

图 2.4-11　风管保温照片

2.4.4　小结

低温送风系统能够改善室内空气品质（Indoor Air Quality，简称 IAQ），具有明显的节能效果，越来越多地应用于办公楼宇暖通系统中。本技术从深化设计、设备选型、管道施工等方面详细介绍了低温送风系统，具有广泛的推广应用价值。

2.5　正压送风系统余压控制技术

2.5.1　技术概述

正压送风系统余压控制技术是依照《建筑设计防火规范》GB 50016—2014 的要求，针对现代建筑消防应急疏散空间的机械加压送风系统，在其运行过程中对包括应急疏散楼梯间及楼梯间前室等区域的正压送风余压值进行及时、准确、系统地监测及智能化控制，满足现代建筑消防安全与生命财产保障需要。

余压控制系统，又称余压监测系统、压差探测系统、智能余压测控系统等，主要包含余压控制系统主机、余压探测器、余压控制器、气管、气管末端、电动调节旁通阀等。通过余压探测器侦测每同一回路（楼层）的压差，将压差数据以消防二总线方式报送余压控制器，余压控制器再将数据上传主机。当侦测压差值超过标准值时，余压探测器发出指示，并自动操作加压风机出口旁通回路的旁通阀执行器，实现旁通阀启闭及开启角度的实时动态可控。典型的余压控制系统见图 2.5-1。

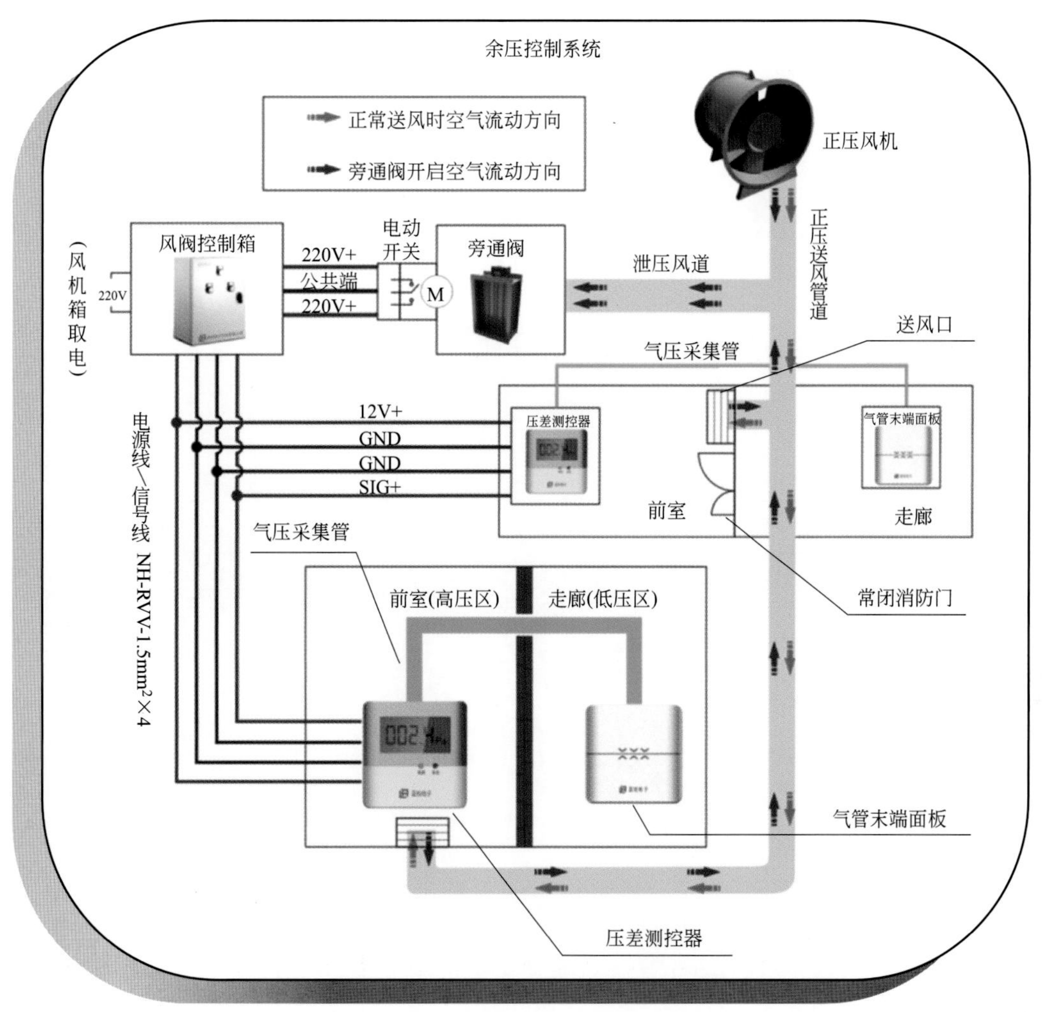

图 2.5-1 典型的余压控制系统

2.5.2 技术特点

（1）探测器性能

性能良好的探测器有利于系统主机掌控当前最真实的工况，对泄压调节阀的调节角度更加准确，用时更短。

（2）执行器的准确程度

执行器的准确程度即 ω（泄压阀开启角度）能否在响应时间内达到应开启的位置，有助于控制器充分控制泄压阀开启有效通风面。

（3）系统调校技术

良好的调校能够使系统达到良性稳定的闭环，从软件层面快速响应系统波动。

2.5.3 技术措施

通过探测器选型、安装位置筛选、执行器的稳定性分析及调校等措施，提升系统整体性能。

（1）探测器稳定性

1）探测器选型

余压探测器作为系统嗅觉模块的前端，其质量决定系统对真实环境的感知程度。

① 选择液晶全中文显示，显示精确压差值，便于调试时查看每个探测器的工作状态。

② 具有独立的地址码，压差报警值可通过控制器单独设定。

③ 采用先进压差测量芯片，测量范围可达 100Pa，不低于 0.1Pa 测量精度，使个位级精度提升到小数级，探测器获得的数据更加平滑连续，对整个系统冲击更小。如图 2.5-2 是模拟开启门缝过程中，两种不同精度探测器的数值曲线，可以看出高精度的探测值更加平滑。

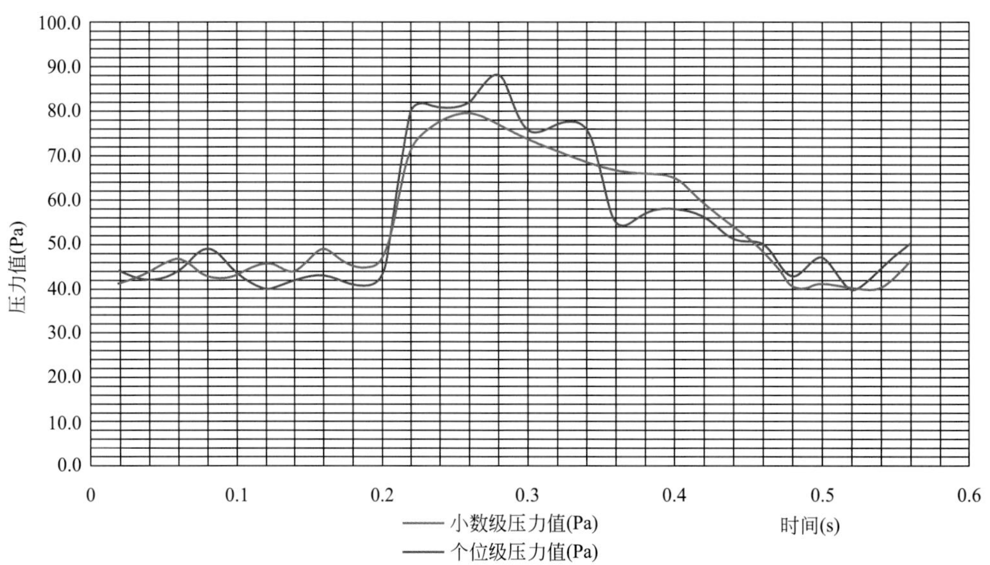

图 2.5-2 余压探测器性能曲线对比

④ 对探测环境温湿度的适应性强。

⑤ 探测器须具备报警、巡检指示，给调试者一目了然的工作状态。

图 2.5-3 是两种常见的探测器。

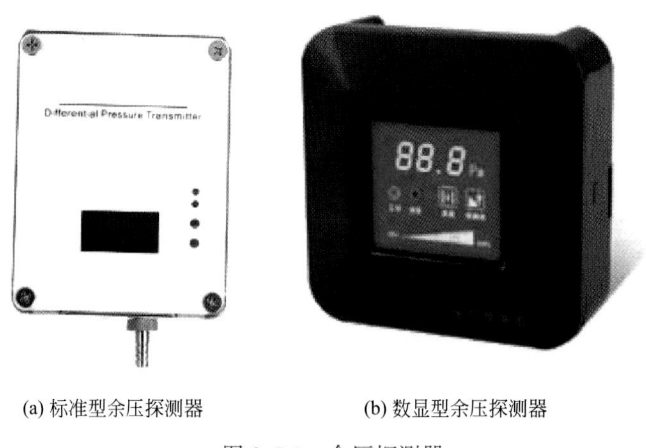

(a) 标准型余压探测器 (b) 数显型余压探测器

图 2.5-3 余压探测器

2）探测器安装位置选择

在同等性能探测器情况下，探测器的安装位置对系统的影响则更加直接，余压探测器采集位置为消防楼梯通道防火门两侧，通过探测器数据转换之后发回给余压控制主机，因此采集前端位置压力是精确控制余压的必要条件。余压探测器安装见图 2.5-4。

探测器安装位置选择在防火门附近，以保证探测器获得的压力值最接近实际需推开防火门所需压力差，给主机提供更精确、更直接的采集数据，由于余压探测器是余压监控系统的“触角”，是其最重要组成部分，因此余压探测器安装正确对于整个系统是至关重要的。还需要注意避免余压探测器处于异常

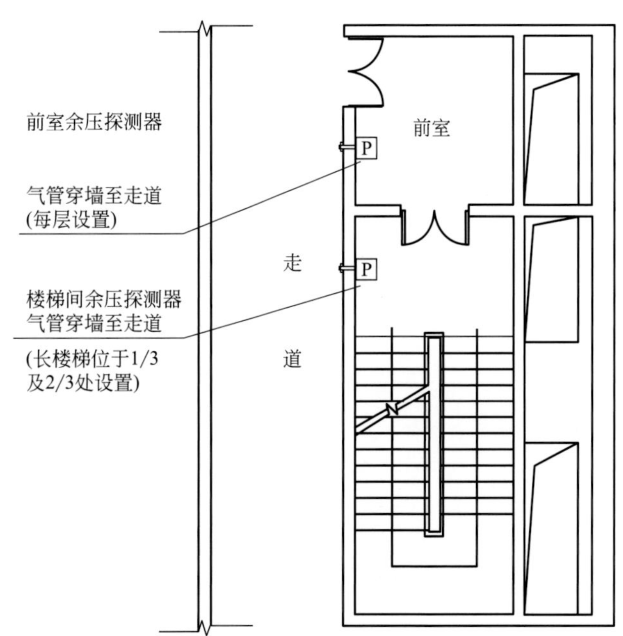

图 2.5-4　余压探测器安装

气流中，由于火灾初期正压送风机处于开启状态，此时大量新风乱流会使探测器探测数据极其不稳定，因此探测器安装不应在正压送风口附近位置，要保证探测器位置是处于相对平稳的气流中，防止冲击气流或局部湍流导致数据不实，系统进入陷阱数据处理中。

（2）执行器准确性

执行器主要指旁通阀及其电动执行器。旁通阀的气密性、叶片的平整度，都将导致主机发送增大或减少风量指令，从而影响控制精度；另一方面，任何波动需要多次闭环流程才能消除的现象，在高精度步进电机上能够一步到位，减少系统延时。常用的余压阀执行机构见图 2.5-5。

图 2.5-5　余压阀执行机构

执行器根据余压监控主机信号对泄压阀以步进形式调节，可靠的执行器须具备以下特点：

① 高使用寿命，日常维护须注意执行器传动部位的润滑性。

② 使用安全可靠的 DC24V 安全电压供电，低压直流电源能够使执行器在遇到故障时，安全易于维护。

③ 可使用手动按钮实现手动操作；遇到意外或卡壳状态时，可以人工干预进行手动操作。

④ 高步进精度有利于系统选择，角度变化更流畅，使泄压量更加平稳的过渡。

(3) 系统调校

1) 路由网络架构特点

① 路由器手拉手串联，称之为主干，距离控制在1000m以内；

② 设备节点手拉手串联，称之为分支。每个分支内节点数量不超过32个，距离控制在1000m以内；

③ 设备自成网路架构，较为稳定，不受外部网络影响；

④ 对设备接线要求较高，主干路由器通信线断开，后面的设备都将通信中断。

2) 调试基本流程

① 正确打开系统数据库；

② 检查设备通信正常与否；

③ 替换节点程序。

3) 调试故障排查

设备通信失败是最常见的问题，通过正确的故障排查方法，可以很容易的找到问题。打开数据库软件，通过记录单独节点通信故障、在同一个路由器下的多节点通信故障以及全部设备通信故障，记录掉线设备的编号。一般有如下掉线状况：

① 单独节点发生通信故障时，应首先确保设备供电正常，通信网线端子接触良好并正确插在设备中。如确认无问题，则考虑芯片通信损坏，建议更换。

② 路由器发生通信故障时，会导致其后面连接的所有设备均发生掉线。应首先排查路由器的电源和接线，如确认无问题，建议更换。

③ 全部设备故障时，在确认现场路由器和设备供电、接线都正常的前提下。先检查网卡是否松动，网卡连接的设备通信线是否连接正常。若这些都正常的情况下，则考虑回路中某处网线破皮或被折伤，需要将设备回路进行分段排查，直到找到故障点并排除。

4) 注意事项

数据库软件和上位机软件，不允许同时打开进行操作，否则会造成严重后果。在操作时应严格遵守调试规范。

2.5.4 小结

本技术从优化探测器选型和安装位置、提高执行器精度和运行管理措施、改进路由网络架构以及严格调试流程和故障排查等方面着手，提高了防烟系统余压控制的准确性、可靠性和稳定性，实现了消防系统的及时、准确监测和智能控制，为人民群众生命财产安全保驾护航。

2.6 溶液式空调机组施工技术

2.6.1 技术概况

溶液式空调机组采用具有调湿功能的盐溶液（氯化钙等）为工作介质，利用溶液的吸湿与放湿特性对空气温湿度进行控制。当溶液的表面蒸汽压低于空气的水蒸汽压力时，溶液吸收空气中的水分，空气被除湿；反之，溶液中的水分进入空气中，溶液被浓缩再生，空气被加湿，溶液除湿原理见图2.6-1。

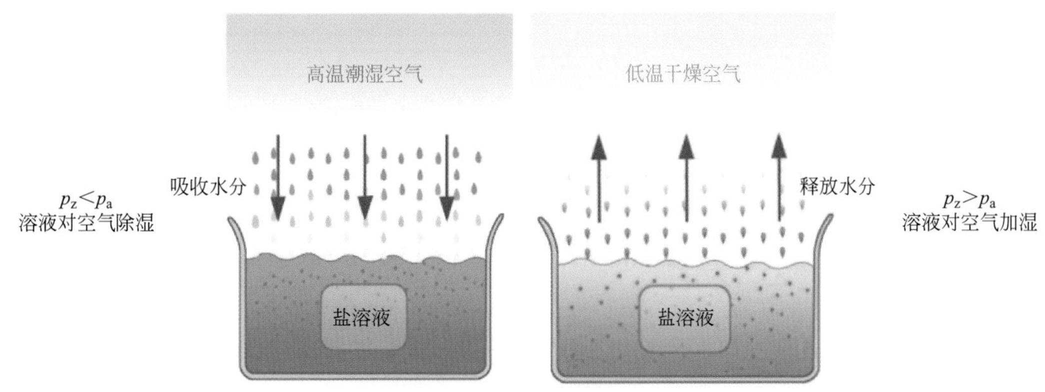

图 2.6-1　溶液除湿原理图

溶液式空调机组由溶液模块、溶液管路、再生风机、送风机、压缩机、储液箱、溶液泵等部件组成，分为溶液功能段、混风段及表冷风机段。机组结构见图 2.6-2。

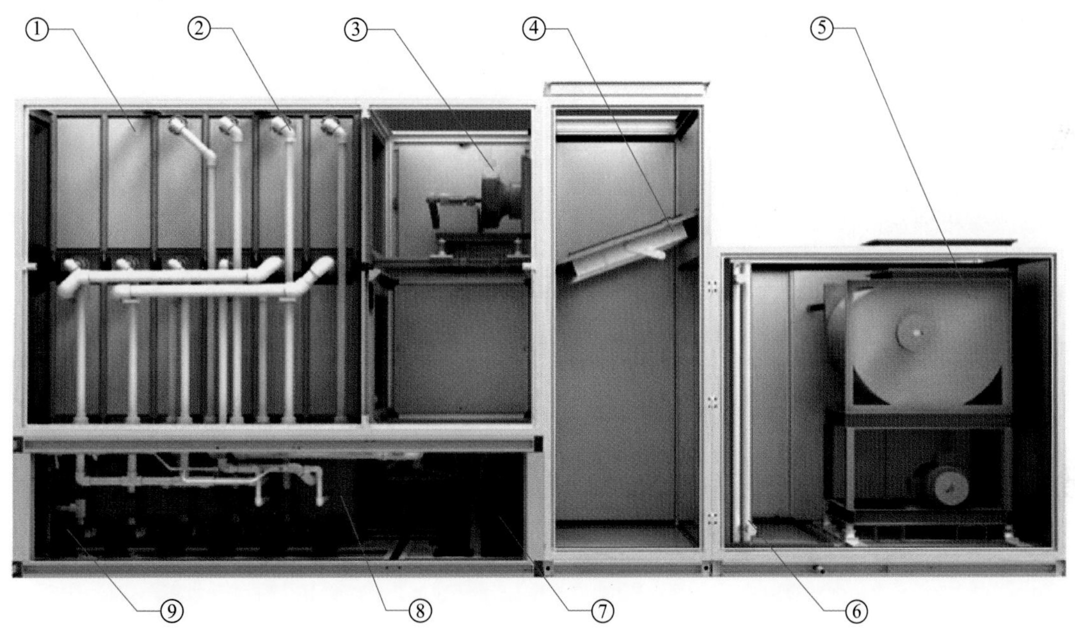

图 2.6-2　机组结构图

①—溶液模块；②—溶液管路；③—再生风机；④—风阀；⑤—送风机

⑥—后冷/热盘管；⑦—压缩机；⑧—储液箱；⑨—溶液泵

与传统空调方式相比，溶液式空调机组采用独特的溶液全热回收装置，高效回收排风能量，配合高温、冷水系统，降温除湿及加热加湿能力强，能源利用效率高，可以节约运行耗电 30%以上。本技术以某大型会展项目为例进行介绍。

2.6.2　技术特点

（1）利用 BIM 深化设计技术，合理选择溶液式空调机组设备参数，以达到要求的空气温湿度状态，满足设计指标。

（2）溶液式空调机组安装体积大，模块单元多，技术要求复杂，设备检修空间布局要求高。

（3）通过对机组自控系统送风参数的调试，准确控制空调区域内温湿度。

2.6.3 技术措施

1. 施工工艺流程（图 2.6-3）

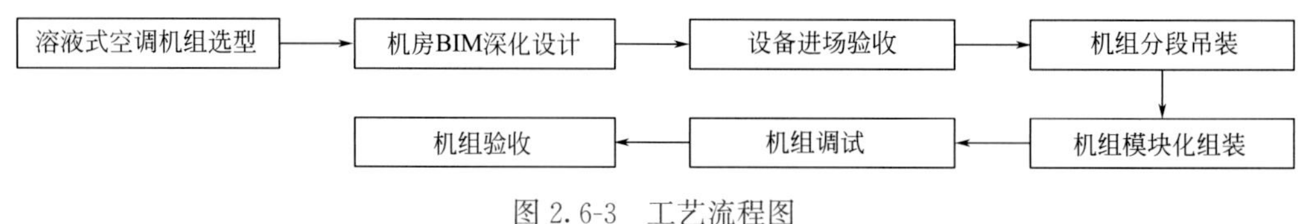

图 2.6-3 工艺流程图

2. 溶液式空调机组选型

根据溶液式空调机组特性，不同场合选择不同规格型号溶液式空调机组，会展、会议、剧院等围护结构密闭性较好的大型公共建筑，一般适用热泵式热回收型溶液全空气机组，其室内排风可利用，且排风量≥70％新风量，机组新/送风比≥30％。

3. 机房 BIM 深化设计

机房空间狭小，机组体积大，检修门多，机房内风管安装空间小，布置复杂。应用 BIM 技术对图纸进行深化，根据机房结构尺寸，将机组进行合理分段，结合信息化技术，形成模块装配化图纸，交由厂家制作，现场进行模块化组装。

4. 运行工况原理

（1）夏季工况

高温潮湿的新风通过全热回收单元被初步降温除湿，然后进入除湿单元与低温的浓溶液直接接触进行热质交换，新风被进一步除湿。低湿状态的新风与回风混合，通过外界提供的冷水（14/19℃）对混合空气进行降温，达到送风状态点。由除湿单元和表冷器分别控制送风的湿度和温度。夏季运行模式见图 2.6-4。

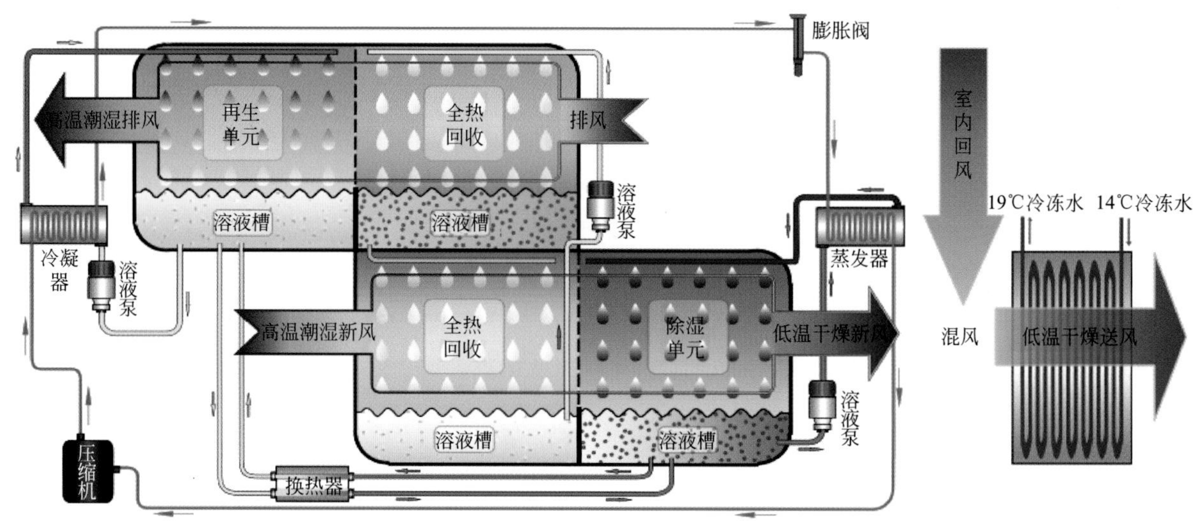

图 2.6-4 夏季运行模式图

（2）冬季工况

低温干燥的新风在全热回收单元中以溶液为媒介和排风进行全热回收，新风被初步加热加湿，然后进入加湿单元进一步加湿。湿润的新风与回风混合，通过外界提供的热水（50/45℃）对混合空气进行加热，达到送风状态点。由加湿单元和加热器分别控制送风的湿度及温度。冬季运行模式见图 2.6-5。

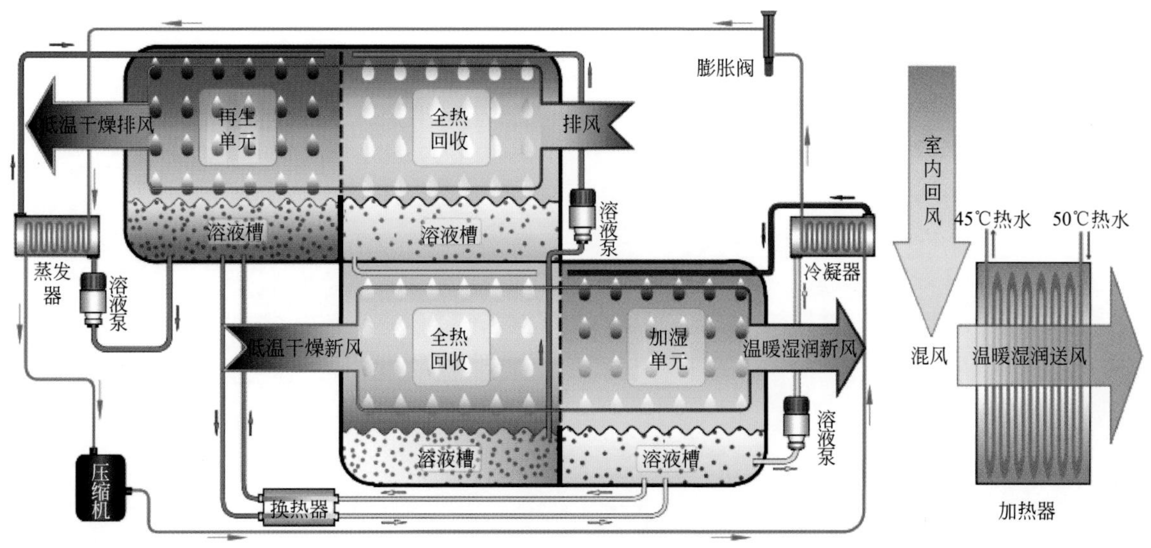

图 2.6-5　冬季运行模式图

（3）系统功能

采用热泵式热回收型溶液全空气机组的一次回风全空气系统。由机组的溶液调湿新风处理段（包含全热回收段、溶液调湿段）对新风进行集中处理，承担所有新风负荷和室内潜热负荷，负责控制室内的湿度。干燥的新风与回风混合后，使用 14/19℃冷水（冬季为 50/45℃热水）处理，承担室内显热负荷，负责控制室内的温度，溶液再生空气为室内排风。系统应用形式见图 2.6-6。

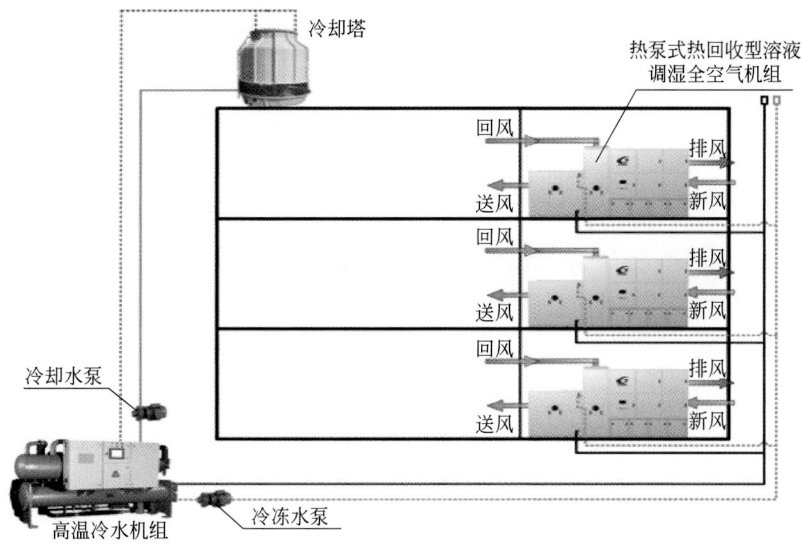

图 2.6-6　系统应用形式图

5. 温湿度控制

热泵式热回收型溶液全空气机组运行原理见图 2.6-7，机组监测室内回风的温度与含湿量，并根据室内参数要求调整机组运行状态。

机组溶液调湿新风处理段负责控制室内湿度，通过调节溶液段的压缩机及溶液泵启停状态以控制室内含湿量。机组后冷段负责控制室内温度，通过调节后冷段的冷（热）水流量控制室内温度。

6. 全新风工况切换

不同工况下热泵式热回收型溶液全空气机组风阀、风机切换见图 2.6-8。

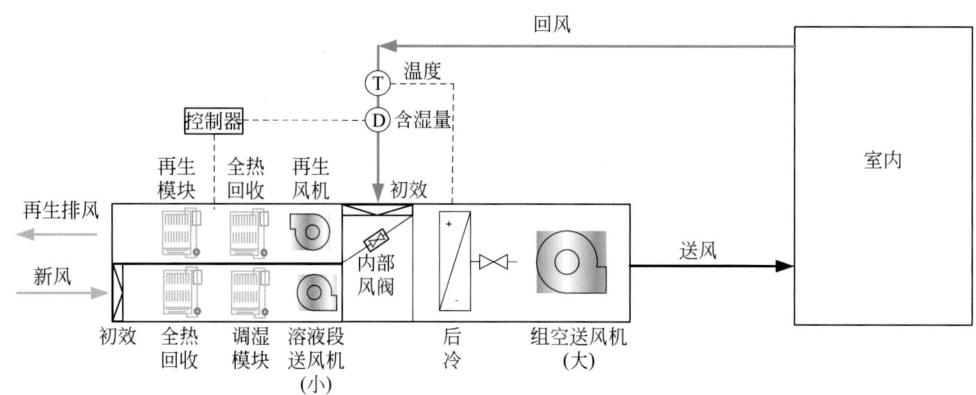

图 2.6-7　温湿度控制图

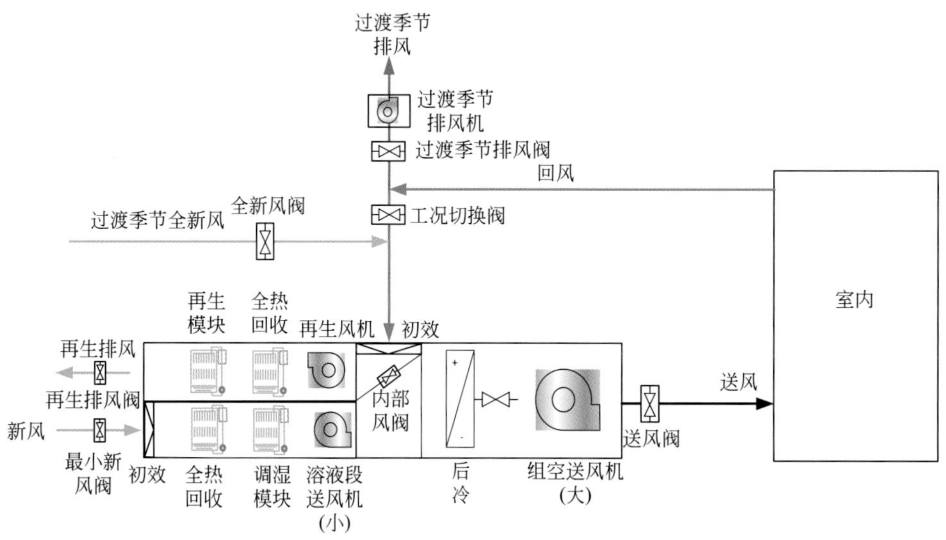

图 2.6-8　全新风工况切换图

最小新风工况：最小新风阀、再生排风阀、工况切换阀、送风阀开启；全新风阀、过渡季节排风阀关闭；再生风机、溶液段送风机、组空送风机开启；过渡季节排风机关闭。

全新风工况：全新风阀、过渡季节排风阀、送风阀开启；最小新风阀、再生排风阀、工况切换阀关闭；过渡季节排风机、组空送风机开启；再生风机、溶液段送风机关闭。

7. 进场验收

机组设备到场后，进行开箱检验，核对设备、材料规格、型号，清点数量（含专用工具、附件及备品、备件），审查设备、材料质量保证体系文件和产品技术文件。按规范、合同、设计图纸要求进行外观质量检测。

8. 机组运输及组装

机组整体体积大，为方便运输组装，预留吊装通道及吊装口，采用叉车及汽车吊进行机组模块分段卸车及就位吊装。就位过程见图 2.6-9、图 2.6-10。

机组由溶液段、混风段及表冷段组成，根据顺序逐段拼装。机组安装前后见图 2.6-11、2.6-12。

9. 机组调试

（1）调试要求

机组调试前需进行预热 24h，通入自来水对机组内铜管进行清洗，再进行盐溶液的填充，最后可进

图 2.6-9　机组采用叉车就位图

图 2.6-10　机组采用吊车就位图

图 2.6-11　机房内机组图

行机组单机调试。压缩机底部安装有曲轴箱加热带，用于在停机时对曲轴箱进行加热，使其底部温度高于低压饱和蒸汽温度 10℃以上，避免带液启动。当机组不使用时，机组的总电源不能关断，以保证曲轴加热带的正常工作。

图 2.6-12　现场机组安装完成图

（2）系统参数设置

1）参数显示

查询机组运行过程中的各种状态信息，包括空气参数、压机参数、系统参数、设备参数及状态参数 5 个子页面，参数显示界面见图 2.6-13。

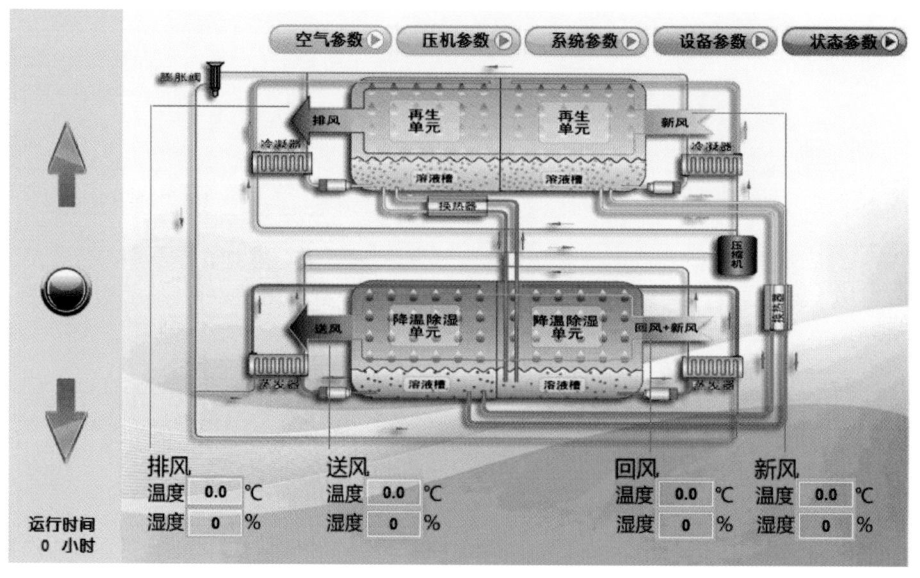

图 2.6-13　参数显示界面图

2）参数设定

设定机组的控制参数，包括密码修改、用户设定、分时运行、内部设定和高级设定等 5 个子页面。“默认设定”按钮用于恢复参数到出厂设定值，参数设定页面见图 2.6-14。

（3）机组自控系统调试

采集温度、湿度、压力、机组内部各部件的开关状态以自适应地实现对送风参数的控制，同时检查控制系统故障检测和保护等功能，其中送风参数的控制是整个系统的核心。机组调试见图 2.6-15。

1）送风含湿量的控制。以夏季除湿工况为例，当送风含湿量的实测值大于设定值时，增加压缩机的运行台数；当送风含湿量的实测值小于设定值时，减少压缩机的运行台数。冬季与之相反。

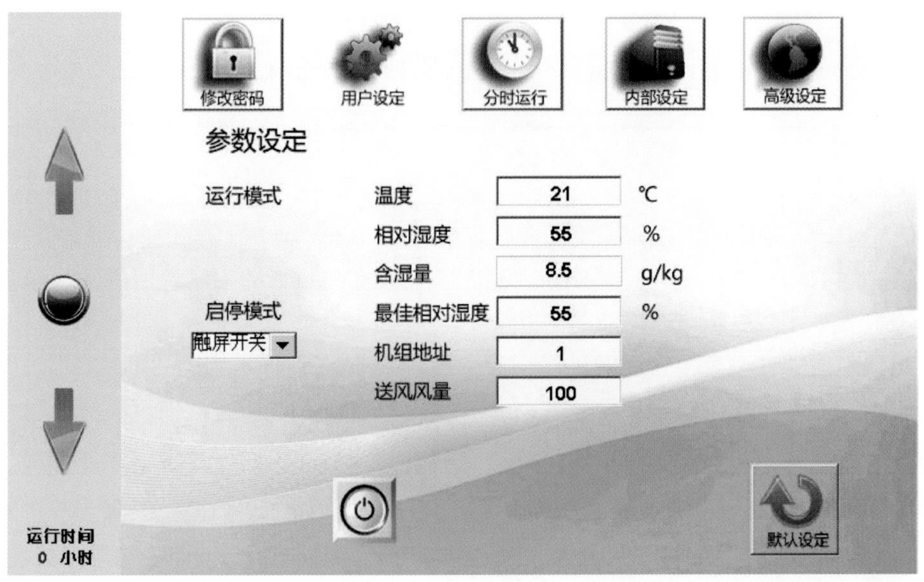

图 2.6-14　参数设定页面图

图 2.6-15　机组调试图

2）相对湿度的控制。相对湿度通过对溶液浓度的调节来实现，而溶液的浓度通过控制一级补水电磁阀的启停来进行调节。当送风相对湿度的实测值小于设定值时，启动一级补水电磁阀，向二级再生模块内补充清水，以降低溶液浓度。每次补水时长由算法自动生成，之后继续检测参数；如果在设定的两次补水间隔时间后，参数依然不达标，补水电磁阀则继续进行补水工作。

3）冷凝温差控制。为控制冷凝温度，提高系统效率，需要控制冷凝温差。冷凝温差通过控制补水电磁阀的启停来进行调节。

2.6.4　小结

空调溶液除湿系统能源利用效率高，适用于对舒适性要求高的场所。本技术通过合理选择溶液式空调机组设备参数，优化机房设备布局和管线走向，满足机房运行及检修要求。通过对机组自控系统调试，实现溶液式空调机组送风参数的精确控制和室内温湿度准确调控。

2.7 特殊空间弧形管道施工技术

2.7.1 技术概况

在剧院、场馆等大型复杂的公共建筑中，大跨度、大弧度的弧形结构建筑造型给管道系统制作安装造成了很大困难，为了实现管道排布的整齐、美观，将管道制作成弧形，使其与建筑主体结构相适应，既充分利用了吊顶空间，又避免了管道的相互交叉碰撞。

在弧形管道制作安装过程中，根据管道的材质、管径及连接方式，通常采用机械弯管和数控弯管两种工艺。机械弯管采用定制胎架和千斤顶组合成弯管器进行弯管，数控弯管通过机器预置控制程序，实现回弹补偿及故障自诊断，能够一次性完成复杂的空间弯管。

2.7.2 技术特点

（1）建立管道系统模型，模拟弯管过程并计算确定回弹量，管道一次弯管成型。

（2）管道连接部位采用预留直管段技术，优先选用标准部件，减少非标部件用量。

（3）采用机械（数控）弯管工艺，提高弯管的精确率和施工效率，管道系统成型美观。

2.7.3 技术措施

1. 机械弯管

（1）工艺流程见图 2.7-1。

图 2.7-1 管道机械弯管工艺流程图

1）根据设计图纸和规范要求，对弧形结构区域的管道建立 BIM 模型，计算管道的弧度并确定管配件位置；

2）在 BIM 模型中对管道进行分段并进行编号，记录每一段管道的长度，便于下料时的校核。分段时每根管道和配件连接处预留 0.3m 的直管段，保证管道连接是直管连接。做出分段模型后进行拼装模拟，确定满足设计要求；

3）根据分段的管道确定弯管器方案，选择合适的材料和焊接方式制作弯管器；

4）利用弯管器对管道进行弧度加工；

5）按照 BIM 模型对加工完成的管道编号并对管道校核，若弧度不满足要求则对管道进行调整，直到满足要求为止；

6）按顺序对管道进行拼装工作。

（2）建立 BIM 模型

对弧形区域内管道进行 BIM 建模，确定管道的大致弧度及管配件位置，见图 2.7-2。

（3）计算弧度

利用公式计算出所需的管中心弧度，并进行现场放样校核，弧度公式示意见图 2.7-3。

图 2.7-2　建立 BIM 模型

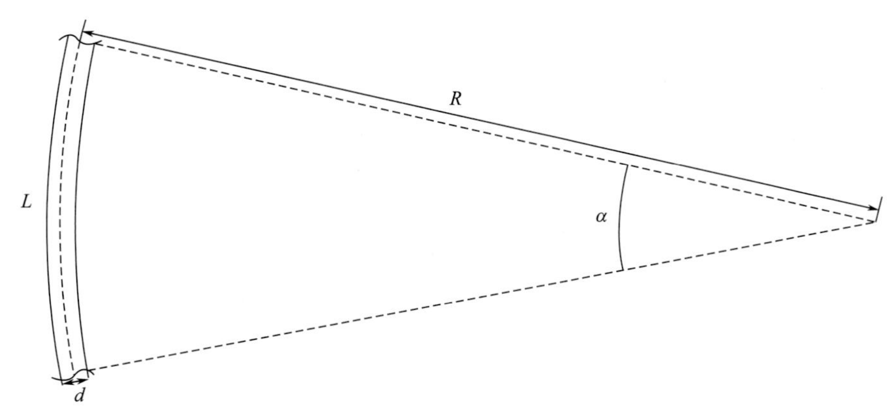

图 2.7-3　弧度公式示意图

$$L = \pi\left(R + \frac{d}{2}\right)\frac{\alpha}{180^{\circ}} \tag{2.7-1}$$

式中　L——管中心弧度；

R——弯曲半径；

d——管道公称直径；

α——圆心角度数。

（4）制作弯管器

弯管器操作平台采用槽钢焊接制作，焊缝均为满焊，操作平台焊接完成后对其安全性、可靠性进行校核检验，确保其安全、可靠，然后安装已经校验合格的液压千斤顶。弯管器制作完成后再次检查其安全可靠性，检查无误后进行弯管，见图 2.7-4。

（5）现场弯管

在使用弯管器对管道进行加工操作时不能直接使用计算出的弧度数据，需对管道进行回弹补偿。管道弯曲加工是弹塑性弯曲，现场弯管前要考虑到管道回弹的影响，弯曲回弹后必然产生角度变小、管件轴线变长和弯曲半径变大的现象，影响弧形管道最终的成型效果，因此必须提前控制管道回弹补偿量。

管道正式弯管前，先对管道进行弯管试验。将试验管道固定在弯管器上，按照计算弧度对管道进行弯管，达到预定弧度时利用卷尺记录管道两端的直线长度 x。接着从弯管器上卸下该管道，等待管道回弹完全后记录管道两端的直线长度 y。进行多组弯管试验后，算出 x 和 y 的平均差值 z，则 z 就为管道最终的回弹补偿量。通过不断校核，精确控制弯管弧度。

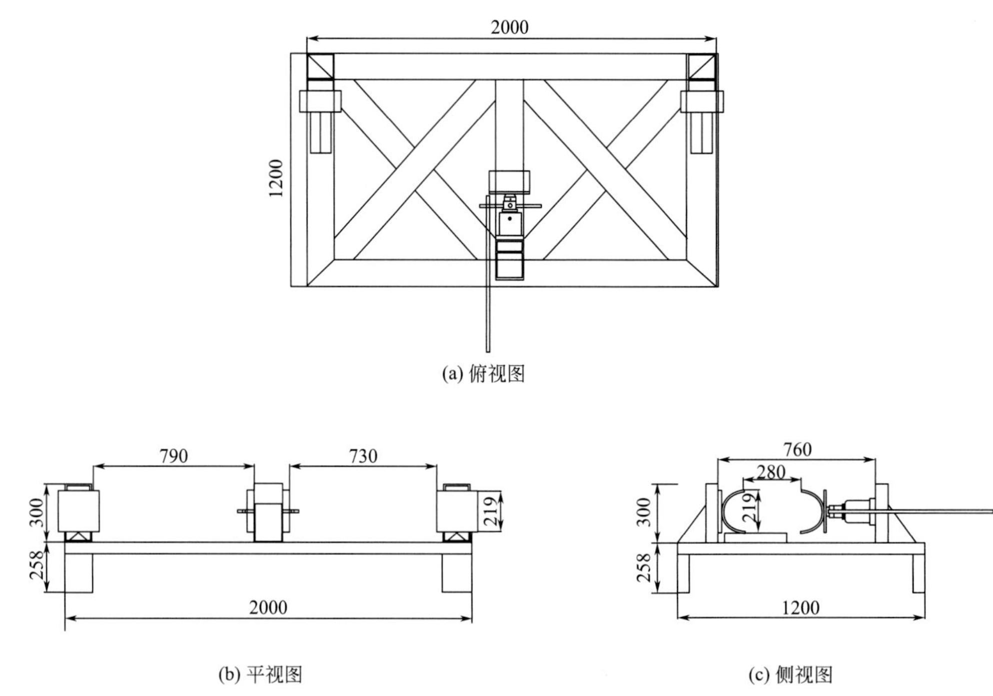

图 2.7-4　弯管器

1）弯管准备

① 检查欲弯管道的两端管口平整度和均匀度，对于沟槽连接的管道，若平整、均匀可以直接进行压槽，见图 2.7-5；对于螺纹连接的管道，需在弯管前完成螺纹加工工序。

图 2.7-5　检查待弯管道的两端管口

② 若平整、均匀程度欠佳，需切掉小段管道，使管口达到压槽（或螺纹加工）及弯管后管道连接的要求，见图 2.7-6。

③ 将管道固定在压槽机上进行压槽，沟槽要求槽深适中、深浅均匀，与沟槽管件相配套。压槽结束后开始弯管作业，见图 2.7-7。

2）弯管流程

① 将管道放置在弯管器上，弯管器需水平放置，使管道中心线保持在水平面上，以便控制弯管方向，保证弯管的质量和成型美观，见图 2.7-8。

图 2.7-6　管道切断保证平整度

图 2.7-7　管道压槽

图 2.7-8　管道放置弯管器上

② 将管道固定在弯管器上，对管道两端的连接边口进行打磨，将毛刺磨平，见图 2.7-9。

③ 根据 BIM 模型，管道两端各留出 0.3m 的距离，保证管道连接是直管连接，卡箍（螺纹）连接

图 2.7-9　管道固定及管口打磨

时不受弯管作用力影响，确保管道安装的可靠及稳定。根据管道弯曲半径，从管道口 0.3m 之后分段确定弯管点位，此点位就是弯管的位置，见图 2.7-10。

图 2.7-10　管道弯管点标记

④ 点位标记结束后，开始进行弯管工作。根据现场校核数据和计算的管道回弹量再次确认弯管弧度，将千斤顶顶在管道标记的点位上，固定好后开始弯管。弯管时，利用千斤顶平稳、高效的特性，使管件缓缓出现弧度，直至顶弯到位，见图 2.7-11。

⑤ 一个点位弯管完成后，调整管道至下一个弯管点位，控制管道弯管位置与前一点位处于同一水平面上，对准液压千斤顶，固定后缓慢施压顶弯，在弯管过程中不断校准，使整个管道弧度均匀、美观，见图 2.7-12。

⑥ 当所有点位弯管完成后，测量管道两端的直线长度及弯管弧度，并与 BIM 模型中数据进行比对，确保管道直线长度、弯管弧度等相关数据达到要求，见图 2.7-13。

⑦ 管道弯管完成效果见图 2.7-14。

2. 数控弯管

数控弯管是基于矢量弯管原理，运用电脑控制，完成所需的任意空间立体管型，相比较传统弯管方法，数控弯管大大提高了弯管的精度（直线精度可达±0.1mm，旋转角度可达±0.1°），是现代弯曲管道的重要加工方法。

图 2.7-11　弯管操作

图 2.7-12　管道所有弯管点确保同一平面

图 2.7-13　检查弯管质量

图 2.7-14 管道弯管完成

目前数控弯管成形过程主要是以绕弯加工方式来实现的，数控弯管机工作原理见图 2.7-15。管件的一端由主夹模压紧在轮模上的管件，管件与轮模的切点附近外侧装有辅推模，管件内部有芯棒支撑。当轮模绕机床主轴转动时，管件就绕轮模逐渐弯曲成形。

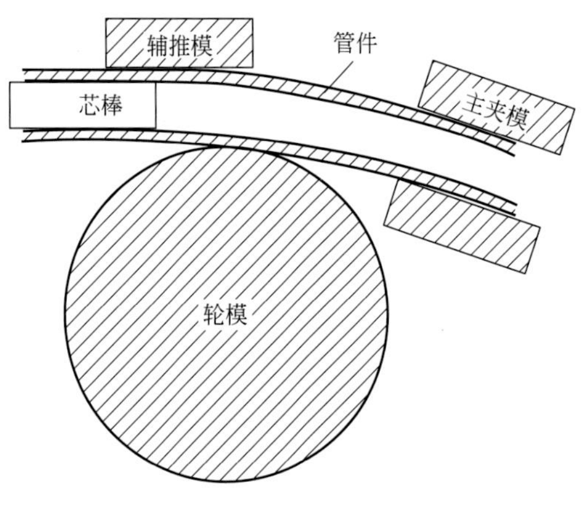

图 2.7-15 数控弯管

3. 管道拼装

管道弯管结束后，依照 BIM 模型及管段编码确定拼装顺序，对管道进行现场拼装，实现管道系统一次拼装成型。现场弧形管道拼装效果见图 2.7-16。

2.7.4 小结

通过现场采集及测量数据，建立弧形管道 BIM 模型，计算每段弧形管道的弯曲回弹补偿量，确定管道弧度，合理进行分段编码。依次有序加工并对半成品进行数据校验，确保弧形管道拼装一次成型。

本技术广泛适用于采用沟槽、法兰、焊接、螺纹连接等连接方式管道的弧度加工，合理满足体育场

图 2.7-16　弧形管道现场安装

馆、大型剧院等有特殊结构空间建筑的需求，在机电管线的平面布局上与建筑主体结构相适应，使管道布置更加合理、美观，为类似工程提供了借鉴。

2.8　泛光照明施工技术

2.8.1　技术概况

泛光照明是使室外目标或特定区域亮度高于其他目标和周边区域的照明方式，泛光照明系统通过电脑程序设定多种场景，呈现出层次分明，色彩各异的照明效果，突出建筑的设计概念，丰富建筑效果。通过 BIM 技术进行深化设计，完善灯具布置、管线路径，与幕墙等专业的配合，做到灯具类型、材质、颜色、安装方式和安装位置的最优选择，取得最佳景观照明视觉效果。

2.8.2 技术特点

（1）通过 BIM 技术进行深化设计，合理布置管线走向、灯具及支架，灯光与建筑物相融合，充分表现建筑的层次感。

（2）通过灯光控制系统和智能照明控制系统，灵活控制各回路灯具的开关，设定不同时段的灯光场景，展现灯光的投射面积、角度、强弱、光色等泛光效果的多样性。

（3）优化泛光照明系统配管及穿线施工与幕墙施工的流程，互相穿插进行，保证幕墙的气密性、水密性、抗风压等性能，实现灯具安装美观和使用安全，达到设计效果。

2.8.3 技术措施

1. 照明系统深化设计

采用BIM技术进行建模，充分考虑照明环境及与建筑、结构、幕墙的融合程度，合理设置桥架、线管路由及灯具的相对位置，避免出现扇形亮区及眩光现象。同时，对照明系统进行布局规划，根据泛光主题模拟灯光效果，局部调整，满足设计照明效果。

（1）图纸深化设计。主要包括与幕墙有关的外立面、雨篷灯具安装位置、节点大样、配电线路等深化设计，灯具参数、灯具配套支架和固定材料的优化选型，配电箱、线槽、配管布线等施工内容的统筹排布，控制系统控制点位的设计。

（2）配电系统深化。结合现场实际，深化配电系统平面管线布置，明确户外线缆、防水接线及防水接头的技术要求。

（3）灯具安装节点及大样深化。主要深化点为安装部位节点、灯具与安装节点的处理措施。通过灯具安装节点的深化，保证幕墙结构进出线孔的水密性、气密性及灯具的安全性。

2. 支架装配式施工

通过BIM技术建立支架模型，优化支架型式，明确细部节点方案，在工厂进行灯具支架的预制，现场进行拼装，提升灯具安装的美观性。灯具支架应满足灯具自身承重要求、抗风稳定性要求、防雷要求、灯具与结构固定节点要求以及支架与结构造型匹配的要求。

3. 各类灯具安装

（1）嵌入式线条灯安装

嵌入式线条灯应用于室外墙面等场合，安装要求如下：

1）嵌入式线条灯安装平直，采用激光标线仪进行放线，灯与灯之间的间距控制在规范要求数值内，立面嵌入式线条灯及大样图见图2.8-1、图2.8-2。

2）调节灯槽与铝方通连接的螺钉，调整灯具高度，确保灯槽高低一致。

3）根据现场情况，将灯槽固定在与灯槽等长的线槽处，确保线条灯预留与实际光源情况相匹配。

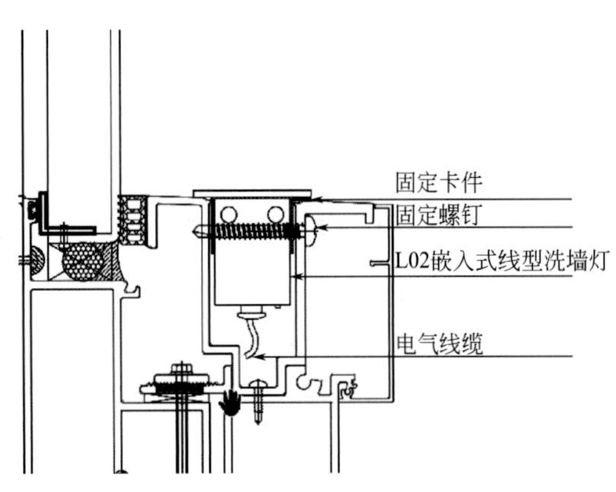

图2.8-1 线条灯大样图

图2.8-2 立面嵌入式线条灯图

（2）投光灯安装

投光灯主要包含立面投光灯及屋顶投光灯。

1）立面投光灯

立面投光灯安装在建筑物侧墙上，与幕墙专业交叉。幕墙的安装方式直接影响灯具的固定方式，根据现场环境设计出具备功能性和安全性的灯具支架。原设计直接在幕墙龙骨上安装金属固定件，经优化后采用螺杆连接钢板，再通过钢板固定灯具。在立柱后固定钢板增加力矩及受力，在墙面内侧生根，可以增大内侧钢板的紧固程度及受力。立面投光灯及大样图见图 2.8-3、图 2.8-4。

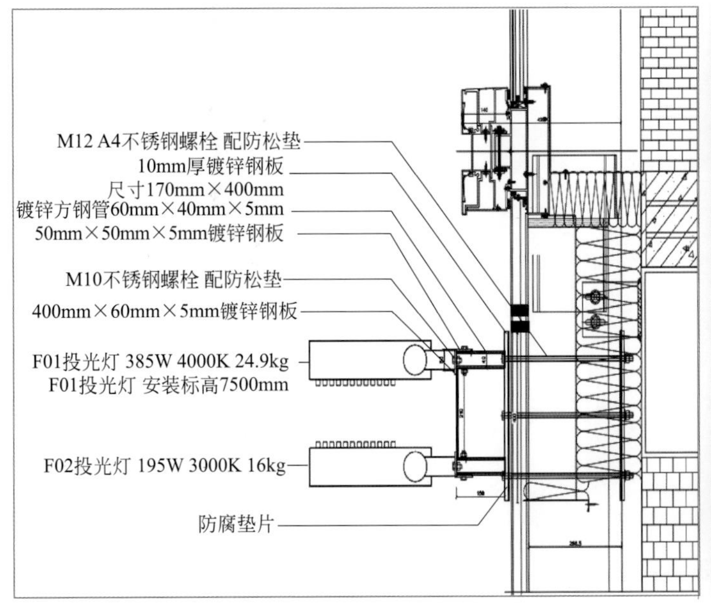

图 2.8-3　立面投光灯大样图

图 2.8-4　立面投光灯图

2）屋顶投光灯

屋顶投光灯需要考虑屋顶受力情况以及灯具的安装高度和可调角度，进行灯具支架深化设计。支架的安装需最大程度地保护屋顶的防水结构，使受力均分至整个屋顶。通过可转动式托盘，达到水平方向 360°和垂直方向 0°～90°的角度调节，安装完成后可以实现全角度照射。屋顶投光灯支架见图 2.8-5。

图 2.8-5　屋顶投光灯支架图

（3）地埋灯安装

地埋灯安装时，管线和灯具底盒的预埋，需要及时与土建、园林单位沟通，保证预留位置满足要求。在石材开孔前，给出准确的灯具开孔图，避免开孔错误致使石材损坏。地埋灯大样图见图 2.8-6，灯具效果见图 2.8-7。地埋灯安装要求如下：

1）现场预埋管线时做好标记，灯具网线做好挂牌标识，避免因标记不清，后期查找线路浪费调试时间；

2）灯具在存放和安装过程中注意成品保护，避免损坏灯具自带的防水接头线，保证灯具防水等级，特别对灯具接头采取防水、防潮和防尘措施，避免金属插件污损锈蚀，确保后续使用时信号的稳定性。

（4）水下灯安装

水下灯需满足相应防水等级要求，在安装过程中确保灯具的防水性能达到设计要求，采用水下专用电缆，防腐蚀、防漏电。使用专用电缆防水接头进行电线接头防水处理，灯具电源接驳部位设置在专用防水接头内，如水位较深，在防水专用接头两端缠绕自粘性防水胶带进行加强防水，防水接头见图 2.8-8。

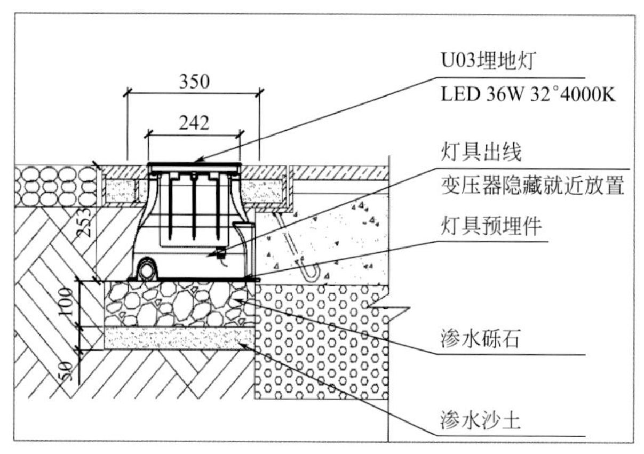

图 2.8-6 地埋灯大样图

图 2.8-7 地埋灯灯具效果图

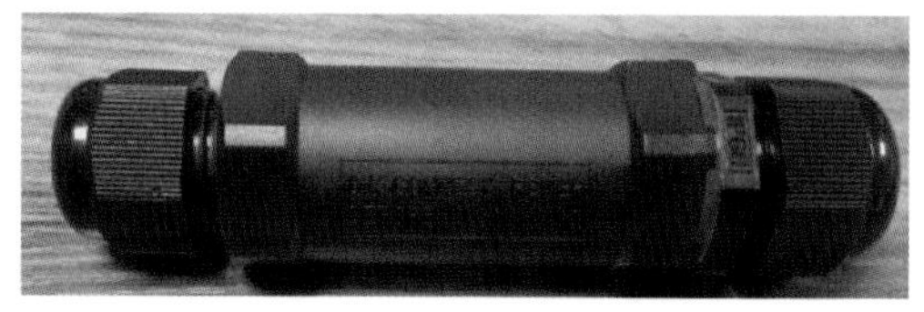

图 2.8-8 防水接头图

开关电源应放置在地势较高的绿化区域。水池电源线预埋管进行防水防渗封堵时，预留 0.6～1m 长的电缆线，方便维修换接线，水下灯及大样图见图 2.8-9、图 2.8-10。

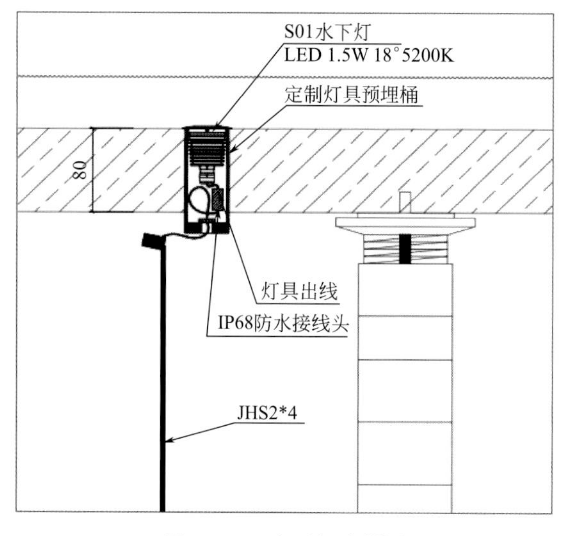

图 2.8-9 水下灯大样图

图 2.8-10 水下灯图

4. 控制系统调试

灯光控制系统对线型灯、投光灯等灯具进行调光、调色。智能照明控制系统控制场地内所有灯具的开关。

灯光控制系统主要由触摸屏控制面板、主控器、分控器、交换机、供电模块、信号放大器等构成。触摸屏控制面板可以根据用户要求进行自定义，通常分为四种模式：100%亮度、70%亮度、50%亮度、0%亮度。控制程序需要录入主控器、分控器中。当主控器离线时，分控器将自动控制所接入的灯具；当主控器在线时，分控器自动与主控器同步，即可通过主控器调节全部线型灯的亮度。调试时保证各设备全部在线后，通过触摸面板按钮检查灯具是否达到预设亮度即可。

智能照明控制系统主要由电脑主机、交换机、智能照明控制模块、供电模块等构成。所有程序录入电脑后，实现对全场灯具开关控制。智能照明控制系统单独点亮每个立面灯具，通过电脑按立面设置模式，每个模式对应相应立面的开、关两个状态，并写入对应立面灯具的回路编号。在基础程序中，调试完成每条回路的单独控制，实现灯具按需点亮或关闭的精准控制，达到建筑的灯光效果，灯光效果见图 2.8-11。

图 2.8-11　灯光效果图

2.8.4　小结

本技术通过对泛光照明系统进行深化设计，优化管线走向、灯具及支架布置，合理选择灯具的类型、材质、颜色、安装方式和安装位置，完美呈现泛光照明系统设计要求，为会展中心、剧院等地标性大型公建项目的泛光照明施工及管理提供了良好的经验。

2.9　电缆连接压接法施工技术

2.9.1　技术概况

建筑电气中，电力电缆的连接技术主要有焊接、压接和绕接等。其中，压接法是一种新型方法，通过利用专用工具或设备，借助较大的挤压力和金属间的位移，使连接器触脚或接线端子与电缆间实现机械和电气连接。目前，国内外压接技术应用广泛，并向着自动化、小型化发展，其制作工艺以及安装质量是确保通电运行的关键一环。

2.9.2　技术特点

当用专门的压接工具或设备给电缆和压接接触件施加足够的压力时，电缆与接触件两种金属紧密接触，产生过热并发生塑形变形。在变形过程中，压接的温度显著升高，引起结合部金属的塑形对流，破坏了两种金属表面的氧化膜，使两者以洁净的金属面接触，其接触电阻接近于零。同时，两种金属面还产生扩散现象，温度越高，扩散越激烈，从而在接触面形成合金层，达到可靠的连接，其特点如下：

1. 操作简单

整个压接过程只需两人协同操作，压接操作可在有限空间内完成，克服了电力变压器焊线时操作空间狭窄的缺点。

2. 生产成本低

冷压压接法包含的设备只有电动液压泵、液压钳和压模，一次投资可长期使用，无需额外费用。

3. 安全隐患少

液压泵与液压钳之间通过带快速接头的液压软管连接，在安全压力下使用，接头之间连接牢靠不易脱落，压模使用时在压钳导槽内相对运动，不会崩出。液压泵电源可靠接地后，不会存在触电隐患。

2.9.3 技术措施

1. 施工工艺流程（图 2.9-1）

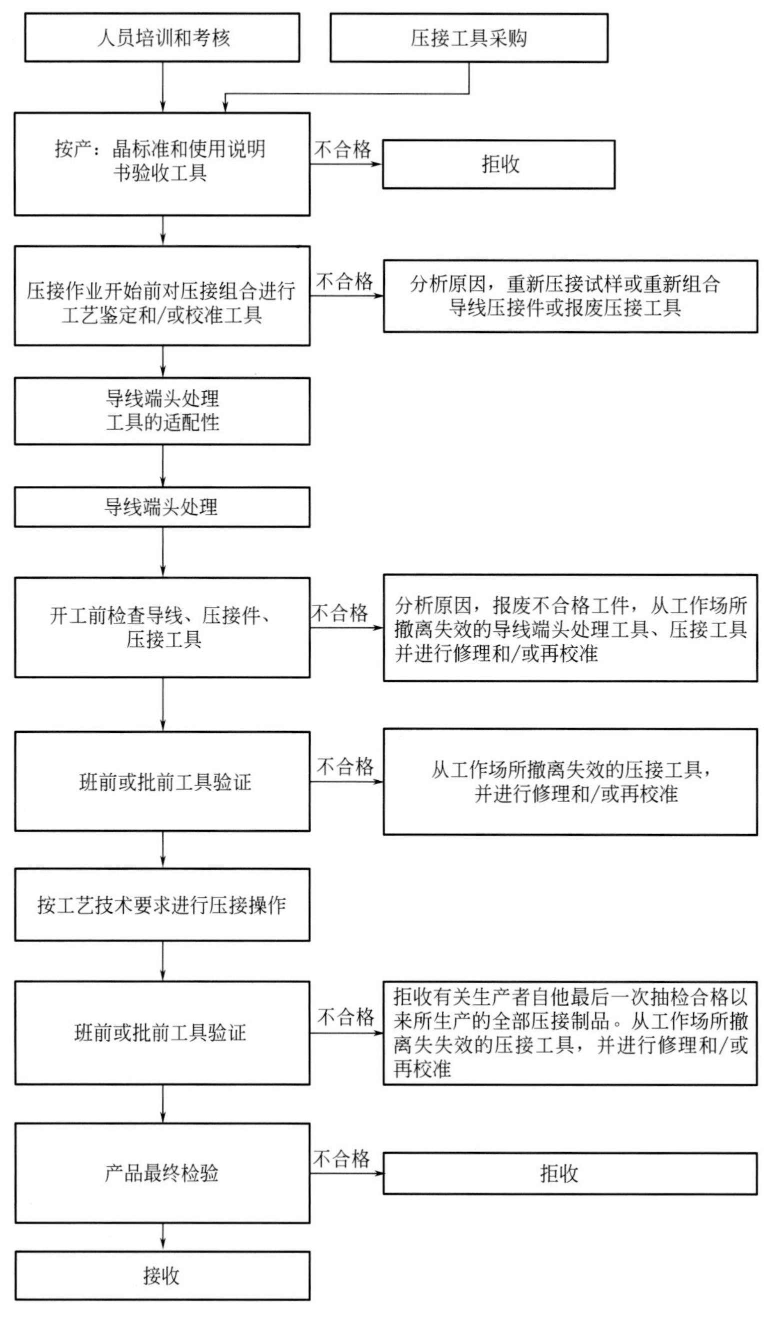

图 2.9-1 施工工艺流程图

2. 施工技术内容

（1）压接工具选用

冷压压接法的设备主要有电动液压泵、压钳及与其配套的压模，选用要求如下：

1）电动液压泵在满足压接压力的前提下，应具有体积小、质量轻、便于携带的特点。

2）应具有压力整定开关，使液压泵在施加压接力达到整定值后，能够自动泄压，避免压力过大，压裂压接端子。

3）压模的规格与其能够压接的电缆截面积有关。压接前，必须选用与待压接电缆相配套的压模，压模的材料应具有高硬度和高耐磨性，避免压接过程中变形，使压接端子产生飞边、毛刺，形成放电尖角。

（2）压接前准备

1）外包有绝缘纸或绝缘漆的待压接引线，必须对压接部位进行清理，去除绝缘纸或绝缘漆。

2）裸铜导线表面氧化严重的，应对氧化层进行打磨，使电缆光亮，以保证压接后导线接头处的接触电阻最小。

3）根据待压接电缆的截面积选择合适规格的压模和压接端子，检查压模有无异物及变形受损，压接端子是否符合图纸，是否开裂及壁厚不均，是否有尖角、毛刺。

4）根据压接端子的最大耐受压力来整定液压泵的出力上限。

（3）电缆头压接

1）连接好液压泵与压钳之间的高压软管，将压模放置在压钳导槽内，将待压接电缆一端用断线钳剪整齐后插入压接端子至端子限位处，使用引线专用导入模具（图 2.9-2），将电缆插入压接端子中。

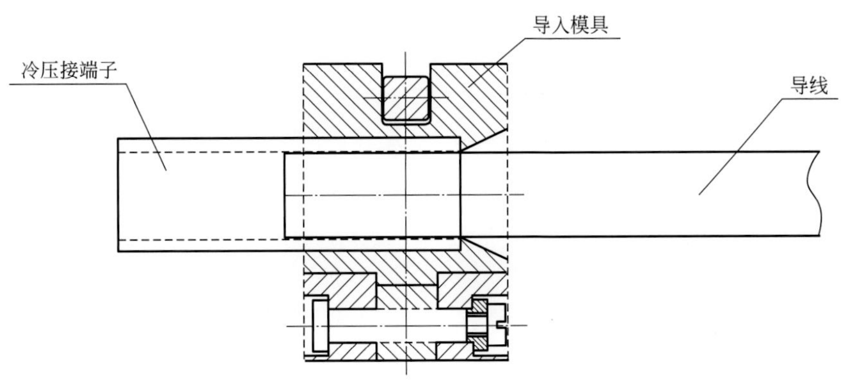

图 2.9-2　导入模示意图

2）当电缆与压接端子间空隙较大时，需要在缝隙之间增加添加线（图 2.9-3），使压接端子与电缆在压接后牢固接触。

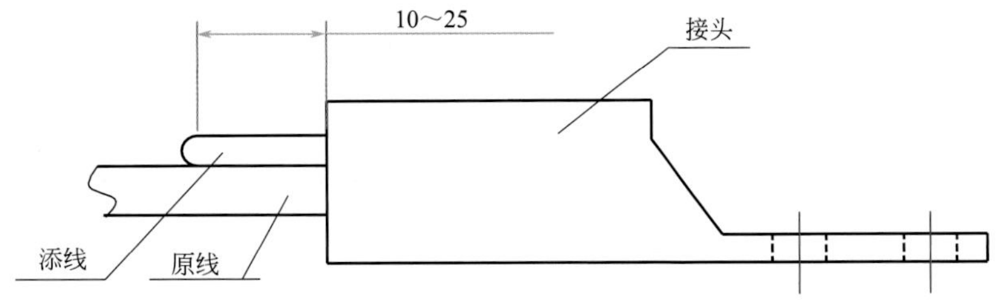

图 2.9-3　添线示意图

3）添加线应使用单根直径 ϕ0.8～2.10mm 软电缆，添加线对折后开口方向朝向压接头插入，要插到限位处，尽量减小压接头外露添加线长度。

4）原线截面积应占导线总截面的 60%以上；否则，应选用低一级压接端子。

5）导线插入前应用记号笔做好插入深度标记（图 2.9-4），确保插入到位。

6）将插入导线的压接端子放入压模凹槽内，调整压接端子使待压接部位位于压模压接范围内，确认液压管路连接牢靠后，按动液压泵开关，通过两瓣压模的挤压使压接端子和电缆压紧（图 2.9-5）。

7）液压泵出力达到整定值后自动泄压，两瓣压模随之分开，取下压接端子。

图 2.9-4　电缆插入深度标记

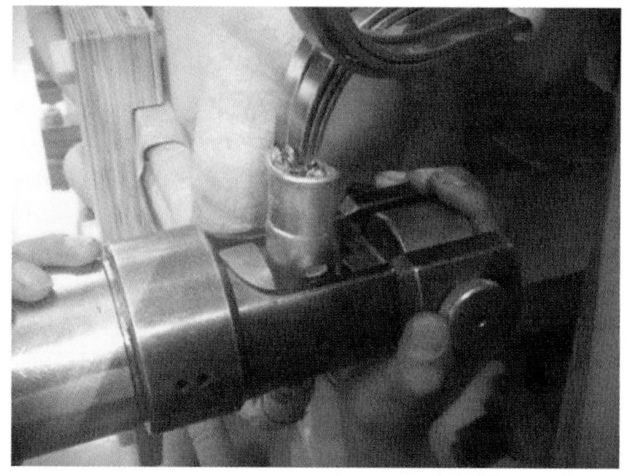

图 2.9-5　压接端子和电缆压紧

8）冷压接完成后，将添加线用尼龙榔头整平，紧贴在原线上，不应使用钳子整线，防止损伤引线。

9）对压接好的压接端子及引线进行检查，确认导线无外窜，压接端子无裂纹、飞边。

10）用手用力转动压接好的导线，导线与压接端子之间应无松动，压接完成后的状态见图 2.9-6、图 2.9-7。若压接不合格，应剔除掉端子，重新压接。

图 2.9-6　压接完成图 1

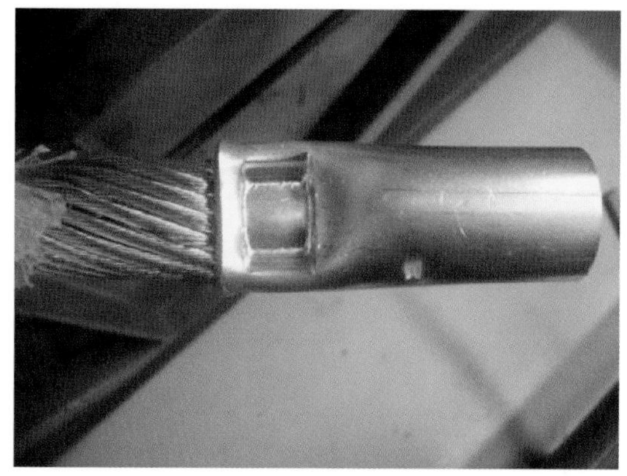

图 2.9-7　压接完成图 2

11）包扎绝缘，对于压接端子凹坑处，需用皱纹纸填平后再包扎绝缘。110kV 及以上电压等级的引线，应在压接端子处包扎铝箔或碳化皱纹纸并与引线可靠接触，利用等电位对压接端子进行电场屏蔽，防止发生放电故障。

2.9.4　小结

压接法不需要焊料和助焊剂即可获得可靠的连接，从而解决了被焊件清洗困难和焊接面易氧化的问题，能承受恶劣的工作环境，操作简便且生产效率高，能适应自动化生产，具有广泛的应用推广价值。

2.10　电缆穿墙洞口密封模块施工技术

2.10.1　技术概况

电缆穿墙洞口密封模块施工技术采用机械密封的方法，使用可调芯层的密封模块与框架和压紧装置，形成防侵入扩散的电缆和管道穿隔密封系统。密封模块采用无卤弹性橡胶体材料制成，硬度为肖氏 80±5HA，普遍适用于密封要求高的部位，实现阻火、阻烟、防尘、防水等功能。电缆沟内密封模块安装见图 2.10-1。

图 2.10-1　电缆沟内密封模块安装图

2.10.2　技术特点

本技术电缆密封系统采用模块化密封技术，由特制的模块和钢材质框架组成，通过机械方法实现电缆穿墙密封，有以下特点：

(1) 具有高温安全性以及无毒、无烟性。

(2) 框架内采用机械施压密封，密封效果优良稳定，使用寿命长达 25～30 年。

(3) 有效防止水、火、电磁干扰、灰尘、动物啃咬、爆炸等引起的损害。

(4) 采用多径技术，通过剥去模块芯层，调整密封内径，以适配不同规格的电缆，提升模块的适应性。

(5) 采用标准化模块和框架，可根据现场情况进行灵活组合，并能为未来扩容留下空间。

2.10.3　技术措施

1. 密封系统的形式

密封系统主要有方形框架及圆形密封件两种密封形式。

(1) 方形框架

方形框架带有一个法兰边，一般用作单孔框架，可以浇筑、焊接或用螺栓固定到结构上，也可用作由多个框架在宽度和高度方向排列构成的组合式框架。

方形框架适用于混凝土和砌筑结构，如需在已敷设电缆的位置安装方形框架，可以使用螺栓固定型框架，框架边可以打开，将电缆套在中间。方形框架密封系统见图 2.10-2。

(2) 圆形密封件

圆形密封件由带有供安装多径模块的方形开孔的橡胶胶体组成，可以安装在中心钻孔内，或浇筑或螺栓固定到墙内的套管中，密封多根电缆和管道，施工现场用刀切开，可以用于对现有电缆或管道的改造安装。圆形密封件系统见图 2.10-3。

2. 方形框架密封系统安装

(1) 框架内壁应进行清理，确保框架内壁无污垢或灰尘，然后使用配套的润滑油脂润滑框架内壁。

(2) 通过剥离芯层调整用于容纳电缆或管道的模块。合理控制剥离层数，置入电缆后，模块接触的两部分之间保留 0.1～1.0mm 的间隙。

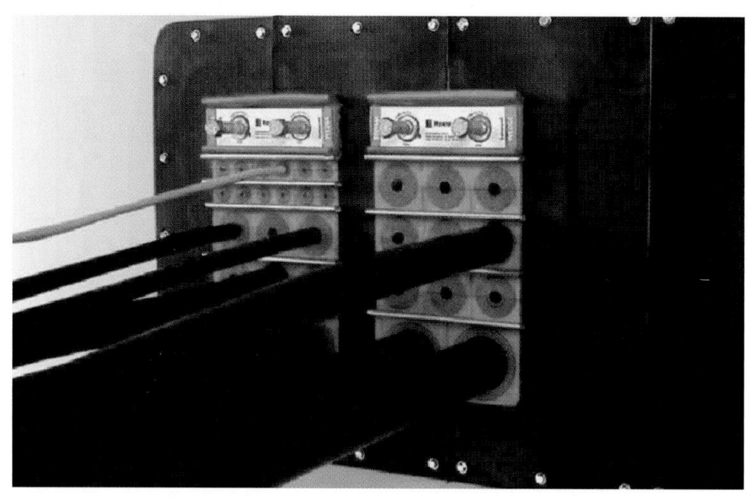

图 2.10-2　方形框架密封系统

图 2.10-3　圆形密封件系统

（3）框架内表面及每一个模块和侧面都涂上润滑油脂，以手指接触时有丝滑感觉为宜，防止摩擦力过大使模块难以推入框架内，或在拧紧过程中模块滑出。

（4）根据模块的排布图纸将模块插入框架内，每一行模块顶部装入一块隔层板，并在上部区域留出备用模块。

（5）模块安装完毕后，在方框最顶层安装楔形压紧件，通过紧固螺钉将模块压紧，使用力矩扳手进得检测，以 20N・m 为宜。楔形压紧件见图 2.10-4。

3. 圆形密封系统安装

对于圆形孔洞或套管，应使用圆形密封系统，安装要点如下：

（1）将孔洞或套管内清理干净，在框架外部涂上润滑油脂后，插入孔洞或套管中。如果电缆为预先布线，可以打开圆形框架进行安装。圆形密封件见图 2.10-5。

（2）在圆形密封件内按方形框架密封系统的方法安装模块，填满后通过交叉拧紧螺母。使框架受到压缩，直至密封。

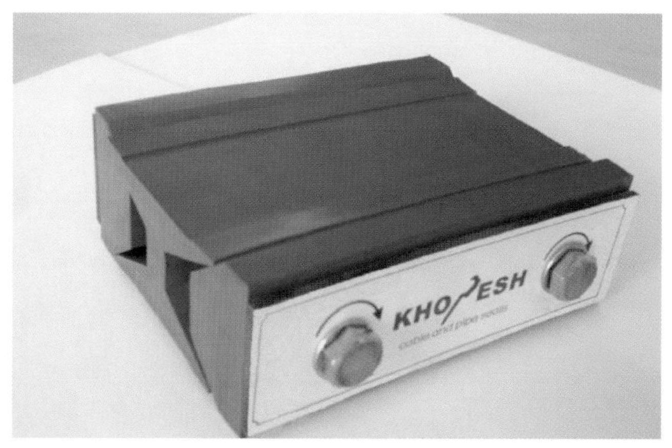

图 2.10-4 楔形压紧件

图 2.10-5 圆形密封件

2.10.4 小结

电缆穿墙洞口密封模块施工技术，其气密性、水密性等均具有良好效果，是在传统密封方式的基础上进行的改进，通过任意搭配，以适应安装过程中的各种变化，从而降低因变化而产生的资源浪费，可以用于地下室、电缆沟等较为恶劣场所下的电缆穿墙封堵，达到阻火、阻烟、防尘、防水等防护和阻隔的要求，有着广泛的推广应用前景。

2.11 高压电力电缆除潮施工技术

2.11.1 技术概况

高压电力电缆由保护层、绝缘层、线芯等构成，在施工过程中受潮后，潮气或水分一旦从电缆端部或电缆保护层进入电缆绝缘后，将从绝缘外铜丝屏蔽的间隙或从导体的间隙纵向渗透，受潮后的电缆在高电场作用下会产生“水树枝”现象，使电缆绝缘性能下降，最终导致电缆绝缘击穿，给供电系统埋下事故隐患。因此，受潮后的电缆必须进行去潮处理。

本技术采用真空装置和氮气置换的组合技术，即将受潮电缆未进水的一端接瓶装氮气，高纯有压氮气在压力作用下通过电缆排气过程中带走电缆内部的水分，另一端辅以小功率真空泵抽真空，去除电缆中的潮气或水分，达到除潮的目的。

2.11.2 技术特点

（1）采用的机具及材料都容易制作和购买，能极大减少工期和成本损失，例如干湿两用型真空泵、热缩型电缆套管、聚氯乙烯管（Polyvinyl Chloride，简称 PVC）、瓶装氮气、氮气减压阀组、耐压气管等。

（2）在电缆除潮时一端充干燥氮气，另一端辅以小功率真空泵抽真空，功效高且不易对电缆造成二次伤害。

（3）各部件之间的连接方式采用热缩或丝扣连接，通过控制减压阀组调节输出氮气压力，操作简便易行，对电缆不会造成损伤。

（4）使用瓶装氮气，充分发挥其带压、惰性、无水、无尘、易得、低廉的特性。氮气纯度可达

99.999%，避免水气、灰尘等杂质对电缆的二次污染，对比使用干燥压缩空气其特性更为可靠。氮气通过电缆内部后吸收电缆内部水气从另一端排入大气，高效、安全、无污染。

2.11.3 技术措施

1. 系统构成

如图 2.11-1 所示，系统主要有真空泵、瓶装氮气、耐压气管及连接件组成，主要如下：

（1）瓶装氮气：选用高纯度瓶装氮气，氮气纯度≥99.999%，在一定压力或温度下，氮气呈液态充瓶，通过减压阀减压后又恢复气态。

（2）减压阀：选用 YQD-09 氮气减压阀，专用于氮气瓶上的减压阀。

（3）氮气气管：瓶装氮气用橡胶管 $\phi 6\times 12$。

（4）连接件 2：热缩管。

（5）电缆：受潮待处理电缆。

（6）连接件 1：带气嘴的连接件，用于真空气管与电缆的连接，采用硬塑料水管制作，其内径大小恰好能套入电缆，选择的气嘴大小应与真空用橡胶管配套，见图 2.11-2。

（7）真空气管：真空用橡胶管 $\phi 6\times 12$。

（8）湿度检测装置：测量范围：0～100%，精度：0.1%～1%。

（9）真空泵：随真空泵配套真空表和过滤器。

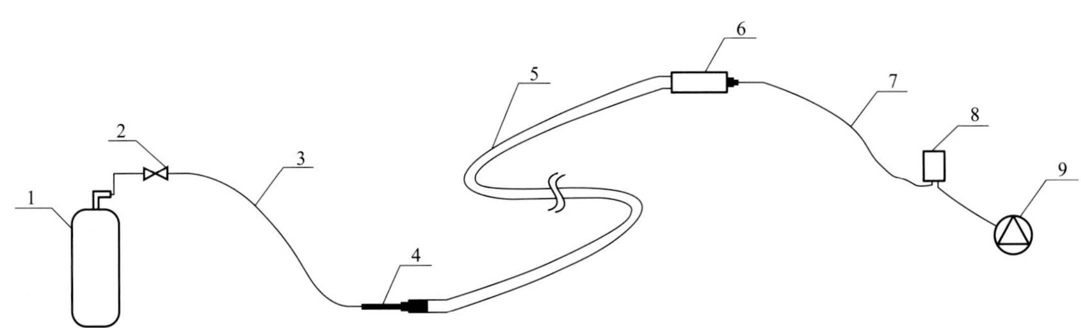

图 2.11-1 电缆氮气除潮系统图

1—瓶装氮气；2—减压阀；3—氮气气管；4—连接件 2；5—电缆；6—连接件 1；7—真空气管；8—湿度检测装置；9—真空泵

2. 系统连接

系统连接需要解决真空系统、氮气系统与电缆连接的问题，由于电缆与气管连接时直径与内压不同，且无合适的成品件可用，需采取以下措施，以实现系统的有效连接。

（1）真空系统与电缆的连接

为确保真空系统与电缆的连接件（连接件 1）在抽真空时不被抽瘪或变形，所用部件选用刚性材料。该连接件设计为气嘴、管帽和管套三部分，气嘴为成品铜接件，管帽、管套选用硬塑料水管制作，见图 2.11-2。管套内径应略大于待除潮电缆外径，长约 25cm。

管帽与管套采用胶水粘结；气嘴与管帽连接采用丝接（管帽上事先攻丝），丝接时缠绕生料带密封，以保证丝接处严密。

将连接件 1 套在电缆端头，深度约 20cm，为确保连接件 1 与电缆连接的严密，获得良好的真空效果，在连接件 1 与电缆的缝隙处先用防水胶带缠 4～5 道，再用电工胶带缠 2～3 道。

（2）氮气系统与电缆的连接

氮气与电缆连接件（连接件 2），应能承受 1MPa 以上气压，充氮时接头保持密封良好且不漏气。为

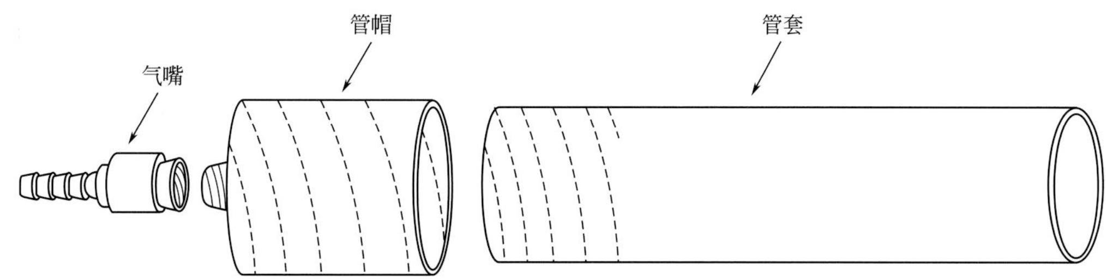

图 2.11-2　连接件 1 示意图

此采用可用于电缆接头制作，且有加热收缩特性的电缆热缩管，其制作步骤如下：

1）先清洁剥切电缆头，电缆的铜屏蔽层和应力层各留出 1cm，如图 2.11-3 所示；

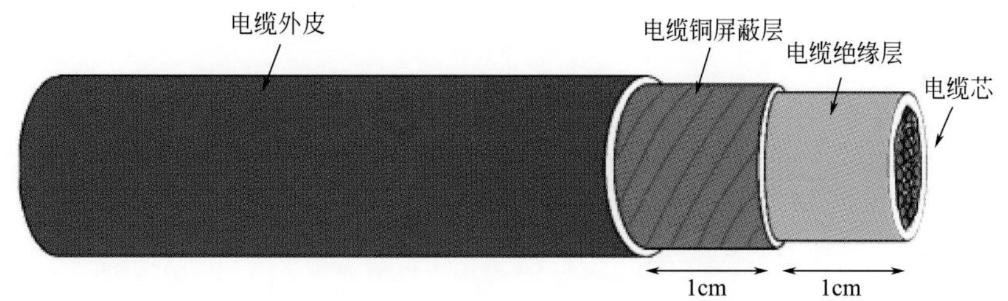

图 2.11-3　电缆头示意图

2）取与电缆匹配的长约 30cm 电缆热缩管，套在电缆端头上，套入长度 15～20cm；

3）将氮气橡胶管插入热缩管，插入前采用胶带将橡胶管的插入部分加粗至热缩管可接受外径；

4）使用电热风机，均匀加热热缩管，使热缩管与电缆、氮气橡胶管分别牢固紧密连接；

5）加热完毕，在热缩管与氮气管接头处，用防水胶带密封 3～4 道，再用普通胶带缠 1～2 道，防止因气管管径过小而收缩不紧，如图 2.11-4 所示。

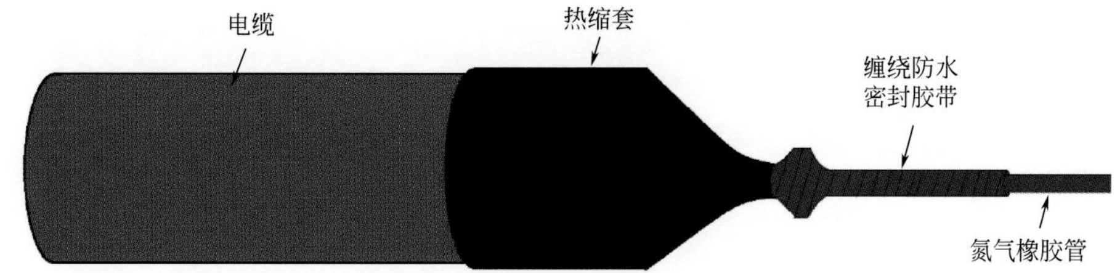

图 2.11-4　充气端电缆头示意图

系统连接完成效果如图 2.11-5～图 2.11-8 所示。

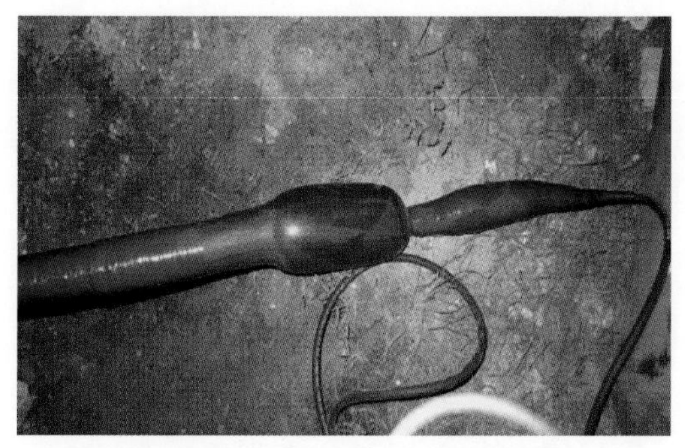

图 2.11-5　氮气与电缆连接

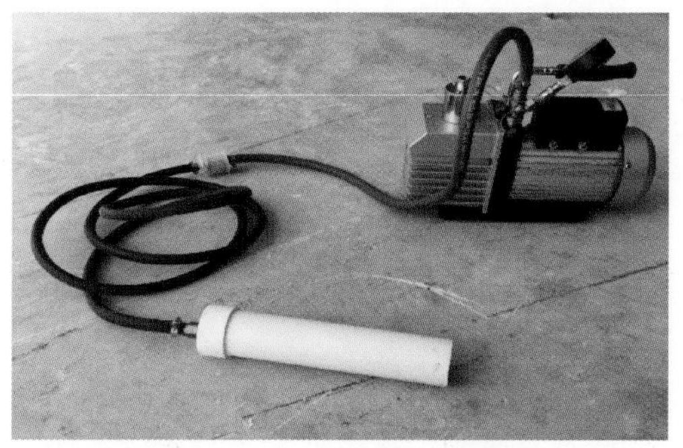

图 2.11-6　电缆抽真空装置

图 2.11-7　真空管与电缆连接

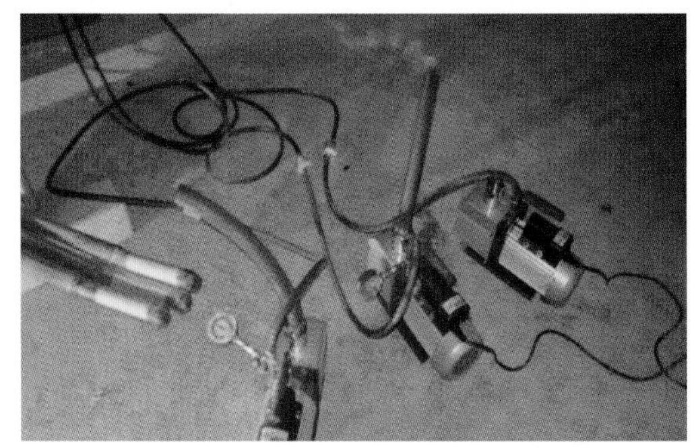
图 2.11-8　抽真空系统运行

3. 操作流程及要点

（1）干燥开始

1）操作流程（图 2.11-9）

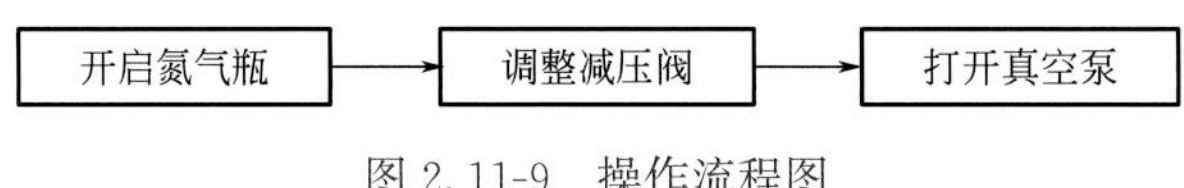

图 2.11-9　操作流程图

2）注意事项

① 氮气钢瓶应放在阴凉、干燥、远离热源处，放置气瓶地面必须平整。

② 氮气瓶使用时需确认氮气减压阀处于关闭状态，先打开气瓶阀门，然后缓慢开启减压阀，观察压力表读数及系统是否良好，通常保持气体输出压力 0.3MPa。对较长的电缆，可适当调高充氮压力，但不要超过 0.6MPa。

③ 在电缆非充气端，观察有无气体流出。可使用无破损的塑料袋套在出气口并扎紧。若有气体流出，塑料袋很快被吹鼓起。若长时间无气体流出，可能是充气端漏气，电缆保护层受损等，需进一步检查漏气点。

④ 当出气口流出氮气后，将真空泵连接到电缆端头上并开启真空泵。开启前应检查油位，保证油位不低于油位线，低于油位线应及时加油，开启时应检查管路的密封是否可靠，保证无渗漏现象。

（2）干燥过程中

1）经常检查真空泵的运行情况，低于油位线应及时加油，并在真空泵停止且冷却后进行加油。

2）注意观察氮气压力表的读数，当压力低于 1MPa 时应及时更换气瓶；更换气瓶时要轻拿轻放，只有当气瓶竖直放稳方可松手。更换气瓶时宜关闭真空泵，避免吸入有潮气的空气。

3）经常检查阀门及管路严密情况，确保无漏气现象。

4）每隔 2h 记录环境相对湿度、出气口相对湿度读数。

（3）干燥完成

根据现场施工实践，在出气端相对湿度达到 1%时，可以认为电缆干燥完成。

1）操作流程（图 2.11-10）

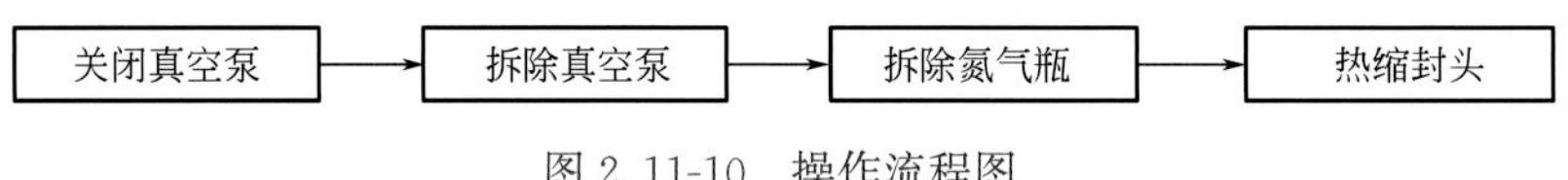

图 2.11-10　操作流程图

2）注意事项

① 首先，要关闭真空泵并拆除真空泵，切记不要先拆除氮气，避免真空泵将外界水气吸入电缆。

② 在拆除真空泵，再持续充氮 5min 后，拆除氮气瓶。

③ 电缆端口在拆除真空泵及氮气瓶等相关装置后，应立即用热缩帽进行密封处理，防止电缆二次污染，如图 2.11-11 所示。

4. 电缆检测

电缆干燥处理完成后，需要对电缆进行绝缘检测、耐压试验及介质损耗角试验，检测需满足国家标准《电线电缆电性能试验方法　第 14 部分：直流电压试验》GB/T 3048.14—2007、《电线电缆电性能试验方法　第 11 部分：介质损耗角正切试验》GB/T 3048.11—2007。

图 2.11-11　除潮后封闭电缆端头

2.11.4　小结

本技术利用充氮气与抽真空同时对受潮高压电力电缆除潮的方法，简易实用、操作方便、去潮速度快，方法柔和，同时不致电缆二次受伤，并最大限度控制电缆杀手“水树枝”的产生，从而削除供电系统以后运行中的隐患事故。

2.12　综合安防施工技术

2.12.1　技术概况

综合安防管理将原本独立的系统进行融合，形成一套具有联动预案的综合安防有机体，整个系统真正实现“一体化、智能化”管理，提高建筑内部的管理效率。依托综合安防管理平台实现对视频监控、可视对讲、入侵报警、出入口控制、电子巡更、智能停车场等安防子系统的管理。

2.12.2　技术特点

1. 安防子系统独立分控、总体集成

每个子系统既可独立工作，也可通过综合安防管理平台与其他子系统有机地协同工作、联动防范，构成一个完整的安全技术防范体系。系统操作与处理在统一的人机界面完成，实现分散监视、控制和集中管理、统一调度的目的。

2. 安防措施综合全面

采取多种安全防范措施，以达到周密、全面的安全防范目的。系统实现各项业务间的联动管理，如入侵报警系统探测到警情，或门禁系统识别到强行开门，或停车管理系统发现黑名单后，通过综合管理平台设置触发视频监控系统进行抓图、弹窗显示、录像存储，同时联动平台控制端与对应语音通道开始对讲，发送短信或邮件通知管理人员等，实现众多联动功能。

3. 智能化管理

综合安防系统融合先进的智能化技术，以实现“事前预防，事中响应，事后追责”等，可有效降低安保人员的工作量，增强综合安防的整体安保能力。

2.12.3 技术措施

1. 视频监控子系统

利用视频技术探测、监视监控区域并实时显示、记录现场视频图像的电子系统。主要由前端摄像机、交换机传输、后端存储、显示和控制设备等组成。具体措施如下：

（1）摄像机、拾声器的安装具体地点、安装高度满足监视目标视场范围要求，注意防破坏；

（2）在强电磁干扰环境下，摄像机安装必须与地绝缘隔离；

（3）电梯厢内摄像机的安装位置及方向能满足对乘员有效监视的要求；

（4）信号线和电源线分别引入，外露部分用软管保护，不影响云台转动；

（5）摄像机辅助光源等的安装不影响行人、车辆正常通行；

（6）云台转动角度范围满足监视范围的要求；

（7）云台运转灵活、运行平稳，云台转动时监视画面无明显抖动。

球形摄像机安装见图 2.12-1，半球摄像机安装见图 2.12-2。

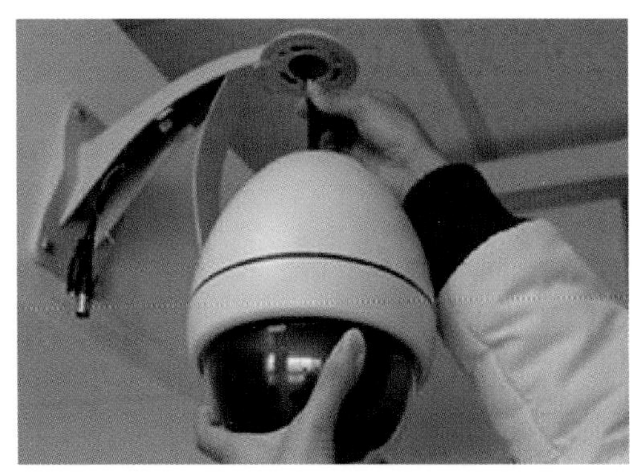

图 2.12-1 球形摄像机安装图

图 2.12-2 半球摄像机安装图

2. 可视对讲子系统

采用可视对讲方式确认访客，对建筑物出入口进行访客控制与管理的电子系统，主要由访客机、室内机、控制主机等组成。具体措施如下：

（1）访客呼叫机、用户接收机的安装位置、高度必须根据现场实际情况合理设置；

（2）调整访客呼叫机内置摄像机的方位和视角于最佳位置。

可视对讲访客机见图 2.12-3，可视对讲室内机见图 2.12-4。

3. 入侵报警子系统

利用传感器技术和电子信息技术探测非法进入设防区域的行为，以及由主动触发紧急报警装置发出报警信息、处理报警信息的电子系统，主要由前端探测器、紧急按钮、报警主机、报警键盘、接警中心等组成。具体措施如下：

（1）各类探测器的安装点（位置和高度）符合所选产品的特性、警戒范围要求和环境影响等；

（2）入侵探测器的安装，确保对防护区域的有效覆盖，当多个探测器的探测范围有交叉覆盖时，避免相互干扰；

（3）周界入侵探测器的安装. 能保证防区交叉，避免盲区；

（4）需要隐蔽安装的紧急按钮，安装位置必须便于操作。

红外探测器安装见图 2.12-5。

图 2.12-3　可视对讲访客机

图 2.12-4　可视对讲室内机

图 2.12-5　红外探测器安装图

4. 出入口控制子系统

利用数卡、密码或生活特征等模式识别技术，对出入口目标进行识别，并控制出入口执行机构启动或关闭的电子系统。主要由读卡器、按钮、执行机构（磁力锁、电控锁等）、门禁控制器等组成。具体措施如下：

（1）各类识读装置的安装便于识读操作；

（2）感应式识读装置在安装时注意可感应范围，不得靠近高频、强磁场；

（3）受控区内出门按钮的安装，必须注意不能通过识读装置的过线孔触及出门按钮的信号线；

（4）锁具安装保证在防护面外无法拆卸。

门禁磁力锁安装见图 2.12-6，门禁读卡器安装见图 2.12-7。

图 2.12-6　门禁磁力锁安装图

图 2.12-7　门禁读卡器安装图

5. 电子巡更子系统

对巡查人员的巡查路线、方式及过程进行管理和控制的电子系统。主要由巡更棒、巡更钮、通信器、巡更软件等组成。具体措施如下：

（1）在线巡查或离线巡查的信息采集点（巡查点）的位置必须合理设置；

（2）现场设备的安装位置易于操作，注意防破坏。

电子巡更点安装见图 2.12-8。

图 2.12-8　电子巡更点安装

6. 停车场管理子系统

对人员和车辆进出停车场进行记录和监控，以及人员和车辆在停车场内的安全实现综合管理的电子系统，主要由摄像机、道闸、显示屏、引导屏、车检器、查询终端等组成。具体措施如下：

（1）读卡机（IC卡机、磁卡机、出票读卡机、验卡票机）与道闸安装必须平整，保持与水平面垂直、不得倾斜，读卡机方便驾驶员读卡操作；当安装在室外时，考虑防水及防撞措施；

（2）读卡机与道闸的中心间距符合设计要求或产品使用要求；

（3）读卡机（IC卡机、磁卡机、出票读卡机、验卡票机）与道闸感应线圈埋设位置和埋设深度必须符合设计要求或产品使用要求；感应线圈至机箱处的线缆采用金属管保护，并注意与环境相协调；

（4）智能摄像机安装的位置、角度，满足车辆号牌字符、号牌颜色、车身颜色、车辆特征、人员特征等相关信息采集的需要；

（5）车检器安装在车道出入口的明显位置，安装在室外时考虑防水措施；

（6）车位引导屏安装在车道中央上方，便于识别与引导；

（7）停车场内其他安防设备安装符合相关标准规定。

停车场道闸安装见图2.12-9。

图2.12-9　停车场道闸安装图

7. 综合安防管理平台

在统一平台管理界面上，通过电子地图的形式融合视频监控、可视对讲、入侵报警、出入口控制、电子巡更、停车场管理等子系统。通过安防综合管理平台，对各个子系统进行统一配置与管理，让智能化系统得到最大程度上的集成，降低操作难度，提高管理水平，减少维护成本。综合安防管理平台界面见图2.12-10。

8. 各子系统调试

（1）视频监控子系统调试内容具体如下：

1）摄像机的角度、监控覆盖范围等设备参数调试；

2）摄像机云台、镜头遥控调试，排除遥控延迟和机械冲击等不良现象；

3）拾声器的探测范围及覆盖效果；

图 2.12-10　综合安防管理平台界面图

4）监视、录像、传输、信号分配/分发、控制管理等功能；

5）视音频的切换/控制/调度、显示/展示、存储/回放/检索，字符叠加、时钟同步、智能分析、预案策略、系统管理等；

6）当系统具有报警联动功能时，调试自动开启摄像机电源、自动切换音视频到指定监视器、自动实时录像等；系统叠加摄像时间、摄像机位置（含电梯楼层显示）的标识符，并显示稳定；当系统需要灯光联动时，检查灯光打开后图像质量是否达到设计要求；

7）监视图像与回放图像的质量满足目标有效识别的要求，在正常工作照明环境条件下，图像质量不低于现行国家标准《民用闭路监视电视系统工程技术规范》GB 50198 五级损伤评分制所规定的四分要求；

8）视音频信号的存储策略和计划，存储时间满足设计文件和国家相关规范要求。

（2）可视对讲子系统调试内容具体如下：

1）访客呼叫机、用户接收机、管理机等调试；

2）可视访客呼叫机摄像机的视角方向，保证监视区域图像有效采集；

3）对讲、可视、开锁、防窃听、告警、系统联动、无线扩展等；

4）警戒设置、警戒解除、报警和紧急求助等；

5）设备管理、权限管理、事件管理、数据备份及恢复、信息发布等。

（3）入侵报警子系统调试内容具体如下：

1）探测器的探测范围、灵敏度、报警后的恢复、防拆保护等；

2）紧急按钮的报警与恢复；

3）防区、布撤防、旁路、胁迫警、防破坏及故障识别、告警、用户权限等设置、操作、指示/通告、记录/存储、分析等；

4）系统的报警响应时间、联动、复核、漏报警等。

（4）出入口控制子系统调试内容具体如下：

1）识读装置、控制器、执行装置、管理设备等调试；

2）各种识读装置在使用不同类型凭证时的系统开启、关闭、提示、记忆、统计、打印等判别与处理；

3）各种生物识别技术装置的目标识别；

4）系统出入授权/控制策略，受控区设置、单/双向识读控制、防重入、复合/多重识别、防尾随等；

5）与出入口控制系统共用凭证或其介质构成的一卡通系统设置与管理；

6）出入口控制子系统与消防通道门和入侵报警、视频监控、电子巡查等子系统间的联动或集成。

（5）电子巡更子系统调试内容具体如下：

1）巡更按钮、采集装置、管理终端等调试；

2）巡查轨迹、时间、巡查人员的巡查路线设置与一致性检查；

3）巡查异常规则的设置与报警验证；

4）巡查活动的状态监测及意外情况的及时报警；

5）数据采集、记录、统计、报表、打印等。

（6）停车场管理子系统调试内容具体如下：

1）读卡机、检测设备、指示牌、挡车/阻车器等调试；

2）读卡机刷卡的有效性及其响应速度；

3）线圈、摄像机、射频、雷达等检测设备的有效性及响应速度；

4）挡车/阻车器的开放和关闭的动作时间；

5）车辆进出、号牌/车型复核、指示/通告、车辆保护、行车疏导等；

6）与停车场安全管理系统相关联的停车收费系统设置、显示、统计与管理。

（7）安防管理平台调试内容具体如下：

1）系统用户、设备等操作和控制权限；

2）系统间的联动控制；

3）报警、视频图像等各类信息的存储管理、检索与回放；

4）设备统一编址、寻址、注册和认证等管理；

5）用户操作、系统运行状态等的显示、记录、查询；

6）数据统计、分析、报表；

7）系统及设备时钟自动校时，计时偏差满足相关管理要求；

8）报警或其他应急事件预案编制、预案执行、过程记录；

9）资源统一调配和应急事件快速处置；

10）各级安全防范管理平台或分平台之间以及与非安防系统之间联网，实现信息的交换共享、传递显示；

11）视音频信息结构化分析、大数据处理，目标自动识别、风险态势综合研判与预警；

12）系统和设备运行状态实时监控与故障发现；

13）系统、设备及传输网络的安全监测与风险预警。

2.12.4　小结

综合安防管理系统实现各安防子系统的整体接入和管理，通过系统间的各种联动方式将其整合成一个有机的整体，使其成为一套完整、全方位的综合安防管理系统，达到人防、物防和技防充分融合的目的，最大限度地提升大型公共建筑的日常安全管理水平。

第3章

特色施工技术

大型公共建筑多为高大空间结构，机电系统规模庞大，大跨度、大直径机电管线分布广泛，高空作业、交叉作业、复杂环境作业繁多，具有区别于其他民用建筑的典型建造特征。同时，不同类型的大型公共建筑各有独特的功能需求，对室内环境参数、用电安全、消防保证等要求不尽相同，为此形成鲜明的特色施工技术。

本章以突出特色、强调创新、注重先进为原则，筛选会展中心、文旅传媒、剧院场馆、会议中心等典型大型公共建筑机电安装施工技术，包括高大空间钢桁架和大跨度穹顶内机电管线施工、超长管线吊装等高空作业特色技术，展沟管线、展位箱、展厅自立式消火栓等会展中心类特色技术，舞台机械、灯光音响、座椅送风、舞台区域消防等剧院场馆类特色技术，智能化会议系统、重要会议机电系统运行保障、会议场馆环境控制等会议中心类特色技术。通过对上述技术进行阐述，为该类技术的应用推广提供有益借鉴。

3.1 高大空间超高超宽防火分隔水幕施工技术

3.1.1 技术概况

随着大型公共建筑的功能性不断扩展，具有超高超宽空间的建筑越来越多，建筑消防防火保障的重要性越来越凸显，现行国家标准《建筑设计防火规范》GB 50016 第 8.3.5 条“应设置防火墙等防火分隔物而无法设置的局部开口部位宜设置防火分隔水幕”和《自动喷水灭火系统设计规范》GB 50084 第 4.3.3 条“防火分隔水幕不宜用于尺寸超过 15m（宽）×8m（高）的开口（舞台口除外）”的规定，已不能完全满足于现代大型公建超高超宽空间防火设计需求的现状。

本技术以某大型公建项目 100m（宽）×25m（高）防火分隔水幕施工为例，对超出上述国家现行标准的水幕系统，在通过消防部门设计方案征询和专家评审的基础上，抓住系统深化设计、性能试验、施工和调试等关键环节和关键措施，圆满实现系统设计功能。

该项目防火分隔水幕系统由开式洒水喷头、雨淋报警阀组或感温雨淋报警阀等组成，系统管道采用热浸锌镀锌钢管，喷头为下垂型开式洒水喷头，间距 1.5m，两侧交错布置。管道系统图见图 3.1-1。

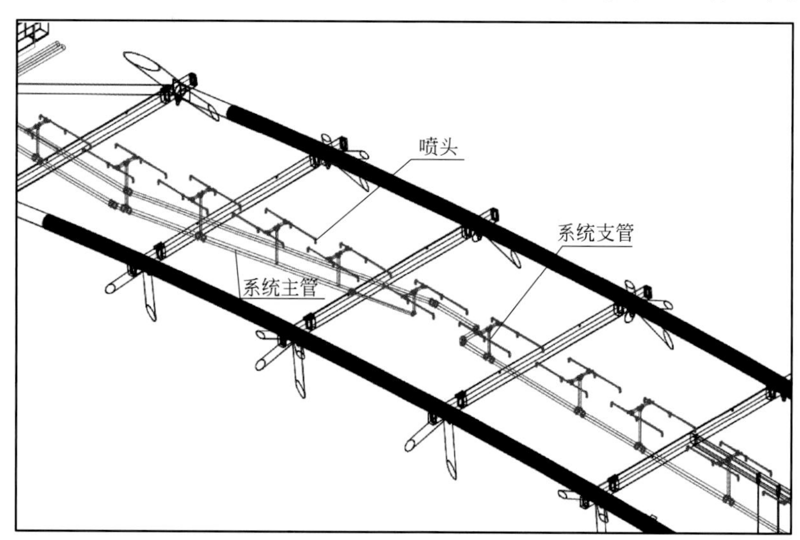

图 3.1-1　水幕系统管道系统图

3.1.2 技术特点

（1）通过水幕系统运行模拟及实景试验，验证防火分隔水幕性能参数，确保防火分隔水幕系统设计参数满足使用功能要求。

（2）通过建立水幕系统模型，优化管道、支架、喷头排布，完善水幕系统功能。

（3）通过对影响水幕效果的水压控制、水流量控制系统等进行精细化调试，精准实现水幕系统响应及防火隔热功能。

3.1.3 技术措施

1. 深化设计

依照防火分隔水幕设计，建立水幕系统模型，模拟水幕运行状态，精准确定洒水喷头空间点位，结合钢结构桁架弧形走向，优化水幕系统主管道、支管布局，确定管道系统支架定位与型式。对支架体系的受力进行分析计算，计算时充分考虑系统运行时的反作用力。水幕系统管道空间立面布局见图 3.1-2。

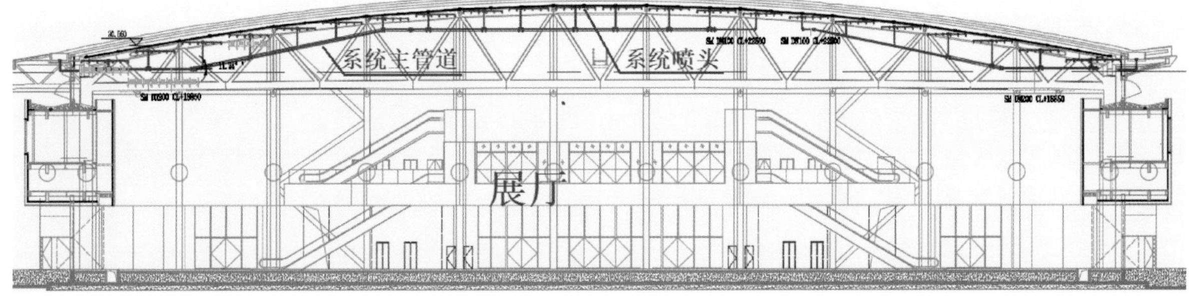

图 3.1-2 水幕系统管道立面图

2. 水幕系统确定设计参数

按照防火分隔设计的水幕有效厚度，确定水幕洒水喷头支管横向间距为 1.2m。

搭建全尺寸高大空间火灾试验平台，布置试验水幕管道系统，以现行规范规定的最高 12m 防火分隔水幕为参照基准，对空间高度为 25m 防火分隔水幕进行性能试验，获取工程试验参数，验证防火分隔水幕系统设计参数。试验分为洒水分布（冷喷）试验和防火性能（热喷）试验两部分进行。管网布置见图 3.1-3。

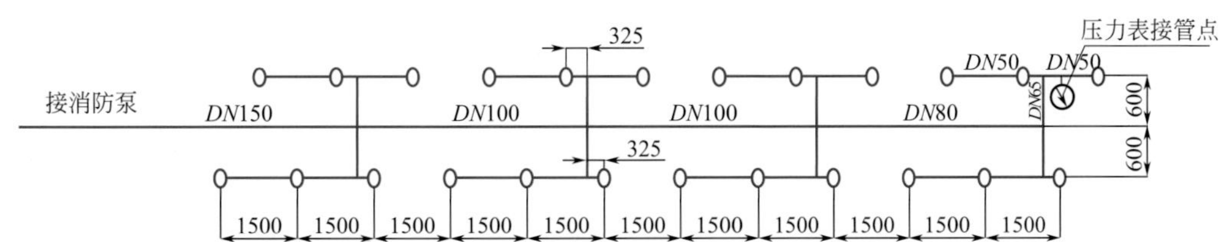

图 3.1-3 管网布置平面图

3. 洒水分布（冷喷）试验

通过防火分隔水幕系统洒水分布试验，获得喷头在不同安装高度下的冷喷试验数据，确定安装高度对系统实际喷水作用面积以及喷水强度的影响。试验场景见图 3.1-4。

(a) 沿长边喷水情况

(b) 有效喷水宽度

图 3.1-4 试验场景

结果分析：

（1）在试验工况下［喷水强度 2.0L/(s·m)］，无论喷头安装高度是 12m 和还是 25m，喷头的喷水范围均能达到不小于 6m 的有效喷水宽度。

（2）通过采用相同喷水强度下的对比试验数据可知，在 6m 有效宽度内，喷头安装高度为 25m 时的实际喷水强度较 12m 时有所减小。当喷水强度为 2L/(s·m) 时，25m 高度的实际喷水强度为 12m 高度的 92.9%；当喷水强度为 1.6L/(s·m) 时，25m 高度的实际喷水强度为 12m 时的 72.6%。因此，当喷头安装高度提高至 25m 时，需将系统喷水强度提高至 2.2L/(s·m)，以满足不低于喷头安装高度为 12m 时的规范规定值。不同安装高度下单位面积喷水强度的比值见图 3.1-5。

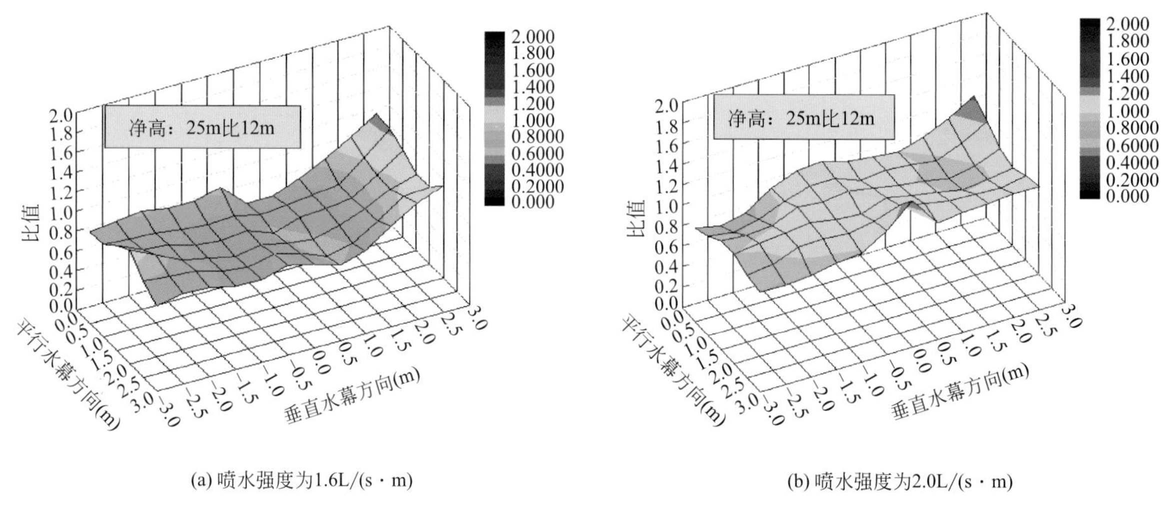

(a) 喷水强度为1.6L/(s · m)　　(b) 喷水强度为2.0L/(s · m)

图 3.1-5　不同安装高度下单位面积喷水强度的比值图

（3）当水幕系统采用雨淋系统的设计参数时，在 25m 的安装高度下，其喷水强度仅为 12m 安装高度时的 59.1%。

4. 防火性能（热喷）试验

在完成水幕系统冷喷试验的基础上，进行水幕系统的防火性能（热喷）试验，对比系统在喷头不同安装高度和喷水强度下的防火隔热性能，以确定水幕系统在喷头安装高度提高后能否达到等效的防火性能。本试验采用正庚烷为火源，火源功率按 10MW 设计。试验采用直径为 2.52m、面积为 5m^2 的圆形油盘，每次试验倒入 150L 正庚烷，燃烧时间约为 8～10min。试验过程中，在水幕一侧布置火源，在另一侧分别布置 K 型铠装镍铬一镍硅热电偶和热流计，测量不同位置处的温度和辐射强度。试验全过程采用秒表记录特征时间，摄像机全程录像。试验实景见图 3.1-6。

结果分析：

（1）在喷水强度均为 2L/(s·m) 情况下，当喷头安装高度提高至 25m 时，水幕系统启动后对另一侧的平均热辐射强度为 0.129kW/m^2，高于喷头安装高度为 12m 时的平均热辐射强度（0.104kW/m^2）。

（2）在喷头安装高度为 25m 情况下，当喷水强度提高至 2.2L/(s·m) 时，水幕系统启动后火源对另一侧的平均热辐射强度为 0.0899kW/m^2，低于喷水强度为 2L/(s·m) 时的平均热辐射强度（0.129kW/m^2），也低于喷头安装高度为 12m 情况下喷水强度为 2L/(s·m) 时的平均热辐射强度（0.104kW/m^2）。当喷头安装高度提高至 25m 时，系统喷水强度应不低于 2.2L/(s·m)，才能不低于喷头安装高度为 12m 时的防火隔热性能。不同工况下的热辐射强度对比见图 3.1-7。

5. 防火分隔水幕系统参数确定

（1）通过洒水分布性能（冷喷）对比试验可知，当喷头安装高度为 25m 时，需将防火分隔水幕系统的喷水强度提高至 2.2L/(s·m)，才能达到不低于喷头安装高度为 12m 时的布水效果。

(a) 水幕系统启动前

(b) 水幕系统启动后火源变化图

(c) 水幕左侧图

(d) 水幕右侧图

图 3.1-6　试验实景

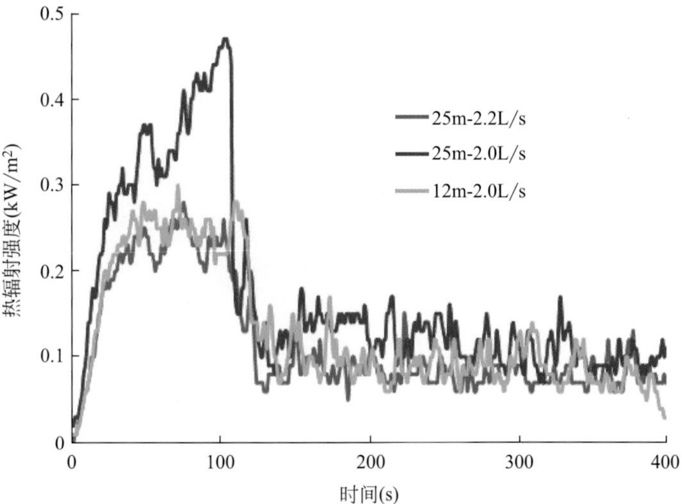

图 3.1-7　不同工况下的热辐射强度对比图

（2）通过防火性能（热喷）对比试验可知，在喷头安装高度为25m情况下，需将防火分隔水幕系统的喷水强度提高至2.2L/(s·m)，才能达到不低于喷头安装高度为12m时的防火隔热效果。

（3）结合上述试验结论并考虑一定的安全系数，当喷头安装高度为25m时，应将防火分隔水幕系统的喷水强度提高至2.5L/(s·m)，以确保其单位面积上的喷水强度和防火隔热性能等指标不低于喷头安装高度为12m、喷水强度为2.0L/(s·m)时的性能指标。

6. 支架形式

支架的辅助横担与檩条用卡具固定，横担与门字架用两根拉杆成三角形固定，管道与门字架垂直固定。采用11.25°、22.5°弯头调整管道弧度以满足随结构安装要求。水平管道、倾斜管道设置相应水平、倾斜支架。管道水平、管道倾斜支架见图3.1-8。

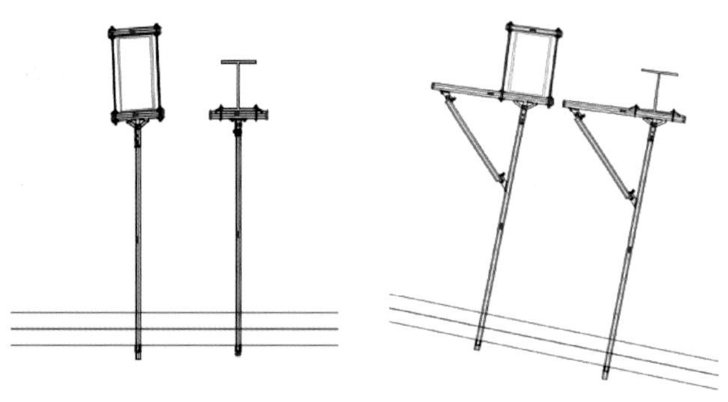

图3.1-8　管道水平、管道倾斜支架图

7. 防火分隔水幕系统管道整体分段吊装

充分利用现场条件，水幕系统管道在地面预制连接完成并进行压力试验后，采用整体与分段相结合的方式吊装就位。一是以中间马道为界，两侧各分为两段。该段最长达30m，主支管总重量重，利用多台卷扬机与滑轮组组合同步吊装，在吊装就位后用曲臂车进行辅助连接。二是以管段支架间距为分段，采用吊车和曲臂车结合的方式，分段吊装。管道吊装见图3.1-9。

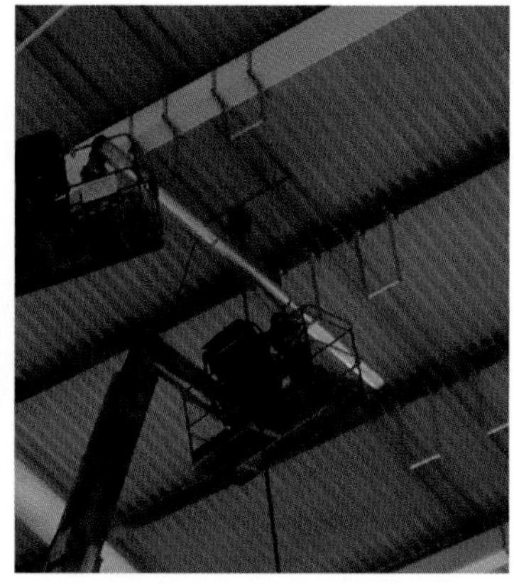

图3.1-9　管道吊装图

8. 喷头安装

喷头安装在系统管网试压、冲洗后进行。安装喷头所需的弯头、三通等采用专用管件，喷头的安装采用工厂配备的专用扳手。喷头安装时，应按设计规范要求确保其溅水盘与顶棚、门、窗、洞口和墙面的距离；当喷头公称直径小于10mm时，在配水干管或配水管上安装滤水器；凡易遭机械损伤的喷头，应安装防护罩。

9. 系统调试

（1）水源测试

核实高位消防水箱、消防水池的容积，高位消防水箱设置高度、消防水池（箱）水位显示等符合设计要求，合用水池、水箱的消防储水应有不做他用的技术措施。核实消防水泵接合器的数量和供水能力，并应通过移动式消防水泵做供水试验进行验证。

（2）消防水泵调试

以自动或手动方式启动消防水泵时，消防水泵应在规定时间内投入正常运行。以备用电源切换方式或备用泵切换启动消防水泵时，消防水泵应在规定时间内投入正常运行。

（3）稳压泵调试

稳压泵应按设计要求进行调试。当达到设计启动条件时，稳压泵应立即启动。当达到系统设计压力时，稳压泵应自动停止运行。当消防主泵启动时，稳压泵应停止运行。

（4）报警阀调试

湿式报警阀调试时，在末端装置处放水，当湿式报警阀进口水压大于规定压力、放水流量大于规定数值时，报警阀应及时启动。带延迟器的水力警铃应在规定时间内发出报警铃声，不带延迟器的水力警铃应在规定时间内发出报警铃声。压力开关应及时动作，启动消防泵并反馈信号。

（5）雨淋阀调试

雨淋阀调试宜利用检测、试验管道进行。自动和手动方式启动的雨淋阀，应在规定时间内启动。公称直径大于200mm的雨淋阀调试时，应在规定时间内启动。雨淋阀调试时，当报警水压为0.05MPa时，水力警铃应发出报警铃声。

（6）联动试验

1）湿式系统的联动试验，启动一只喷头或以一定流量值从末端试水装置处放水时，水流指示器、报警阀、压力开关、水力警铃和消防水泵等应及时动作，并发出相应的信号。

2）雨淋系统、水幕系统的联动试验，采用专用测试仪表或其他方式，对火灾自动报警系统的各种探测器输入模拟火灾信号，火灾自动报警控制器应发出声光报警信号，并启动自动喷水灭火系统。采用传动管启动的雨淋系统、水幕系统联动试验时，启动1只喷头，雨淋阀打开，压力开关动作，水泵启动。

3）用烟感探测器专用测试仪输入模拟信号应在一定时间内输出报警和启动系统执行信号，并准确、可靠地启动整个系统。

4）用感温探测器专用测试仪输入模拟信号后应在一定时间内输出报警和启动系统执行信号，并准确、可靠地启动整个系统。水幕试验效果见图3.1-10。

图3.1-10　水幕试验效果图

3.1.4　小结

本技术针对现代大型公共建筑内高大空间、特别是超出国家现行规范规定的超大空间超高超宽防火分隔水幕的应用需求，在经过消防部门设计方案征询及专家评审的基础上，从深化设计、性能试验、安装施工和系统调试等关键环节入手，逐一制定、落实解决措施方案，最终圆满实现系统设计功能。通过本技术的实施应用，不仅顺利完成案例项目超高、超宽防火分隔水幕的施工，更为类似工程项目应用提供了宝贵的借鉴作用。

3.2　智能跟踪定位射流灭火系统施工技术

3.2.1　技术概况

高大空间智能跟踪定位射流灭火系统采用自动跟踪定位射流灭火装置，综合运用红外和紫外传感技术，结合火灾安全监控系统对需保护场所进行主动探测，自动跟踪、自主识别，快速、准确判断早期火灾并实时响应，驱动保护区域的任一部位两台消防水炮同时到达并主动灭火，系统自动化程度高，广泛应用于现代建筑高大空间消防灭火系统。

该系统由中控操作台、系统集成处理器、工控机、中央手动控制盘、火灾图像监视器、电源、水炮、探测器等设备组成，利用工控机对系统进行中央集成监控。火源探测和定点灭火功能由集成处理器、工控机（上位机）、现场控制器（Direct Digital Control，简称 DDC）分别自动完成，也能通过手动控制盘由人工在中控操作台上，对每一台消防水炮的运动及灭火功能进行控制。

3.2.2　技术特点

（1）应用 BIM 技术合理布置管道系统，设计专用防晃支架，并对支架体系进行强度校核计算，克服管道及水炮运行产生的晃动以及高大空间桁架内管道系统支架承载难题。

（2）采用自动升降式消防水炮，自带伸缩装置，根据空间高度的大小，选取合理的伸缩长度，灵活性高，装饰效果及美观性好。

（3）保证消防水炮出口压力，形成充实水柱，实现保护区域内任一部位两台自动消防水炮的水柱同时到达。

（4）在信号响应正常情况下，现场模拟火灾，修正消防水炮喷射方向精度。在消防水炮保护区域内，模拟着火点，观测消防水炮工作状态及响应时间、喷水强度及方向精度。

3.2.3　技术措施

1. 施工工艺流程（图 3.2-1）

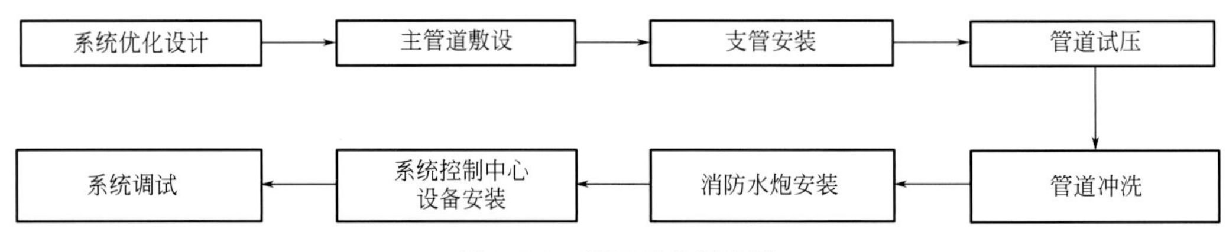

图 3.2-1　施工工艺流程图

2. 系统深化设计

根据设计要求、消防水炮保护区域及现场结构情况，优化消防管道、消防水炮及吊点布置，制定安装实施措施方案，减少消防水炮、管线安装高空作业，降低消防水管的吊装及支架安装难度，保证管线整体的美观、合理性。消防管线及消防水炮优化三维效果见图 3.2-2。

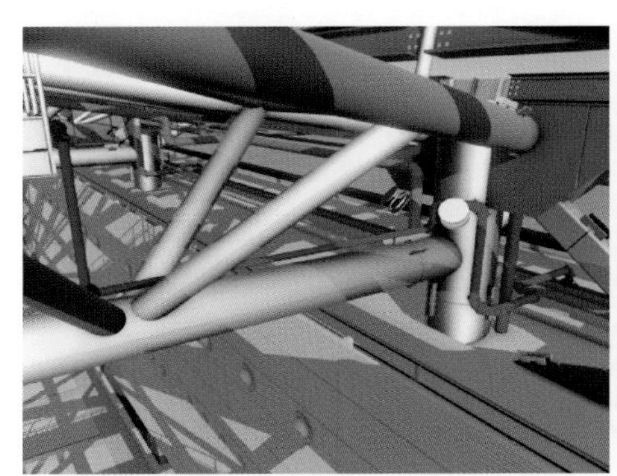
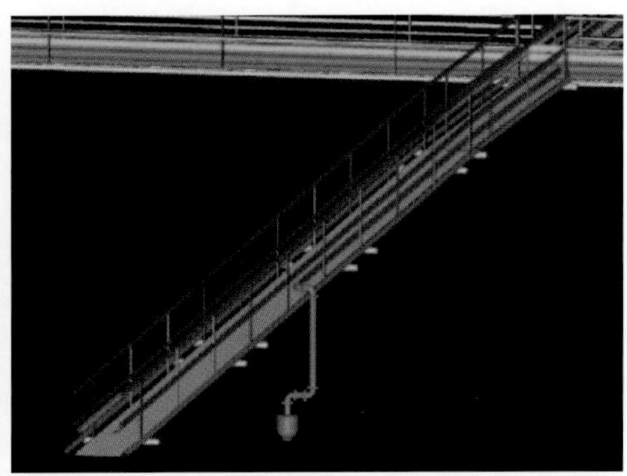

图 3.2-2　消防管线及消防水炮优化三维效果图

3. 系统安装

（1）主管道敷设

消防水炮主管道为镀锌无缝钢管，根据图纸管道位置及走向，将管道吊至相应位置，并根据内侧网架的实际曲度在连接处设置不同角度弯头，使管道走向和结构保持同一曲度，最后固定于支架上。消防水炮主管安装见图 3.2-3。

图 3.2-3　消防水炮主管安装图

（2）支管及消防水炮安装

1）大空间建筑网架高度高，内网架上方消防水炮支管长度长，采用专用防晃支架，克服管道周围没有支架承载点，无法安装支架，管道极易晃动的问题。防晃支架设计见图 3.2-4。

2）根据炮体在底层装饰面的位置向上投影，确定开孔位置，通过图纸立面图确定下垂管道的长度，选取合理的伸缩长度及支管长度。

3）屋面存在曲度，为保证垂直管段的管道能竖直向下，需根据对应位置的实际曲度，在管道垂直向下位置设置垫层，调整拐弯向下位置管道与地面的角度，从而使管道能垂直地面竖直向下。

4）根据计算确定的支管长度制作专用防晃支架。

5）在安装自动消防水炮前，供水管网应完成水压强度和严密性试验，同时完成管网冲洗。

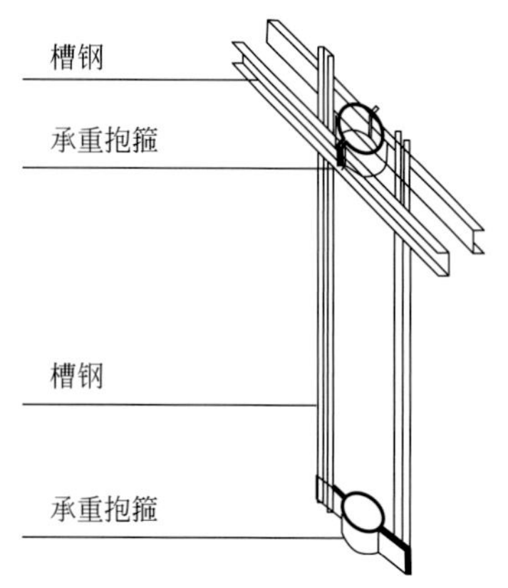

图 3.2-4　防晃支架图

6）将消防水炮、伸缩装置、管道及支架安装连接成一个整体，然后整体吊装，上方的支架固定于内侧网架上，接上弯头，连接完成。消防水炮安装见图 3.2-5。

图 3.2-5　消防水炮安装示意图

7）每台灭火装置设有检修阀、电磁阀、水流指示器，电磁阀安装位置宜靠近灭火装置，检修阀安装在电磁阀上游方向。

8）主管网最高点设置自动排气阀。

（3）报警系统探测器的探测范围内不应有遮挡物，探测器宜水平安装。

（4）自动消防炮距墙距离应不妨碍自动消防水炮转动。

（5）消防水炮的现场控制盘须安装于方便操作的位置，且在操作现场控制盘时，能够清楚地观察到数控消防水炮的运动方向和停留位置。

（6）在消防水炮的扫描范围内，确认无障碍物影响消防水炮的动作和运行。

（7）消防水炮的连接线缆绑扎成束，且固定牢靠。在消防水炮扫描火源时，不会脱落或影响消防水炮的移动。

（8）系统接地属抗干扰性接地，接地电阻小于 4Ω。将系统中控制器的接地点连接在同一点，由这一连接点接入屏蔽地线连接端，系统总线、远程通信线、广播对讲线等均不得与任何形式的地线或中性线连接，以防止设备的误动作。

4. 系统联动测试技术

（1）现场手动调试

按手控盒上的指示按钮，对应的指示灯亮，消防水炮对应做出旋转和柱雾变换喷射，消防水炮不得出现卡死不转或水柱不变换等情况。

（2）消防控制中心远程控制调试

消防控制中心远程控制在消防水炮控制主机上进行，在调试过程中点击任何一个画面，然后点击控制按钮，对应编号的消防水炮均应完成相应指令，并且将消防水炮动作的反馈信号显示在控制按钮上方的指示灯上，不出现控制不住或不反馈信号现象为合格。

（3）自动射流装置控制设置到自动位置，火盆放置在水炮下方一定距离处，点燃火盆，消防水炮应自动跟踪定位，根据消防水炮上的激光装置，检验消防水炮的定位是否正确，激光笔对准火盆为正常，否则应调整传感器的水平位置。将火盆移至消防水炮下一定距离处，消防水炮相应跟踪定位，误差满足规范要求。定位调试时，关闭消防水炮供水干管上的阀门，调试正常后，再开启。消防水炮试射见图3.2-6。

图3.2-6　消防水炮试射图

3.2.4　小结

智能跟踪定位射流灭火系统能够实现自动跟踪，主动灭火，有较高的先进性、安全性、可靠性、可维护性和容错能力，适用于会展中心、剧院等高大空间场所。本技术通过对智能跟踪定位射流灭火系统布置进行优化，设计专用防晃支架，细化调试步骤，确保系统运行的安全性及可靠性。

3.3　展沟内管线优化及施工技术

3.3.1　技术概况

展沟为展馆类建筑特有的设施之一，主要用于大空间展厅区域，将给水排水管、压缩空气管、消防水管、强弱电桥架、母线槽、水气展位箱及电气展位箱等布置在同一展沟内，为参展商提供布展所需的水、气、强弱电等资源。通过展沟内管线优化及施工技术，可节省空间布局，避免管线外露影响美观及干扰布展，同时方便检修。

3.3.2　技术特点

（1）展沟内机电专业多，管线复杂密集，利用BIM技术进行管线综合排布，做到空间布局合理、管线排列整齐、支架和管线牢固，减少维修，延长使用寿命。

(2) 针对展沟狭窄且较深的特点，对机电设备及管线的施工工序、操作流程及支架设置进行优化，达到布置合理、简便且便于操作。

(3) 展沟管线布置，充分考虑各展位的水、电、气接驳位置，并留有方便临时电缆敷设的空间。

3.3.3 技术措施

1. 优化施工工艺流程及展沟管线布置

应用BIM技术对管线综合排布进行优化，根据管线、展位箱、消火栓等设施的相对位置及安装操作空间要求，优化施工工序，施工工艺流程见图3.3.1。

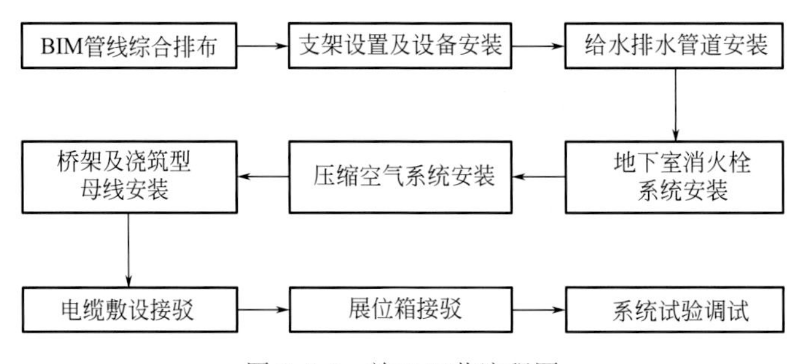

图3.3-1 施工工艺流程图

2. 展沟内管线排布

(1) 应用BIM技术生成展沟内管线、设备的3D模型，综合考虑管线布置的技术要求、临时电缆布设空间及维修空间等因素，结合各专业施工工序，选择合适的支架形式，对管线排布进行深化设计，调整不合理的细部节点，使其空间布局趋于合理。

(2) 主展沟管线综合排布，见图3.3-2，要点如下：

1) 给水排水管道、消防管道、压缩空气管道共用一组组合支架，母线槽、消防线槽、弱电桥架共用一组组合支架，分别布置于管道两侧。

2) 强弱电母线及桥架置于靠电井的一侧，应留有250mm的空间，便于从强电井拉设临时电缆。

3) 上部预留足够的与系统主管、次展沟接驳空间，以及展沟上方重载道路的结构施工空间。

4) 主展沟沟底应预埋排水管，接至污水井，用于排出工艺污水及展沟沟底污水。

图3.3-2 主展沟综合管线布置图

(3) 次展沟管线综合排布，见图3.3-3，要点如下：

1) 因展沟狭窄，介质管道、强弱电桥架分别采用独立支架，分布于展沟两侧，中间留有给水排水管及电缆接驳空间。

2) 排水管、强电桥架在下，给水管、压缩空气管、弱电桥架在上，上部预留展位箱安装空间。

3. 支架设置及设备安装

(1) 主展沟内支架采用型钢焊接制作，次展沟内支架采用钢板及角钢焊接制作，并焊接-40×4的接地扁钢。给水排水管则采用膨胀螺栓及抱箍的形式固定于管沟壁及管沟底。

(2) 展位箱安装：先安装展位箱支架，固定于管沟壁上，再使用螺栓将展位箱与支架固定，见图3.3-4、图3.3-5。

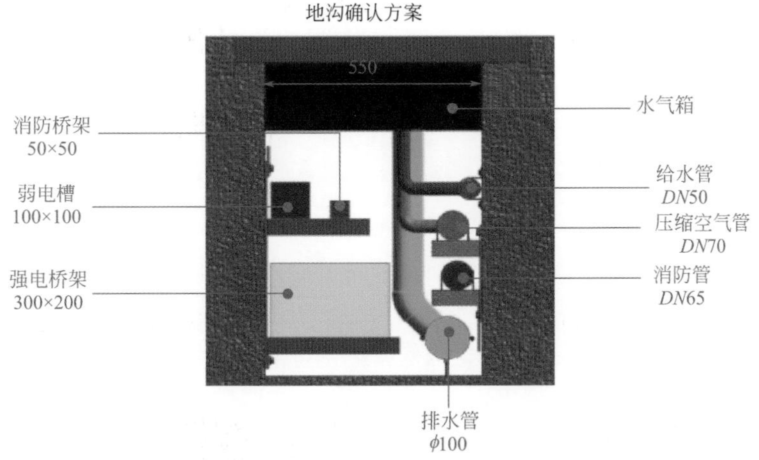

图 3.3-3　次展沟综合管线布置图

图 3.3-4　水气展位箱安装

图 3.3-5　电气展位箱安装

（3）综合支架的设置应满足较小管道对支架间距的要求。

（4）支架边角不应有锐角，边角圆滑，防止在运行维护过程中对人员造成伤害。

4. 给水排水管道安装

（1）管道安装原则上采用预制工艺。

（2）给水管总管安装一般从总进口开始安装，支管安装从干管三通甩口处依次进行，根据管道长度适当进行临时固定，核定展位箱三通及预留口高度，位置是否正确。

（3）排水管道采用 UPVC 材料，施工重点是保证支架标高精确，坡度正确、排水顺畅；同时，排水 UPVC 管位于管沟最下层，必须做好成品保护工作。

5. 地下式消火栓系统管道安装

（1）管道的安装顺序是先安装总管，后安装支管。

（2）室内消火栓栓口处的静水压力不应超过 0.8MPa；出水压力超过 0.5MPa 时，应有减压装置。

（3）地下管道安装前，应对预制的管子端口进行封堵保护，防止泥沙进入管内。

6. 压缩空气系统管道安装

压缩空气一般采用不锈钢无缝钢管，安装要点如下：

（1）不锈钢管采用充氩保护焊。局部充氩的重点是在管道内制作充氩小室。不锈钢管的焊件两端表面应进行脱脂、钝化处理。

(2) 在与不锈钢管所接触的碳钢构件间应衬垫厚度 3mm 的软聚四氟乙烯垫以防止不锈钢管被电化学腐蚀。

(3) 不锈钢管道需进行气压试验，试验压力为设计压力的 1.15 倍。由于管道口径较小，可采用钢瓶作为气源。

7. 浇筑式母线槽安装

(1) 展沟内湿度高，在浇筑式母线槽安装前必须将展沟内的垃圾和积水清理干净。

(2) 接头浇筑时应保持干燥，铜排表面可采用大功率的暖风机作除湿处理。

(3) 支架安装应核对、控制其标高位置，确保密集型母线及插接箱的顶部与展沟钢盖板之间有一定的安全保护空间。

(4) 母线槽按制造厂提供的装配图排列并按连接方向进行安装，安装前测试的每段母线槽器，其绝缘电阻值不应小于 20MΩ。

(5) 母线槽节与节之间连接后进行绝缘测试，经绝缘测试合格后方可进行外壳封闭附件安装。然后进行浇筑密封，待浇筑材料凝固（24h）后，复查并保证浇筑接头浇筑饱满。

8. 插接箱安装

(1) 插接箱是为次展沟展位箱直接供电的设备，采用 IP67 等级，安装于主展沟内浇筑密集型母线本体上方，采用专用卡子固定。

(2) 安装时需对裸露铜排采用 10kV 绝缘护套进行保护，裸露铜排进入插接箱处一侧采用绝缘板封堵，然后安装封闭附件，最后进行浇筑密封。

9. 工业插座安装

(1) 工业插座接驳电缆一般规格较大，应设置于展沟旁的专用井内，留有足够的空间，确保电缆弯曲接驳需要。

(2) 工业插座应安装稳固，支架固定牢靠。

工业支架安装见图 3.3-6 所示。

图 3.3-6　工业插座安装

10. 母线槽负荷试验

在空载试验的基础上，在交付验收前对每个回路的母线槽进行负载试验，确保主展沟内的母线为次展沟展位箱正常供电。负载试验采用两台 200kW 可调式电阻负载箱，将其直接接至母线末端的落地展位箱630A总开关出线端上，通过运行两台200kW电阻负载箱，用红外线测温仪测定浇筑密集型母线的接头部位的温度。

11. 交叉施工与成品保护措施

（1）主展沟大口径成排管线的支吊架，严格按设计详图的要求制作。

（2）移交土建做地坪前，认真做成品保护。

（3）地坪施工完成后清理展沟，进行母线、电缆系统敷设。

（4）地沟管线安装遵循先下后上的原则。

（5）在狭窄空间内的水电共沟敷设，管道施工完毕后应单独进行压力试验，试压合格后交付电气施工。

12. 运维

（1）展位箱、接驳点处应在展沟边缘涂刷标识，方便接驳定位。

（2）展沟盖板应方便开启，展位箱、接驳点处盖板应预留活动孔洞方便水、电、气接驳后关闭盖板。

3.3.4　小结

本技术介绍了大型展馆展沟内综合管线排布、管线及末端设备施工技术，对展沟内管线布局、施工流程及施工方法进行了优化，能够提高展沟内有效使用空间，合理安排施工工序，提高管线施工效率，确保施工质量，便于运行维护。

3.4　展坑型展位箱施工技术

3.4.1　技术概况

当室内展览场馆中未设计展沟时，机电系统管线通常采用沿楼板底部敷设，通过地面预留的展坑，接入其中嵌入的展位箱为每个展台提供供电、供水、排水、通信等接驳接口。通过建立机电系统BIM模型，合理确定展区内展位箱数量与布局，对展位箱形式及规格尺寸进行定型化设计，确定机电系统接驳口定位，提交结构施工单位预留洞口或展坑。

展位箱箱体通过防火处理，满足土建预留孔洞处的建筑防火要求，内部水、电、气接口采用接驳模块化设计，水气接驳模块及配电接驳模块与水、气管线及电缆接驳后，通过支撑架布置于展位箱内，管线布局合理，水、电、气接驳便捷，维护便利。

3.4.2　技术特点

（1）应用BIM技术对展位箱进行设计，包括展位箱箱体、内部的接驳模块及支撑体系等部件，满足展位箱使用功能需要。

（2）展位箱内接驳模块水、气、电气配管，安装方便，展位接驳口设置合理，满足使用及运维需求。

（3）展位箱盖板独立设置，在地坪施工时安装展位箱盖板的预埋框，通过控制预埋框的精确定位、标高和水平度，实现展位箱盖板与地面装饰的和谐统一。

3.4.3 技术措施

1. 施工工艺流程（图 3.4-1）

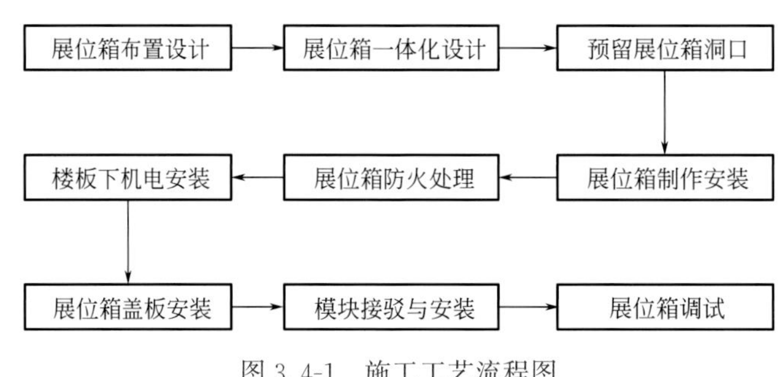

图 3.4-1 施工工艺流程图

2. 施工技术内容

（1）展位箱布置设计

1）利用 BIM 技术根据展位水、气、电气接驳需求合理布置展位箱的位置和数量。

2）展位箱布置应结合结构梁及预应力张拉洞口位置，复核预留洞是否与结构冲突，展位箱洞口边缘应距结构梁及预应力张拉洞口 500mm 以上，保证展位箱防火施工及水、电、气配管配线。

（2）展位箱一体化设计

展位箱采用 BIM 技术一体化设计，包括展位箱箱体、水气或强弱电接驳模块，以及接驳模块支撑架，展位箱内接驳模块应设计紧凑，接驳模块方便使用及维修，并且展位箱应进行防火处理，满足建筑防火需要。

1）展位箱设计：

① 展位箱应比预留洞口略小 20～30mm 为宜，确保安放于预留洞中。

② 展位箱边缘外翻 150mm 为宜，使其悬挂于混凝土楼板上。

③ 展位箱深度不宜过浅，需考虑安装完成后管线、电缆在内部盘绕，应根据管线及电缆综合考虑。

④ 根据展位箱内接驳模块接管管口的方向及位置，确定展位箱各管口的位置，管口应设套管，长度以 100mm 为宜，便于接管后进行防火封堵。

2）油漆及防火设计：

① 展位箱钢板应严格进行除锈，外表面油漆应满足与防火材料的结合性，内表面油漆应满足防止展位箱内积水腐蚀要求。

② 根据建筑防火要求及施工的可操作性，确定防火材料，可选的类型如防火板或防火涂料。

3）展位箱接驳模块设计：

① 接驳模块设计是展位箱设计的关键，需由厂家配合完成。

② 根据展位箱功能及尺寸，合理确定接驳模块尺寸。

③由于展位箱内空间狭小，接驳模块安装后无法在箱内进行配管配线安装，接驳模块接驳宜使用软连接，通过深化设计，实现地上接驳，整体安装，见图 3.4-2。

4）展位箱盖板设计

由于展厅需考虑车辆行走，应根据盖板大小及荷载要求合理选择盖板的材料及形式。盖板应有橡胶垫，防止地面车辆行走振动传导至展位箱上，见图 3.4-3。

（3）预留展位箱洞口

在结构楼板浇筑过程中，预留展位箱洞口，严格控制留洞定位及尺寸，操作要点如下：

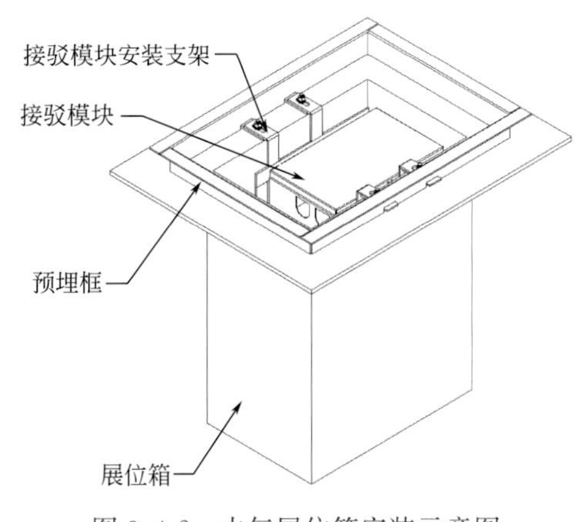

图 3.4-2　水气展位箱安装示意图

图 3.4-3　展位箱盖板图

1）在结构单位进行预留洞口施工过程中，机电单位应密切跟踪，避免遗漏，同行、同列展位箱同线，控制误差 20mm 内。

2）严格控制洞口尺寸及平整度，预留洞口每边两端预埋垫铁，钢板表面与结构完成面平齐，便于后续展位箱焊接固定。

（4）展位箱制作安装

1）展位箱的制作，有以下要点：

① 展位箱使用的钢板应严格进行除锈，Sa2.5 级喷砂除锈或 St3 级手工除锈。

② 展位箱钢板全部采用焊接连接，双面坡口，双面满焊，坡口全焊透，角焊缝高度 10mm，箱体上边沿焊缝余高不宜过高，1～2mm 为宜，便于后续预埋框找平找正。

③ 展位箱严格根据深化设计点位预留给水、排水及压缩空气管管口及强电、弱电套管管口。

④ 安装于展位箱侧壁的管口，在制作过程中只开孔，在展位箱安装后再焊接套管，防止套管焊接后与预留洞口冲突导至展位箱无法安装于展位坑中。

2）展位箱安装，见图 3.4-4，有以下要点：

图 3.4-4　电气展位箱安装图

① 展位箱安装应精确定位，控制标高，确保横纵同线；同时，应根据建筑完成面标高及预埋框高度，确定展位箱顶标高控制值，防止由于展位箱安装过高导致预埋框及盖板高出建筑完成面。

② 展位箱使用钢板或垫铁找平找正，与展位箱及预埋钢板均应焊接牢靠。

③ 展位箱边长大于 400mm 时，边沿中间应增加垫铁，防止在施工过程中车辆碾压造成展位箱变形。

④ 展位箱安装后侧面现场焊接预留管口套管。

（5）展位箱防火处理

1）防火涂料必须选择“室内厚型钢结构防火涂料”，并经过第三方检验合格后方可使用。

2）防火涂料的施工必须位于展位箱找平找正之后，以免防火涂料施工完成后被破坏。

3）使用厚浆型防火涂料，应严格控制施工质量，对于涂料的施工厚度，必须严格执行且施工均匀。

4）防火涂料外涂必须与楼板底装饰油漆保持一致，以确保统一美观性。

（6）楼板下机电安装

楼板下机电管线、桥架、电缆接入展位箱中，应控制以下要点：

1）给水、压缩空气管线接入展位箱内，考虑到展位箱操作空间狭小，应使用丝扣连接后转换接头，伸入展位箱内，减少在展位箱内的焊接、热熔等操作。

2）排水管口与展位箱采用法兰连接。

3）电缆敷设应在展位箱内预留足够长度，方便地上接驳。

（7）展位箱盖板安装

在浇筑展厅完成面地坪前进行展位箱盖板的预埋框安装施工，安放于展位箱上，由于预埋框作为展位箱支架的生根点及装饰盖板的限位框，预埋框边沿又作为建筑地坪的一部分，展位箱上安装预埋框，控制预埋框的精确定位、标高及水平度尤为重要。预埋框安装控制要点如下：

1）预埋框安装结合建筑地坪施工放线进行，根据建筑地坪分块浇筑边线严格控制预埋框与结构轴线平行，各预埋框同行同列。

2）根据标高基准线复核展位箱标高及水平度，应对展位箱四角分别进行测量。对于展位箱过高的，应及时予以调整。

3）预埋框调整完成后，四边点焊与展位箱固定，防止在浇筑混凝土时预埋框移位及预埋框焊接变形。

（8）模块接驳与安装

1）展位箱接驳模块水、电、气接驳：

① 展位箱接驳模块水、电、气配管配线采用软连接，在地面上完成，然后与预埋框固定，安装于展位箱内，避免展位箱内狭小空间内的操作。

② 接驳模块排水管直接插入展位箱排水口，并留有 1～2cm 空隙，以便展位箱内积水排出。

③ 接驳完成后管线、电缆在展位箱中的洞口应进行防火封堵。

具体展位箱连接见图 3.4-5、图 3.4-6。

2）展位箱接驳模块安装：

① 接驳模块先安装于支撑架上，再一同放于展位箱内，固定于预埋框上。

② 安装过程中应保证各电缆、管线应保证不绞绕。

③ 给水金属软管应保证放入后平滑无折弯，避免硬弯老化损坏而漏水。

④ 电气展位箱强电进线采用三相五线制，利用接地干线对展位箱进行接地。

电气展位箱接驳模块安装完成效果见图 3.4-7。

（9）展位箱调试

1）展位箱调试之前，与其连接的给水、排水、压缩空气等必须经过试压、灌水等工作。

2）展位箱强电、弱电插座必须于正式供电之后，方可进行调试工作。

3）展位箱的调试涉及多专业、多功能的交叉作业，需各专业精密配合。

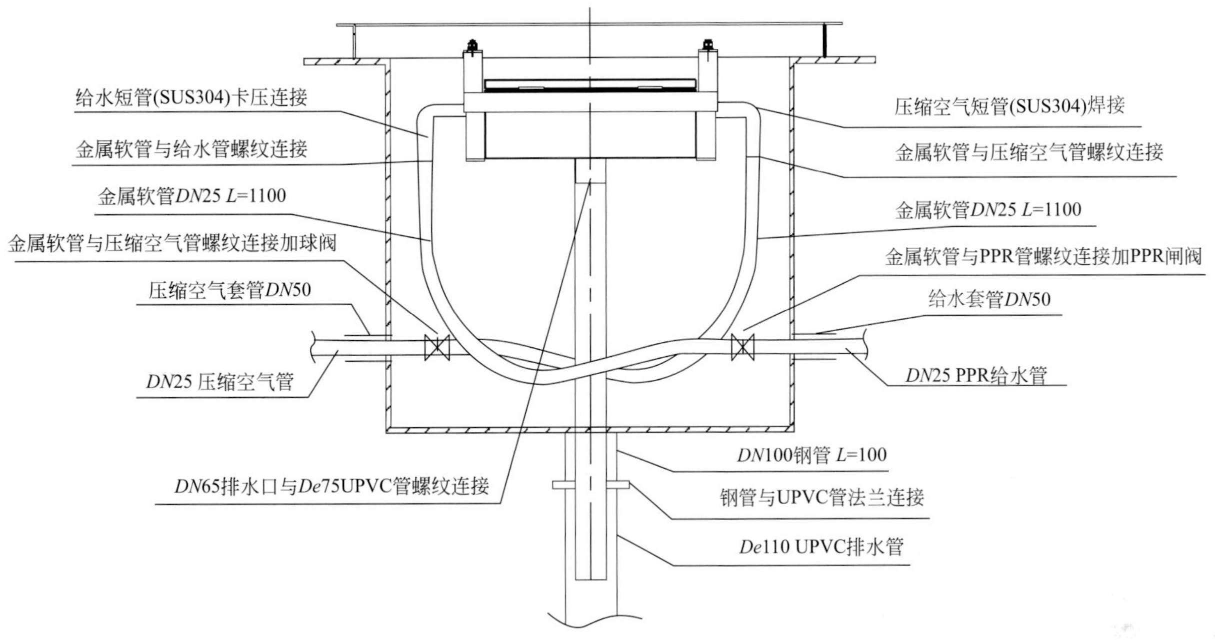

图 3.4-5　水气展位箱接管图

图 3.4-6　水气展位箱安装完成图

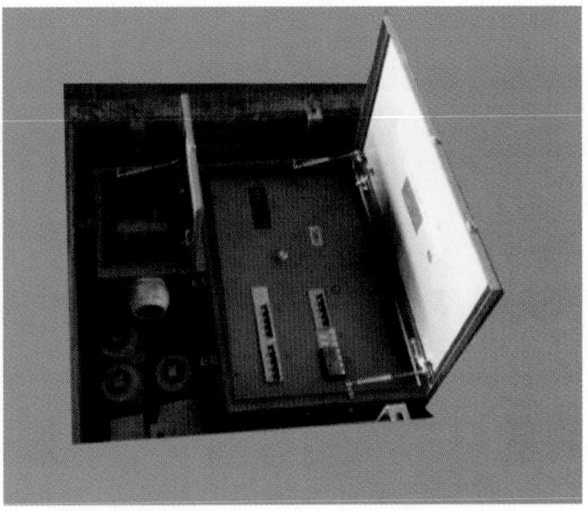

图 3.4-7　电气展位箱安装完成图

3.4.4 小结

本技术通过BIM技术应用对展位箱箱体接驳模块及支撑体系等部件进行设计，水、气、电气采用软连接的方式，施工便捷，展位接驳口设置合理，满足使用及运维需求，通过预埋框精确定位控制标高，并对展位箱箱体进行防火处理，满足建筑防火性能，具有广泛推广应用意义。

3.5 自立式消火栓施工技术

3.5.1 技术概况

大型场馆广泛采用无柱大空间，现场设置明装消火栓箱的条件受到限制，影响了室内大空间消防安全。通过设置埋设在地下的自立式消火栓既解决了消火栓布置间距的问题，也满足了开阔场地观感和大空间使用要求。本文以某场馆项目为例介绍自立式消火栓施工技术。

自立式消火栓主要由旋转接头、消火栓（*DN*65）、水枪（*DN*19）、气弹簧、水带及消火栓箱组成。平时消火栓箱整体平放，隐藏于基坑内，盖板与地面齐平，从而达到隐蔽的目的。出现火灾时，揭开盖板，拉起消火栓箱，在气弹簧的支撑下，箱体自动起升，垂直出地面，便于栓口对接、水带取出与消火栓使用。

3.5.2 技术特点

(1) 自立式消火栓平时隐蔽于地下，不占用地上空间，不影响场地整体布置效果，使用时通过气弹簧迅速切换非工作状态与工作状态模式，自动起升直立于地面，具备地上消火栓的全部功能。

(2) 运用BIM技术绘制管道、箱体的模型，优化管道接入方向，选择合适的支架形式，并合理安排专业施工工序，施工简便，效率高。

(3) 栓口易于对接，能快速用于灭火。

3.5.3 技术措施

自立式消火栓安装流程，见图3.5-1。

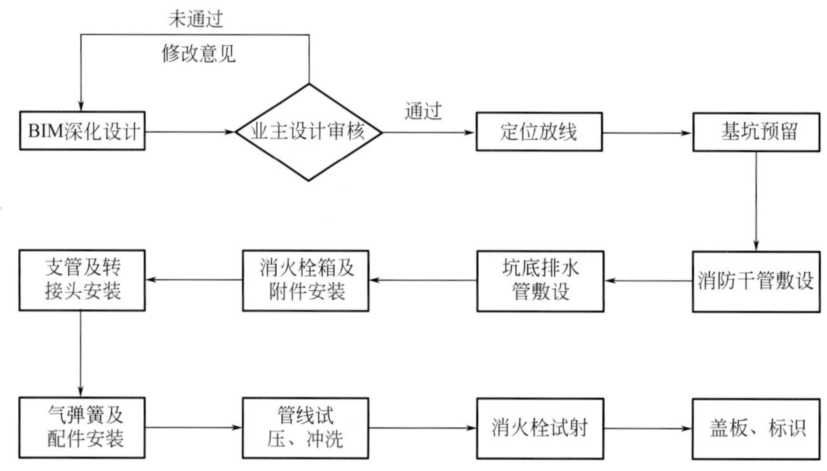

图3.5-1 自立式消火栓安装流程图

1. BIM 深化设计

按照设计要求，应用 BIM 技术结合场馆跨度，合理布置自立式消火栓。自立式消火栓工作状态见图 3.5-2。

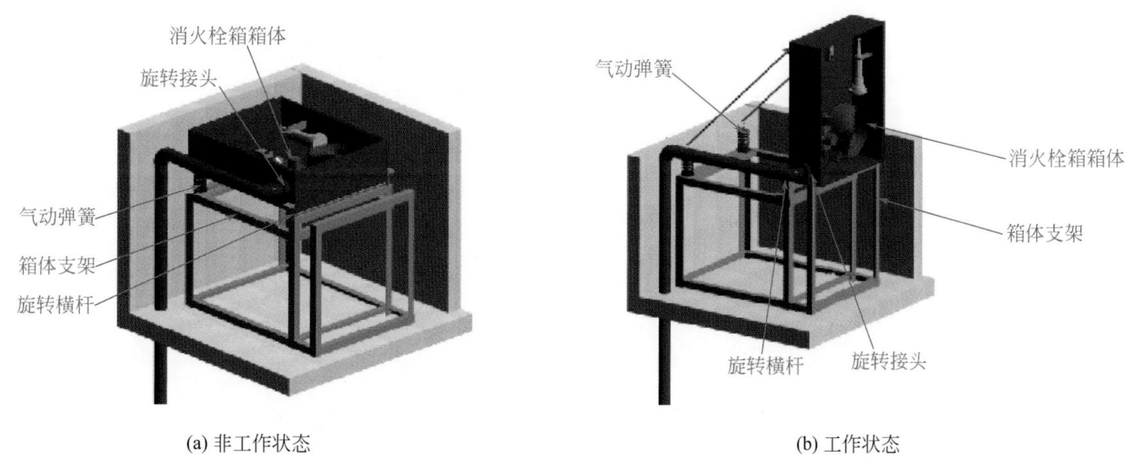

(a) 非工作状态　　(b) 工作状态

图 3.5-2　自立式消火栓工作状态切换图

（1）确定基坑尺寸

现场预留消火栓基坑，需综合布置消火栓箱（含消火栓、水枪、水带、按钮）、外框架、旋转接头、消火栓管道等，并考虑盖板的形式，保证功能完善与使用便利。消火栓箱形式确定后，综合考虑后期使用及检修空间，确定消火栓基坑的尺寸。

（2）消火栓管道接入方向

场馆自立式消火栓干管由场馆下一层接入。同一场馆消火栓干管预留孔洞方向直接影响坑内消火栓布置的方向性，且影响基坑盖板的形式，考虑场馆的整体效果及后期运维检修的便利，需对管道接入方向进行优化排布，将接入基坑的消火栓干管设置在同一方向，方便后期使用。消火栓管道位置深化见图 3.5-3。

2. 定位放线

根据 BIM 深化方案，结合消火栓基坑的尺寸及下层结构特点进行准确定位，放线。

3. 基坑预留

根据 BIM 深化设计方案，及时向土建单位提资，明确基坑尺寸、定位、消火栓干管及基坑排水地漏的预留套管。在土建施工过程中，进行基坑尺寸及定位复核，确保后期基坑内机电系统安装顺利。核对基坑内地漏预留套管的位置及规格，并核对基坑侧墙消火栓干管的水平、垂直定位及规格。

4. 消防干管敷设

消火栓系统干管安装根据设计要求使用管材，按压力要求选用碳素钢管或无缝钢管。选取合适的管道连接方式，管道连接满足规范要求。

消火栓干管敷设时需注意，穿基坑预留套管处必须封堵严实，基坑内侧做防水处理。

5. 基坑排水管道敷设

自立式消火栓设置于地面下，为方便消火栓管道安装完成后试压排水、后期检修泄水以及基坑冲洗，消火栓基坑应设置地漏，安装排水管道。结合基坑尺寸及后期使用要求，确定地漏及排水管道规格。在 BIM 深化阶段，结合基坑内消火栓箱位置及支架形式以及下层结构形式确定地漏位置，保证地漏易于安装及检修。基坑土建施工过程中及时预埋地漏套管，基坑土建施工完成移交后，安装地漏及排

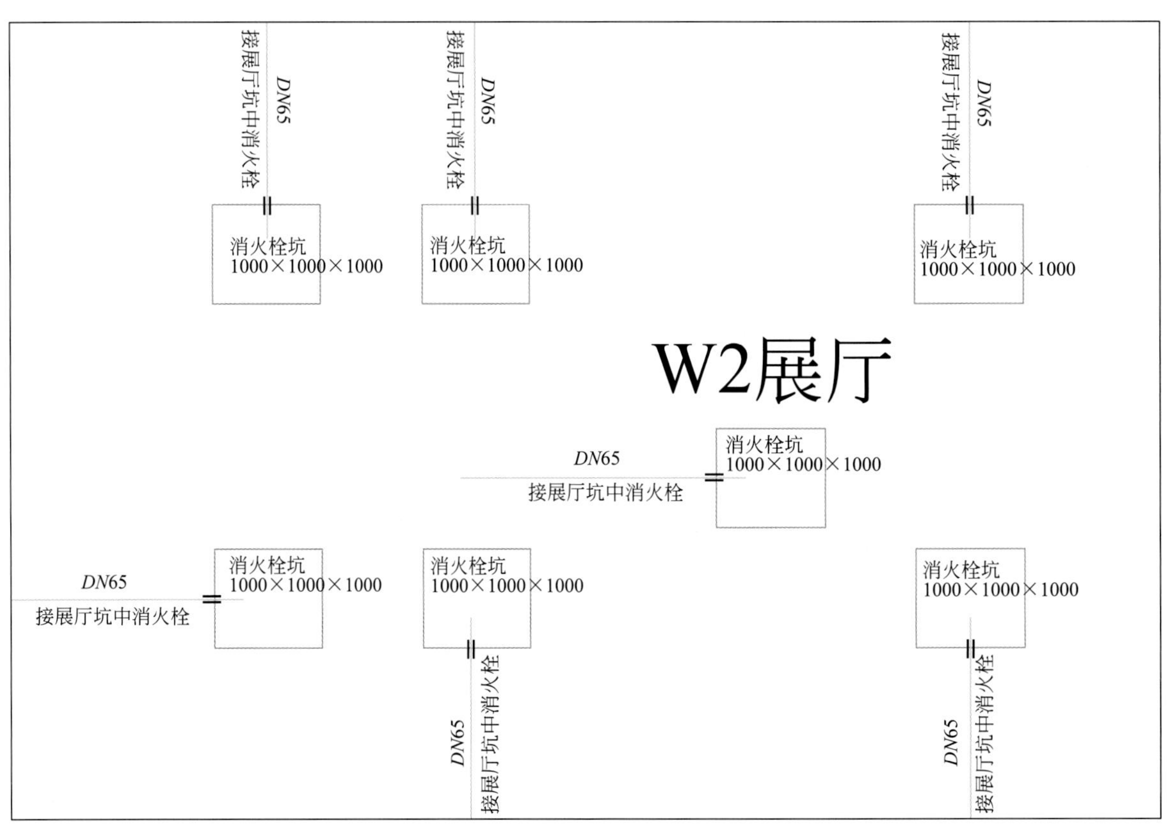

(a) 原设计图

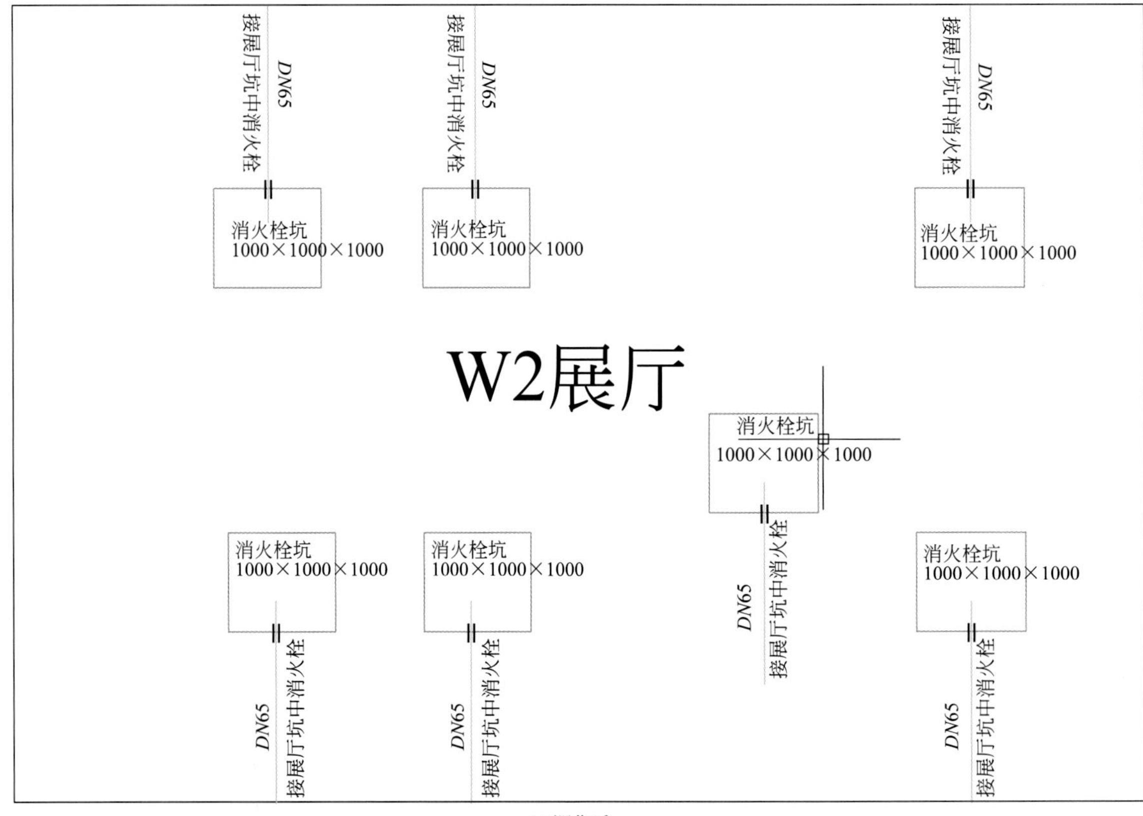

(b) 深化后

图 3.5-3　消火栓管道位置深化

水管道。基坑排水管道敷设需严格安装规范设置管道走向及坡度，确保后期检修泄水过程中，基坑排水顺畅。地漏安装后，及时进行成品保护。

6. 消火栓箱及附件安装

自立式消火栓的选型及安装，需在BIM深化阶段前期进行确定。为保证功能及检修方便，应采用整体式安装方式，即坑内消火栓配件均安装于箱体内，包含消火栓、水枪、水带、外框架、旋转接头、启泵按钮等。正常状态下，消火栓位于展厅地板以下，如发生火警需转换为工作状态，此时消火栓应处于直立状态，满足灭火要求。

（1）自立式消火栓选型

采用升降式消火栓箱，将消火栓、水枪、水带、启泵按钮均放置于消火栓箱内。消火栓管道采用 $DN65$ 热镀锌钢管，箱体底部设置旋转接头引入管与消火栓管道连接，达到消火栓及管道旋转功能。

（2）自立式消火栓布置

根据消火栓箱尺寸，在狭小的空间内通过消火栓、水枪、水带、启泵按钮的合理排布安装，实现各装置使用时互不干扰，方便检修。

（3）箱体配件安装应在交工前进行。消防水带固定后折好放在挂架上卷实、盘紧放置在箱内，消防水枪沿箱体长度方向摆放在箱体内侧。

（4）基坑周围设置角钢包边，控制角钢包边的标高，确保盖板与地面齐平，从而达到隐蔽的目的。

（5）自立式消火栓箱整体安装于基坑内，易受潮锈蚀，箱体支架采用镀锌角钢制作，箱体安装完成后进行补漆处理，做好防腐。

7. 支管及转换接头安装

选用旋转接头与气弹簧组合，实现消火栓箱直立功能。消火栓箱两侧加装气弹簧支撑，消防管道与箱内栓口连接处采用定制旋转接头连接。

根据规范要求，旋转接头宜选取承压能力、抗锈蚀性强的不锈钢管件，旋转接头与消火栓管道螺纹连接，并做好成品保护，接头密封效果满足要求。旋转接头产品及安装见图3.5-4。

(a) 产品

(b) 安装图

图3.5-4　旋转接头产品及安装图

8. 气弹簧及配件选型

气弹簧选型过大，在使用时箱体抬起速度过快，复位时费力；气弹簧选型过小，在使用时支撑力不足，易晃动。选型时需经过计算选择合适力矩的气弹簧。根据箱体及箱内水龙带、栓头、手报等设备的重量，经对气弹簧伸展力以式（3.5-1）进行计算复核，箱体立起来后支撑力满足要求，箱体平稳。气弹簧产品及安装见图3.5-5。

$$F=1.1\times\frac{GL}{WX} \tag{3.5-1}$$

式中 F——气弹簧的伸展力；

G——箱体重量；

L——重心到支点的水平距离；

W——气弹簧力臂距离；

X——气弹簧数量。

(a) 产品

(b) 安装图

图 3.5-5 气弹簧产品及安装图

9. 管线试压、冲洗

消火栓管道安装完按设计指定压力进行水压试验。如设计无要求，一般工作压力在 1.0MPa 以下的系统，试验压力为 1.4MPa；工作压力为 1MPa 以上的系统，试压压力为工作压力加 0.4MPa，稳压 30min，无渗漏为合格。为配合装修施工，试压可分段进行。

消火栓系统管道试压完可连续作冲洗工作，冲洗时管内水流量应满足设计要求，出口水质满足相关规范要求后，方可结束。

10. 消火栓试射

通水调试前消防设备包括水泵、结合器、节流装置等应安装完。通过水泵结合器及消防水泵加压，消防栓喷放压力均应满足设计要求。消火栓试射满足消防验收要求，试射过程中箱体稳定，气弹簧工作状态良好。

系统联动调试：当接收到任一个报警信号时，按下任一台消火栓箱内启泵按钮，均应能启动消火栓泵，同时按钮上指示灯显示正常；启泵按钮复位后，指示灯熄灭。

11. 盖板标识

消火栓基坑盖板需结合场馆精装整体要求、场馆地面载荷要求进行选型及布置。考虑后期使用及检修的方便，盖板拉手应设置为隐蔽性，确保场馆地面的平整。选用三块组合式消火栓坑盖板，外形简约、美观、醒目，有较好的承载性能，为消火栓正常使用提供了保障。

施工完成后，采用彩条布覆盖消火栓箱，并及时将消火栓坑盖板覆盖，以利于成品保护，保证产品完整性与性能。自立式消火栓基坑盖板见图 3.5-6。

3.5.4 小结

采用自立式消火栓施工技术，方便了大空间区域的平面布置；运用 BIM 技术对消火栓管道接入方向进行优化，提高了安装和使用的便利度；设置排水设施，防止坑内积水，降低元器件受潮的影响；支架、箱子及附件按要求进行防腐处理，提高系统耐久性；严格控制盖板标高，便于隐蔽；控制气弹簧与

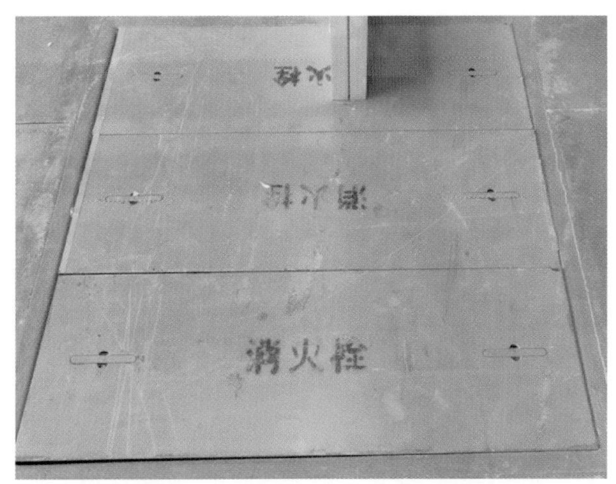

图 3.5-6　自立式消火栓基坑盖板

旋转接头的质量，确保工作可靠。此项技术可为同类工程提供参考与借鉴，具有较为广阔的应用前景。

3.6　舞台区域消防施工技术

3.6.1　技术概况

在剧院类建筑中，舞台、摄影棚等区域空间高大，灯杆、景杆、幕布密集，线缆、灯具、吊机、防火幕等机电系统及专业设施设备种类繁多，见图 3.6-1 和图 3.6-2。舞台在表演过程中为了追求艺术效果，常常会使用及产生烟雾，容易形成火灾隐患，因此对消防系统的要求极高。雨淋系统及水幕系统等开式消防系统由于具有灭火范围大、反应速度快、灭火及时等优点，被广泛应用在舞台区域消防灭火系统中。

开式消防系统采用开式洒水喷头、预作用报警阀组、专用消防水泵及稳压系统组成消防灭火管网，配套火灾自动报警及联动系统，形成舞台区域消防灭火体系。正常状态下，预作用报警阀组后管网处于无水状态，当报警系统确认火情后，预作用阀组启动，水迅速通过管网喷出，从而达到大面积灭火的目的。

图 3.6-1　剧院舞台

图 3.6-2　舞台防火幕布

3.6.2 技术特点

（1）系统灭火面积广，出水量大，灭火效率高。开式喷头向系统保护区域内同时喷水，能有效地控制火灾，防止火灾蔓延。

（2）系统反应速度快，灭火及时。采用火灾探测传动控制系统来开启系统，从火灾发生到探测装置动作并开启雨淋系统灭火，比闭式系统喷头开启的时间短。

（3）布局合理，定位准确，系统稳定性高。建立 BIM 模型，合理布置喷头与格栅、台上机械、灯具、防火幕等的空间布局，进行准确定位；设计专用的水幕系统支架体系，保障系统功能和运行的稳定性。

3.6.3 技术措施

舞台区域消防系统施工工艺流程见图 3.6-3。

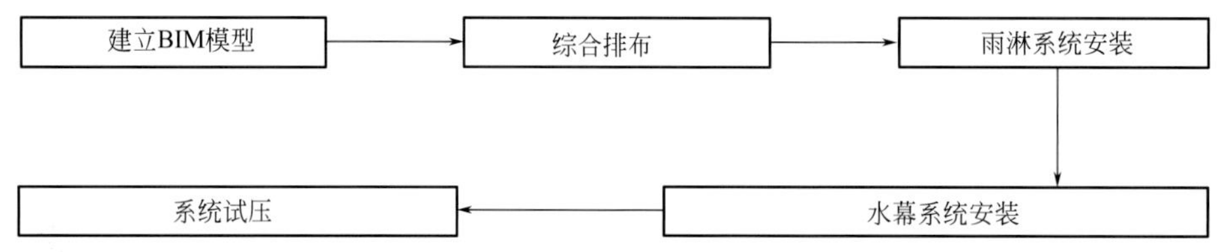

图 3.6-3 舞台消防系统施工工艺流程

（1）利用建模软件对舞台区域消防系统建立 BIM 模型，如图 3.6-4 所示，并根据模型对系统管道进行综合排布。

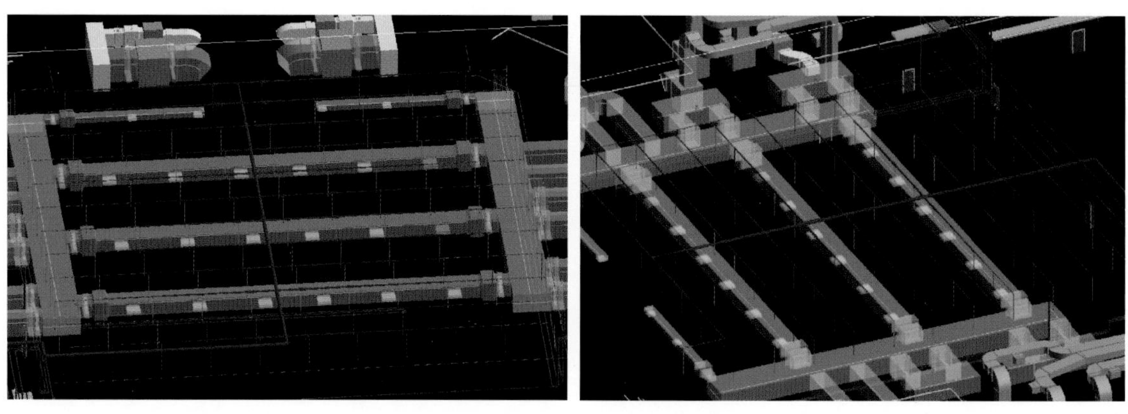

图 3.6-4 舞台区域消防系统模型

（2）舞台雨淋系统施工：

舞台机械区设置雨淋系统，雨淋系统平面布置见图 3.6-5，必要时增设水炮系统作为补充。雨淋开式喷头安装标高须控制在舞台机械区域格栅下 20cm，管道及支架高度不能超过舞台机械的滑轨，在实现雨淋系统灭火效果以及系统运行稳定的同时，保证舞台观感效果。

1）舞台雨淋系统雨淋喷头安装：

雨淋喷头配套固定支架，其位置及形式不得妨碍舞台机械的运行。雨淋喷头支架待舞台设备行动轨迹全部确定后再进行安装，确保不超出舞台机械滑轨位置，同时不影响舞台钢丝绳伸缩。

2）舞台雨淋系统施工工序：

舞台雨淋系统需待舞台机械设备布置完成后，才能进行施工，避免雨淋管道影响舞台机械调试。雨

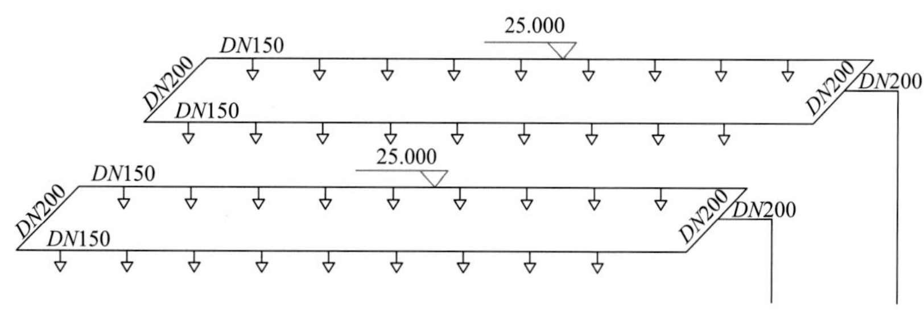

图 3.6-5　舞台雨淋系统平面布置示意图

淋系统的管道安装需配合舞台机械施工，既要保证消防灭火效果，又要保证舞台机械运行功能。且雨淋喷头安装，需待舞台格栅安装完成后进行。

（3）舞台水幕系统施工：

舞台防火幕区域水幕系统需靠近防火幕设置，采用专用的水幕喷头，喷头设置在防火幕与舞台幕布中间，并要求与防火墙及防火幕夹角为30°～45°，水平间距不大于50mm，保证喷洒时与防火幕的最大接触面，水幕系统安装示意见图3.6-6。

舞台防火幕区域水幕系统在完成防火幕现场定位、幕布电动机架安装后进行施工，系统安装完成后，防火幕需进行现场升降调试，确保不影响幕布启闭。

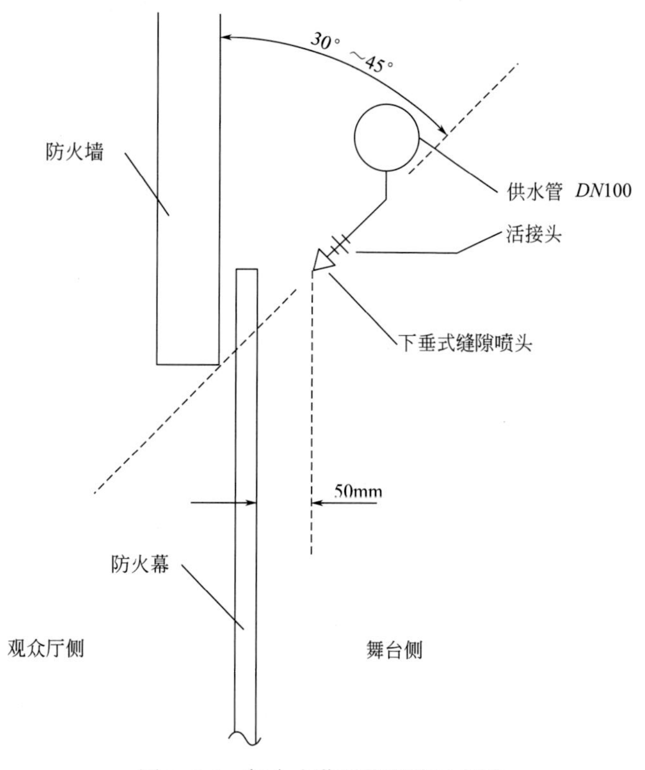

图 3.6-6　舞台水幕系统安装示意图

1）舞台水幕系统管道安装：

防火幕跨度一般在20m以上，且水幕喷洒位置距舞台格栅顶一般在15m以上，如此大的跨度和高度，必须增加整个消防管道安装的强度及稳定性。因此安装防火幕水幕管道时，水幕母管选用标准壁厚的无缝钢管，水幕喷头位置开孔采用焊接丝接短管形式。水幕管道分段焊接完成后，进行二次除锈镀锌，提高管道的耐久、抗腐蚀性能。母管之间采用沟槽连接，母管管头采用沟槽盲板进行封堵。

2）舞台水幕系统管道支架设置：

水幕管道支架采用舞台机械同款钢丝绳吊架，钢丝绳穿过舞台机械钢格栅，固定在舞台设备间梁上，见图 3.6-7、图 3.6-8。选用直径为 ϕ11mm 的 6×19 的钢丝绳，配套专用卡扣。钢丝绳按 1.5m 间距设置，配套固绳器，防止钢丝绳晃动。

图 3.6-7　舞台格栅上方钢丝绳布置图（图中标红为钢丝绳）

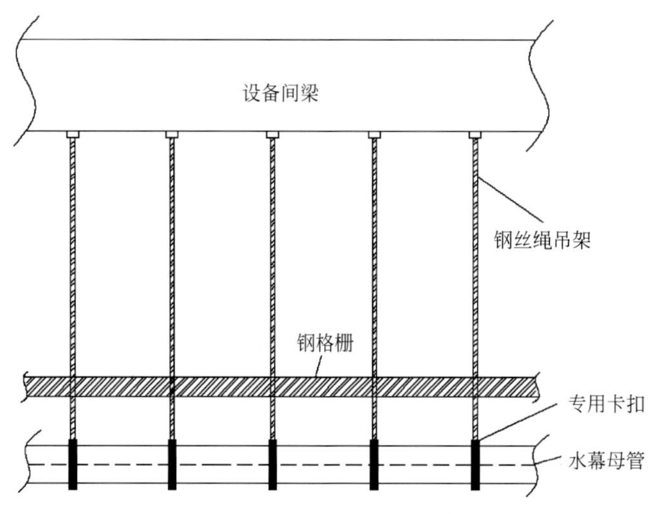

图 3.6-8　舞台水幕系统管道布置立面图

（4）系统试压：

雨淋、水幕系统管网安装完成后，对系统进行压力试验。舞台区域设备众多，试验环境复杂，需编制舞台区域专项试压方案，经审核批准后方可实施。管网通常采用气压的试验方式，试验压力和试验过程需满足设计或相关规范要求。试压合格后，系统方可投入使用。

3.6.4　小结

在剧院类项目中，根据规范消防系统选型要求，开式消防系统更适用于舞台区域；舞台区域消防施工时，喷头布置、支架固定形式、管道连接方式，需根据舞台格栅样式、防火幕型式进行调整；舞台区域消防施工必须与舞台机械施工同步进行，在满足消防要求的前提下，以配合舞台机械施工为主，确保最终舞台功能的实现。

3.7　高大空间钢桁架内机电施工技术

3.7.1　技术概况

高大空间钢桁架内机电施工技术是以跨专业一体化BIM技术应用为依托，密切跟进建筑钢桁架结构施工组织与施工进度，分别从机电系统如风管、消防水管、电气桥架、虹吸雨水等与钢桁架结构整体吊装与机电管线水平滑移就位的角度入手，针对性制定高大空间钢桁架内机电系统管线及设备设施的安装施工技术措施方案，实现总承包管理框架下跨专业施工与管理的高度协同，圆满完成各类高大空间钢桁架内机电系统管线设施的安装施工任务。

在钢结构桁架吊装前，结合钢桁架分段对桁架内机电管线设施进行精确分段、制作及定位。根据机电管线设施布置、桁架形式设计机电系统支吊架，确保机电系统、桁架结构体系安全稳定，完成桁架内机电管线设施与钢桁架结构体系整体就位安装，实现跨专业协同管理。

钢结构桁架已经安装就位后，根据管线布置、桁架形式，运用BIM技术设计管线支吊架及桁架内专用滑移托架，对施工过程进行模拟，将已预制好的管线分段吊装至桁架内，将机电管线水平移动调整，进行连接和固定。高大空间钢结构屋面桁架内机电安装效果见图3.7-1。

图3.7-1　高大空间钢结构屋面桁架内机电安装效果图

3.7.2　技术特点

（1）运用跨专业一体化BIM技术，实现桁架内机电管线与钢桁架施工进度相结合，对桁架内机电管线设施进行精确分段、制作及定位，便于施工过程中质量、安全管控。

（2）采用新型机械化装配式支吊架，避免各类风管、消防水管、电气桥架、虹吸雨水等支吊架在钢结构上焊接，从而保护表面耐火层，实现钢桁架结构稳定。

（3）设计桁架内专用滑移顶升托架，实现管线标高和弧度的调整，能有效控制管线的安装精度，实现了机电管线与钢桁架的协调统一，有利于缩短高空作业时间，提高施工效率。

3.7.3　技术措施

高大空间钢桁架内机电施工，主要涉及各类风管、消防水管、虹吸雨水、强弱电管线等。

1. 机电管线与桁架整体吊装技术

钢桁架内机电系统管线与桁架制作安装进度同步时，机电系统管线采用与桁架整体吊装的施工工艺，本节以钢桁架内螺旋风管安装为例。

（1）施工工艺

本技术的工艺流程见图 3.7-2。

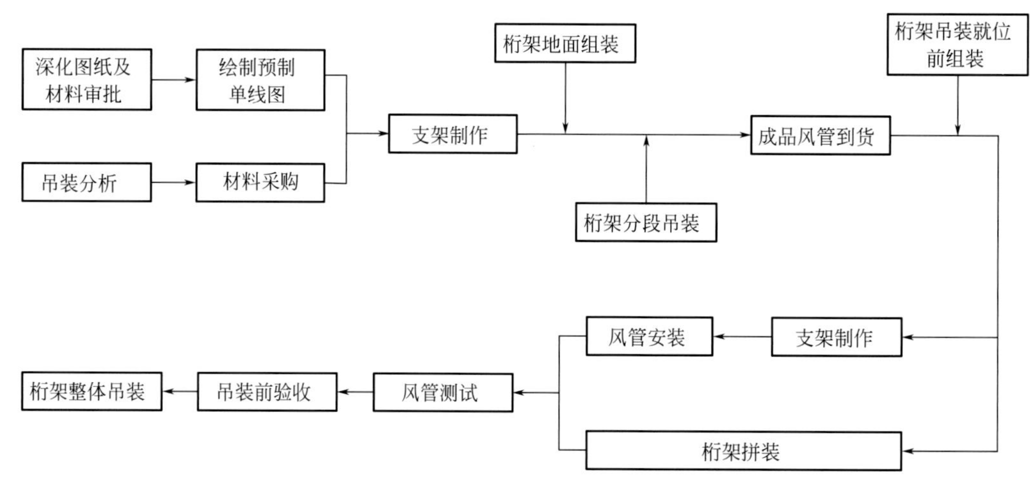

图 3.7-2　机电管线与桁架整体吊装技术工艺流程图

（2）高大空间钢桁架的风管支架

桁架内螺旋风管支吊架采用双吊斜拉的方式，利用两侧主弦架做受力点，隐于钢结构倒三角管桁架内，与桁架整体协调统一，按规范设置支吊架。

支吊架安装时，先将管卡固定于倒三角管桁架两侧，再固定全牙通丝吊杆，吊杆长度根据风管安装高度预制。根据风管尺寸及安装高度，预制风管管束。管束分上下两部分，下抱箍短，上抱箍长。将风管下抱箍安装固定于两根吊杆上，双螺母固定。支架及防晃支架安装见图 3.7-3～图 3.7-6。

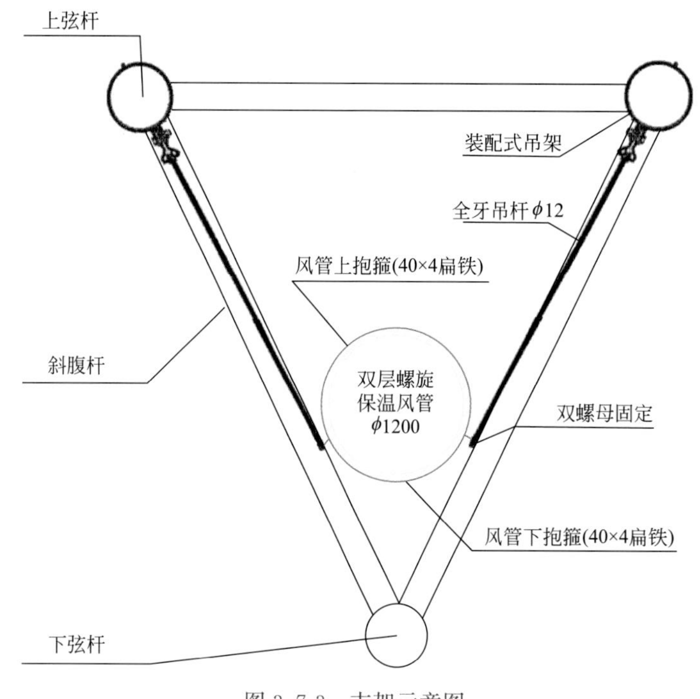

图 3.7-3　支架示意图

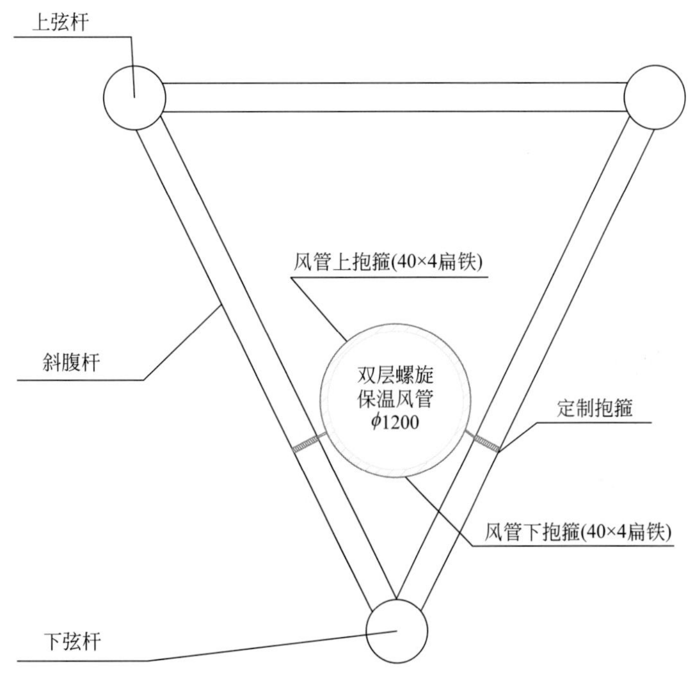

图 3.7-4　防晃支架示意图

图 3.7-5　支架安装效果图

图 3.7-6　防晃支架安装效果图

（3）吊装分析

桁架制作时，充分考虑吊装机械的布置、桁架的结构形式、运输及安装的可行性等因素，将主桁架分段。根据钢桁架分段对风管进行分段，计算每段钢桁架及一同吊装的螺旋风管、支吊架的质量，确定塔吊额定荷载。

（4）跨专业一体化的 BIM 实现跨专业管理协同

1）管桁架与螺旋风管的模块划分

依据设计文件和图纸，通过 BIM 技术对管桁架及螺旋风管进行安装模拟，确认螺旋风管相对安装位置，将每榀管桁架分解成若干榀片式的管桁架模块；同时将螺旋风管分解成与管桁架模块相对应的螺旋风管模块，最后对分解后的各管桁架模块与螺旋风管模块进行对应 RFID（射频识别，Radio Frequency Identification，简称 RFID）射频编号，确保螺旋风管模块产品与相对应的管桁架单元匹配安装，实现机电安装的高效精确性。

2）管桁架模块单元与螺旋风管模块单元工厂制作

将整体管桁架分解为可连接安装的管桁架模块单元；将螺旋风管制作为若干螺旋风管模块单元。所有螺旋风管模块单元均由计算机放样、智能化制作，以保证圆弧周长过渡平滑，提高效率；所有弯头均按标准曲率半径制作。双层螺旋保温风管采用内法兰，外包边的方式连接。内法兰用镀锌角钢制作，内径大于双层螺旋保温风管内管外径1～2mm，采用螺栓连接；外包压筋镀锌钢板，采用螺栓连接。最后，对制作完成的各管桁架模块单元和螺旋风管模块单元粘贴标贴，标贴需明确构件的规格和编号。螺旋风管工厂化预制见图3.7-7。

图3.7-7 螺旋风管工厂化预制

3）管桁架工厂预拼装

管桁架模块单元制作完毕后，在出厂之前进行预拼装，拼装过程中做好测量记录，并对有误差的接口进行处理，所有管桁架构件均为空间弯扭结构，构件位置环环相扣。

4）管桁架与螺旋风管模块施工现场组装

现场安装人员通过RFID射频扫描相关信息，将螺旋风管模块单元组合安装于相应的管桁架模块单元内，然后以同步吊装的方式进行拼接安装。

5）在钢结构桁架固定到前，预留自由端1～2m的自由段，待钢结构变形导致的误差消除后，再进行自由段螺旋风管的校正、安装。

螺旋风管与管桁架协同吊装过程见图3.7-8～图3.7-11。

图3.7-8 管桁架与螺旋风管集成模块

图3.7-9 模块化吊装

2. 桁架内水平滑移施工技术

（1）施工工艺

本技术的工艺流程见图3.7-12。

图 3.7-10　螺旋风管预留自由段

图 3.7-11　螺旋风管安装精度调整

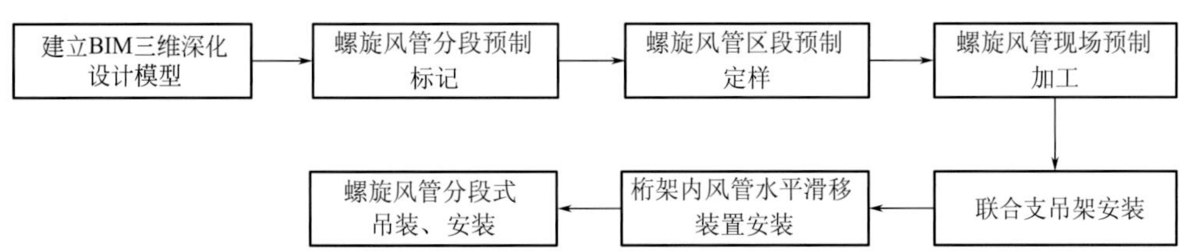

图 3.7-12　桁架内水平滑移施工技术工艺流程

(2) 风管的水平移动

1) 选择管线安装入口

模块化管线安装前，要结合高大空间钢结构特点，安装顺序可分为由中间开始向两侧扩展，或由一端开始安装。选取合适的管线安装入口，将管线顺利提升至桁架内，实现管线在桁架内的水平移动。

2) 托架安装

模块化安装过程中，螺旋风管需进行桁架内水平运输，采用螺旋风管专用托架，安装固定在操作平台上。用叉车将风管从堆放场地运至拼装胎架一端，并垂直运输至搭设的操作平台高度。用软绳拴住风管，通过每组托架上的 6 个橡胶滑轮滚动牵引至安装位置，并安放在吊架下抱箍上。根据风管规格可调整滑轮角度，确保风管表面与滑轮接触面最大。

此安装托架实现了螺旋风管的滚动平移运输，减小摩擦阻力，降低劳动强度、经济安全，提高施工效率，减少风管变形率，避免了风管直接在平台上拖行所造成的表面镀锌层破坏，与此同时，能有效控制管线的安装精度，实现了机电管线与钢桁架的协调统一，见图 3.7-13～图 3.7-15。

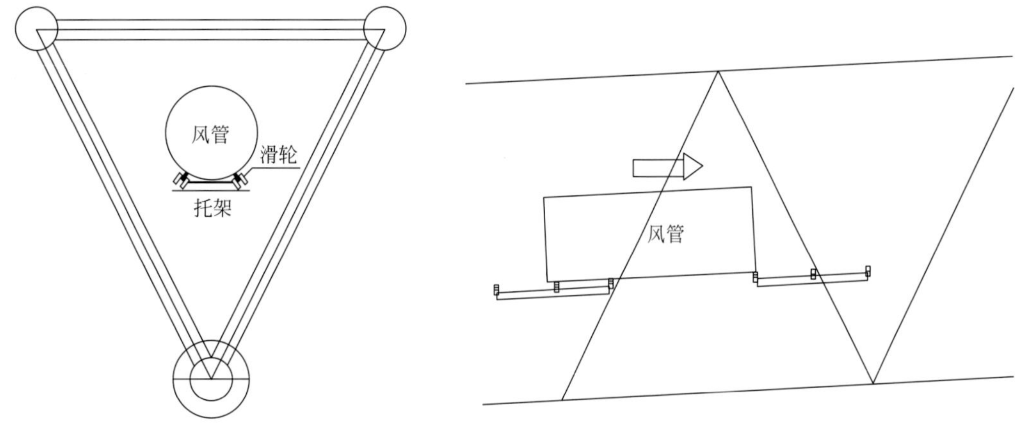

图 3.7-13　风管桁架内运输示意图

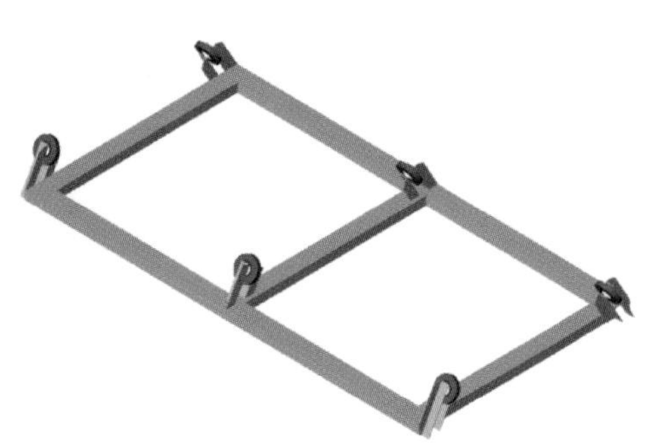

图 3.7-14　风管安装托架模型图

图 3.7-15　安装托架应用

3. 虹吸雨水安装技术

（1）倒三角管桁架下的虹吸雨水管排支架

为有效解决了钢结构及桁架不允许焊接的问题，针对钢结构建筑的特点，悬吊生根技术主要分为三种形式。

方式一：采用扁钢管卡抱住上弦杆的方式来作为悬吊生根，见图 3.7-16、图 3.7-17。

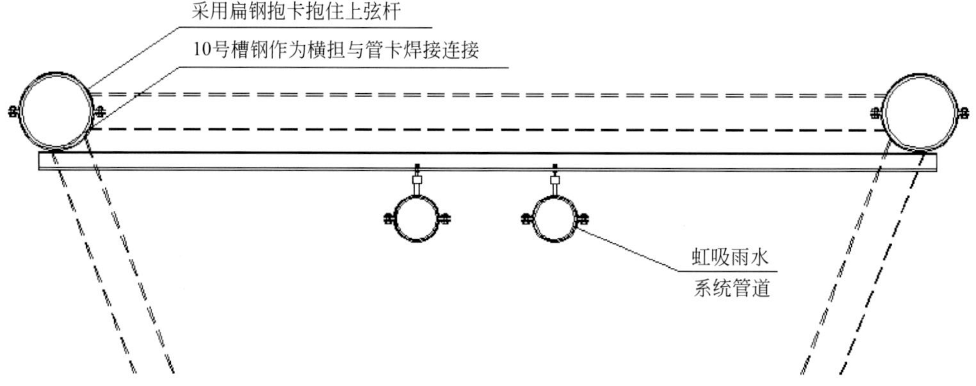

图 3.7-16　桁架内虹吸雨水管支架安装方式一（一）

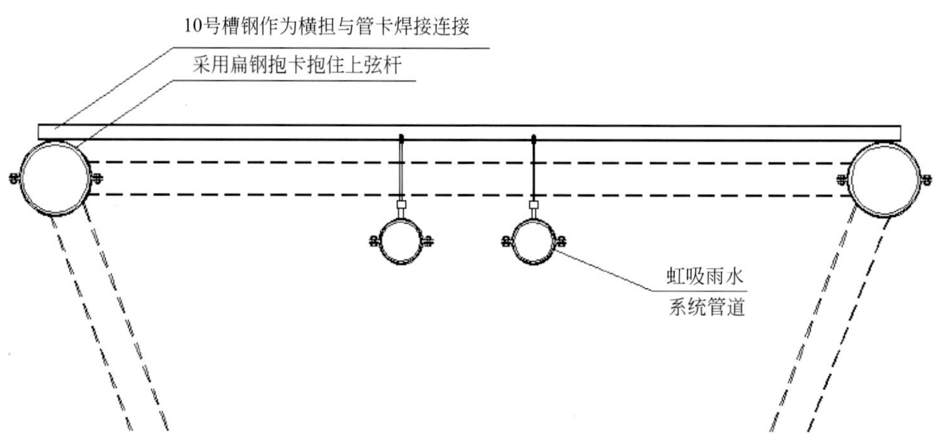

图 3.7-17　桁架内虹吸雨水管支架安装方式一（二）

方式二：采用扁钢包卡抱住上弦杆，虹吸管道穿过桁架两侧，见图 3.7-18。采用此方式的优点是管道的布置可以更灵活，且减少型材使用量，降低了屋面荷载，可以加快虹吸雨水专业的施工速度。

方式三：采用扁钢抱住上弦杆，10 号槽钢作为横担与管卡焊接连接，见图 3.7-19。

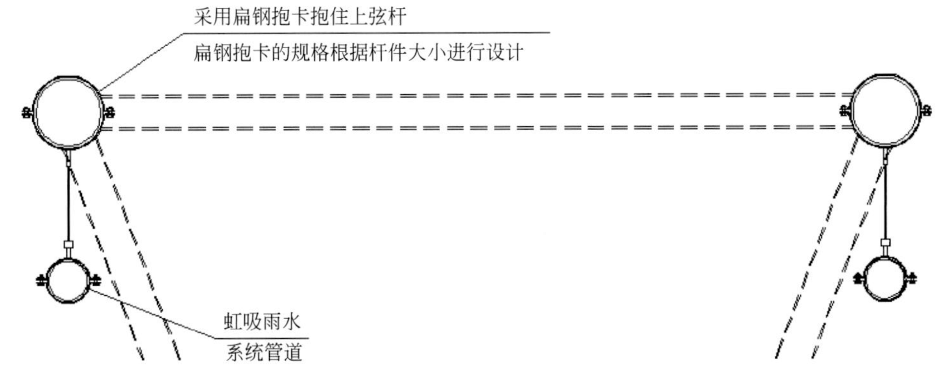

图 3.7-18 桁架内虹吸雨水管支架安装方式二

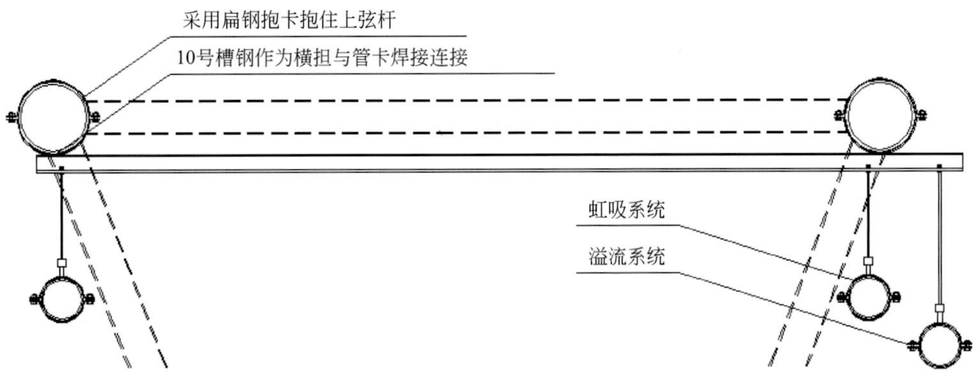

图 3.7-19 桁架内虹吸雨水管支架安装方式三

对于不超过两个虹吸雨水系统时，采用生根方式二；超过两个系统时，采用生根方式三；有条件的情况下，也可以考虑采用生根方式一。优选生根方式二，这也是型材用量最省的方案。

(2) 平行钢梁下的虹吸雨水管排支架

大型钢结构屋盖使用虹吸雨水系统用于雨水排水，虹吸雨水管排敷设在屋面下方，利用两个平行的工字钢钢梁生根做支架固定虹吸雨水管，支架安装方式见图 3.7-20。

图 3.7-20 平行钢梁下的虹吸雨水管排支架安装图

使用槽钢作为支架横担，各管道吊架底座焊接于该横担上，槽钢横担紧贴钢结构工字钢下边缘，利用倒 U 形卡、固定板及槽钢夹紧工字钢翼缘板，固定整个支架及管道。

固定板处具体做法为：将固定板一端紧贴工字钢翼缘板，另一端边缘处作弯折处理，弯折高度为工字钢边缘板厚度，利用 U 形卡、螺栓紧固，使固定板和槽钢夹紧工字钢翼缘板。另外，U 形卡及固定板不少于两处且方向相反，以防止滑脱。

支架与钢梁连结节点见图 3.7-21，平行钢梁下的虹吸雨水管排支架见图 3.7-22。

图 3.7-21　支架与钢梁连结节点图

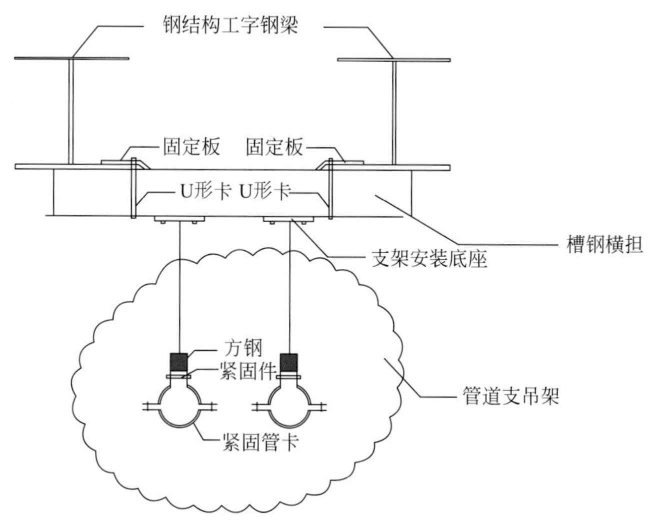

图 3.7-22　平行钢梁下的虹吸雨水管排支架详图

4. 圆管钢梁上的桥架托架

大跨度圆形钢结构常见于高大空间建筑的屋顶，而由于功能需要，高大空间建筑内也必须安装电气照明桥架、排水管、消防水管等机电管线。考虑钢结构本体不允许焊接，以免破坏桁架结构稳定和表面耐火层，所以不能采用传统的支吊架的方法。根据钢结构形式项目研发团队设计一种新型的装配式支吊架。

本支架使用镀锌扁钢环抱钢梁，通过两个螺栓孔与桥架的 T 形托架连接，形成安装方便的桥架支架，见图 3.7-23。

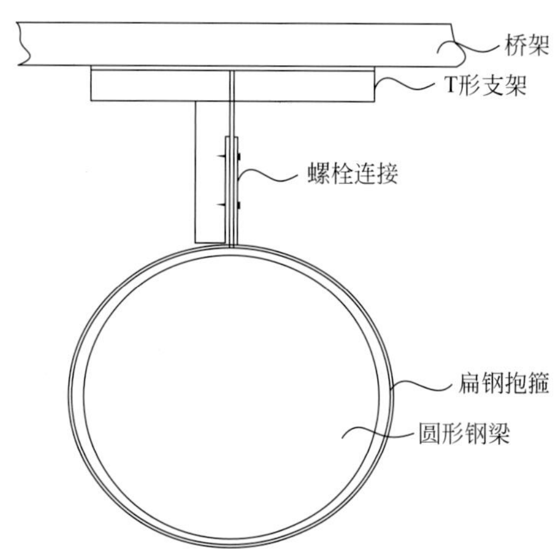

图 3.7-23　圆形钢梁上的桥架托架示意图

5. 葡萄架式综合支架施工技术

（1）吊点节点深化设计

各类支架的吊杆与钢屋盖连接点，为支架的集中受力部分，经过详细的深化设计，主要分管桁架与檩条两种形式。

1）吊杆与管桁架的连接，见图3.7-24。

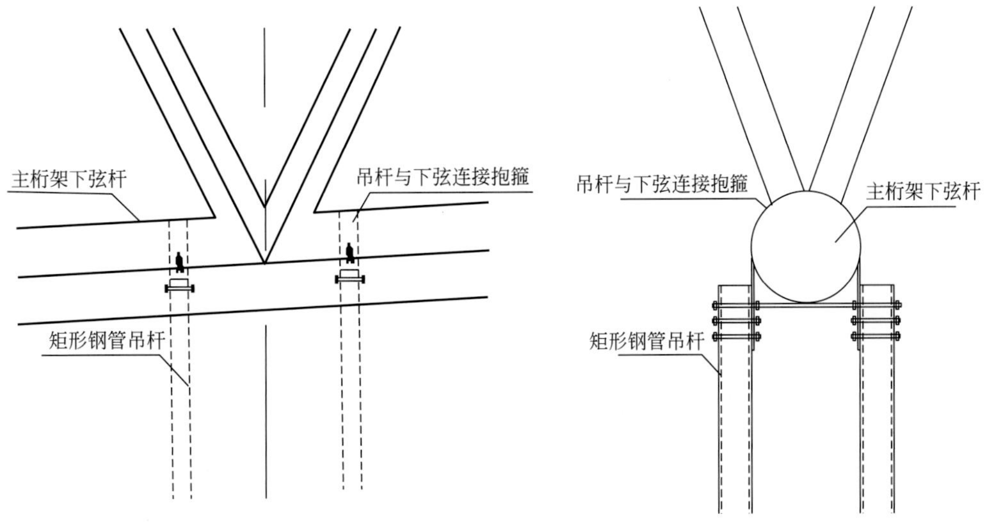

图3.7-24 吊杆与管桁架的连接详图

2）吊杆、钢丝绳与檩条的连接，见图3.7-25～图3.7-26。

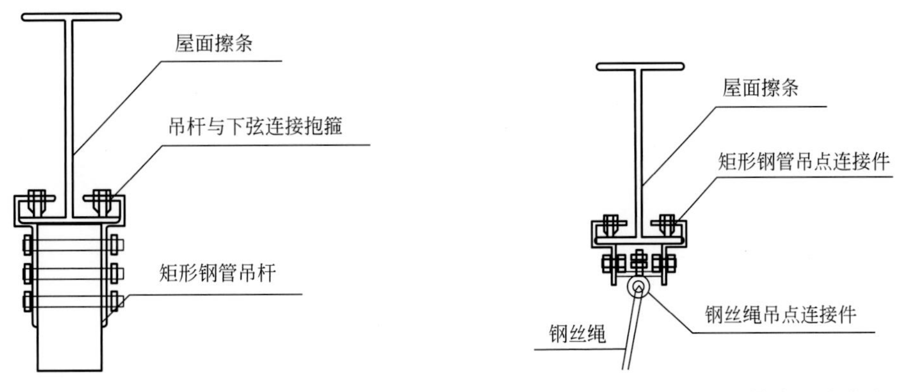

图3.7-25 吊杆与檩条连接节点　图3.7-26 钢丝绳与檩条连接节点

3）吊杆、钢丝绳与综合支架的连接

采用可以微调高度的方式，见图3.7-27、图3.7-28。

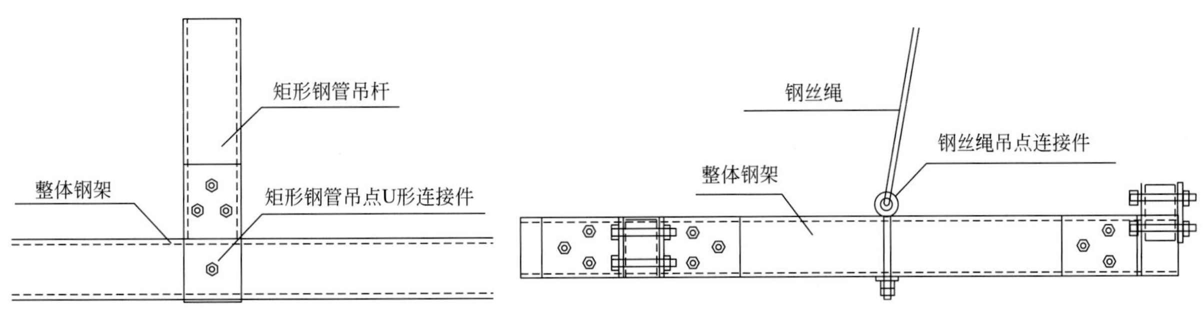

图3.7-27 吊杆与综合支架连接节点　图3.7-28 钢丝绳与综合支架连接节点

（2）葡萄架式综合支架及喷淋管线的地面组装

1）制作专用胎架用于综合支架及综合管线的组装，胎架与综合支架大小相当，底部设有轮子，便于移动，见图3.7-29。

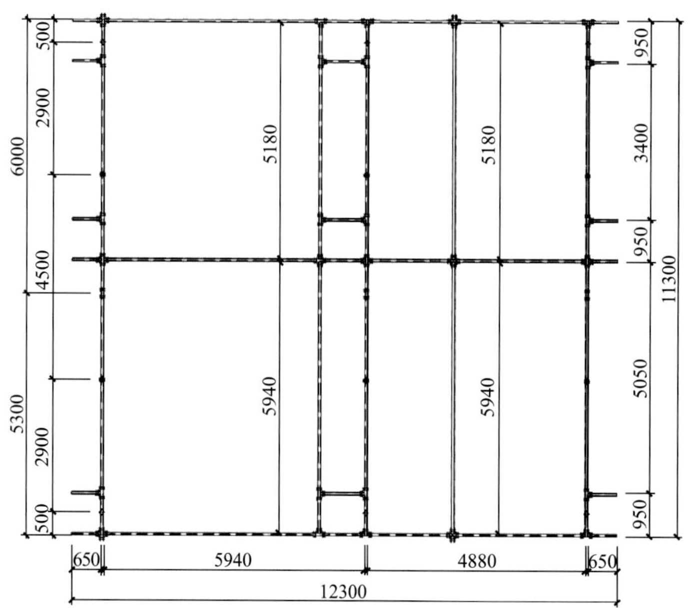

图 3.7-29　葡萄架式综合支架安装图

2）综合支架采用螺栓连接，保证连接强度。

3）综合支架组装好后，进行喷淋管道的组装，喷淋管线应严格控制主管道的位置，确保后续管线的高空连接。

4）喷淋管道在综合支架上应固定牢靠，并进行涂漆、各部件安装等工序。见图 3.7-30。

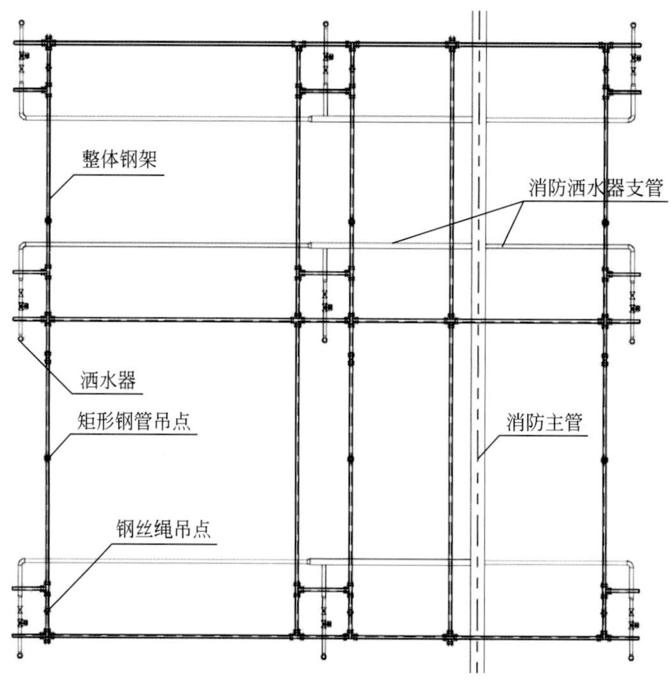

图 3.7-30　葡萄架式综合支架喷淋管道安装图

（3）葡萄架式综合支架及电控线管的地面组装

1）电控管线则利用整体钢架，沿整体钢架矩形钢管敷设，见图 3.7-31。

2）探测组件固定在整体钢架矩形钢管下方，见图 3.7-32。

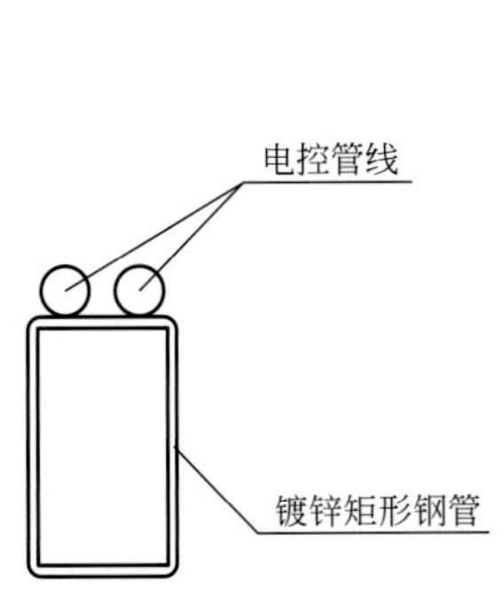

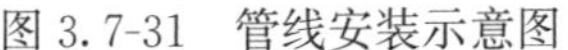
图 3.7-31　管线安装示意图

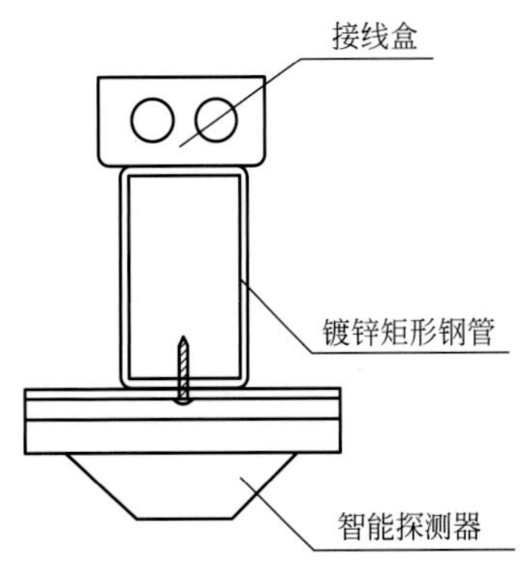

图 3.7-32　探测器安装示意图

3）通用模块安装在电磁阀附近的矩形钢管上，见图 3.7-33。

整体钢架上的电控管线敷设施工需与整体钢架及管道配合，在整体钢架拼装完成后，进行电管敷设；在管道安装完后，整体钢架吊装前，进行管内穿线，并完成探测器及通用模块的接线，见图 3.7-34。

（4）葡萄架式综合支架整体吊装

1）综合支架及消防、弱电管线在地面组装完成后，进行整体吊装。吊装采用 4 个电动葫芦和 2 组吊装托架进行，托架放置在整体吊架下方，托架及吊装点设置见图 3.7-35。

2）吊装点与电动葫芦连接牢固后，启动电动葫芦将托架缓慢提起至 1.5m 处暂停，检查各个吊点连接情况，并将各个吊点调整到同一平面，整体钢架倾斜度不超过 2%；再将电动葫芦调至同步后启动，缓缓提升整体钢架至安装高度，见图 3.7-36。

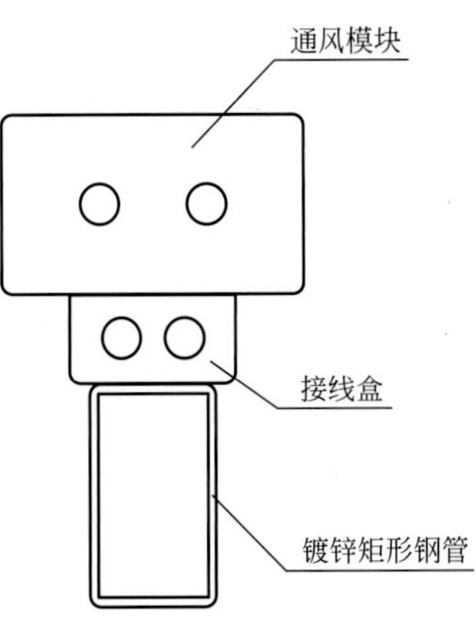

图 3.7-33　通用模块安装示意图

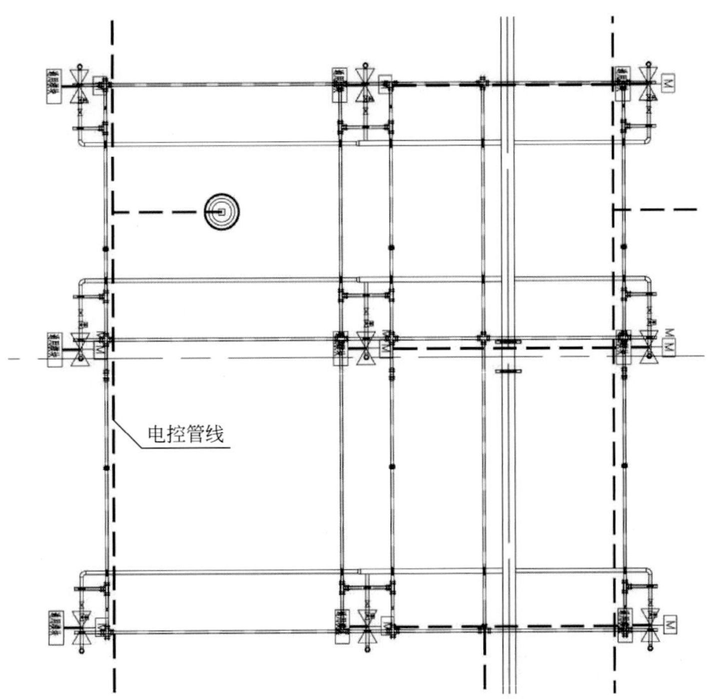

图 3.7-34　葡萄架式综合支架及综合管线地面组装完成图

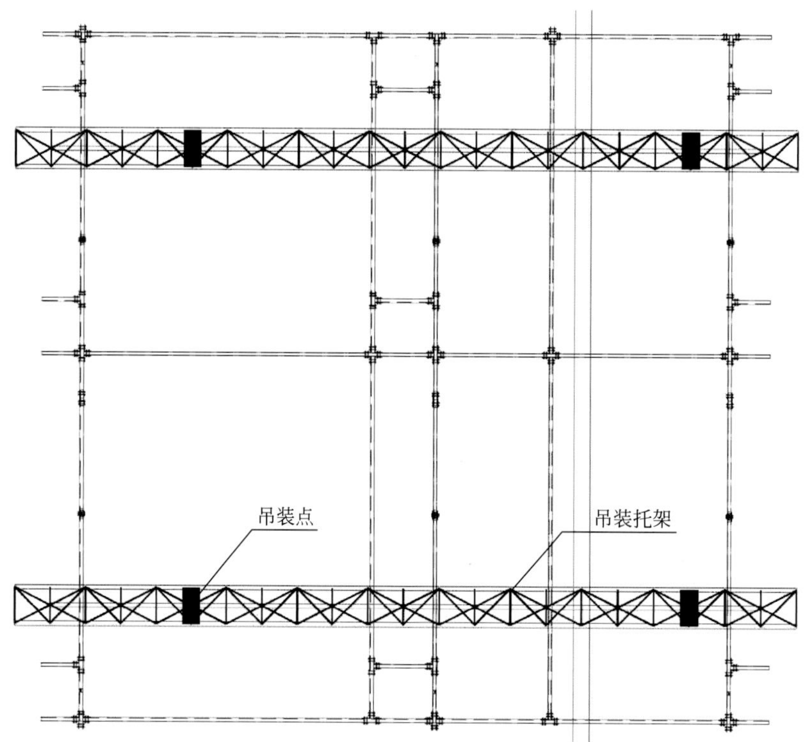

图 3.7-35　葡萄架式综合支架吊装平面图

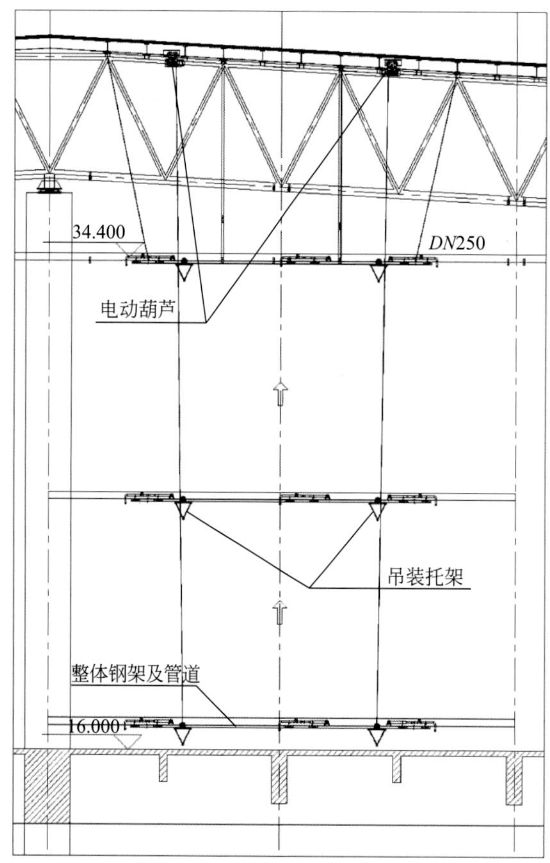

图 3.7-36　葡萄架式综合支架吊装图

3）整体钢架吊装到安装高度后与吊杆及钢丝绳进行连接，连接牢靠后方可缓慢卸载吊装托架。

（5）葡萄架式综合支架间的管线连接

1）葡萄架式综合支架及综合管线安装完成后，进行消防喷淋主管道的连接贯通，喷淋主管安装于桁架下弦杆下，利用桁架下弦杆做为消防喷淋主管支架的生根点。

2）葡萄架式综合支架间的电气管线安装：

① 整体钢架间跨度较大，必须增加连通矩形钢管，才能将电控管线连通。整体钢架间的连通见图 3.7-37。

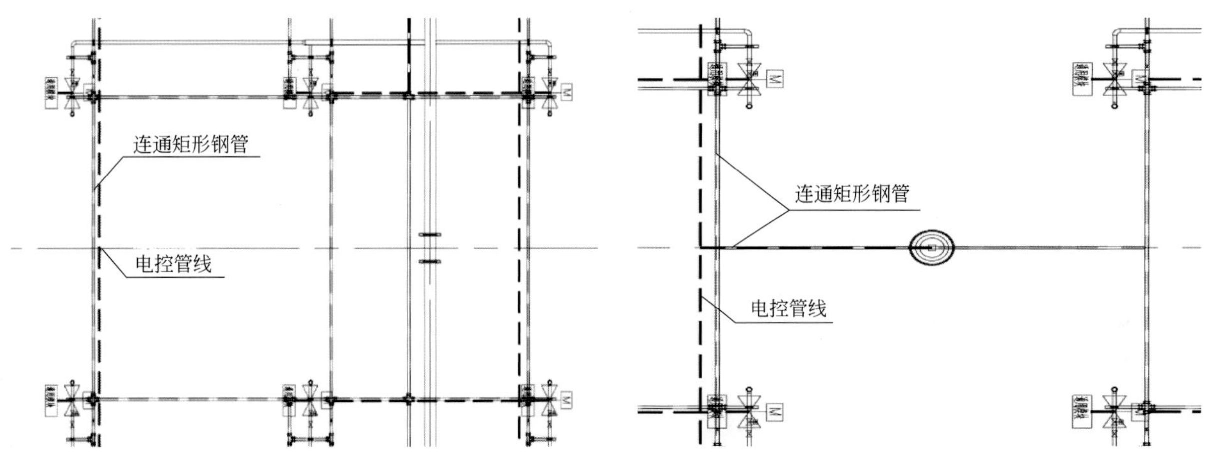

图 3.7-37　连通矩形钢管电控管线敷设图

② 连通的矩形钢管与原整体钢架同一材质的镀锌矩形钢管制作。

③ 连通矩形钢管吊装采用电动葫芦进行吊装，使用高空作业平台配合与整体钢架的连接。

④ 中间增加钢丝绳吊点，吊点设置在屋面檩条，见图 3.7-38、图 3.7-39。屋面檩条吊点使用高空作业平台进行安装。

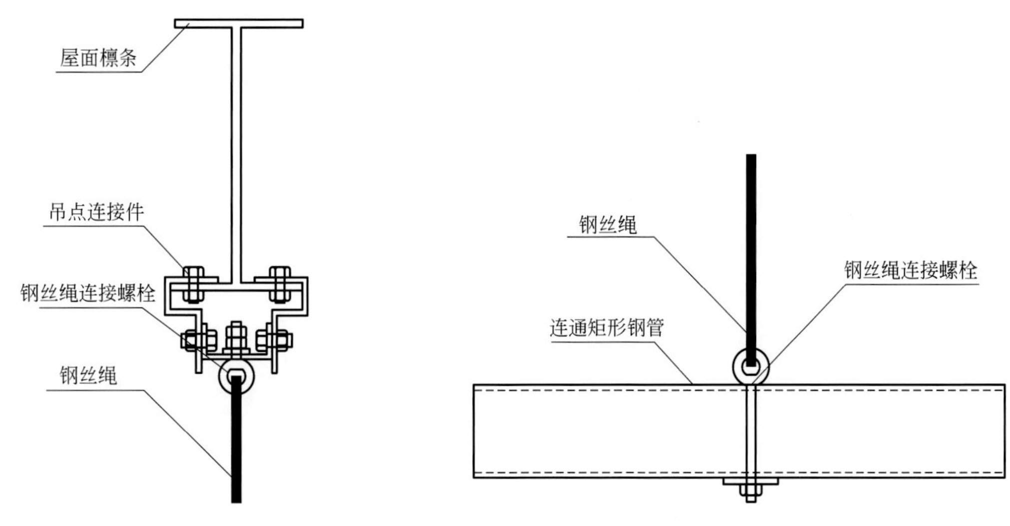

图 3.7-38　钢丝绳与屋面檩条连接　　图 3.7-39　钢丝绳与连通矩形钢管连接

3.7.4　小结

本技术依托跨专业一体化的 BIM 技术，为高大空间钢桁架内风管、虹吸雨水、消防水管、电气桥架等机电管线提供了实施方案，促进了跨专业管理协同，能有效控制管线的安装精度，实现了机电管线与钢桁架的协调统一。

3.8 大跨度铝合金穹顶内管线施工技术

3.8.1 技术概况

铝合金穹顶工程通常结构空间跨度大、高度高、形状不规则、网架曲面斜度不统一，且由于穹顶结构为铝合金材质，机电管线及其支架不允许在穹顶铝合金构件上进行焊接、开孔等常规施工，对机电管线的排布及安装提出了特殊要求。

本技术以南京牛首山文化旅游区一期工程佛顶宫项目铝合金大跨度穹顶内排烟风管安装为例，系统性地介绍了大跨度穹顶内管线系统施工的全过程施工工艺。佛顶宫项目地上部分外覆盖大、小两层铝合金穹顶，见图 3.8-1。其中小穹顶分内、外两层铝合金网架，外层拱形网架南北跨距 147m，东西跨距 97.4m，最高点高度 45.12m；内层拱形网架南北跨距 111.9m，东西跨距 62m，最高点高度 42.5m，穹顶内共有各类风管 5500m^2。

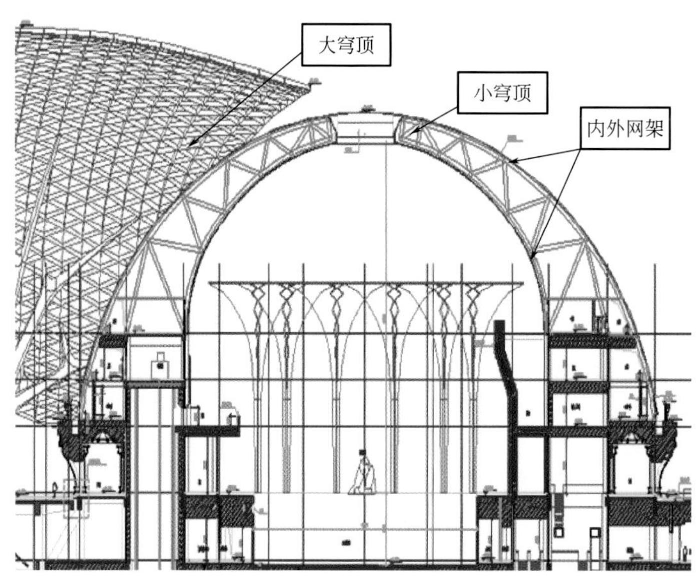

图 3.8-1　大、小穹顶示意图

3.8.2 技术特点

1. 建立空间 BIM 模型，精确定位穹顶内管道空间位置

小穹顶曲面为椭球体异形结构，曲面斜度大且弧度不统一，造成内部机电管线排布难度大。建立高精度穹顶结构与机电系统 BIM 模型，优化新风、排风、排烟等各类管道穿行网架结构的路由，制定最优综合排布方案。

2. 设计专用连接件，杜绝不同材质间的电化学腐蚀

依据设计及相关规范要求，机电系统管线不允许以焊接、开孔等常规方式在铝合金穹顶进行管线的安装生根施工。本技术通过设计专用连接件，避免了管线支架与铝合金结构间的电化学腐蚀，实现了安装便利、倾斜面抗滑移稳定的效果。

3. 设置专用保护层龙骨，保证保温层的严密性和保护层的稳固性

由于铝合金材料热形变量远大于普通钢结构，消防排烟、厨房排烟等系统运行时，需防止烟气直接吹到铝合金构件，造成结构局部形变加大、结构失稳，因此对穹顶内管线施工的严密性、风管保温层及铝板保护层稳固性要求高。通过在风管外表面增加"Z形"保护层龙骨，提高了铝板保护层的耐久性和稳固性。

4. 制定专项安全措施方案，确保施工过程安全有序

该项目室内为上部椭球体的中庭，一层地面至中心最高点高度为42.5m，管线最高安装高度达40m，高空作业难度大。合理的脚手架搭设方案对整个施工的安全保障、材料运输、工序衔接等都起到至关重要的影响。

3.8.3　技术措施

1. 建立BIM模型，对异形结构空间管线进行综合排布

BIM模型深化设计实施流程见图3.8-2。

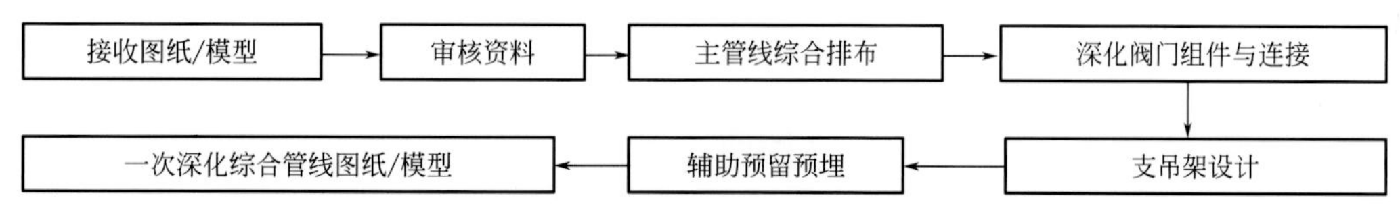

图3.8-2　BIM模型深化设计流程图

穹顶内管线综合排布首先按照小管让大管，有压力管让无压力管等基本原则进行碰撞检查调整布置，其次根据穹顶内外部的进出口点位进行深化，比如土建风井出口点位、最外侧穹顶的室外出风口点位、排水的透气孔点位等。密集管线区域排布应充分考虑支吊架的安装位置、保温厚度、实际操作空间等，注意管道的合理安装间距，有阀门的管段需考虑阀门的开启方向，操作高度等，见图3.8-3。

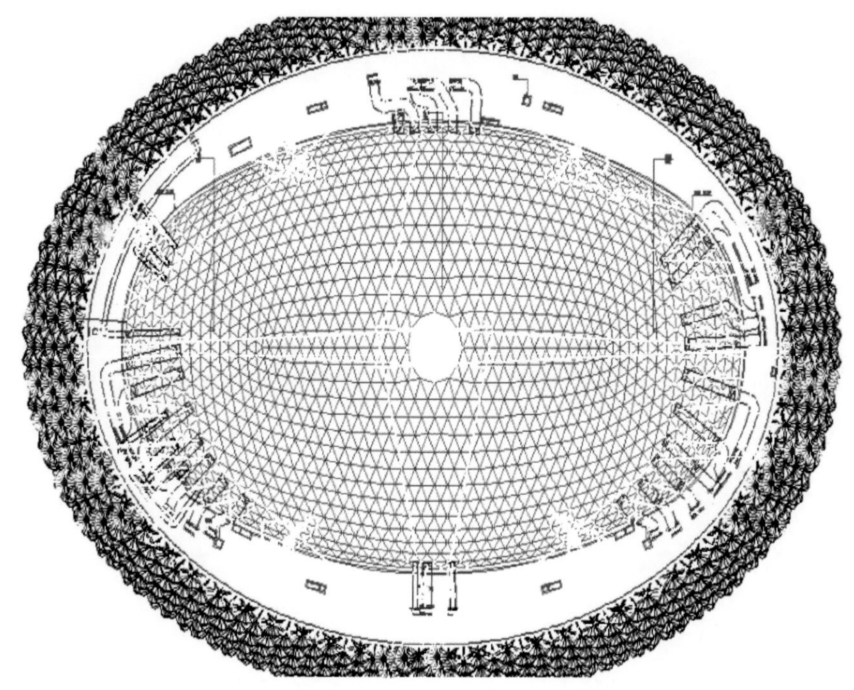

图3.8-3　穹顶内风管布置平面图（图中红色为风管）

2. 专用连接件及风管安装

（1）连接件选择

穹顶构件为镀膜铝合金材质，综合考虑机电管线支架强度、稳定性、防止电化学腐蚀等因素，连接件选用不锈钢材质。穹顶网架节点见图 3.8-4，连接件形式见图 3.8-5、图 3.8-6。

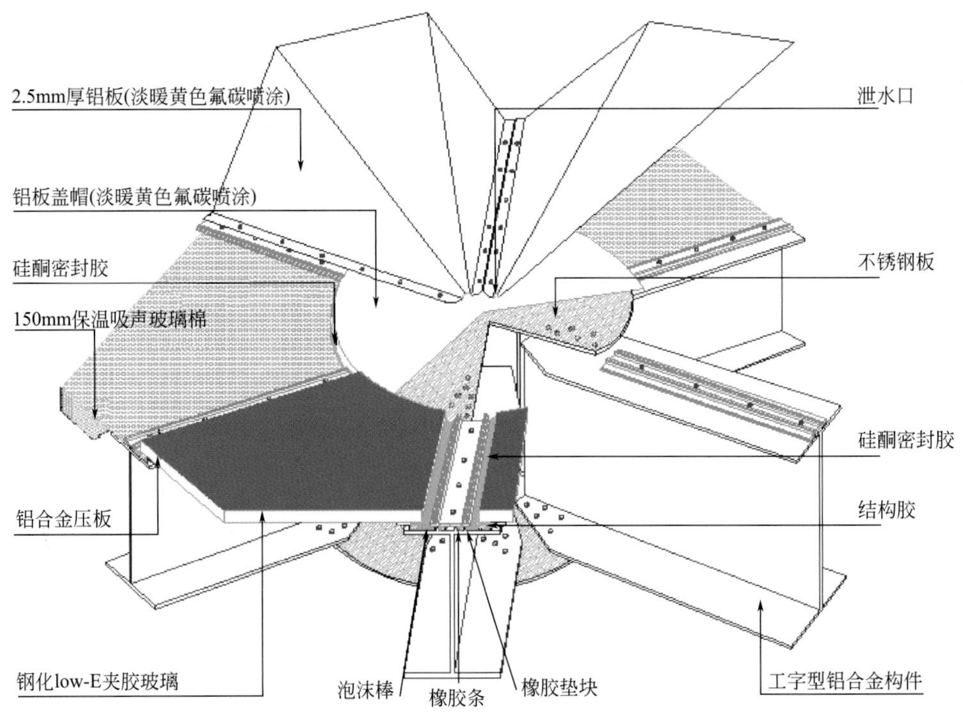

图 3.8-4　穹顶网架节点详图

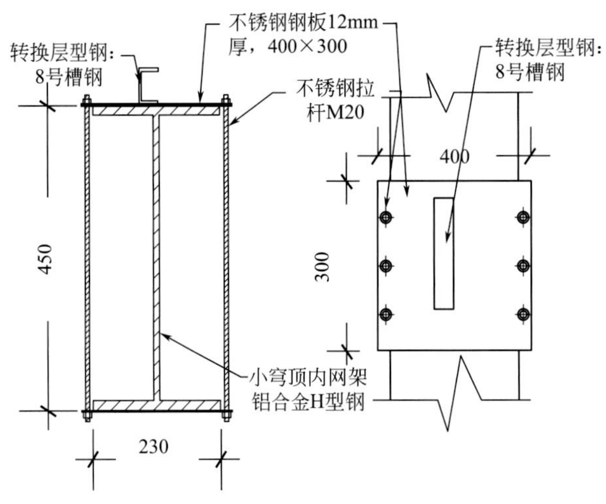

图 3.8-5　管道连接件详图 1

利用软件绘制连接件平面及三维模型图，并模拟在铝合金型材上安装连接件，模拟图见图 3.8-7、图 3.8-8。

（2）内、外层铝合金网架节点连接件安装

连接件每个卡具上表面设置 3 个紧固螺栓，螺栓与铝合金型材接触面上设置 4mm 不锈钢板，通过紧固螺栓防止卡具在铝合金型材倾斜面安装时发生纵向或横向滑移，保证连接节点的整体稳固性。现场

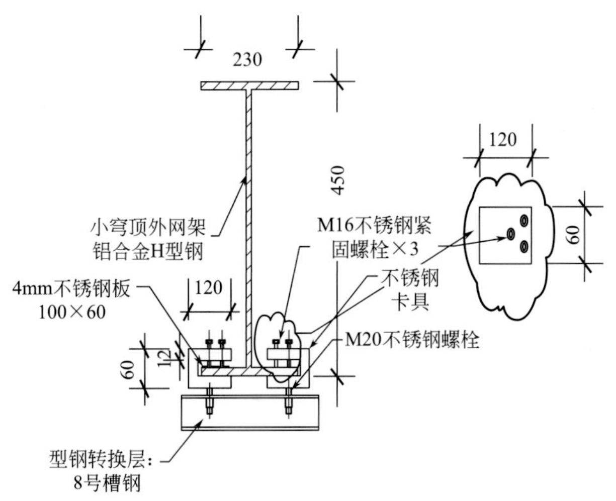

图 3.8-6　管道连接件详图 2

安装效果见图 3.8-9。

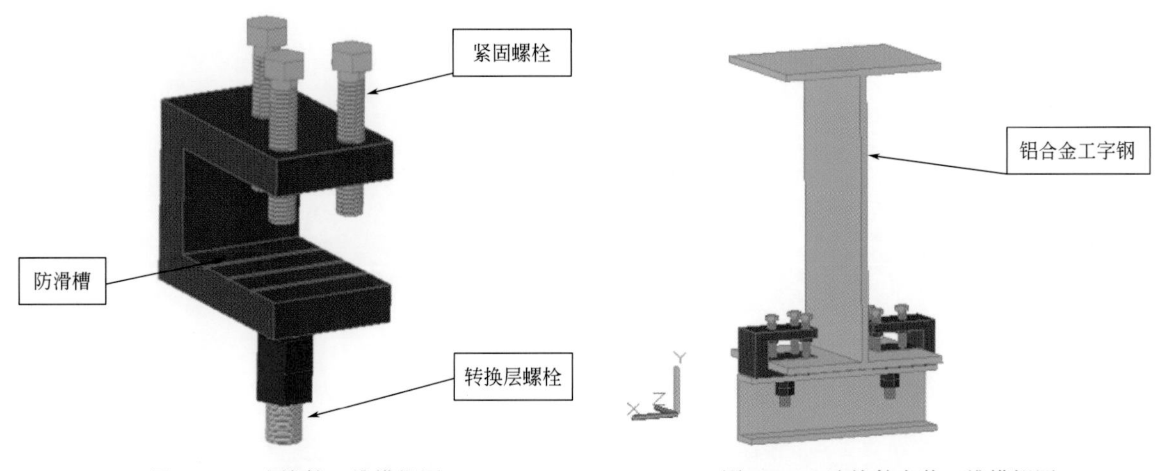

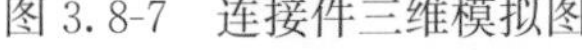
图 3.8-7　连接件三维模拟图

图 3.8-8　连接件安装三维模拟图

图 3.8-9　连接件现场安装

风管安装前，根据管道路由合理布置连接件，在连接件上安装转换层及风管支架，风管的支架采用型钢反支撑方式，通过焊接与连接件型钢进行固定，并调整好支架角度，所有焊缝做相应防腐处理。

通过不锈钢连接件与镀膜铝合金型材连接，有效解决了风管安装中不能在穹顶上开孔、焊接等问题，既保证了穹顶结构的安全稳定性，又满足了机电管线安装需求，为后续工作的顺利实施提供了保证。

（3）管道支吊架体系预制安装

针对穹顶内支吊架设置的特殊要求，将机电管线的支吊架参数与穹顶的建筑模型相结合，建立相对应的支吊架体系模型，并根据管道材质、安装区域、成品规格做相对应的区分，利用软件对各类支吊架形式、数量进行统计，分类编码。

依据统计的各类支吊架形式、数量、编码及连接方式进行工厂化预制加工，并结合模型对产品的各项参数进行复核，确保产品出厂质量。

根据支吊架体系模型，严格按编码要求进行准确定位，按连接形式进行固定，确保支吊架体系安装准确牢固，安装完成后的效果见图 3.8-10、图 3.8-11。

图 3.8-10　风管支吊架现场安装

图 3.8-11　风管吊杆连接处现场安装

支吊架体系安装完成后，根据实际载荷大小按规范标准进行载荷试验，合格后方可进入下道工序。

（4）风管安装及与防水铝板配口连接

在制作完成的支架上进行风管安装，并完成试验检测工作，然后进行保温层、保护层及管道标识的施工。与防水铝板配口连接时，考虑到风管系统振动因素，避免与配口硬连接导致穹顶结构振动，配口处采用防火帆布柔性连接，风管安装完成效果见图 3.8-12。

3. 风管保温层及保护层安装

按照设计要求，穹顶内的厨房排油烟风管及消防排烟风管采用岩棉进行保温，保温厚度 40mm，保温层外采用厚度 0.8mm 的铝板作保护层。由于穹顶内风管多为垂直安装及倾斜面安装，对风管保温层及保护层的稳固性要求较高，保温前后的对比见图 3.8-13、图 3.8-14。

为保证风管铝板保护层观感质量及使用耐久性、稳固性，在风管外表面增加“Z 形”保护层龙骨，龙骨条安装大样图见图 3.8-15。

图 3.8-12　安装完成效果

图 3.8-13　风管保护层现场施工（保温前）

图 3.8-14　风管保护层现场施工（保温后）

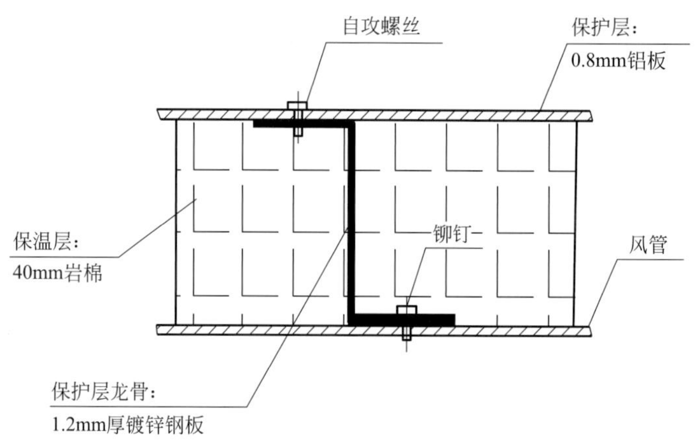

图 3.8-15　风管保温层及保护层安装大样图

4. 制定专项脚手架施工方案保障高空作业安全

专项脚手架方案采用穹顶内整体束结架与局部钢管脚手架相结合的方式。安装风管时，利用现有脚手架，额外搭设部分钢管脚手架进行风管安装，见图 3.8-16，图中浅色脚手架为穹顶施工束结架，深色为内层网架上侧风管施工搭设的钢管脚手架。脚手架现场施工见图 3.8-17。

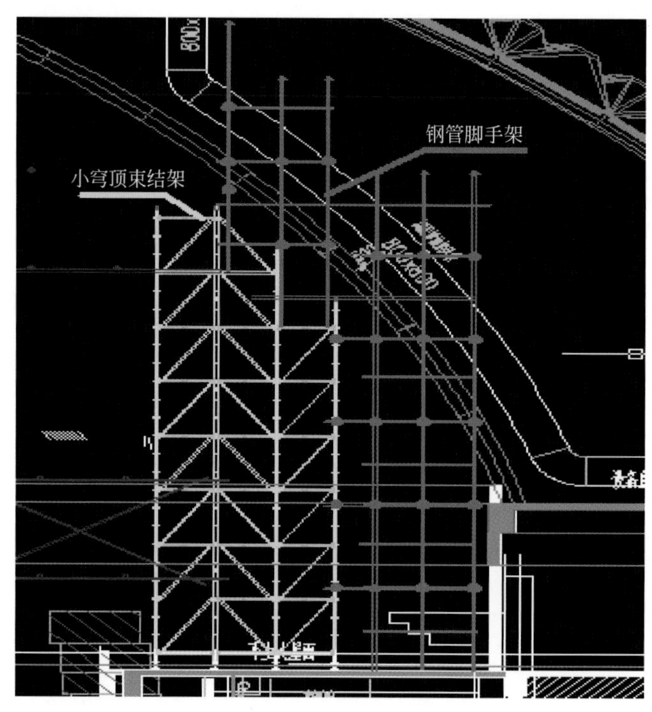

图 3.8-16　内层网架风管施工脚手架搭设示意图

在完成风管安装、严密性试验合格、保温及外保护层施工结束后，按照由上往下、先搭后拆的原则，分区有序拆除脚手架。安装完成的小穹顶风管见图 3.8-18。

3.8.4　小结

本技术通过 BIM 技术进行三维建模，对管线、路由、支架生根进行准确定位。利用独特设计的定制卡具在倾斜铝合金构件上安装支吊架，实现了管线的综合布置，保证了屋面整体造型美观及机电系统的功能完善，防止了电化学腐蚀。对类似钢结构及特种材质型材构件结构的大跨度穹顶内管线设备安装具有很好的借鉴和推广意义。

图 3.8-17　内层网架风管现场施工图

图 3.8-18　完成安装的小穹顶风管

3.9　高大空间高空作业平台施工技术

3.9.1　技术概况

在大型场馆、展厅等超高空间施工中，采用升降式悬挂高空作业平台或利用钢桁架结构搭设高空作业平台的方式进行机电安装作业，有效代替满堂脚手架及大量使用升降车，保障施工工期及施工安全。

升降式悬挂高空作业平台技术是以型钢焊接平台作为平台单元，桁架上弦杆或檩条上架设的扁担梁为受力点，电动葫芦提升，手动葫芦加固，升降车运送人员，从而满足材料运输及工人操作平台的需要。

利用钢桁架结构搭设高空作业平台技术是将桁架式钢屋盖下设有钢结构框架作为装饰吊顶支撑体系的工程，以框架网格作为一个搭设单元，以一定间距铺设槽钢横担，满铺木板进行管线施工。

3.9.2　技术特点

(1) 升降式悬挂高空作业平台，作为材料运输及人员作业使用，可带材料随平台提升至安装高度，平台的安装和升降较为方便，具有良好的安全性能和经济效益。

(2) 利用钢桁架结构搭设高空作业平台，在钢结构框架网格上搭设型钢梁，上铺木跳板，形成操作平台，搭设完成后在桁架内进行材料倒运及安装。

3.9.3　技术措施

1. 升降式高空作业平台

(1) 高空作业平台设计

1) 钢平台设计

① 钢平台单元尺寸的确定

根据桁架间净距、作业内容及施工荷载计算确定钢平台单元规格，并作为基准单元。

② 钢平台结构设计

a. 平台底座型钢焊接制成，并底部设置安全网，防止施工过程中小零件坠落，见图 3.9-1。

b. 平台设置 1.2m 高护栏，立杆间隔为 1.5m，横杆两道，底部设 180mm 高扁钢踢脚板，整个护栏设置钢丝网。

c. 平台两侧分布两排吊耳，吊耳使用钢板焊接于底座型钢上，焊接完成后经过无损检测确保牢靠。

③ 验算复核

平台利用迈达斯有限元分析软件经过详细的验算复核，包括钢结构承重验算复核及自身稳定性验算复核，防止钢结构变形及在升降及施工过程中平台发生折弯、扭曲。

2）升降与固定系统

钢平台升降与固定系统如图 3.9-2 所示。

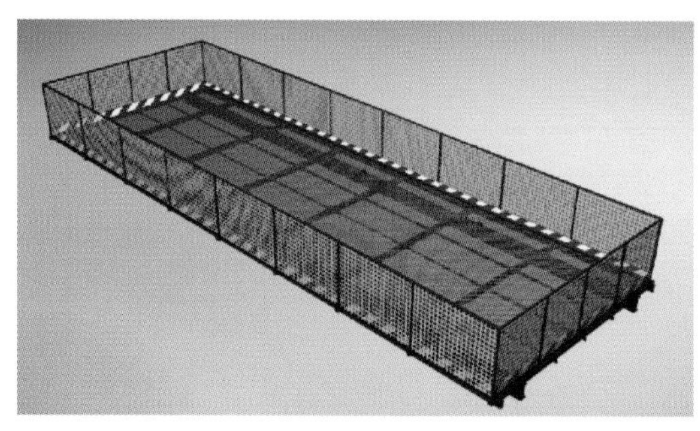

图 3.9-1　钢平台结构图

图 3.9-2　钢平台升降与固定系统

① 钢平台悬挂采用吊带兜挂固定在扁担梁或主桁架上弦杆上，扁担梁横应跨三根檩条，与主檩条之间接触处使用橡皮垫防护，由檩条分担受力，吊点设置于扁担梁中心，下端通过专用链条与平台吊点联接。

② 升降式高空作业平台提升采用电动葫芦遥控同步控制和单点调整。

a. 平台提升过程中使用升降车同步进行观测，防止平台偏斜。

b. 钢平台提升应缓慢，控制提升速度。

③ 电动倒链采用环链式电动葫芦，并配有安全装置。

a. 电机刹车，采用“电磁刹车”技术，在满载状态下电源关闭的同时，刹车能立即发生作用。

b. 紧急停止开关，当按钮按下时设备的电源将被切断，同时按钮自动锁定。

c. 极限开关，上下极限开关可在提升、下降超限时自动断电，确保安全。

④ 平台提升到位后，为保证施工的安全性能，增加多个手动葫芦吊点，并将葫芦锁死避免机械受力，保证施工过程中操作平台的稳定性。

⑤ 平台的提升工况及施工工况均应经过详细的验算复核，包括提升工况及施工工况下檩条、吊装索具、手动葫芦、电动葫芦等，确保足够的安全系数，保证施工安全。

（2）高空作业平台拓展

机电安装工程不同于装饰工程大面积无死角施工，而是根据机电管线布置呈点、线状分布，因此，升降式高空作业平台在基准单元的基础上，使用于机电安装工程后应配合活动单元考虑平台的拓展，在满足施工需要及施工安全的同时，有效降低施工成本，加快施工工期。

1）纵向拓展——平台搭接

对于机电管线的线型区域，使用 2 个或 2 个以上平台纵向布置分别提升，就位固定后对连接处绑扎牢靠，拆除连接处护栏，组成长平台，见图 3.9-3。

2）横向拓展——配合钢木平台板

对于机电管线较密集的区域，为减小平台本身自重，使用钢木平台板活动单元配合平台进行横向拓展，两个平台以一定间距提升到位并加固后铺设钢木平台板活动单元组成较大的组合平台，见图 3.9-4。

在平台铺设钢木平台板活动单元前，应使用扣件脚手架对平台进行固定，控制平台间距。另外，钢木平台板与支座钢管连接采用 J 型连接件加螺帽固定。

图 3.9-3　平台纵向拓展

图 3.9-4　平台横向拓展

3）局部拓展——配合倒挂脚手架

对于机电管线的末端，突出平台的部分，或受钢桁架影响无法使用平台的区域，配合倒挂脚手架，从钢结构桁架及檩条处生根，搭设于平台旁边，满足机电施工需要，见图 3.9-5，搭设要点如下：

① 倒挂脚手架荷载为 $100kg/m^2$。

② 利用钢屋架及檩条为吊接点设钢管双横杆，横杆与钢梁间使用橡皮保护，以防碰坏钢架及油漆。

③ 架体纵向两边应设置剪刀撑，横向操作层需设水平剪刀撑。

④ 架体操作层四周设置生命索，同时架体操作层四周设二道扶手及密目网、挡脚板。

⑤ 为保证倒挂脚手架的安全性，在平台底部立柱与下横杆连接处纵向应增设钢丝绳与上部屋架支撑点连接，用紧线钳拉紧，形成兜保险。

（3）高空作业平台布置升降式高空作业平台布置根据机电管线走向而定，可垂直于桁架方向或平行于桁架方向，升降式高空作业平台布置见图 3.9-6。

图 3.9-5　平台局部拓展

图 3.9-6　升降式高空操作平台布置图

（4）高空作业平台使用

应根据机电安装作业工艺要求确定升降式高空作业平台施工工艺流程及每道工序的验收流程及验收步骤，以某项目为例，见图 3.9-7。

1）升降式高空作业平台应根据现场实际情况进行设计，编制专项施工方案，并通过专家论证。

2）平台制作完成后对法兰接点和吊耳焊缝进行磁粉探伤检查，检查合格后方可出厂。

3）平台提升前屋架钢结构必须全面验收合格，并做好相关钢结构移交手续。

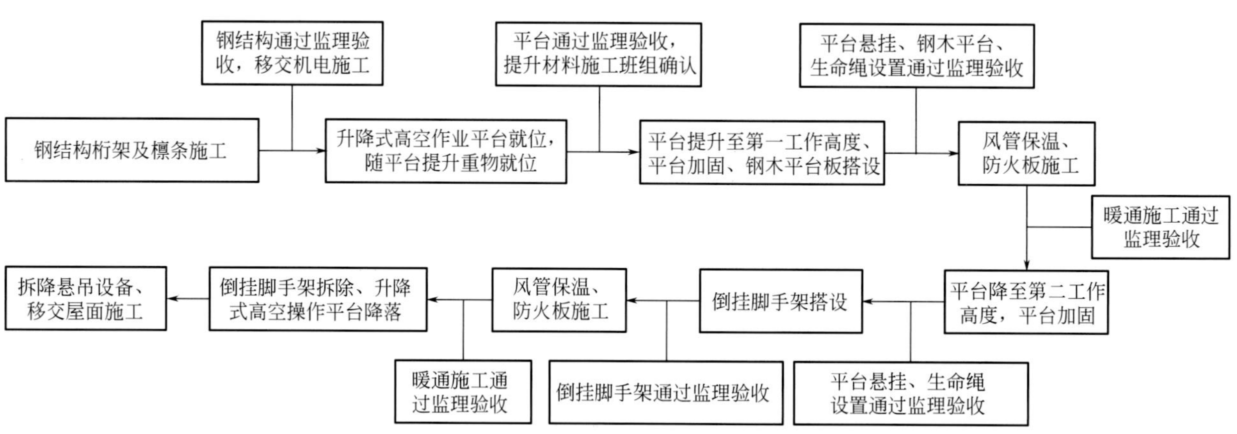

图 3.9-7　升降式高空作业平台施工工艺流程

4）平台升降到位后，在平台两端与主桁架腹杆设置固定索，用钢丝绳紧绳器紧固，以防平台晃动。

5）升降式高空操作平台在搭设完成后、使用前，由项目部组织专业工程师、质检员、安全员进行验收，按升降式高空操作平台荷载 $100kg/m^2$ 的要求，使用吊车进行沙袋堆载试验，确认合格后，方可进行验收。

2. 利用装饰吊顶钢结构搭设的高空作业平台

对于桁架式钢屋盖下设有钢结构框架作为装饰吊顶支撑体系的工程，以结构框架生根点，设置高空作业平台，施工安全、便捷。

（1）高空作业平台设计

以框架网格做为一个搭设单元，以一定间距铺设槽钢横担，满铺木板，见图 3.9-8。

高空作业平台设计承重可设定为不小于 $150kg/m^2$，以横纵两跨搭设单位进行受力分析计算校核，见图 3.9-9～图 3.9-11，计算结构次梁均布重压，计算位移，进行力学计算校核。

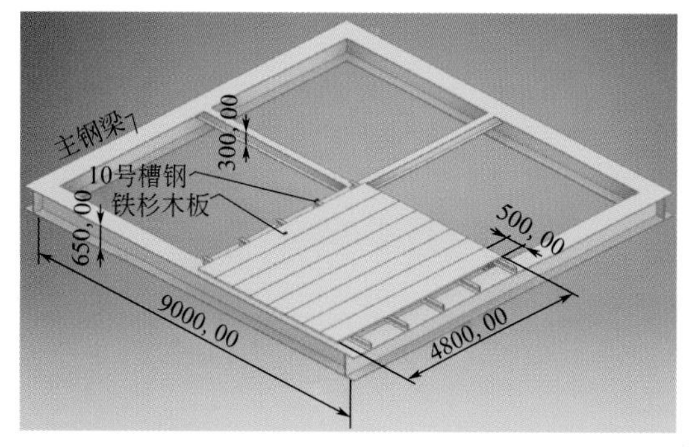

图 3.9-8　搭设单元效果图

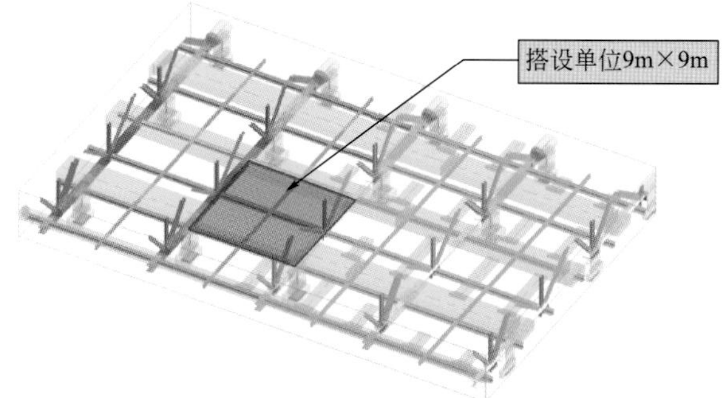

图 3.9-9　力学分析模型建立图

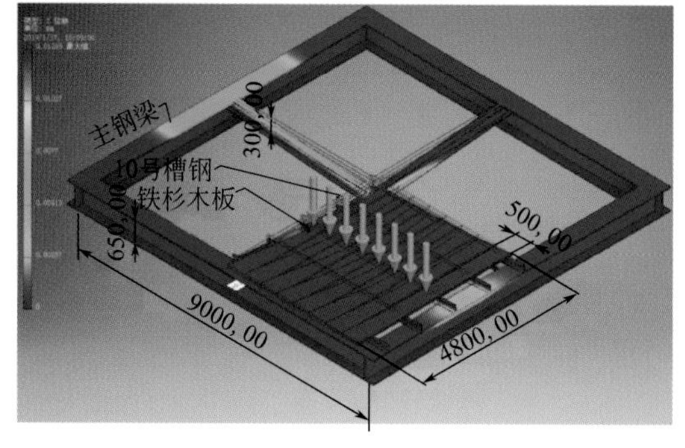

图 3.9-10　结构次梁受 2.83t 的均布重压位移图

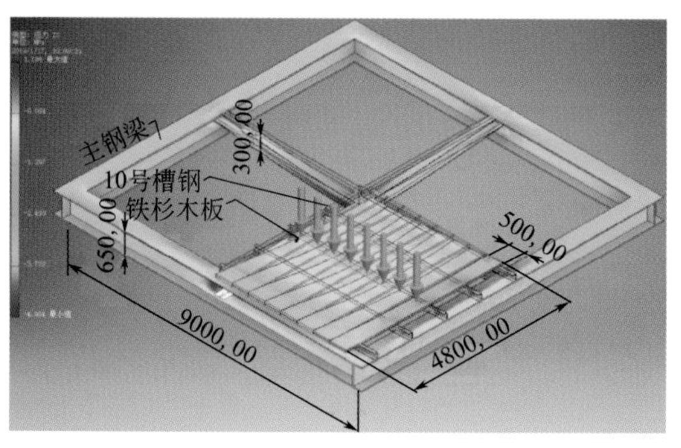

图 3.9-11　Z 向最大应力图

高空作业平台计算校核应经设计复核，满足结构承重要求。

(2) 高空作业平台搭设要点

1) 应点焊在钢结构横梁上，防止位移发生坠落。

2) 高空作业平台搭设分两步进行，首先搭设出主通道，主通道搭设完成后对剩余部分进行分段搭设，搭设示意图见图 3.9-12、图 3.9-13，搭设完成图见图 3.9-14、图 3.9-15。

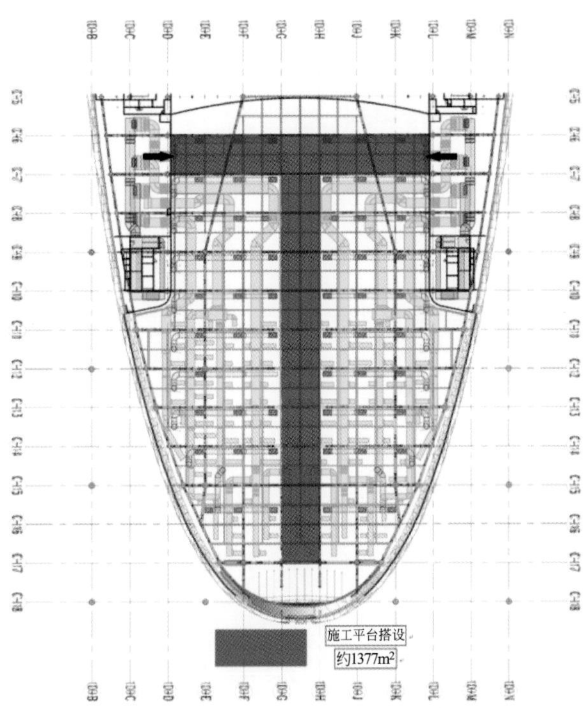

图 3.9-12　主通道搭设示意图

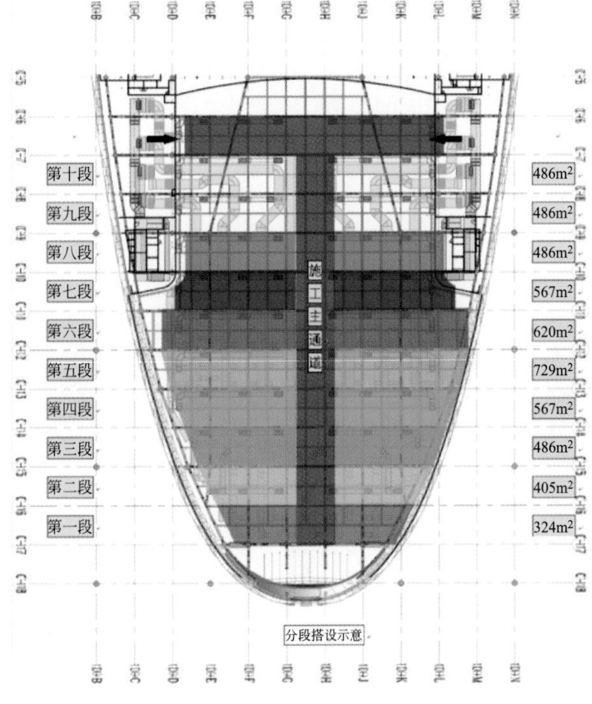

图 3.9-13　分段搭设示意图

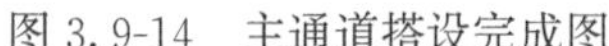

图 3.9-14　主通道搭设完成图

图 3.9-15　分段搭设完成图

（3）高空作业平台应设置通道或爬梯连通临近的辅楼，用于人员通行及材料运输。

（4）在高空作业平台上进行机电主管施工，对于末端等部位，不便于使用平台施工的，利用升降车进行安装。

3.9.4　小结

对于大型公建超高空间施工，升降式高空作业平台及利用装饰吊顶钢结构搭设高空作业平台代替满堂脚手架，在保证安全性的前提下，可以有效加快施工进度，降低施工成本，有着广泛的参考价值及应用推广价值。

3.10　高大空间超长弧形螺旋风管整体提升技术

3.10.1　技术概况

随着各类超大、异形建筑的不断出现，屋面结构异彩纷呈，对空间结构中的机电管线布置和施工提出了挑战。本技术以某会展项目为例进行介绍，该项目展厅净空高度超过 24m，单个标准展厅设有 8 条排烟螺旋风管，最大直径为 1.8m，单根长度超过 38m，重量超过 3t，为贴合弧形屋面，螺旋风管设计为不规则弧形。圆弧形螺旋风管构造见图 3.10-1。

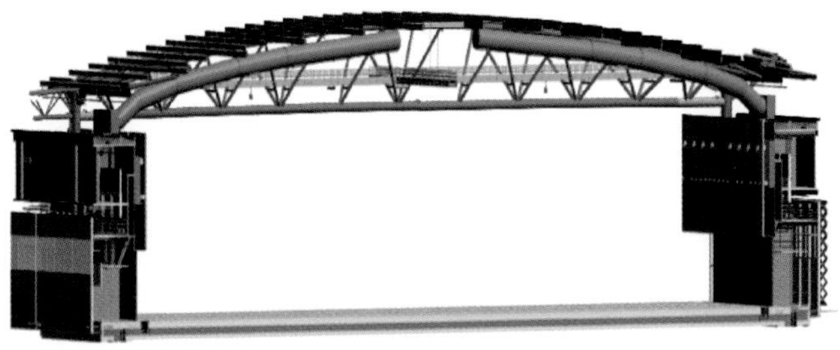

图 3.10-1　圆弧形螺旋风管图

在高大空间超长弧形螺旋风管安装时，传统分段吊装方法高空作业多、安全风险大、施工效率低。本技术通过建立三维模型分析展厅异形钢结构屋面弧度，结合现场 3D 扫描测量，确定螺旋风管弧度尺寸，对螺旋风管进行合理分割，导出风管分节图及二维码，工厂预制加工，设计制作工具式拼吊一体化胎架，现场在胎架上进行整体拼接。采用电动葫芦同步控制技术，完成螺旋风管整体提升安装，显著提高工作效率，减少施工成本。

3.10.2　技术特点

（1）应用 BIM 技术建立精确螺旋风管模型，对螺旋风管进行模拟分割、拼装及吊装。

（2）研制工具式拼吊一体化胎架，具有辅助螺旋风管拼装、作为吊装托架等多种使用功能，胎架采用连接板＋螺栓连接的方式，可重复安拆使用。

（3）采用模拟吊装，确定吊点位置，控制螺旋风管的整体重心，有效控制吊装变形。

（4）螺旋风管在整体提升过程中，通过电动葫芦同步控制器，同步控制各部位提升高度。

3.10.3　技术措施

1. 施工工艺流程（图 3.10-2）

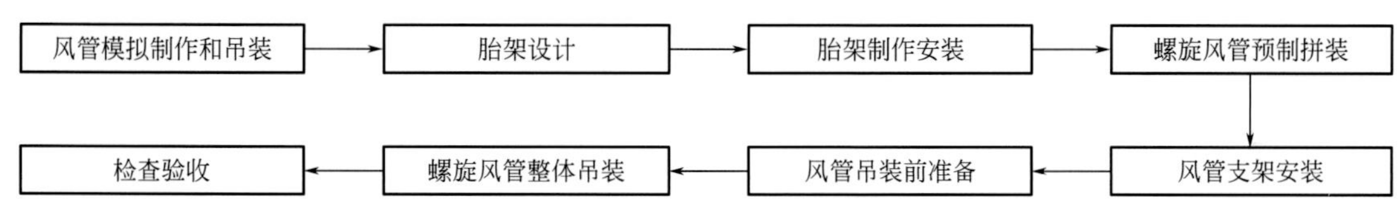

图 3.10-2　施工工艺流程图

2. 风管模拟制作和吊装

针对展厅结构复杂、风管体积大重量重，无相关施工经验参考的难题，采用 BIM 全过程模拟吊装技术，建立高精度模型，将胎架模型和螺旋风管模型结合在一起，经过精密计算，对螺旋风管进行模拟分割，与胎架模拟拼装、模拟吊装，做到风管预制吊装全过程模拟，模拟过程见图 3.10-3～图 3.10-7。

图 3.10-3　BIM 模型图

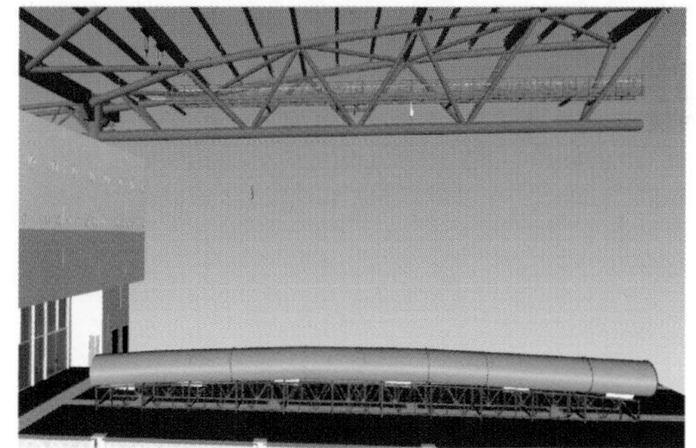

图 3.10-4　风管在胎架上模拟拼接图

图 3.10-5　螺旋风管进行模拟吊装图

图 3.10-6　螺旋风管调整末端角度图

图 3.10-7　胎架降落至地面图

3. 胎架设计

(1) 胎架设计要求

安全可靠、利于排烟螺旋风管的安装、可人工安装拆除支撑胎架、保障施工作业便利及节省措施材料。

(2) 结构形式的设计

结构形式的设计以尽量缩短胎架跨度、减少胎架高度便于现场风管间搭接施工操作空间为原则。由于风管成品运至现场后，首先进行风管地面预组装，为保证操作人员作业空间，便于更高效地进行风管拼装，在原结构的基础上，将立柱高度降低。同时，在结构受力位置上做了调整，由两侧边构件受力，现调整为横杆受力。考虑到后续风管与胎架整体吊装过程中风管滑落的风险，采用了可插入式立柱起到风管限位的作用，见图 3.10-8、图 3.10-9。

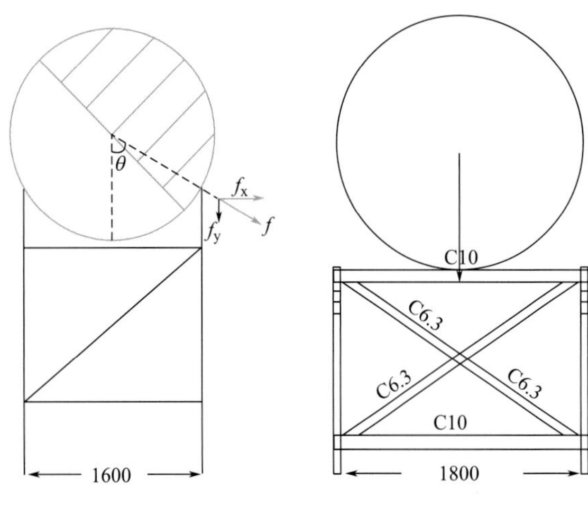

图 3.10-8　胎架结构受力对比图

图 3.10-9　可插入式立杆

胎架荷载情况：1) 结构自重。结构的理论重量，由程序自行计算，实际结构自重主要包括构件、节点等重量，计算模型中未包括节点，故模拟中取自重放大系数 1.2；2) 螺旋风管重量。单根螺旋风管重 2.2t，折算成分段的集中荷载施加到胎架上。

边界条件设置：平置状态下胎架立柱底部约束 z 向位移，x、y 向施加节点弹性约束，考虑临时性结构荷载提高系数 1.2；起吊状态下，胎架通过 6 个吊点起吊，约束中心吊点的 x、z 向位移同时施加 y 向节点弹性约束，约束两侧吊点的 z 向位移，动载系数取 1.1，不均衡系数取 1.2；调整角度状态下，仅两侧吊点受力，中间吊点不受力，约束一侧吊点的 x、z 向位移，约束另一侧吊点的 z 向位移同时施加 y

向节点弹性约束，动载系数取 1.1，不均衡系数取 1.2。

螺旋风管支撑胎架采用 Q235B 钢材。胎架构件上下弦杆、立杆截面为 10 号槽钢（图 3.10-10 绿色构件），斜撑为 6 号槽钢（图 3.10-10 蓝色构件）。

图 3.10-10　胎架三维设计图

（3）吊点位置设计

整体吊装前首先应根据现场实际情况，结合风管长度及上部屋面格架在钢板架上选择可靠的吊点位置，从而确定相应的支撑胎架起吊点。如图 3.10-11 所示，钢板架有四个可用吊点的位置。考虑到胎架在空中调整角度时，中间吊点不受力，因此在吊点的选择上进行吊点方案比对。通过对比 1&3、1&4、2&3 吊点位置受力情况，最终确定 1&4 吊点位置为调整角度工况下最有利情况。钢桁架可用吊点位置见图 3.10-11。

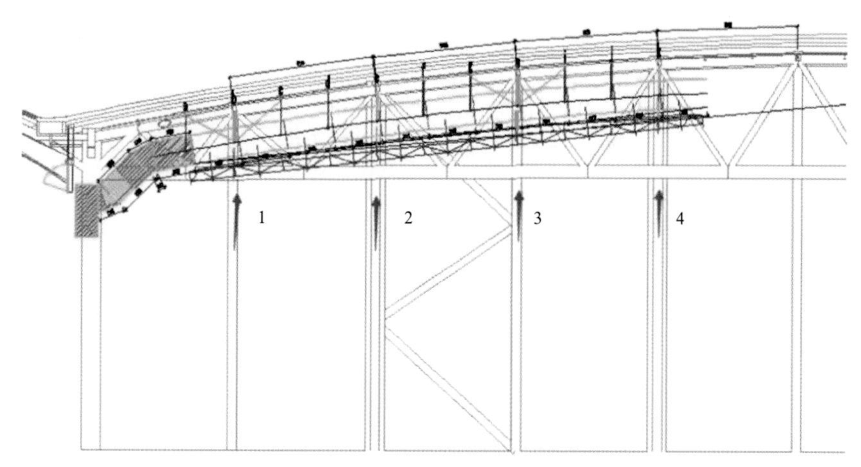

图 3.10-11　钢桁架可用吊点位置示意图

通过各吊点的位移等值线图对比，见表 3.10-1，当采用 2&3 吊点时，由于悬臂端较长达 12m，因此两侧位移较大，高达 51.158mm；同样悬臂端较长的问题也出现在 1&3 吊点中。

吊点方案对比-位移等值线图　　表 3.10-1

吊点位置	位移等值线图(DXYZ)
1&3	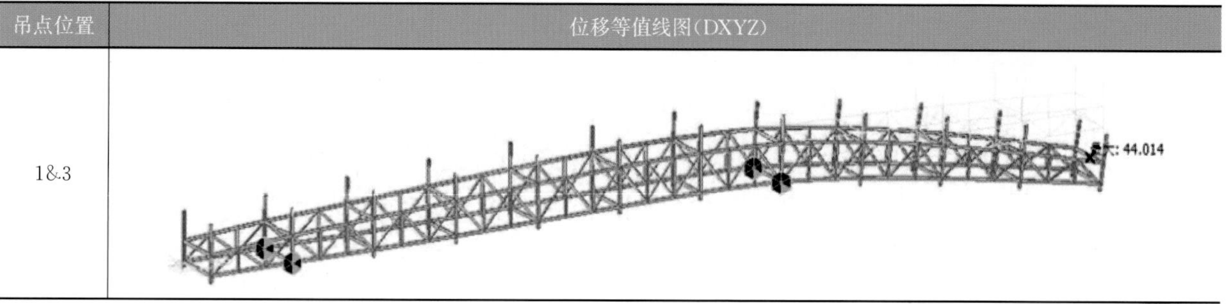

续表

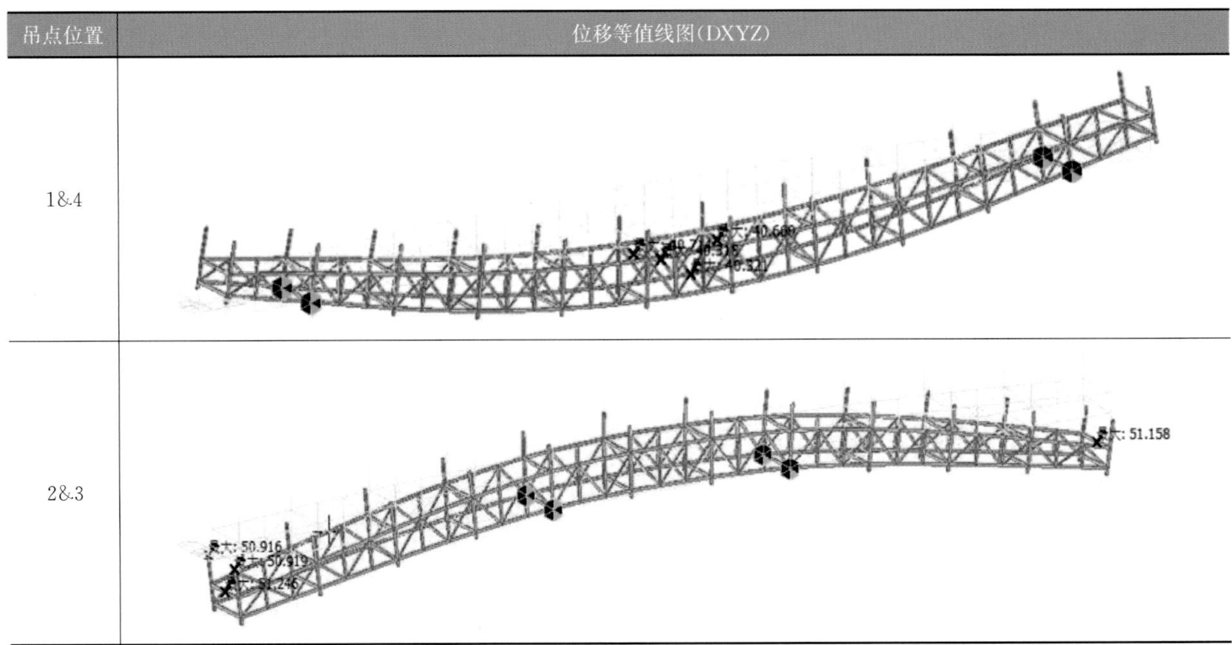

通过各吊点的组合应力云图对比，见表 3.10-2，三种吊点方案最大组合应力均小于钢材设计值 215N/mm²，均满足结构设计要求。

吊点方案对比-组合应力云图 **表 3.10-2**

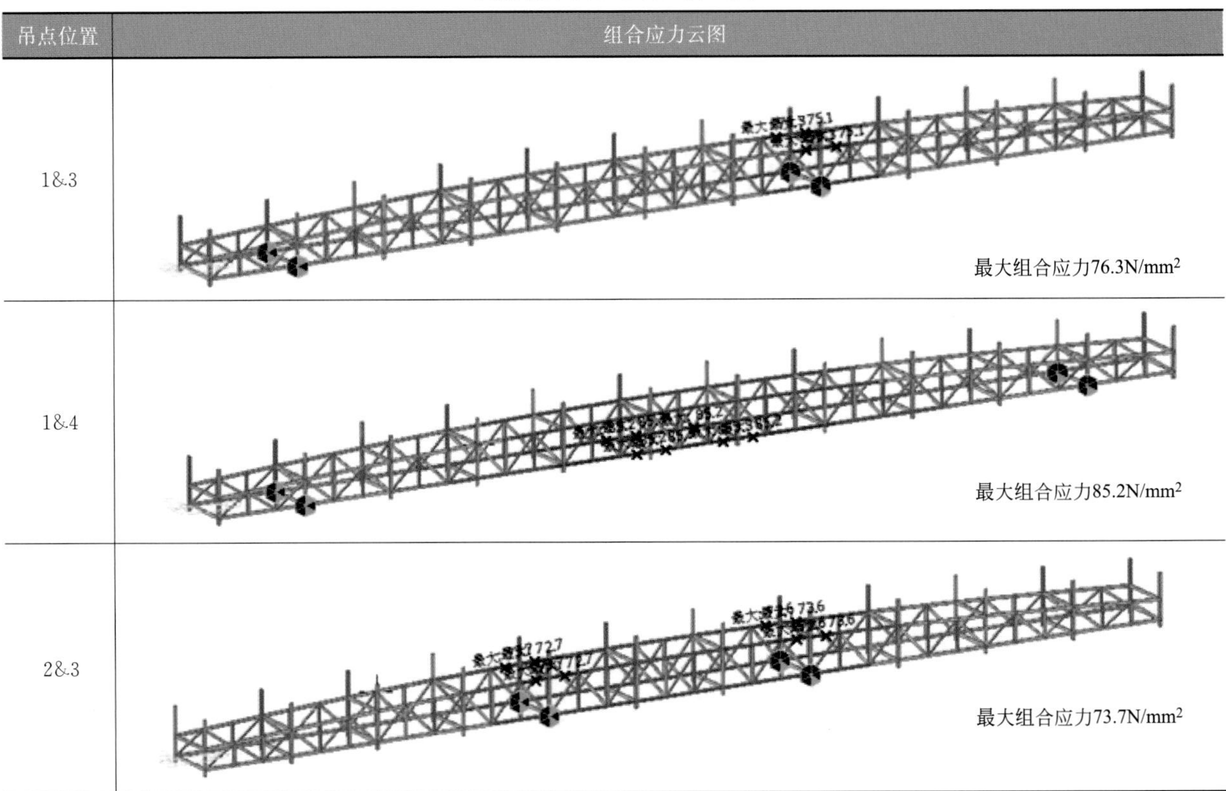

综上吊点方案对比，在整体吊装空中调整角度过程中，1、4 吊点变形更小，更具有优势，故采用 1、2、4 吊点或 1、3、4 吊点。

（4）连接节点设计

根据周转的需要将支撑胎架进行拆分，采用连接板+螺栓连接的方法，将支撑胎架拆分成三段，设计了装配式拼接节点，便于转换场地的拆装。具体的节点型式如图 3. 10-12 所示。

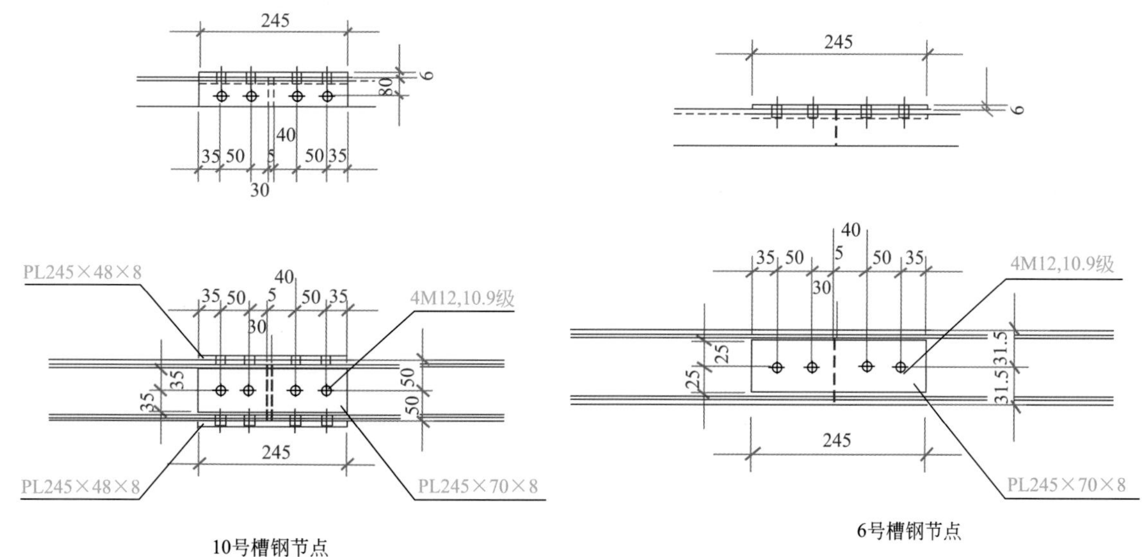

图 3. 10-12 拼接节点图

对于支撑胎架的分段位置，选取受力较小的部位，同时同一跨度内分段位置应错开，因此分段点位置如图 3. 10-13 所示。

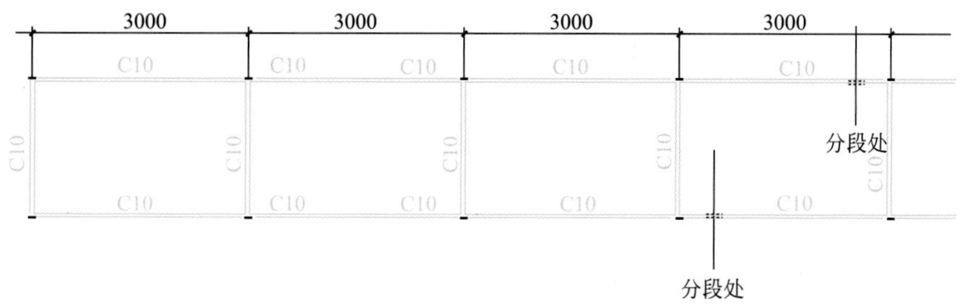

图 3. 10-13 分段示意图

(5) 胎架受力分析

1) 平置状态下。风管成品运至现场后，首先进行风管地面预组装，将成品风管放置在胎架横梁上，胎架受力情况如图 3. 10-14～图 3. 10-16 所示。

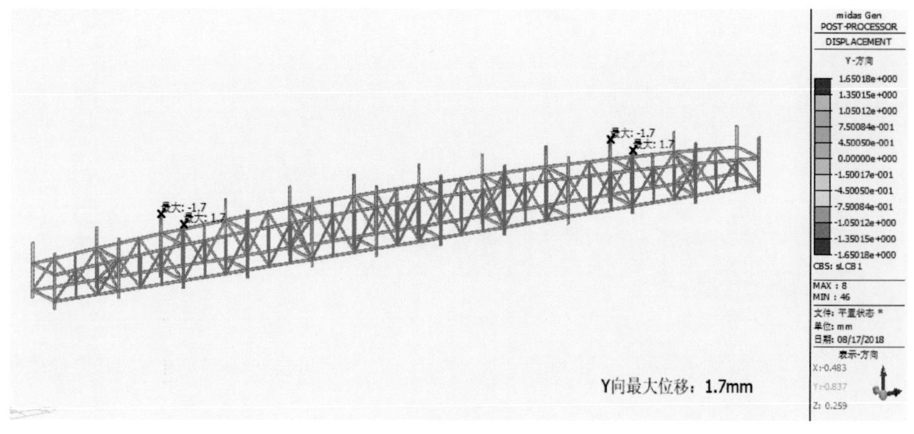

图 3. 10-14 平置状态下 Y 向位移等值线图（单位：mm）

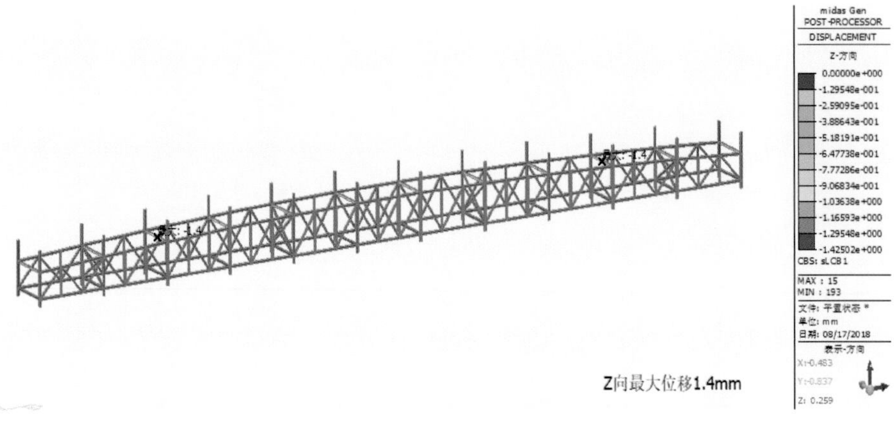

图 3.10-15　平置状态下 Z 向位移等值线图（单位：mm）

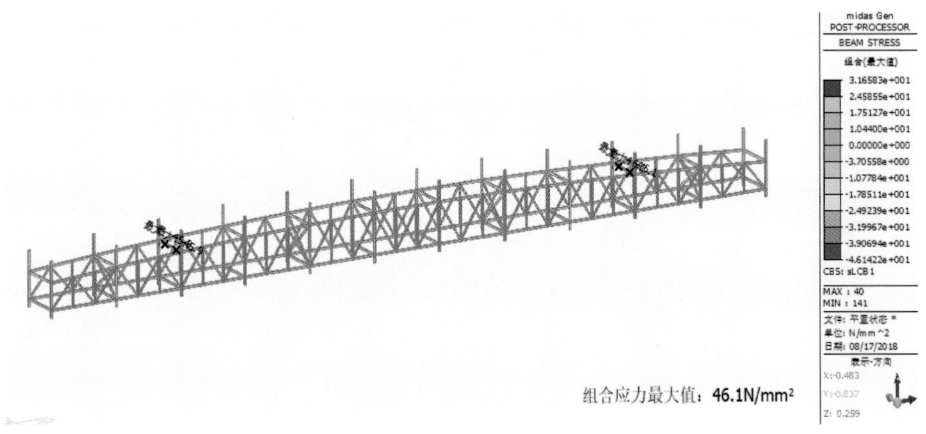

图 3.10-16　平置状态下组合应力云图（单位：N/mm²）

由图 3.10-14～图 3.10-16 可知，位移等值线图显示 Y 向最大位移为 1.7mm，Z 向最大位移为 1.4mm；组合应力最大值为 46.1N/mm，未超过钢材的设计强度 215N/mm²，且整体稳定性验算符合要求。

2）起吊状态下。起吊状态，选择吊点 1、2、4 进行计算，结果如下：

由图 3.10-17～图 3.10-19 可知，位移等值线图显示 Y 向最大位移为 1.8mm，Z 向最大位移为 32.1mm；组合应力最大值为 67.6N/mm，未超过钢材的强度设计值 215N/mm²，且整体稳定性验算符

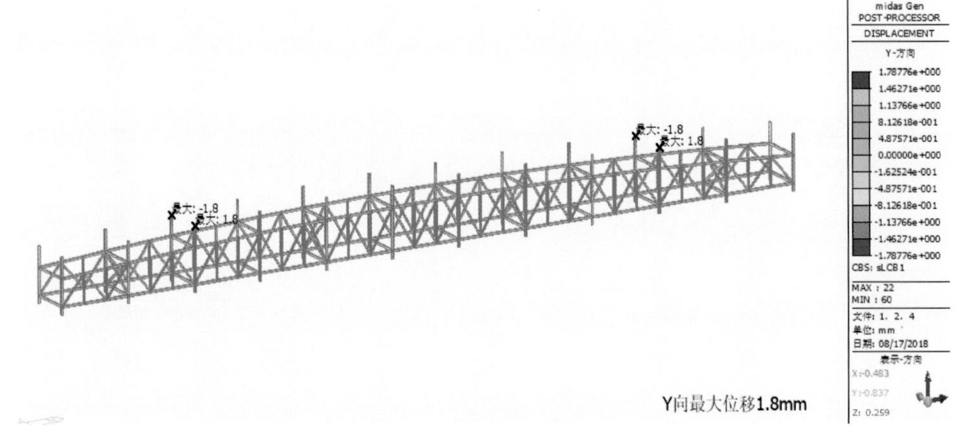

图 3.10-17　起吊状态下 Y 向位移等值线（单位：mm）

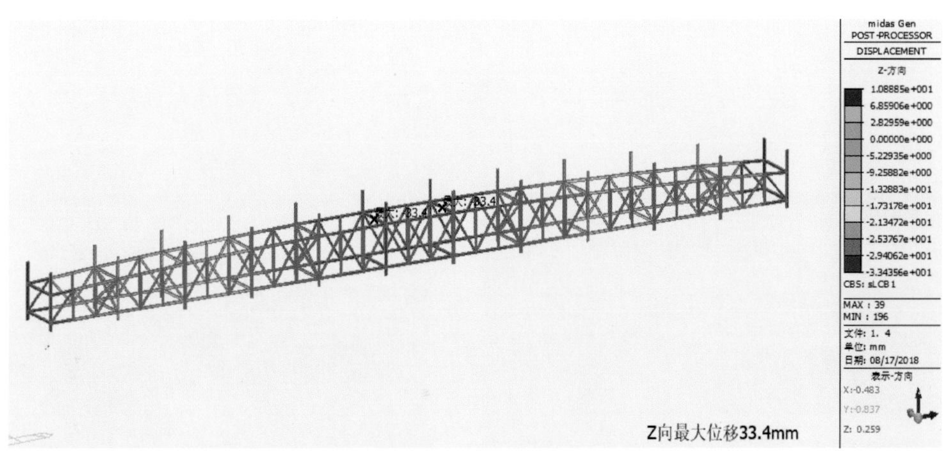

图 3.10-18　起吊状态下 Z 向位移等值线（单位：mm）

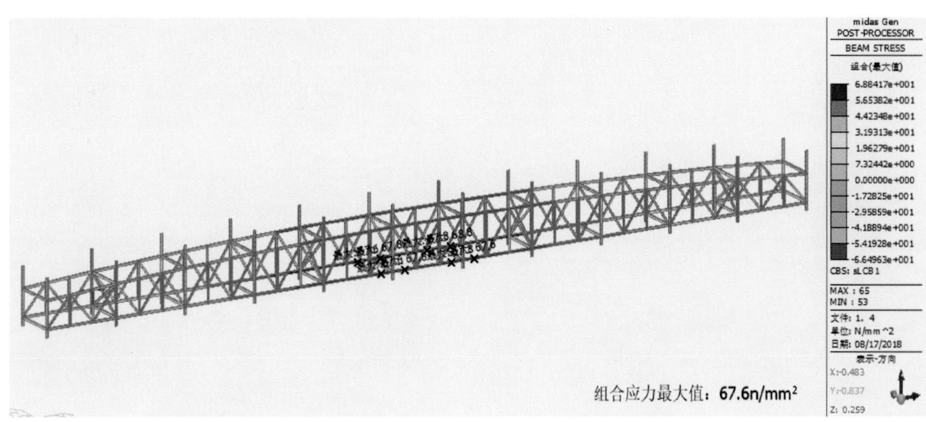

图 3.10-19　调整角度状态下组合应力云图（单位：N/mm²）

合要求。各施工阶段应力均未超过钢材强度设计值，从应力云图来看支撑胎架满足结构强度的要求。

4. 风管支吊架设计

根据螺旋风管尺寸、重量，钢结构桁架布局，均匀布置设计了风管抗震支吊架和风管支吊架，支架节点、抗震支架节点见图 3.10-20、图 3.10-21。

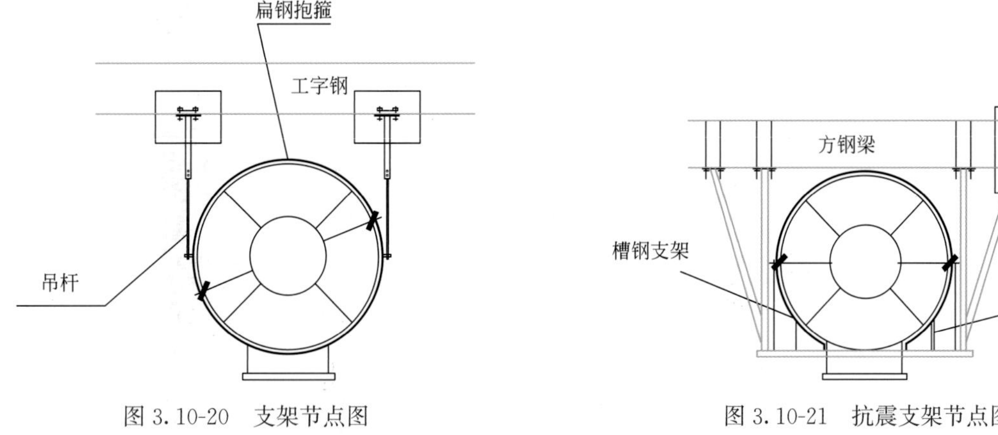

图 3.10-20　支架节点图　　图 3.10-21　抗震支架节点图

5. 胎架制作及就位

根据胎架结构设计图纸，采用 10 号槽钢、6 号槽钢、10mm 厚钢板等型材进行胎架组装。为保证胎架结构的强度和稳定性，胎架组装按从结构中部往两端的顺序进行组装，每个型钢连接点均采取满焊。分段连接点按要求完成。在部分螺旋风管安装位置正下方是未回填完整的展沟处，采用特制马凳架空胎架。为让螺旋风管与胎架各接触点受力均匀，在接触点处设置与螺旋风管外形弧度相同的托盘。螺旋风管拼接过程见图 3.10-22～图 3.10-27。

图 3.10-22　胎架现场制作图

图 3.10-23　胎架分段连接点图

图 3.10-24　胎架马凳图

图 3.10-25　胎架安装风管活动护栏图

图 3.10-26　胎架螺旋风管托盘图

图 3.10-27　胎架拼装完成图

6. 螺旋风管预制拼装

（1）螺旋风管分节及加工。根据胎架设计时确定的每节拼装的螺旋风管长度，控制两节风管连接口夹角，并对夹角进行优化。每条风管由固定小节风管拼接而成，采用梯形风管拼接法，梯形的上下边长度则可以由弧形风管外弧长 L 和内弧长 L' 得出，只需将梯形风管各边数据交给加工厂，即可进行制作。每节风管生成拼接二维码，扫码进行风管组对，整体连接完毕后风管塑造为圆弧形，与弧形屋面平行。

（2）采用叉车将风管从汽车卸下后，运至螺旋风管胎架上，进行风管拼装。拼装时，法兰的连接螺栓应均匀拧紧，螺母均在同一侧。风管在连接时，接口应无错位，法兰垫料无断裂、无扭曲，并在中间位置。螺栓与风管材质对应。用厚为 4.0mm 非石棉不燃胶垫作垫片。风管拼装时，分别在胎架两侧间距 3m 用槽钢做挡杆，防止拼装过程中风管滚落胎架，挡杆用螺栓与胎架连接紧固，风管与胎架之间使用扎带固定牢靠。螺旋风管拼装过程见图 3.10-28，拼装完成效果见图 3.10-29。

图 3.10-28　螺旋风管拼装过程图

图 3.10-29　螺旋风管拼装完成图

7. 风管支架安装

吊架安装前，核对风管坐标位置和标高，校核风管走向和位置。使用高空车，安装风管支吊架。按风管的中心线找出吊杆安装位置，双吊杆按托架的螺孔间距或风管的中心线对称安装。主、次檩条支架节点见图 3.10-30、图 3.10-31。

组成抗震支吊架的所有构件采用成品构件，与结构主体可靠连接，便于安装。根据抗震支吊架承受的荷载进行抗震验算，并调整抗震支吊架间距，直至各点均满足抗震荷载要求。

8. 螺旋风管整体吊装

（1）电动葫芦定位及安装

根据胎架设计确定的吊装点位置，布置安装电动葫芦，同时安装电动葫芦运行同步控制系统，并进行调试。电动葫芦定位、安装见图 3.10-32、图 3.10-33。

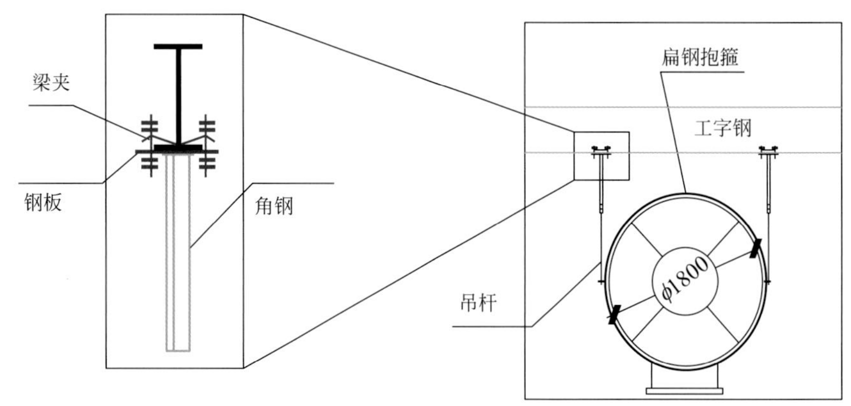

图 3.10-30　次檩条支架节点图

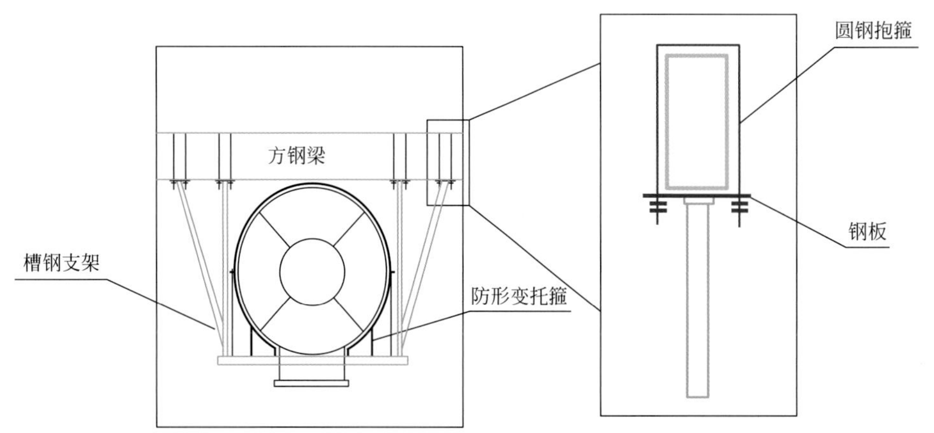

图 3.10-31　主檩条支架节点图

图 3.10-32　电动葫芦定位图

图 3.10-33　电动葫芦安装图

(2) 整体吊装前准备工作

当电动葫芦调试完成后，试验吊装前，应对下列事项进行检查，确认符合要求：

1) 电动葫芦吊钩与胎架吊耳连接紧固；

2) 各个电动葫芦配电箱电源正常供电；

3) 电动葫芦运行同步控制系统正常；

4) 胎架分段连接处，采用螺栓紧固；

5) 螺旋风管法兰采用螺栓紧固，风管内及上表面无杂物，以防起吊时坠物伤人；

6) 胎架与风管绑扎牢固，槽钢挡杆固定稳固；

7）倒链无扭结，吊钩表面无裂纹或被焊接，吊钩磨损或钩身扭转变形不超标，吊钩防脱装置有效，吊钩与吊耳连接后防脱装置到位。

（3）风管试吊

试验吊装需在吊装总指挥人员的指令下进行。开始试验吊装时，同步启动各个吊点的电动葫芦，使胎架吊离马凳或地面 0.2m，各观察点人员查看胎架和风管各部位是否存在形变，同时调整马凳位置，使胎架处于马凳正上方。

试吊无异常后继续起吊，提升至马凳上方或离地面 2m 处，再次查看胎架和风管各部位是否存在形变，重点查看各吊装点是否仍在同一平面上，胎架分段连接处是否有形变。静止放置 10min，检验胎架的强度和稳固性是否存在不足，若均无明显形变，把胎架和风管降落至地面，然后进行正式吊装。

（4）风管整体吊装

螺旋风管在吊装时，需进行全程吊装监测。针对风管的不同方位，安排观察人员在高空车中同步升高，对吊装过程进行不间断观察监测。每提升 1m，悬停核查各吊装点是否在同一平面上，以防电动葫芦运行不同步造成风管扭曲变形。

因胎架弧形顶与弧形屋面有偏离角度，在吊装至预计高度稳定后，螺旋风管的末端需抬升一定角度的仰角，使风管首尾两端有高差，从而达到风管与弧形屋面基本平行的效果。在风管就位完成后，进行风管的固定，确认风管支吊架正常受力后，将胎架脱离风管，降落至地面，拆除电动葫芦。风管整体吊装见图 3.10-34、图 3.10-35。

图 3.10-34　风管整体吊装图

图 3.10-35　胎架脱离风管降落图

3.10.4　小结

本技术通过建立异型高大空间、螺旋风管及吊具的三维模型，全过程模拟风管拼装步骤，准确控制螺旋风管弧形角度。同时研制工具式拼吊一体化胎架，采用风管地面拼装、整体吊装施工工艺，高效完成高大空间超长弧形螺旋风管的安装，显著减少施工人员高空作业，降低施工安全风险。

3.11　超低风噪无感送风技术

3.11.1　技术概况

羽毛球运动场馆等公共建筑为满足特殊区域内无风感的风速场和温度场要求，常常设计采用纤维织物复合风管以实现超低风噪无感送风。

纤维织物复合风管是指使用特殊纤维材料经特定织造工艺生产而成，广泛应用于各类现代建筑的柔性送出风管道系统。它具有管材轻盈荷载低、色形多选易定制、送风洁净防结露及便捷拆装易清洁等特性，常用送风方式除喷孔射流送风外，更以其独特的纤维渗透送风气流组织方式，提供超低风噪且近乎无感的均匀送风。色彩丰富契合装饰风格见图 3.11-1，应用于公众场所见图 3.11-2。

纤维织物复合风管的系统压力、截面积、送风方式等参数直接影响送风效果，因此在施工前需要对系统进行深化设计及校核计算以保证送风效果达到最佳。当纤维织物复合风管在桁架内施工时，由于钢桁架不允许焊接，且有防火要求，需要采用专用的抱箍来解决纤维织物风管在桁架内生根的问题。为使纤维织物复合风管在回风系统中能够应用，采用支撑技术，保证柔性风管在负压状态下也不会变形。

图 3.11-1　色彩丰富契合装饰风格

图 3.11-2　应用于公众场所

3.11.2　技术特点

（1）纤维织物复合风管为柔性材质，安装便捷，运行时风速低，宁静无噪声。系统通过整体管道壁纤维渗透送冷，解决风管凝露问题，不需要管道保温。

（2）纤维织物复合风管系统施工技术在深化设计过程中运用 BIM 技术完成空间内综合排布，通过改变形式、颜色等来契合建筑结构及装饰。

（3）利用计算流体动力学（Computational Fluid Dynamics，简称 CFD）技术进行模拟计算，准确分析环境气流组织及温度场的情况。

（4）在钢桁架或其他特殊结构内布置悬吊点时，通过桁架上的专用抱箍和长度不一的钢索，结合深化设计计算，保证风管平直、美观。

（5）采用高强度合金材料和支撑技术，实现纤维织物风管在负压系统中的应用。

3.11.3　技术措施

1. 工艺流程（图 3.11-3）

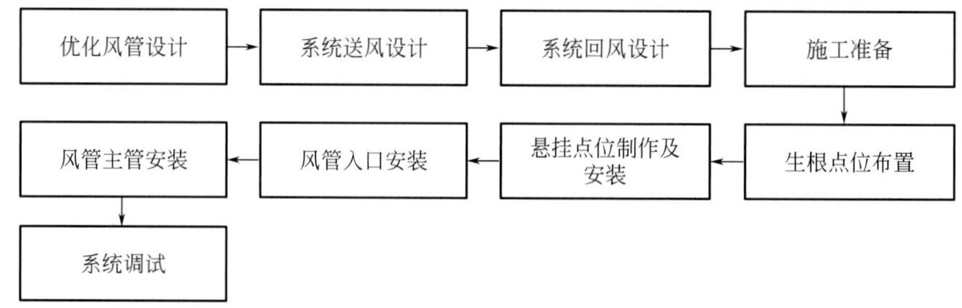

图 3.11-3　工艺流程图

2. 优化风管设计

（1）创建模型

首先根据风管的型号、材质等信息创建风管的BIM模型，再将各专业模型统一转换后，整合得到完整的建筑信息模型。

（2）方案优化

根据建筑结构及其他管线位置优化风管的路径，避开管线密集区域，保证管底标高满足设计要求。基于BIM模型进行管线的合理排布，达到空间利用最大化的要求。根据装饰的风格选择合适的风管截面形状和颜色。

（3）碰撞检测

利用自动碰撞检测功能进行碰撞分析，在模型中提前发现并解决碰撞，根据调整后的BIM模型确定最终布局方案，实现其使用功能和布局美观的完美结合。

（4）制作风管加工图

利用基于Revit的插件，按预置规则一键进行标准模块化拆分，自动计算调节每段长度，快捷编号，生成风管管件和部件模块化加工图。

3. 系统送风设计

（1）管径的计算

当风量为定值时，风管管径与管内风速有关。一般管内风速取7～9m/s，由此通过风量可得出管径，见式（3.11-1）。

$$D=\sqrt{\frac{4Q}{3600v\pi}} \tag{3.11-1}$$

式中 Q——入口总流量（m^3/h）；

v——管内风速（m/s）；

D——管径（m）。

（2）风管长度

精确设计风管长度，需考虑风管材料的种类、开孔的设计以及通风系统压力等因素。其次纤维织物复合风管的面料、风机的参数、压头、风管安装附件等都会影响送风效果。

通常情况下，风管长度可达到200m。

（3）送风方式

风管送风方式灵活多样，受送风方式、建筑层高、空调系统温湿度要求等诸多综合因素影响。设计风管送风方式时，可参照表3.11-1。送风效果如图3.11-4、图3.11-5所示。

送风方式选型表 **表3.11-1**

送风方式	单根风管横向辐射宽度（D：风管直径）	建议风管辐射的宽度	垂直送风最远距离
渗透	≤8m	≤6m	1～3m
渗透+微孔	≤10D	≤8m	3～5m
渗透+小孔	≤12D	≤10m	5～8m
渗透+喷嘴	≤15D	≤12m	8～15m
密封+微孔	≤12D	≤10m	3～6m
密封+小孔	≤13D	≤12m	5～10m
密封+喷嘴	≤18D	≤16m	10～20m

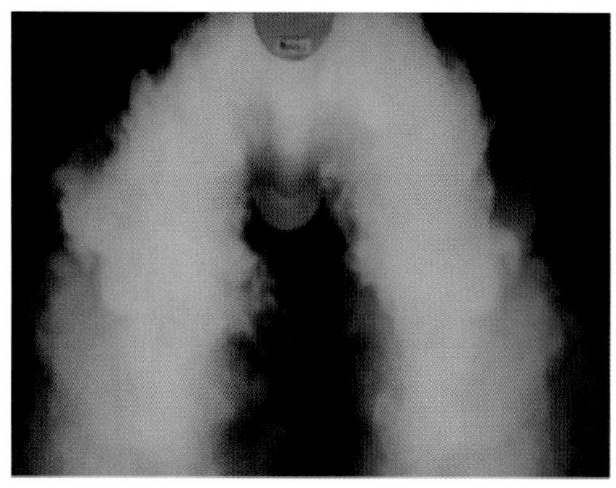

图 3.11-4 微孔效果图

图 3.11-5 小孔定向效果图

（4）气流模拟

为检验计算结果，以及了解环境的气流组织、温度场的情况，运用 CFD 技术进行模拟计算，对环境进行建模及边界简化计算。

纤维织物复合风管系统须防止出现负压区域，并纠正通风机气流可能出现的不均匀性，避免产生振动。气流分布图如图 3.11-6 所示。

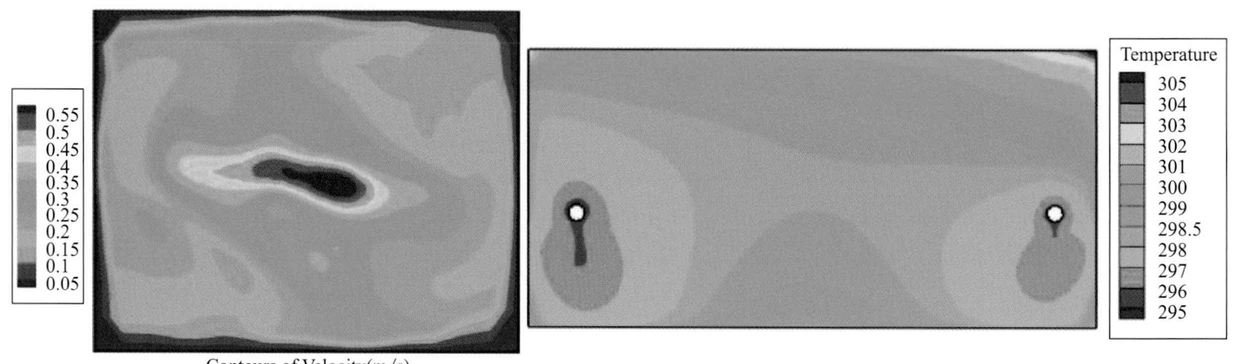

图 3.11-6 气流分布图

从图中可以看出温度分布基本一致、速度分布均匀。

4. 系统回风设计

纤维织物复合风管实际使用中，由于依靠静压保持形态，如无内支撑系统在不通风的情况下通常不能保持规则形状，在负压状态下风管会收缩。

为实现风管在负压状态下使用，采用高强度合金材料支撑技术，有效克服普通柔性风管不耐负压的缺陷，使柔性风管维持形状外观，实现负压回风，可配合风口、风阀使用，全面替代传统回风管使用。

不同的管径、截面对应不同规格的内支撑组件，闭合的组件插入预留风管的夹层里，在风管末端或风管转变方向的位置均设有支撑件，直管一般 2m 左右设置一个支撑组件。

5. 施工安装

（1）安装要求

1）纤维织物复合风管要在结构和其他设备安装都已完成后才能安装，安装时要确保场地干净。安装过程中，务必保证工人双手以及安装工具的清洁，以避免安装后的风管外观被污染。

2）根据现场空间确定安装悬吊点。悬吊点应该在垂直方向，和悬挂系统在一个平面上。如在钢桁架等特殊结构布置悬吊点，可在钢桁架上使用专用抱箍形成悬挂点，为保证风管的稳定性，悬挂点布置如图 3.11-7 所示。

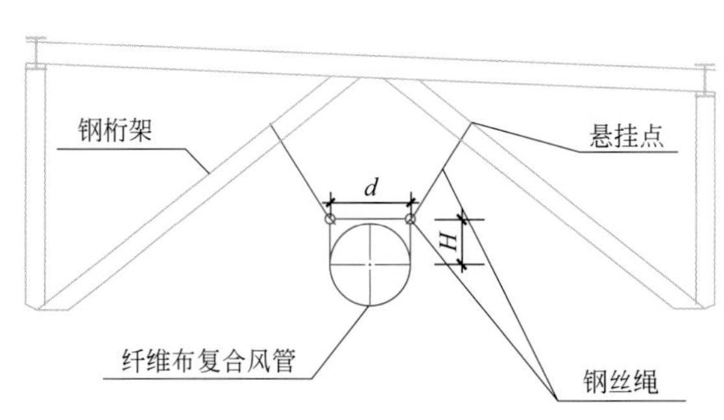

图 3.11-7　悬挂点布置

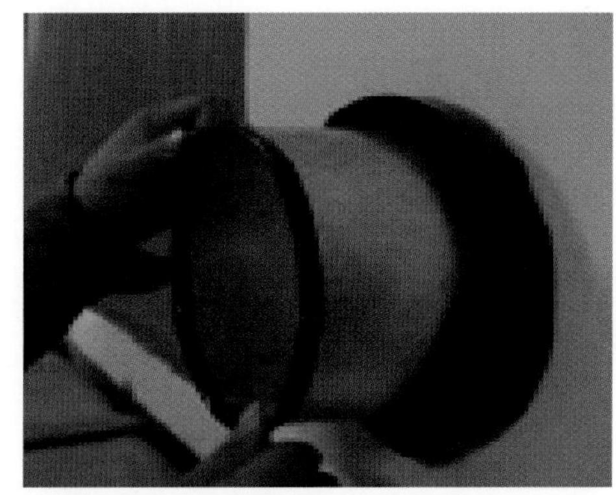

图 3.11-8　金属管道外罩

（2）安装步骤

1）安装悬挂系统支架时，一定注意钢丝绳间距、高度，确保位置准确。安装时，将钢丝绳尽量收紧拉直。

2）金属管道接头的毛边修整后用相应规格的外罩盖住，金属管道外罩如图 3.11-8 所示，以消除金属接头尖锐的边角。

3）将纤维织物复合风管入口端连接在金属接头上。

4）纤维织物复合风管入口与金属接头之间以收紧器进行固定，收紧器固定如图 3.11-9 所示。

5）把管道上的吊钩挂扣到钢丝绳上。

6）将各个拉链部分的风管按照顺序号连接起来，拉链拉好后将密封盖边盖好，连接管段拉链如图 3.11-10 所示。

图 3.11-9　收紧器固定

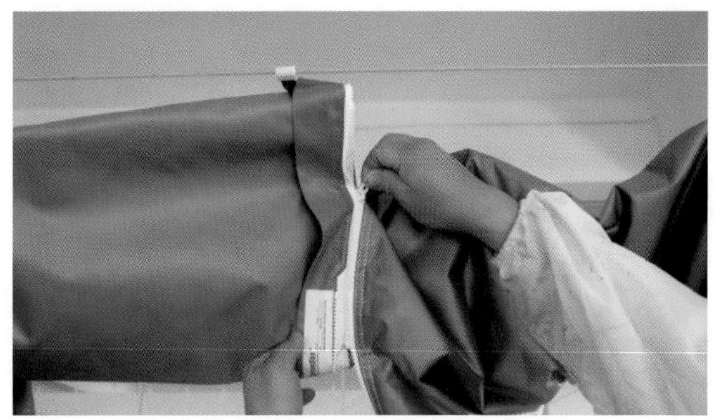

图 3.11-10　连接管段拉链

7）拉直风管末端，风管尾部与墙面的距离应至少为 1～1.5m，风管理顺后将末端的吊扣固定在钢丝绳上。

8）调整索具螺旋扣，直至将钢丝绳悬挂系统拉直绷紧，松紧适中。

（3）系统调试

在调试纤维织物复合风管系统前，需要清洁系统管道，以保证系统良好的卫生性能并防止建筑粉尘堵塞纤维织物系统。

打开风机使纤维织物复合风管系统管道充气。将风管系统管道沿着整个悬挂系统整理整齐形成拉直的状态，中间不允许存在褶皱等现象。

调试过程中，开机时压力分2～3个档次（如50Pa、100Pa）逐步升至工作压力，避免瞬间高压造成纤维织物复合风管系统末端损坏。

在纤维织物复合风管入口或直管30m处需加装压力调节阀（PAD阀）以起到平衡静压的作用。测量方法如下：分别在PAD阀的两端找2个送风孔，也可以在相邻部位多测几个，用电子风压仪测出阀门两端的风压，测量阀门两端的风压如图3.11-11所示，根据压差大小来调节PAD阀；PAD阀调节共分4档，分别是全开、3/4开、1/2开、全关，当风阀两端压差基本相等时固定PAD阀锁扣。

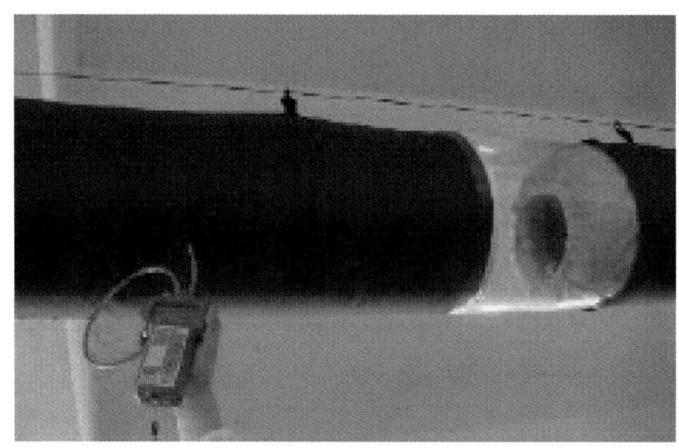

图3.11-11 测量阀门两端的风压

在所有支管分支处需加装流量调节阀（ACD阀），以起到平衡支管气流的作用。测量方法如下：分别在ACD阀的支管端取不少于3个送风孔，用风速仪测其风速，然后根据截面积计算风量，看是否满足设计要求，如不满足，进行ACD阀的调整，调节共分4档，分别是全开、3/4开、1/2开、全关，当风量满足设计要求时固定ACD阀的锁扣。

3.11.4 小结

超低风噪无感送风技术在深化设计阶段采用BIM技术及气流模拟技术，使风管布局整齐美观且送风效果良好。在复杂桁架空间内利用专用抱箍进行生根，解决了风管在桁架内生根的难题。通过优化纤维织物复合风管材质和独特的支撑技术，实现其在负压回风系统中的应用。

3.12 全空气恒温恒湿应用技术

3.12.1 技术概况

恒温恒湿空调系统是指对温度和湿度有严格要求的专用空调系统，与全空气系统相结合，通过输送冷空气向房间提供显热冷量和潜热冷量，或输送热空气向房间提供热量。对空气的冷却、去湿或加热、加湿处理完全集中于空调机房内的空气处理机组来完成，在房间内不再进行补充冷却。

本技术的系统原理是通过冷凝热回收式制冷机组与四管制恒温恒湿空调机组相结合，利用设置在各房间的温湿度传感器向中控室传递温湿度信号，通过中控室电脑主机的数据分析计算，发出控制信号实现空调机组冷热水管路上的电动三通调节阀的比例积分调节、风系统的风阀电动调节、机组加湿量控制等，从而对风量、水流量、温度、湿度进行精确调节，以达到恒温恒湿目的。

恒湿恒温技术原理见图 3.12-1。

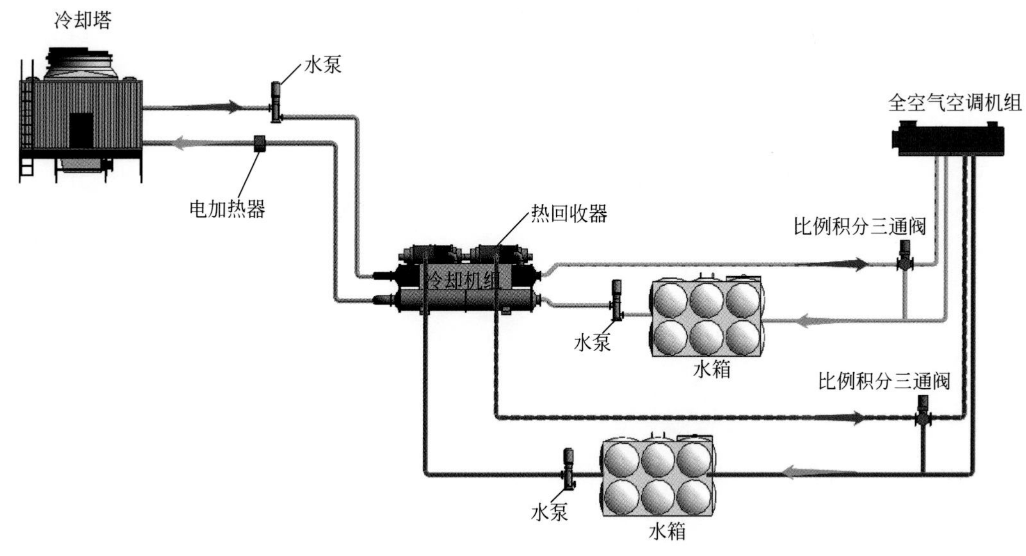

图 3.12-1　恒湿恒温技术原理图

恒温恒湿空调机组功能段见图 3.12-2。

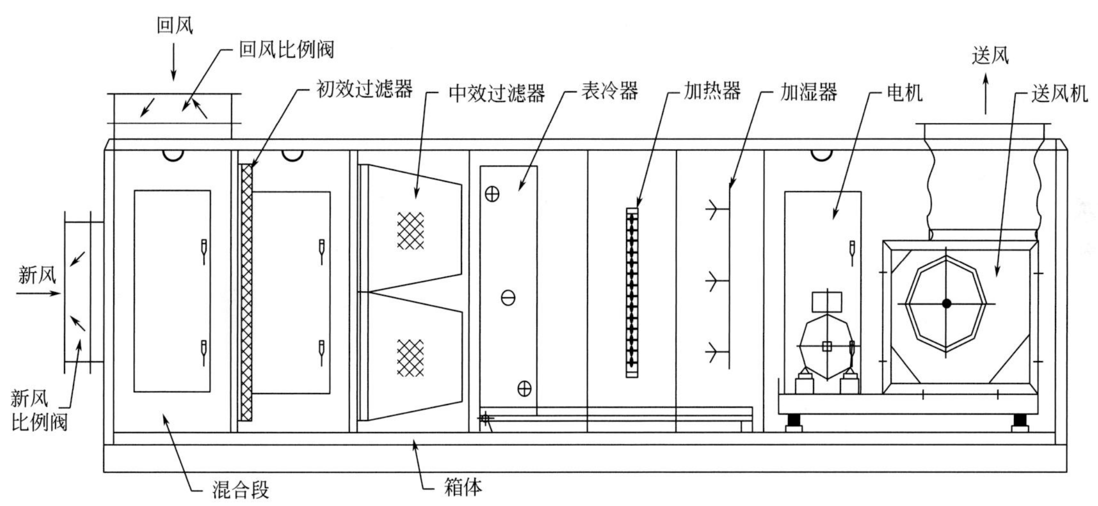

图 3.12-2　恒温恒湿空调机组功能段

恒温恒湿空调机组控制原理见图 3.12-3。

3.12.2　技术特点

1. 采用全空气系统，保证室内资料安全

档案室、博物馆里面存放大量珍贵资料、藏品，室内严禁出现渗水、浸水、滴水等情况。空调系统采用全空气系统，所有水管均不进入室内，从而避免水管漏水，危及室内存放资料、藏品的安全。

2. 合理布置温湿度传感器

由于空间布局以及障碍物的限制，气流流向复杂。如果温湿度传感器分布不合理，就不能及时将室内各处的温湿度信息及时反馈给主控制路，从而导致控制的不及时和资源的浪费。因此，需根据建筑的

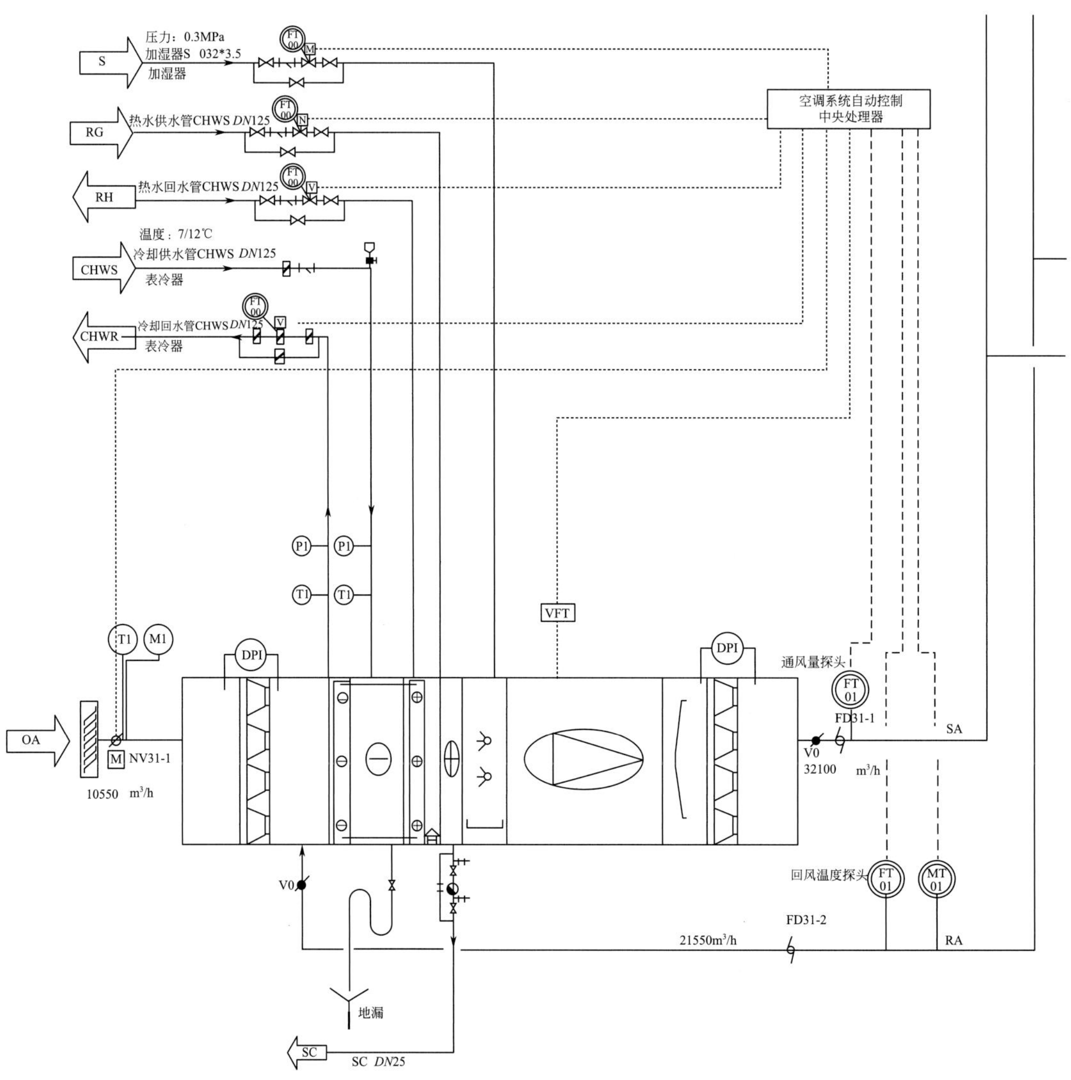

图 3.12-3 恒温恒湿空调机组控制原理图

布局来调节设定传感器的数量和位置。

3. 理论数据与实际数据相结合

结合两个供冷和供暖季周期的实际数据，与理论计算数据对比分析，修订运行参数，制定最佳方案，做到精准控制。确保在各个运行工况能达到恒温恒湿的设计目标。

4. 冷凝热回收利用

主机采用冷凝热回收式制冷机组，在正常供冷时，可以将冷凝器（冷却水）产生的热量再次回收利用。通过热水管道进入空调机组加热段，用于温度的调节，室内升温不再额外增加热源，也可以将此部分热水用于生活热水，余热回收更加节能环保。

3.12.3 技术措施

1. 设备选型与传感器的合理布局

（1）设备选型

本技术选用冷凝热回收式制冷机组，如图 3.12-4 所示。冷凝热回收式制冷机组制备的热水，在夏季及过渡季为恒温恒湿空调机组提供再热热量，同时为生活用热水提供换热热水。此项热回收技术可以利用冷水机组在工作过程中排放的热量，不但可以实现废热利用，而且可以减少冷凝热对环境造成的热污染。

图 3.12-4　冷凝热回收式制冷机组图

恒温恒湿空调机组选用四管制空调机组，如图 3.12-5 所示，可实现冷、热水同时供应。在持续供冷的同时，既可以吸收足够热量保障回水温度，又可以同步达到除湿的功能。搭配高压微雾加湿器，可调节房间湿度。不同季节的空气处理过程由计算机自动调节，在机组内完成全部的空气处理过程。

图 3.12-5　四管制空调机组图

冷、热水流量调节，采用系统静态流量平衡阀和空调机组的比例积分电动三通调节阀组合的形式，可以更为精确地对水流量控制调节，其中冷水与再热水的流量平衡是保证系统运转的关键。恒温恒湿系统冷、热水的分水与集水器如图 3.12-6 所示。

为了保证冷却塔全年正常使用，冷却水系统采用闭式系统，通过控制喷淋水系统或加装远控电加热器，提高过渡季节冷却水的温度，确保制冷机组不会因为冷却水温度过低而保护性停机。闭式冷却塔如图 3.12-7 所示，闭式冷却塔原理如图 3.12-8 所示。

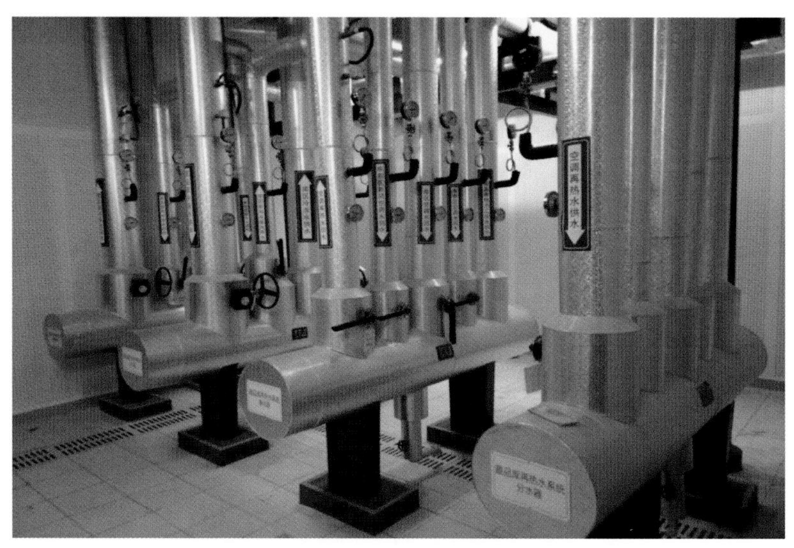

图 3.12-6　冷水与再热水的分水与集水

图 3.12-7　闭式冷却塔图

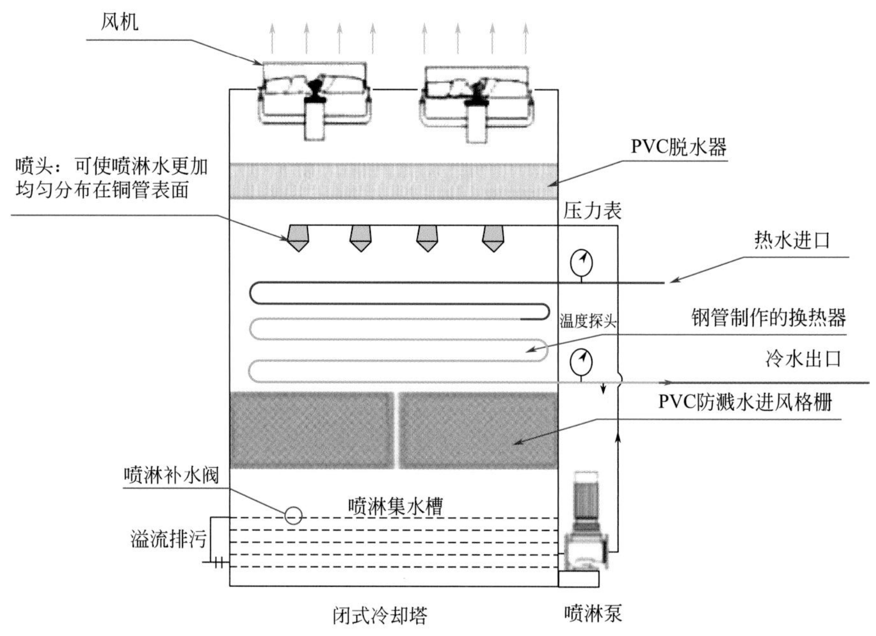

图 3.12-8　闭式冷却塔原理图

由于冷却水是闭式循环，能够保证水质不受污染，很好地保护主设备的高效运行，提高设备使用寿命。同时，当外界气温较低时，可以停掉喷淋水系统，既起到节能效果，又保证了冷却水的温度。

（2）传感器布局

每个独立房间均需要设置数个温湿度传感器，在提高传感器灵敏度的同时，还要注重其分布的数量以及布局特点，保证空调的控制系统对温度和湿度的检测更加敏感和及时。

一般会选在空调安装的对面墙上设置几个空调外部传感器，并采用比例积分微分（Proportion Integration Differentiation，简称PID）闭环反馈控制来实现整个过程的运作，所有传感器定时向楼控系统传输数据，保障温湿度的调节数据准确性。同时，将控制温度和湿度的线路独立分为两个控制回路，避免温湿度调节的同时进行，造成资源的浪费。

2. 恒温恒湿调节技术

通过在空间设置的温湿度传感器将采集的温湿度数据反馈给PID控制器。控制器根据服务器下发的当前季节温湿度控制策略，与前端反馈的温湿度数据进行比较判断，计算出对前端空调机房内各执行器及机电设备所需要的综合控制数据，输出控制模块输出数、模信号对各路控制阀门、加湿器、电加热、空调机组等进行不断控制调节，达到所需要的温湿度环境要求。

（1）若房间内温度高于设计温度，通过冷冻水电动三通阀调节，降低出风口温度。制冷的同时，通过表冷器进行除湿，湿度过低则启动加湿器。若房间内温度低于设计温度，则需要关小冷冻水三通阀，加大热水管三通阀开度，提高室内温度。通过调节再热水和冷却水温度，保证供回水温度和温差，以确保制冷机组可以常年持续运行。

（2）当外界及室内温度较低时，恒温恒湿空调机组的热盘管主要利用市政热水承担升温功能。制冷机组提供的冷水主要承担辅助降温和除湿功能。

（3）当外界及室内温度较高时，制冷机组将作为降低房间温度的主要能量源，恒温恒湿空调机组的冷盘管主要承担降温和除湿功能、热水盘管承担辅助升温功能。

（4）当外界及室内温度处于过渡季节时，可能导致制冷机组换热后的冷却水温度过低或者冷冻供回水温差不足，造成制冷机组停机，恒温恒湿系统瘫痪。此时，需通过调节冷却水系统上的电动旁通阀，减少或关闭冷却水进入冷却塔，或通过开启冷却水系统上的加热器提高冷却水温度，保证制冷机组运转及足够的冷凝热源进入恒温恒湿空调机组的热盘管内，再通过三通调节阀的调节，维持室内温度，同时使得该系统能够获得足够热源持续运转。

3. 制定精准调控策略

实现全空气恒温恒湿是整个调试工作中最难最重要的工作。通过大量试验数据与理论数据对比分析，进行反复测试和调控工作，根据房间季节特点和风量、水流量之间的关系，将测试数据反复与楼控主机电脑计算结果进行比对，统计偏差值，调整计算程序理论数据，最终修订完成精准适宜的调控策略。

恒温恒湿楼宇控制系统界面如图3.12-9所示。

3.12.4 小结

该项技术利用大型空调机组的大风量及高风压特性，通过设备优化选型与传感器的合理布局，制定最佳的楼宇自控系统控制方案，并经过周密的测试和调整，达到了大区域、大空间的快速且精密的温湿度调节，并兼具节能和环保性。随着人们对建筑室内舒适度环境日益增长的需求，该项技术将会得到进一步的推广。

图 3.12-9　恒温恒湿楼宇控制系统界面

3.13　脉冲风机在高大空间防排烟系统中的应用技术

3.13.1　技术概况

《建筑设计防火规范》GB 50016—2014 条文说明第 4.2.8 条要求，“防火分区之间的分隔是建筑内防止火灾在分区之间蔓延的关键防线，因此要采用防火墙进行分隔。如果因使用功能需要不能采用防火墙分隔时，可以采用防火卷帘、防火分隔水幕、防火玻璃或防火门进行分隔。”

随着建筑防火技术的发展，脉冲通风系统优化集成了火灾传感系统、微处理器和脉冲风机技术，包括各种探测和监控设备，以及轴流式脉冲风机、送风排风风机、防火阀和消防报警系统等设施，成为一种新型的防火分隔技术。2015 年投入运行的国家会展中心项目，是该技术在国内高大空间类建设工程中的首次应用。

轴流式脉冲风机是根据高速射流通风理念而设计的最新一代射流新型风机，见图 3.13-1。采用单独可控制的脉冲风机，在环境空气质量发生变化或者发生火灾的情况下，控制高大空间火灾烟气蔓延，能形成有效的防火隔离带，创建虚拟排烟区，使大量烟气和热量排出，从而满足了规范对防火隔离带的设置要求。

3.13.2　技术特点

(1) 作为火灾烟气控制系统的有机组成部分，脉冲风机响应速度快，实现快速启动并挡烟。脉冲风机的气流组织与 CFD 模拟的边界条件相吻合，当监测到环境中的温度和/或空气组份发生变化

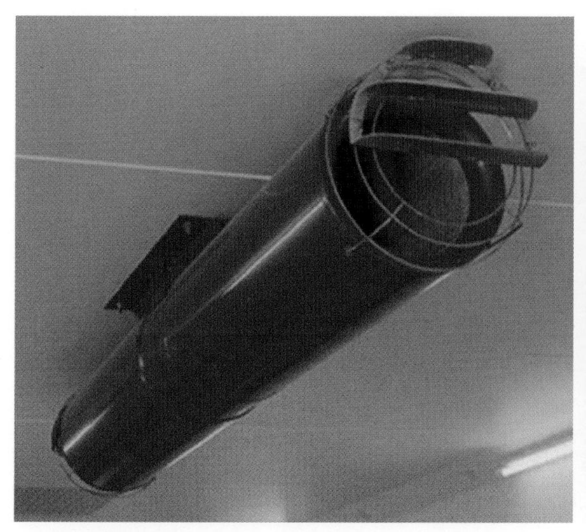

图 3.13-1　脉冲风机

时，相关信息被传送到可编程逻辑控制器（Programmable Logic Controller，简称 PLC）。针对建筑环境中的位置和状态的任何变化，计算机将按照预先设定的控制程序，激活脉冲通风系统实现多级响应。

（2）脉冲风机能够出色阻挡火灾烟气蔓延，充分保证防火隔离带的作用；通过现场测试，不管从现场烟气蔓延情况还是后期测试数据处理情况，都高度和模拟测试分析结果相同，证明了脉冲风机技术创新的实用性以及在高大空间安装脉冲风机的有效性。

（3）通过场景测试采用理论推导、经验公式计算、CFD 模拟分析、实体火灾试验、定量计算阻挡烟气质量以及展厅现场冷烟效能验证等方法进行论证，相关模拟分析与实测结果表明，作为新的防火分隔技术，脉冲风机已通过消防部门检测验证，具有消防性能化设计中所要求的挡烟能力，能够满足所设置防火隔离带的挡烟要求。

3.13.3　技术措施

1. 脉冲风机测试流程

鉴于该项技术涉及消防安全，且在国内未有应用案例，应消防主管部门要求，设计方案须经 CFD 模拟工况测试及实景测试，以验证脉冲风机的防烟性能和运行可靠性。测试工艺流程见图 3.13-2。

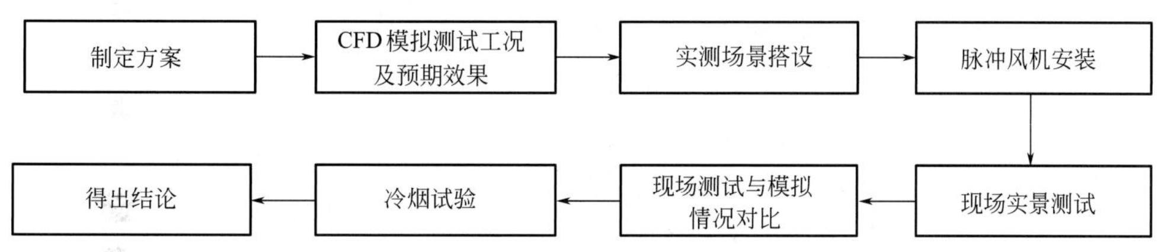

图 3.13-2　脉冲风机测试工艺流程

2. 脉冲风机性能测试

项目管理团队首先运用 BIM 技术对场地信息进行分析，联合同济大学和上海市防火救灾研究所进行了脉冲风机性能测试。测试场地选定在该项目某宴会厅，该区域长 45m，宽 22m，净高 13m，如图 3.13-3 所示。

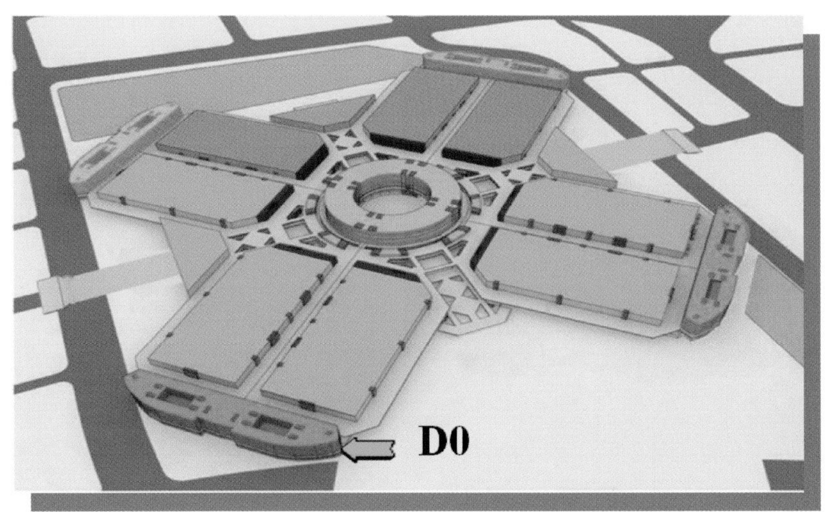

图 3.13-3　脉冲风机测试场地 D0 区位置示意图

（1）BIM 建模分析

在设计火灾场景中，共安装两台脉冲风机，设置两个尺寸分别为 1.0m×0.5m 的排烟口（排烟口长边平行于空间宽度方向），排烟风速为 10m/s 并可根据需要进行调整，火源大小设定为 3MW 的油盘火，油盘尺寸为 1.5m×1.5m，具体位置如图 3.13-4 所示。

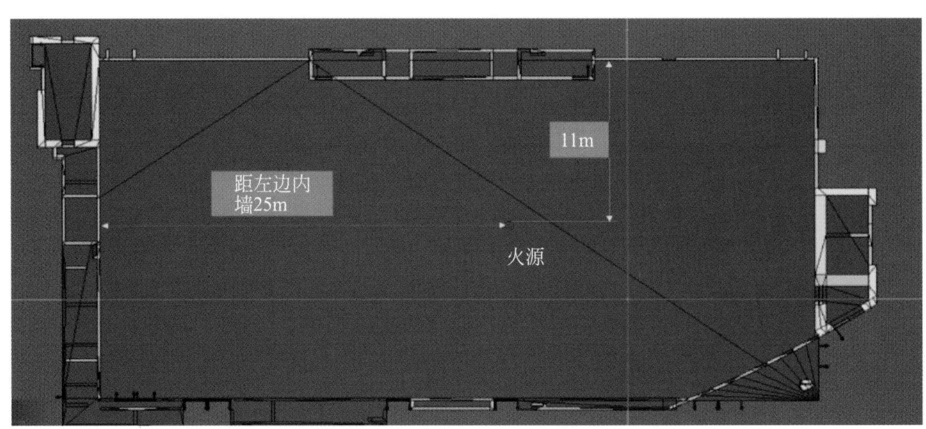

图 3.13-4　火源位置示意图

为了使结果更加明显，共设计四种火灾场景：

① 脉冲风机和排烟风机均不启动；

② 只有排烟风机启动；

③ 只有脉冲风机启动；

④ 脉冲风机和排烟风机同时启动。

需要特别说明的是，脉冲风机性能及场景测试中的设计火灾场景根据相同的温度场和烟气场边界条件确定，因此场景测试可以直接证明高大空间使用脉冲风机的有效性。

（2）实景测试

根据本次测试需要，现场配置如下：

① 脉冲风机 2 台。脉冲风机的主要参数：

风量：3600/6480m^3/h；出口风速：12m/s，23m/s；推力：14/50N；额定功率：0.3/1.1kW；电源：400-3-50；耐火时间：300℃ 2h。

② 排烟风机 1 台。排烟风机的主要参数：

风量：72000m^3/h；风压：600Pa；转速：960rpm（revolutions per minute，简称 rpm）；额定功率：18.5kW；电源：400-3-50；耐火时间：260℃ 2h。

试验时为了能够改变排烟量，要求排烟风机采用变频器控制。

③ 排烟口 2 个。排烟口规格 1.0m×0.5m，排烟口长边平行于宽度方向。

上述设备的布置如图 3.13-4～图 3.13-5 所示。

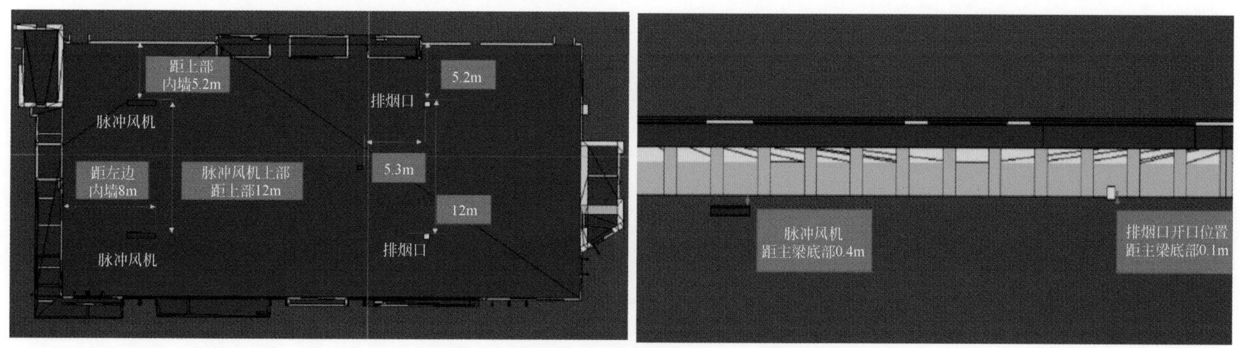

图 3.13-5　脉冲风机及排烟口位置示意图

④ 试验火源。

考虑到试验需要一个稳定可靠的发烟源，采用油池火作为火源。油盘大小为 1.5m×1.5m，油盘深 0.2m，见图 3.13-6。试验采用柴油作为燃料，汽油引燃。试验时油盘下部先加入 13cm 的垫水层，然后加入 3cm 厚的柴油（约 70L），采用 1L 汽油均匀引燃油池表面。

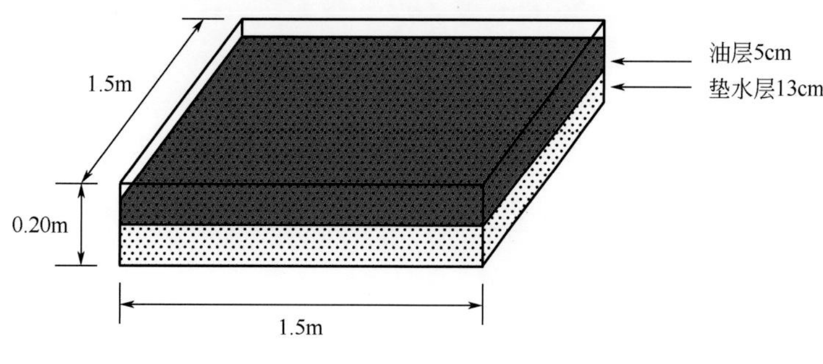

图 3.13-6　试验油盘

⑤ 试验测试设备

试验将根据火灾烟气的热量和组分浓度随时间的扩散变化结果对脉冲风机控烟有效性作出合理评价。测量断面位置见图 3.13-7。

3. 试验测试主要参量

（1）火灾功率变化，通过电子称重测量；

（2）火灾烟气温度在空间的扩散变化，通过热电偶测量；

（3）火灾烟气热流在空间的扩散变化，通过热流计测量；

（4）火灾烟气流速在空间的扩散变化，通过风速计测量；

（5）火灾烟气组分在空间的扩散变化，通过烟气分析仪测量；

（6）火灾烟气形态在空间的扩散变化，通过红外热像仪、CCD 监控测量。

4. 脉冲风机火灾场景模拟结果与实景测试

在进行场景测试之前，运用 CFD 模拟技术对火灾场景进行模拟，并从一氧化碳（CO）分布情况、

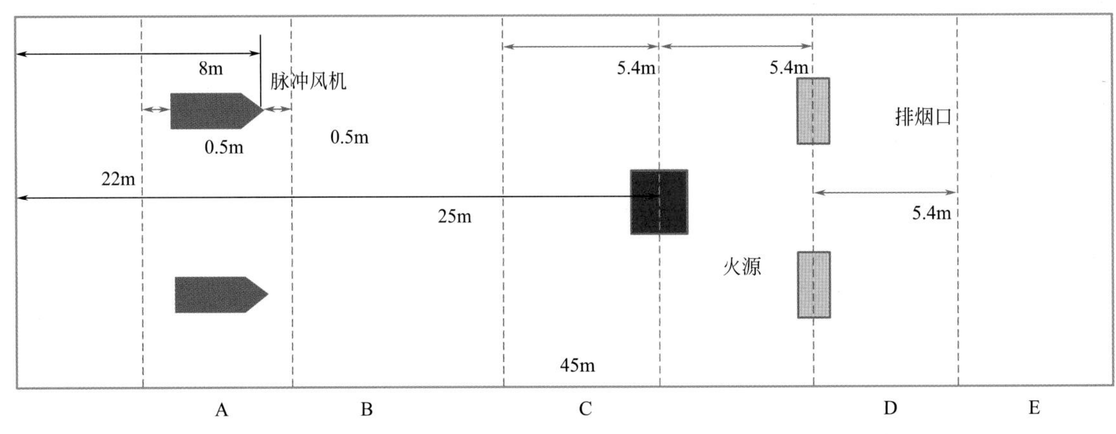

图 3.13-7　测量断面位置图

温度分布情况、可见度情况、风速情况四方面对模拟结果进行分析，再通过实景测试进行对比，更加直接、准确的得出测试结果。

实景测试和模拟测试一样，考虑四种火灾场景：

（1）脉冲风机和排烟风机均不启动；

（2）只有排烟风机启动；

（3）只有脉冲风机启动；

（4）脉冲风机和排烟风机同时启动。试验工况见表 3.13-1。

试验工况表　　**表 3.13-1**

工况	功率MW	火源	脉冲风机启动	排烟风机启动	现场设备布置	试验终止时间	备注
1	3	油池火灾	—	—	点火设备； 应急出口照明； 泡沫推车灭火器； 测试设备(电子称重平台、热流计、热电偶、风速、CO浓度、高度标尺)； 监控设备(包括红外热像、CCD监控)	点火后10min人工扑灭	(1)火场屋顶结构保护； (2)消防车待命； (3)消防队员穿防护衣并配备防护性呼吸设备； (4)试验现场警戒线
2	3	油池火灾	—	点火后45s启动,保持排烟口风速10m/s		点火后10min人工扑灭	
3	3	油池火灾	点火后60s启动,低速运转,出口风速10m/s	—		点火后10min人工扑灭	
4-0	3	油池火灾	点火后60s启动,低速运转,出口风速10m/s	点火后45s启动,保持排烟口风速10m/s		点火后10min人工扑灭	
4-1	3	油池火灾	点火后60s启动,低速运转,出口风速10m/s	点火后45s启动,保持排烟口风速6m/s		点火后10min人工扑灭	
4-2	3	油池火灾	点火后60s启动,高速运转,出口风速23m/s	点火后45s启动,保持排烟口风速6m/s		点火后10min人工扑灭	

模拟分析结果清晰的表明脉冲风机能够出色阻挡火灾烟气蔓延，充分保证防火隔离带的作用；通过现场测试，不管从现场烟气蔓延情况还是后期测试数据处理情况，都高度和模拟测试分析结果相同，证明了脉冲风机技术创新的实用性以及在高大空间安装脉冲风机的有效性，见表 3.13-2。

脉冲风机性能测试　　　　**表 3.13-2**

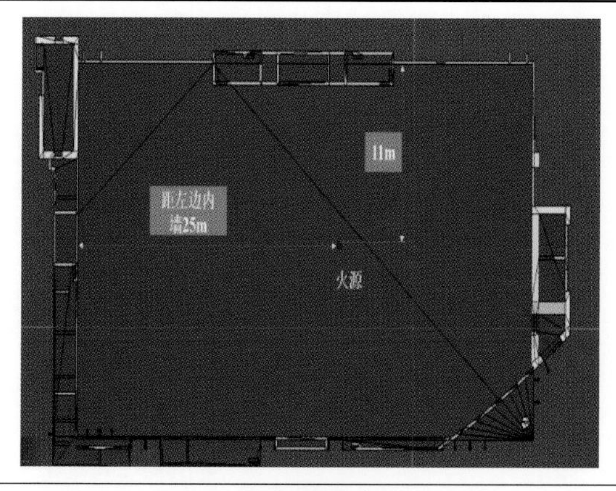	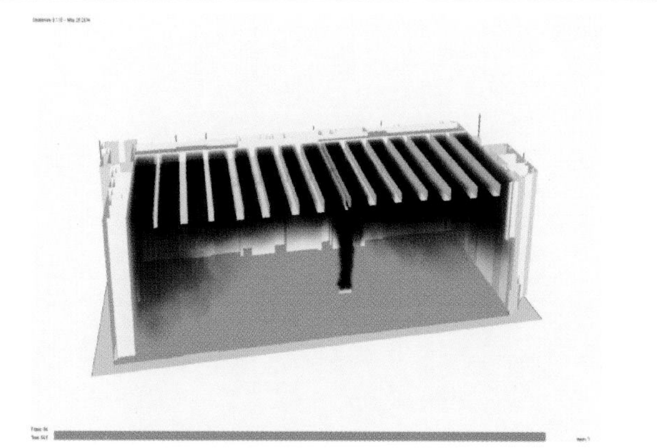
方案制定	CFD模拟测试工况及预期效果
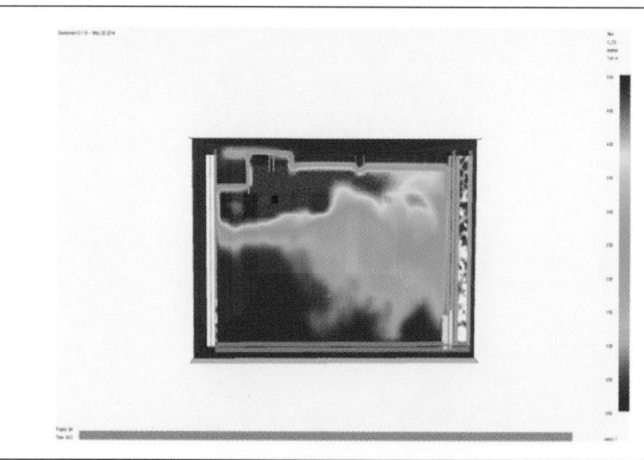	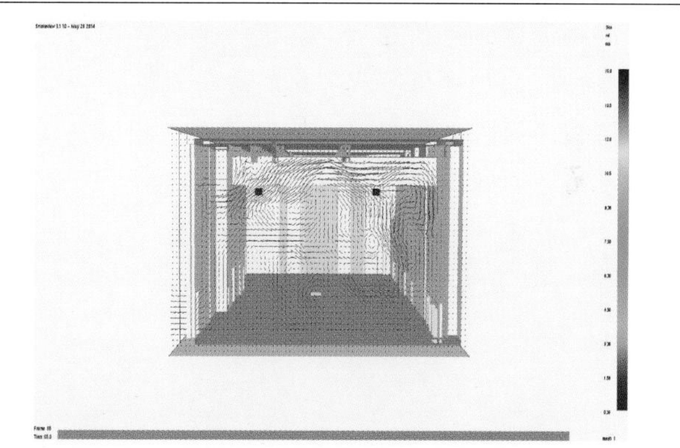
CFD模拟测试工况及预期效果	

实测场景搭设、脉冲风机安装	现场实景测试

5. 脉冲风机调试与消防验收

(1) 脉冲风机施工工艺流程（图3.13-8）

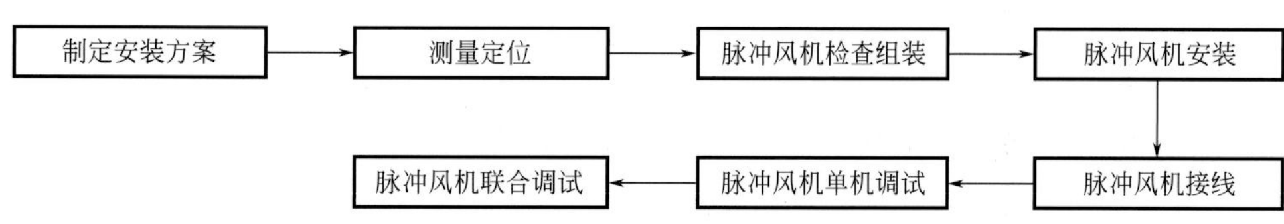

图3.13-8　脉冲风机安装工艺流程

(2) 脉冲风机分级响应

当环境中的温度和/或空气组成的变化被检测量到，相关信息被传递到中央计算机编程逻辑控制器(PLC)。根据建筑体内环境中的位置和状态的任何变化计算机将按照预先编程的功能框图，激活通风系统分级响应。

1) 基本通风，如果 CO≥25/50ppm；

2) 低强度污染报警，当一些脉冲风机立即被激活 (CO>100ppm)；

3) 高强度污染报警，导致进一步增加风机转速和通风能力 (CO≥250ppm)；

4) 排烟通风，根据火源，热和烟气被控制和引导到排气竖井并由强大的抽风机排出。风机也可以根据烟气浓度的大小来设计出不同级别风速的排烟响应。

(3) 脉冲风机调试

以国家会展综合体项目为例，火灾烟气控制策略中，实现“三道防线”理念，如图 3.13-9 所示。假设在展厅两个防火隔离带之间的中间区域发生火灾，第一道“防线”主要由该区域中设置有 16 个排烟口的排烟系统进行排烟，将绝大部分火灾烟气排出展厅；第二道“防线”是在每个防火隔离带设置的两个排烟口，如果部分火灾烟气蔓延至防火隔离带区域，则由该区域的排烟系统排出展厅；第三道“防线”是在防火隔离带设置两侧设置的脉冲风机，每侧各 5 台，共计 10 台。如果火灾烟气向防火隔离带两侧扩散，由脉冲风机进行“拦截”，将火灾烟气控制在中间着火区域，并由这一区域的排烟系统排出展厅。

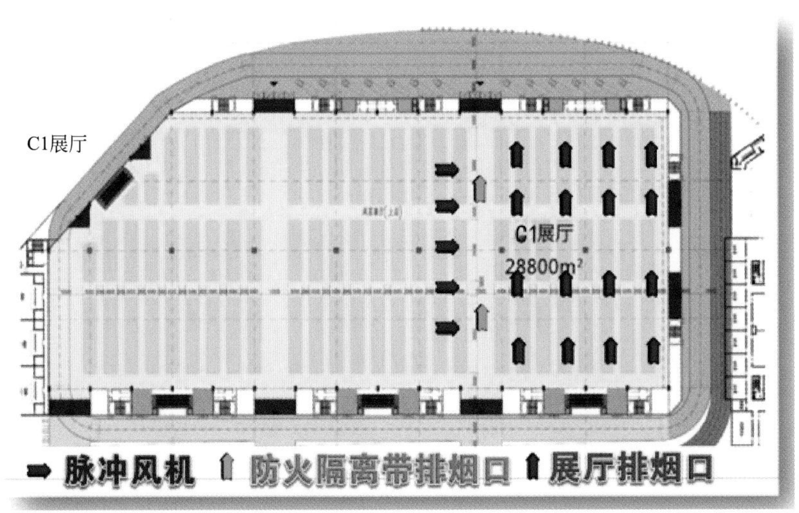

图 3.13-9 展厅两侧区域着火脉冲风机运行方式示意图

为了避免干扰排烟系统的有效排烟，脉冲风机将采取分级响应模式，即启动后先是低速运行，然后再根据火灾烟气浓度确定是否需要启动高速运行。

(4) 风机消防验收

在上海市消防局沪消函［2015］25 号“关于国家会展中心（上海）脉冲风机性能测试技术方案和射流灭火系统消防设计专家评审意见的函”中，关于脉冲风机挡烟能力测试的评审意见是：建议对脉冲风机所形成的挡烟能力，在展厅现场采用发烟装置进行冷烟的效能验证，见图 3.13-10。

根据专家评审意见，在双层展厅上层展厅开展了脉冲风机性能冷烟的现场测试。在现场测试中，采用了 6 个白色“消防演习烟幕弹”作为冷烟源，只开启了 C1 区 5 台脉冲风机，没有启动排烟风机。测试结果表明脉冲风机挡烟效果明显，符合消防性能化设计要求。

通过上述各项工作，得到国家会展中心脉冲风机性能测试结论如下：

国家会展中心脉冲风机性能与场景测试采用理论推导、经验公式计算、CFD 模拟分析、实体火灾

图 3.13-10 展厅脉冲风机性能冷烟的现场测试

试验、定量计算阻挡烟气质量以及展厅现场冷烟效能验证等方法进行论证，相关模拟分析与实测结果表明，脉冲风机具有消防性能化设计中所要求的挡烟能力，能够满足所设置防火隔离带的挡烟要求。

3.13.4 小结

本技术在国家会展中心项目中首次运用，通过使用脉冲风机用于高大空间的防火隔断，对其性能进行了测试，测试结果表明脉冲风机挡烟效果明显，符合消防性能化设计要求。为今后类似建筑应用脉冲风机技术起到了很好的借鉴作用。

3.14 舞台区域风速控制技术

3.14.1 技术概况

舞台区域空间高大，幕布层叠错综复杂，布景繁多，形状各异，通风导致空气对流易扰动幕布，影响演出效果。应用舞台区域风速控制技术，在有效保证舞台区域气流速度、温度场恒定的同时，避免和减少气流对幕布及演出效果的影响。

舞台区域风速控制技术采用定风量一次回风全空气低速空调系统，舞台送风采用喷口侧送及旋流风口上送的送风方式，舞台回风大部分通过设在舞台两侧下部的回风口回到空调机组，其余部分由舞台区域吊顶排风机排出室外。通过控制风口的开启度及送风角度，可以保证舞台区域所需的送风温度、湿度及气流速度，同时不影响舞台区域的正常使用。

舞台区域风口施工见图 3.14-1。

3.14.2 技术特点

(1) 通过对舞台区域送风的风场模拟，比较温度场、速度场后，针对不同季节选择合理的送风方式。

(2) 通过楼宇设备自控系统（Building Automation System，简称 BA）控制风口的开启度及送风角度，调节舞台区域所需的送风温度、湿度及气流速度。

(3) 喷口侧送：侧送多股平行射流应互相搭接。采用双侧相对送风时，两侧相向气流通过高风速送出，形成覆盖，实现分层，即将空间隔绝成空调区和非空调区，衰减后的气流经过碰撞后，保证人员活

图 3.14-1　舞台区域风口施工

动区域风速恒定在 0.2m/s。

（4）旋流风口上送：旋流风口依靠起旋器或旋流叶片等部件，使轴向气流起旋形成旋转射流，由于旋转射流的中心区处于负压区，它能诱导周围的大量空气与之充分混合，易形成均匀、稳定的温湿度场和速度场。

3.14.3　技术措施

1. 舞台区域风场模拟

利用流体力学计算软件，建立舞台区域通风空调系统的物理模型，设置送风口风速等边界条件，划分网格，计算模型选用室内零方程湍流模型，风场模拟见图 3.14-2。

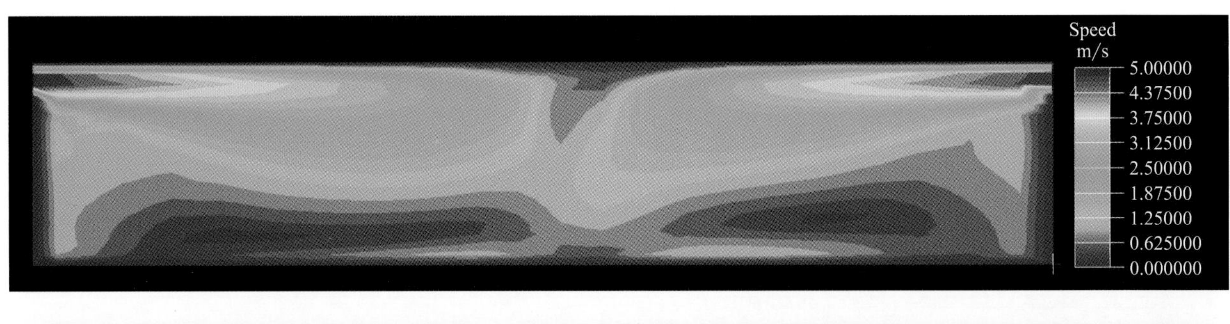

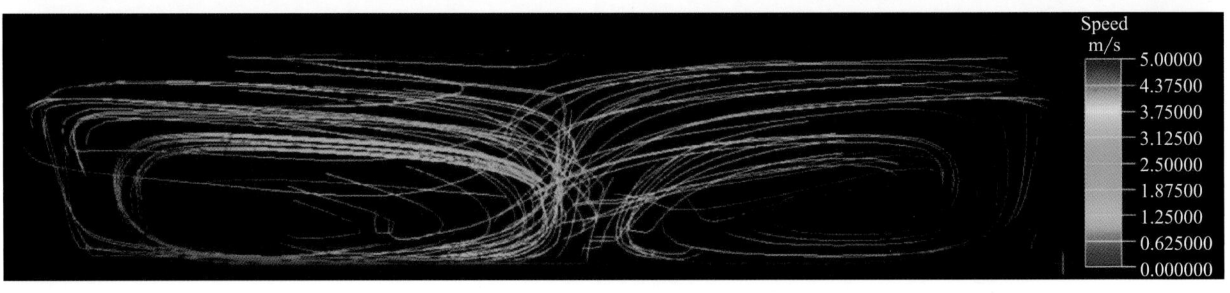

图 3.14-2　风场模拟

2. 风口选型

根据设计参数通过软件模拟风场环境进行风口选型，以无锡大剧院项目为例。

（1）侧送球喷选型

根据设计要求单个风口风量 2200m^3/h，夏季送风温差 10℃，冬季送风温差 8℃，风口安装高度 11.4m，要求射程 28.4m，气流交汇点在 1.7m 以上进行，风速要求噪声不超过 31dB 或者 NC-25。

如图 3.14-3 所示，当风量为 2200m^3/h 时，与球喷口径最大规格 ϕ400 所对应的噪声约 42dB，即使扣除噪声的衰减值 6dB，也达到 36dB，远超过设计要求，因此采用 ϕ630 规格的球喷。

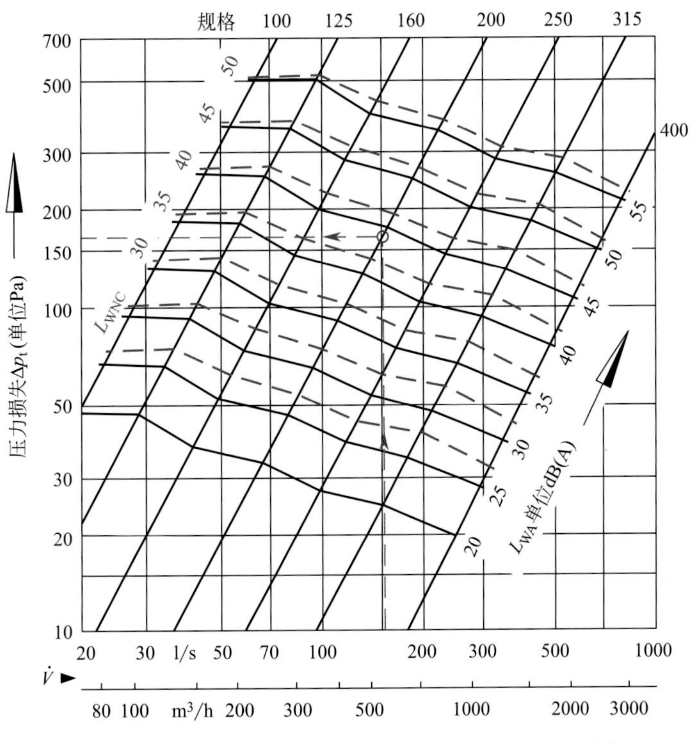

图 3.14-3 某品牌球喷轴向连接时的噪声级和压力损失

通过选型软件，对 ϕ630 规格的球喷进行校核，得出射程、末端风速和阻力等参数见表 3.14-1。

ϕ630 球喷参数 **表 3.14-1**

阻力噪声参数	压力损失	Δp_t	<20Pa
	噪声指标	L_{WA}	<15dB(A)
		NC	<10
供冷时的送风角度		α_k	−7°
人员活动区内风速		v_{H1}	0.20m/s
供热时的送风角度		α_w	−30°
人员活动区内风速		v_{H1}	0.20m/s

（2）顶送旋流风口选型

根据设计要求，单个风口风量 1514m^3/h，夏季送风温差 10℃，冬季送风温差 8℃，安装高度 11.3m，要求射程 11.3−1.7=9.6m。

噪声要求不超过 31dB 或者 NC-25，因此如图 3.14-4～图 3.14-6 所示，得出：ϕ400、ϕ630、ϕ800 口径的球喷均可使用。

经过对几种规格的球喷风口进行射程、末端风速和阻力的校核，压力损失小、射程满足工况要求。当

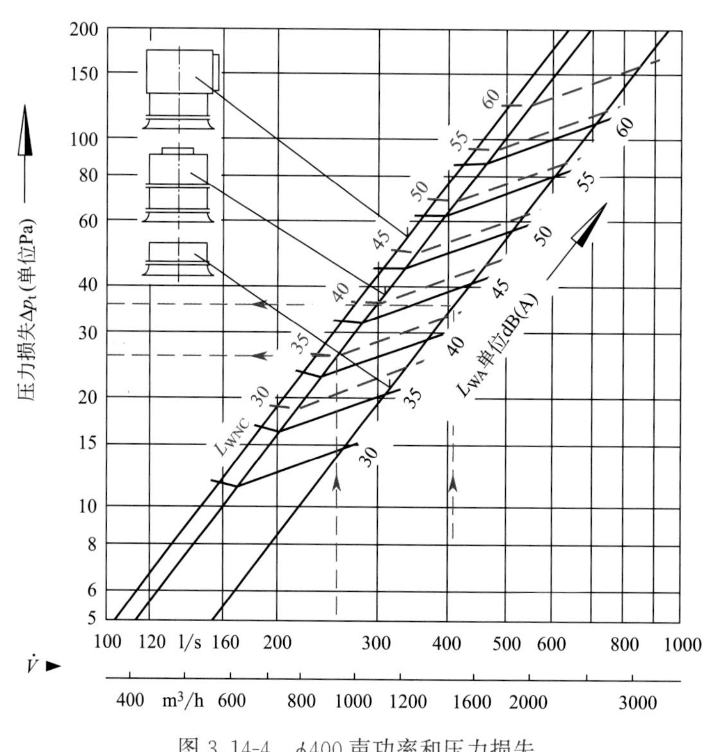

图 3.14-4　ϕ400 声功率和压力损失

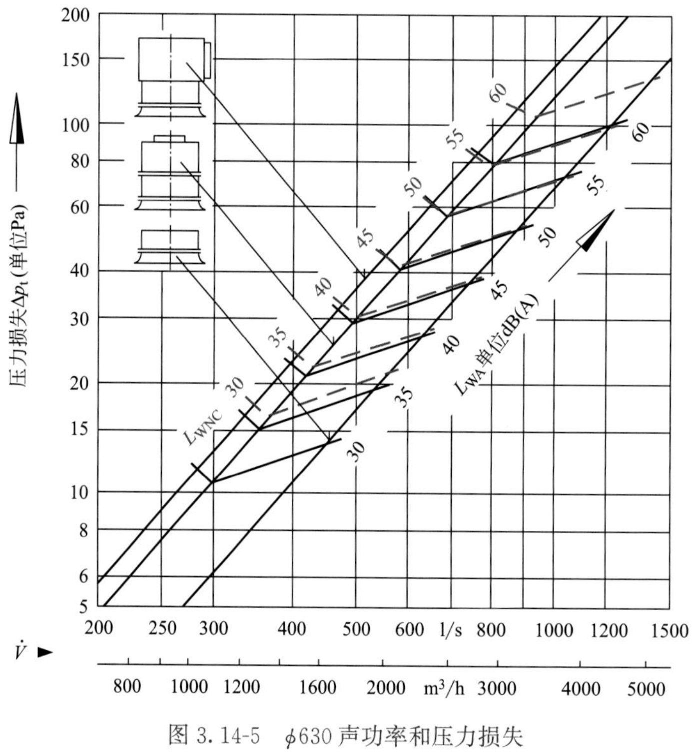

图 3.14-5　ϕ630 声功率和压力损失

风量恒定不变的情况下，送风口口径越小，射程越远，因此选择最小口径风口 ϕ400，如图 3.14-7 所示。

在风量为 1514m³/h，温差 8℃的情况下，最大射程在 7m 左右（即末端风速控制在 0.2～0.3m/s 范围），通过选型软件计算得出，在人员活动区（约 1.7m 左右）的风速：夏季 0.20m/s 和冬季 0.08m/s。

因冷空气密度大、易下沉，热空气密度小、易上升的原理，致使夏季工况时，送风基本能保证，而冬季问题较为明显，因此在冬季送热风时，需关闭部分送风口，以提高单个风口的风量，以增加射程和

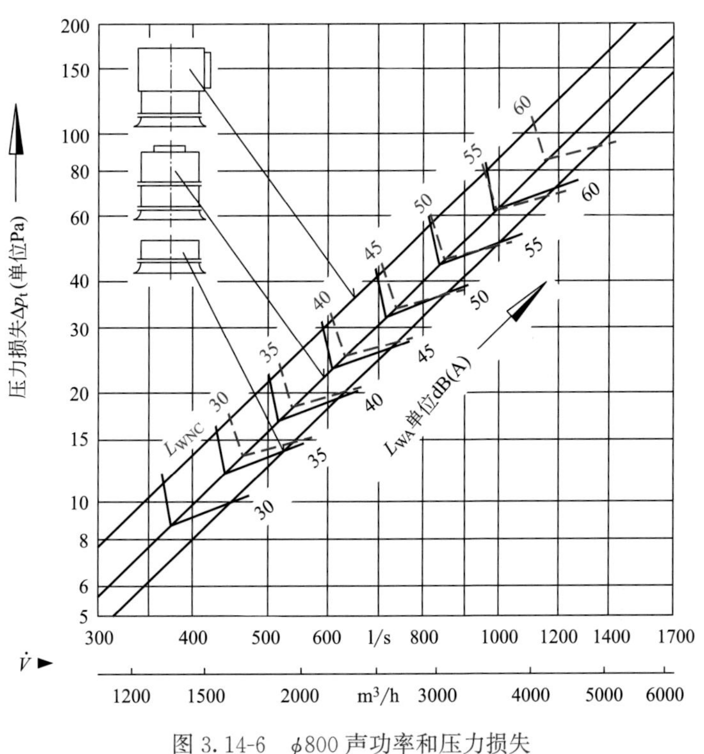

图 3.14-6　ϕ800 声功率和压力损失

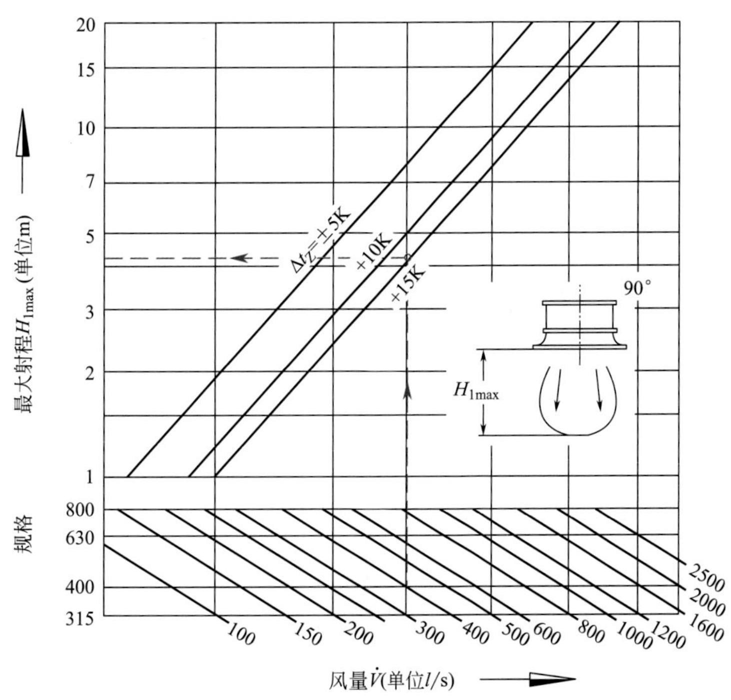

图 3.14-7　垂直送风时的最大射程

人员活动区所需的末端风速。

3. 气流速度控制

（1）送风方式分析

1）侧送下回送风方式

将送风管静压箱设在舞台侧墙中部，由送风管静压箱侧面引送风口，冷风（或热风）通过球型喷口送出，沿途诱导大量空气，致使射流流量增至送风量的3～5倍，并带动室内空气进行强烈的混合，保证大面积工作区中温度场和速度场的稳定性。气流经过一定距离衰减转折下落到工作区后，以较低的气流速度流过整个舞台区域，并由设置在同侧下部的回风口回至空调机组再次处理并循环送出。

舞台正式演出时，为保证幕布区域、演员服装、头饰等不因空调送风而影响舞台演出效果，对受影响区域提前通过弱电信号控制部分送风口关闭，以保证正常使用。

2）上送下回送风方式

将送风管静压箱设在舞台侧墙中部，由送风管静压箱下部引送风口，将处理好的空气通过旋流风口自上而下均匀送至人员活动区，由设置在同侧的回风口抽走，以满足舞台区域的空调要求。不同季节送风方式见表3.14-2。

不同季节送风方式 **表3.14-2**

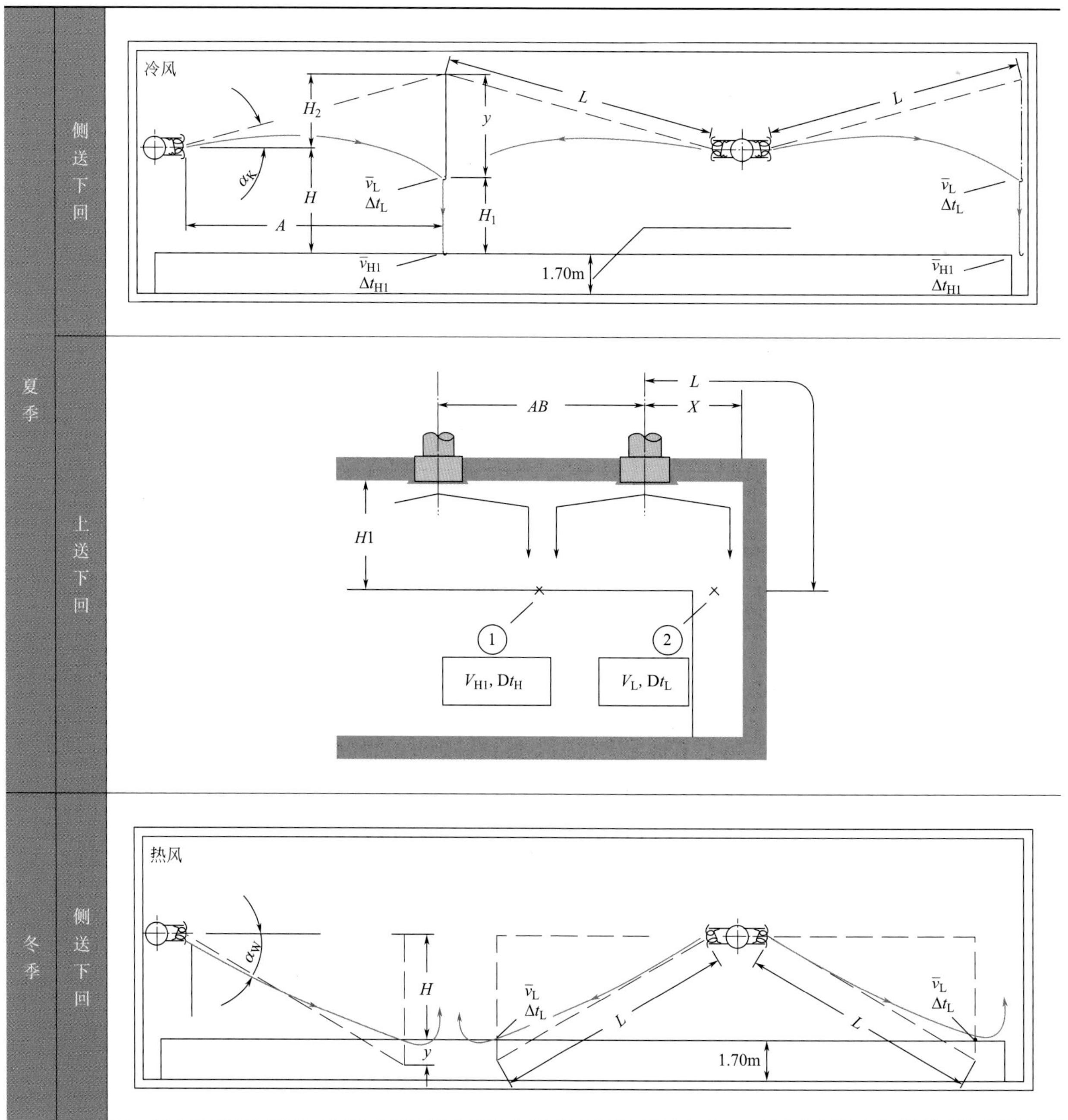

续表

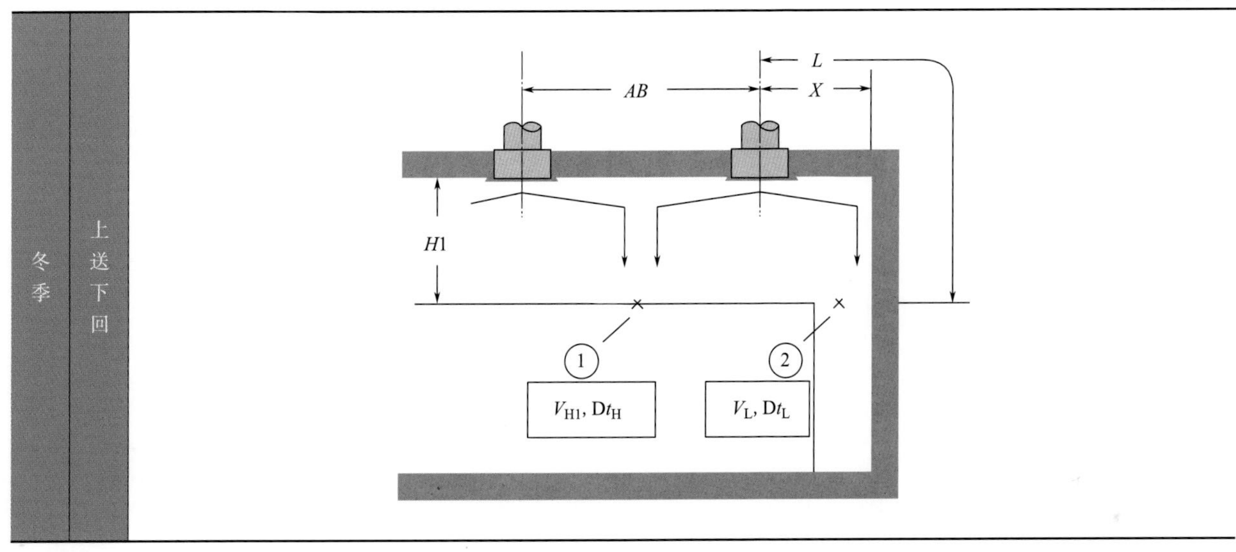

从风口选型中可以看出，旋流风口在冬季送风时，因热气流上升原因，需关闭部分侧送风口，以增加下送旋流风口送风量，避免因侧送风气流造成舞台幕布抖动。

（2）舞台气流速度控制

舞台区域风速测试过程中，首先按设计的风量调节空调机组总风量达到设计要求，再按照设计参数对各个风口进行风量分配，测试演员活动区 1.7m 高度的气流速度在 0.2m/s 上下，达到设计的预期效果，同时不因各风口的风量不均而导致部分风口出现气流噪声。

舞台在演出使用时，提前对舞台区域进行预冷（热），以保证场内的舒适度。同时对涉及幕布区域的风口进行关闭，使幕布在空调运行的情况下，不受空气的对流摆动而影响舞台效果。

（3）系统控制

变频空调机组与风口联动，依据幕布升降区域风口开关度变频控制机组总送风量。

在各风口处设置温度感应器，进行风压及风量测试、收集、反馈及模块化控制程序。

在每个送风口处设置定风量阀，并在风管内设置静压测试点。利用变风量空调系统的控制方式，根据不同区域的需要，关闭相应风口的同时，通过弱电信号控制空调机组的工作频率。

3.14.4　小结

利用流体力学软件进行风场模拟，选择合适的送风方式，控制风口球喷的旋转角度及开量，从而达到对舞台区域风速控制效果的目的。通过对舞台区域的风场模拟及送风体系的优化，有效地实现了对风速的精准化控制，保障了舞台的演出效果。

3.15　大型场馆座椅送风施工技术

3.15.1　技术概况

在剧院类及体育场馆等复杂结构的大空间建筑中，空调系统常采用带有静压箱的座椅送风方式，通过围合阶梯看台板而形成密闭空间，座椅送风静压箱分为池座静压箱和楼座静压箱两类，池座静压箱常采用混凝土结构，楼座静压箱采用混凝土＋金属结构。本技术从观众区观众的舒适性、静压箱结构的安全稳定性、空调系统的节能降耗等方面介绍大型场馆座椅送风施工技术。

3.15.2 技术特点

(1) 建立座椅送风静压箱三维模型，进行气流组织模拟，根据模拟结果，对静压箱布局形式及风口位置尺寸进行合理优化，提升观众舒适感。

(2) 通过软件验算，进行静压箱结构的设计优化，保障静压箱的安全稳定性。

(3) 静压箱采用内保温方式，隔绝气流与结构的传导，避免能量散失，达到节能降耗的效果。

(4) 静压箱送风系统较普通送风系统而言，具有整体性好、送风量大、工作噪声小、空间利用率高和施工相对方便等优点。

3.15.3 技术措施

座椅送风施工工艺流程见图 3.15-1。

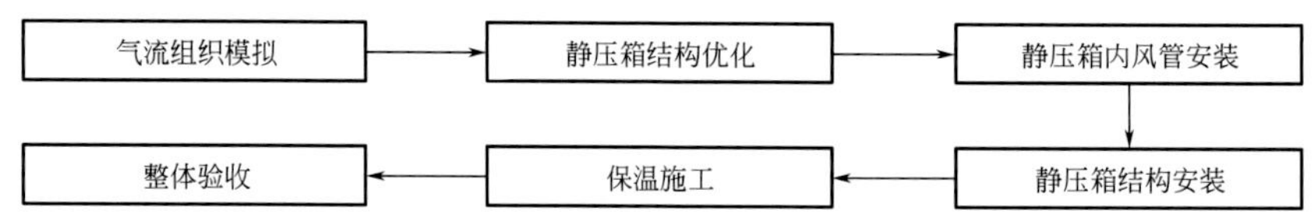

图 3.15-1 座椅送风施工工艺流程

1. 进行气流组织模拟，提升观众舒适性

利用软件建立几何模型，对空间单元进行网格划分，构建合适的拓扑，导入到气流组织模拟软件模拟计算，选择合适的湍流模型和边界条件，调整网格尺寸，进行全局数值初始化和迭代计算，形成各工况云图，导出分析结果。

根据分析出的结果对静压箱进行优化，确定送风形式、风口位置尺寸及送风参数，保证观众席各区域座椅送风口的风量、风压及热负荷满足设计相关参数标准，提升观众的舒适感。座椅区域气流组织模拟效果见图 3.15-2。

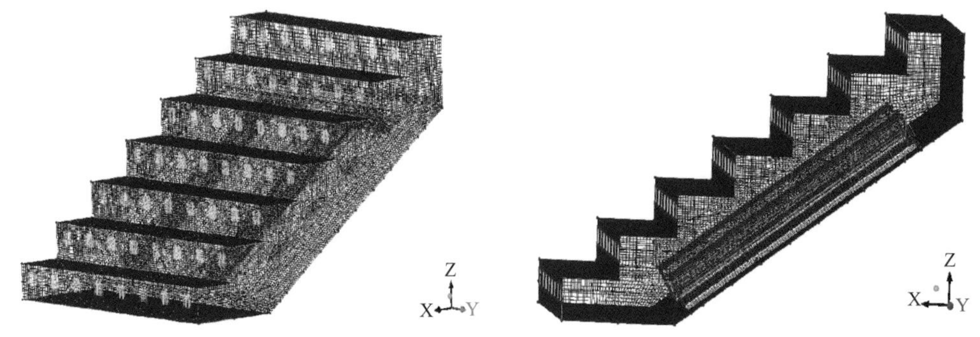

图 3.15-2 座椅送风气流组织模拟图

2. 优化静压箱结构，保障安全稳定性

采用相关结构计算软件，对已选型的静压箱结构进行验算，确定结构相关参数，保障静压箱的强度、刚度及稳定性。由于池座静压箱常为混凝土结构，强度高、安全性好；楼座静压箱为混凝土＋金属结构，金属结构强度、刚度及稳定性对整个静压箱的结构安全至关重要。

(1) 静压箱结构安装

静压箱钢结构见图 3.15-3，由轻型槽钢与等边角钢等构件组成，采用焊接连接，结构形式及焊接要求见图 3.15-4。

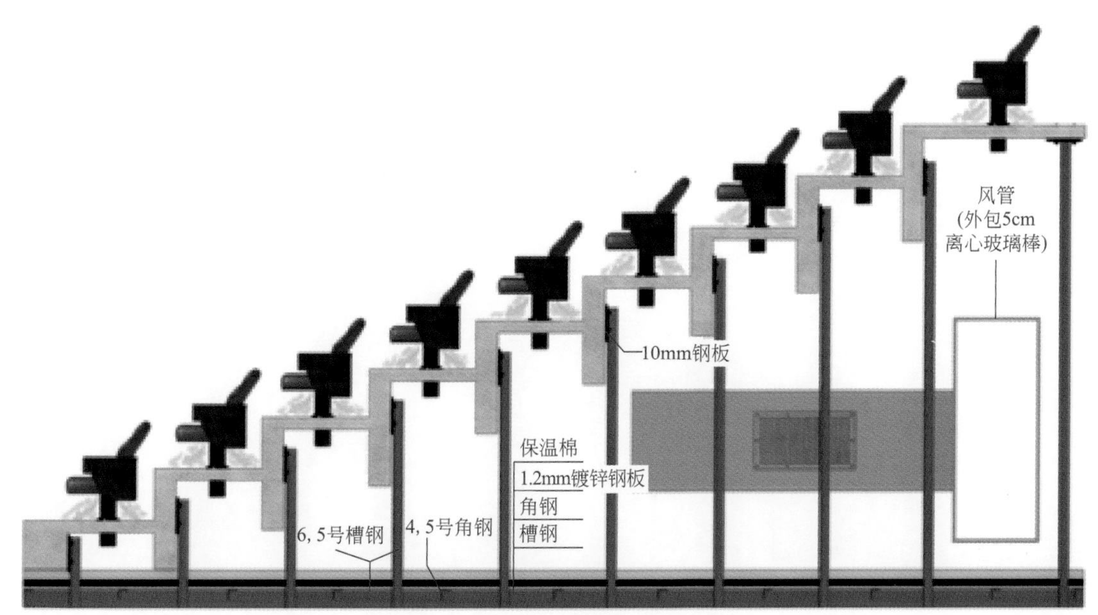

图 3.15-3　静压箱钢结构效果图

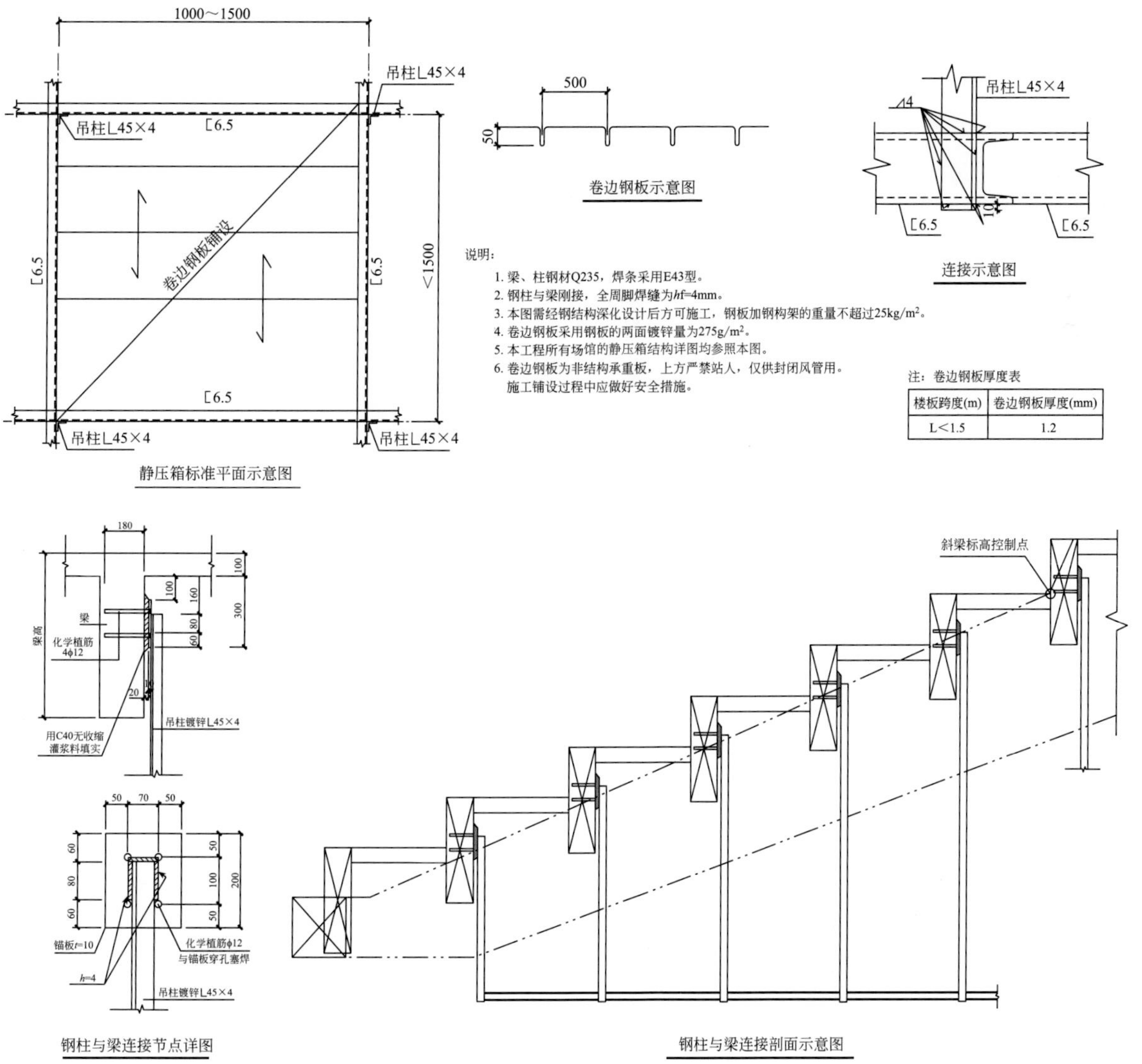

静压箱标准平面示意图

卷边钢板示意图

连接示意图

说明：

1. 梁、柱钢材Q235，焊条采用E43型。
2. 钢柱与梁刚接，全周脚焊缝为hf=4mm。
3. 本图需经钢结构深化设计后方可施工，钢板加钢构架的重量不超过25kg/m^2。
4. 卷边钢板采用钢板的两面镀锌量为275g/m^2。
5. 本工程所有场馆的静压箱结构详图均参照本图。
6. 卷边钢板为非结构承重板，上方严禁站人，仅供封闭风管用。施工铺设过程中应做好安全措施。

注：卷边钢板厚度表

楼板跨度(m)	卷边钢板厚度(mm)
L<1.5	1.2

钢柱与梁连接节点详图

钢柱与梁连接剖面示意图

图 3.15-4　楼座静压箱形式示意图

座位下方结构复杂，钢构吊架的生根部位需根据现场情况深化，通过对楼板荷载、钢结构自身受重、装修吊顶受重的分析计算，优化钢结构设计与结构生根点的施工，在保证结构性能的同时提高施工质量。支架选用螺栓进行拉拔试验，确保静压箱的牢固性、可靠性。

楼座静压箱完成效果图见图 3.15-5、图 3.15-6。

图 3.15-5 静压箱效果图

图 3.15-6 静压箱钢结构完成效果图

（2）静压箱内风管的制作安装

静压箱内设置空调风管，空调风管延伸至静压箱两端，与静压箱板的底板一体化制作、施工，并在底板上留口通过防火阀和软接与外部送风管连接，保证静压箱防火性、密封性并减小外部风管振动的影响；在施工过程中，要注意考虑静压箱结构下方的风管、电管、水管、消防管以及吊顶等，沿看台阶梯竖向侧面的长轴向按照风管、电管、水管、消防管以及吊顶等位置增加吊点数量，以用于固定静压箱结构下方的风管、电管、水管、消防管以及吊顶等，风管安装完成见图 3.15-7。

（3）静压箱整体验收

静压箱结构的整体验收包括有静压箱结构的牢固性验收和静压箱结构的密封性验收。

① 静压箱结构的牢固性验收具体为：静压箱底板安装完毕后，板上放置 50kg 重物，静置 48h，发现吊架、龙骨和板均无变形损坏，螺钉未有松动现象。

② 静压箱结构的密封性验收具体为：在静压箱底板的内侧用强光灯照射，接缝处均无透光；然后用高压鼓风机从静压箱底板内向接缝处送风，将点燃的烟头接近板缝外侧，烟气无明显吹散情况，说明

图 3.15-7 静压箱内风管安装完成效果图

静压箱结构的密封性符合要求。

3. 优选保温材料及工艺，确保节能降耗

观众厅座椅送风静压箱保温采用内保温，池座底板采用硅酸钙，导热系数≤0.06W/（m·K），容重为 200kg/m³，错缝拼接；楼座底板、墙面、顶面采用带特强防潮防霉贴面离心玻璃棉板（另一侧为加强网格布加防潮防霉涂层），导热系数≤0.032W/（m·K），容重为 60～80kg/m³，厚度为 30mm，使用保温钉固定，拼缝处采用铝箔胶带密封，具体见表 3.15-1。

保温做法表 **表 3.15-1**

位置		保温材料要求	保温做法
池座静压箱	地板(土建)	硅酸钙，导热系数≤0.06W/m·K，容重为 200kg/m³	双层，厚度为 70mm＋50mm，需错缝拼接
	墙面、顶面(土建)	带特强防潮防腐贴面离心玻璃棉板(另一侧为加强网格布加防潮防霉涂层)，导热系数≤0.032W/m·K，容重为 60～80kg/m³	厚度为 30mm，保温钉固定；拼缝处用铝箔胶带密封。(涂层一侧靠静压箱内)
楼座静压箱	底板(钢板)		
	墙面、顶面(土建)		

3.15.4 小结

通过对座椅送风系统气流组织模拟，优化静压箱结构形式，可以显著提升观众区的舒适性；通过对钢结构进行设计优化，在保证装修效果的同时，提高了系统的安全稳定性；通过采用内保温的静压箱保温形式，保障了系统的节能效果。在工程实践中取得了良好效果，广泛适用于剧院类及体育场馆等复杂结构的大空间建筑。

3.16 极早期烟雾报警系统施工技术

3.16.1 技术概况

在大会议厅上空、舞台上空、舞台葡萄架内、大堂上空等高大空间内，消防报警系统可采用极早期烟雾报警系统。极早期烟雾报警系统有 4 级报警功能：第 1 级——警觉，第 2 级——行动，第 3 级——火警 1，第 4 级——火警 2，其中火警 1 为有明火产生需要马上处理，火警 2 为火势已经变大或者扩散。报警信号通过控制模块接入建筑内的火灾报警系统。

极早期烟雾报警系统主要是由空气采样管网和报警器及显示控制单元组成，见图 3.16-1，通过分布在防护区采样管网上的采样孔，将空气样品抽吸到报警器内进行分析，并显示出防护区的烟雾含量和报警、故障等状态。

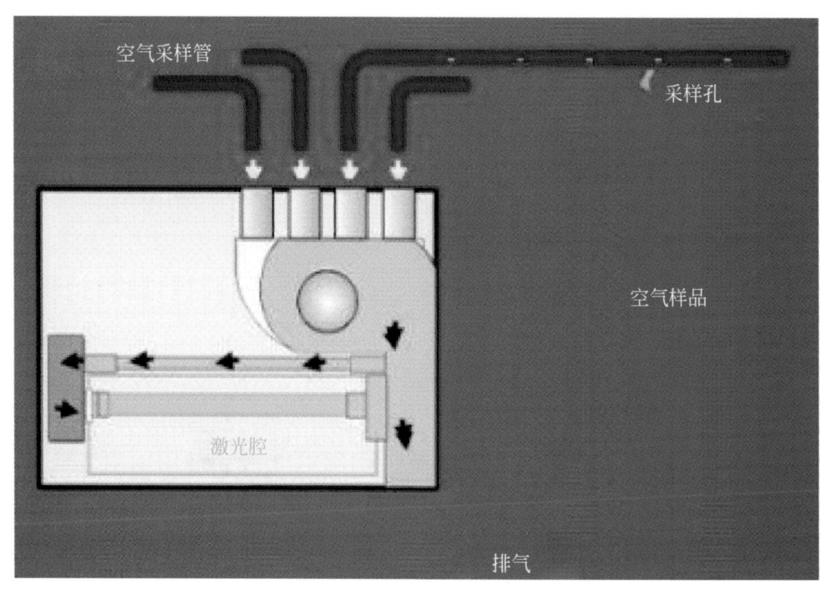

图 3.16-1　极早期烟雾报警系统示意图

3.16.2　技术特点

（1）系统灵敏度高、探测范围宽、抗干扰性强。

（2）具有智能和组网通信功能，既可独立使用，也可配合其他监控系统联合使用。

（3）安装方便、调试便捷、运行稳定、维护成本低。

3.16.3　技术措施

1. 极早期烟雾报警系统施工工艺流程（图 3.16-2）

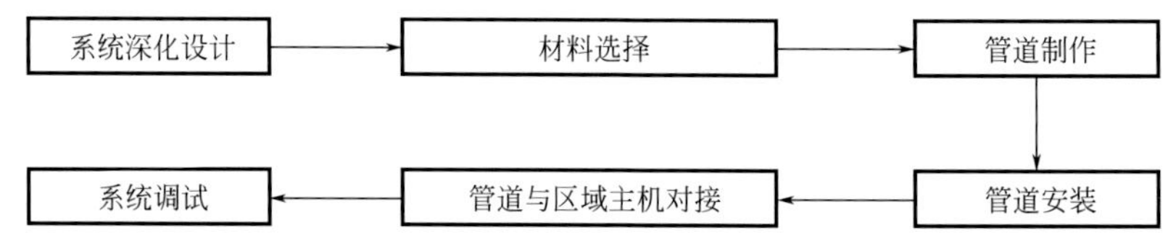

图 3.16-2　极早期烟雾报警系统工艺流程

2. 系统深化设计

根据设计图纸、现场实际以及所选择产品的特性，对现场管路进行深化设计，见图 3.16-3。其具体原则如下：

（1）为确保通过空气采样系统和探测器的气流状况适宜，吸气泵排出气体的气压应与被保护区的气压相等或略低。

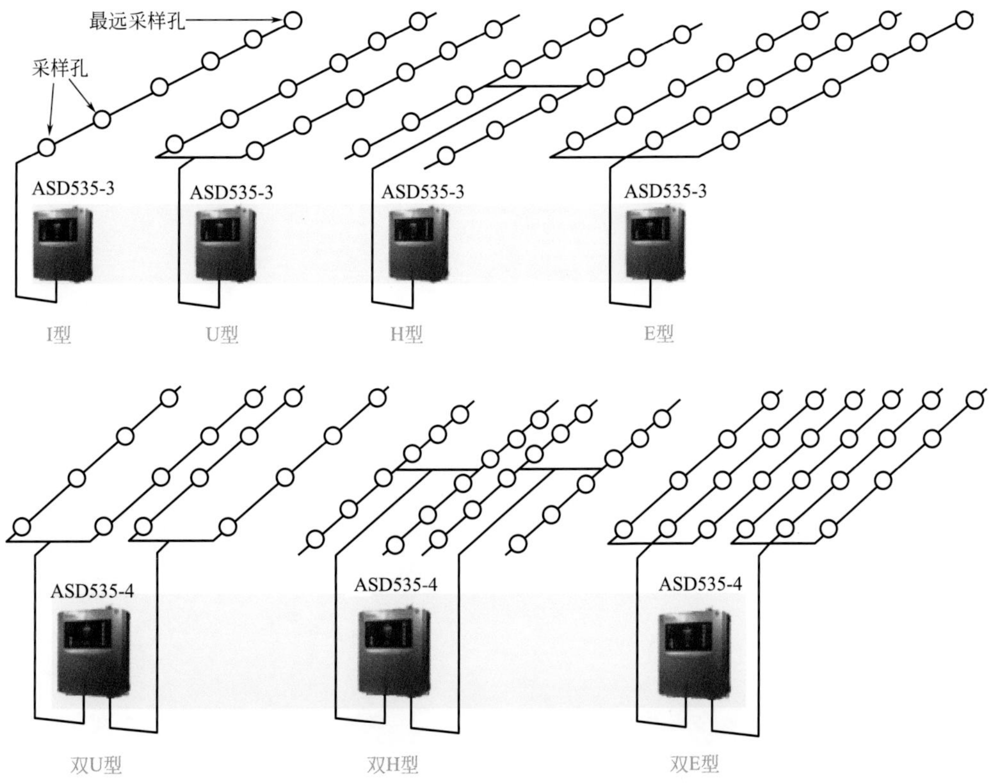

图 3.16-3　采样管形式设计参考图

(2) 每个被保护区内，一个探测器最大监测范围为 $2000m^2$，在高危险区，监测范围会减小，500～$1000m^2$ 为建议最大值。

(3) 接到一个探测器上的每根管的长度不应超过 100m，且接到一个探测器上的管道总长不能超过 200m。

3. 材料选择

(1) 管道选用难燃自熄材料，必须配有国家建材质量检测中心的检测报告，检测报告中注明阻燃指标。

(2) 在有腐蚀性气体及温热交替较大场合宜选用 ABS 管，在普通场所可采用阻燃 PVC 管，管道弯头附件应采用便于空气流通的弧形弯头，减少空气阻力。

4. 管道制作要点

(1) 取样管上取样孔直径为 ϕ2.5～ϕ4.0mm，取样孔间距 1～5m。

(2) 一般将每根取样管分成三段，取样孔依次变大。如单管长 70m，前 20m 取样孔为 ϕ2.5mm，中间 30m 取样孔为 ϕ3.0mm，后 20m 取样孔为 ϕ3.5mm，最末端为 4 个 ϕ4mm 孔，每个取样孔上贴上指示标签。

(3) 对准标签的位置做好开孔工作。

5. 管道安装要点

(1) 清洁管内杂物，从探测器起逐段安装采样管，采样管采用专用粘接胶连接、吊杆固定，吊杆间距不大于 1.5m，避免管路弯曲变形，采样管安装见图 3.16-4。

(2) 为保证气流顺畅，减少气流阻力损失，在改变管道系统方向时采用不小于 2 倍直径的圆弧型弯头，见图 3.16-5。

(3) 在天花板下方取样时，需配接毛细管，毛细管总长小于 0.6m，见图 3.16-6。

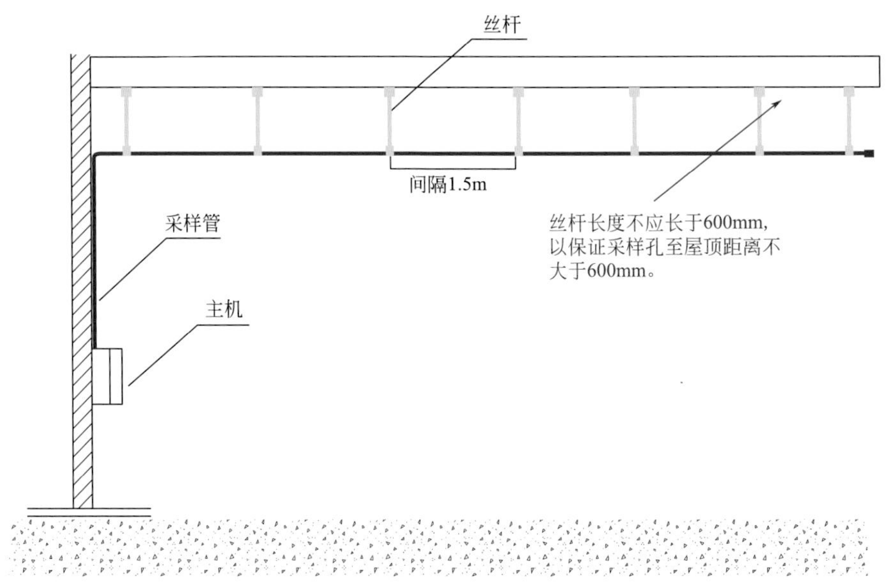

图 3.16-4　采样管安装示意图

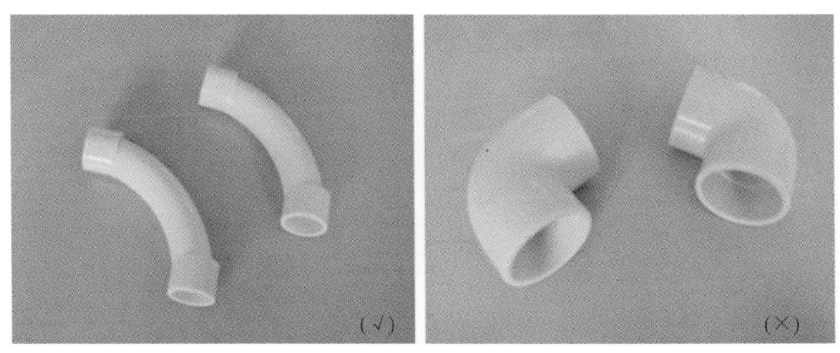

图 3.16-5　采样管弯头选择示意图

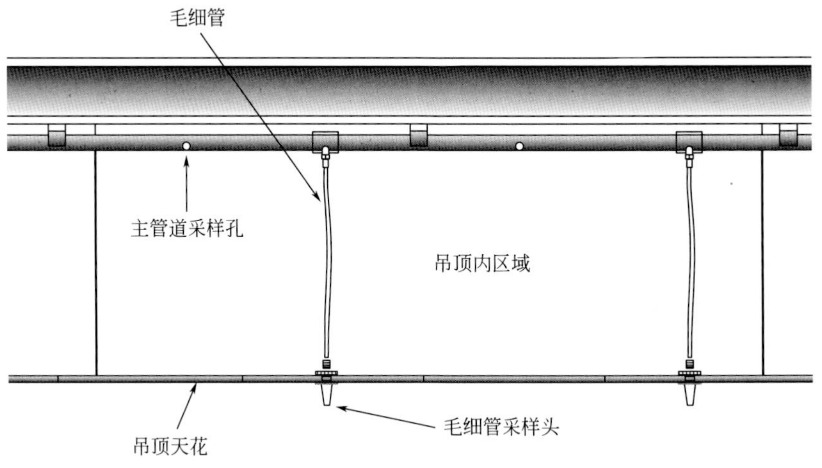

图 3.16-6　采样毛细管安装示意图

6. 管道与区域主机对接

(1) 与区域主机连接时，管路在设备上方 50cm 左右切断管路并固定，切断后的管路末端粘上直接。在粘接直通时应在直通上方内侧擦胶，不得在下方内侧擦胶。

(2) 空气采样探测器通常安装在容易操作的位置，不得阻碍空气采样探测器设备的排气。

（3）固定区域主机时，按测量尺寸把管切好，先将管插进区域主机后再插入直通管中。取样管时同样先将管道往设备内轻按一下使管路从直通中露出后方可取管，这几节 PVC 管和直通及区域主机之间严禁用胶水粘结，以免影响日后维修。

7. 系统调试

区域主机在通电自检完成后，进行放烟实验。

（1）在每一根取样管的末端放烟，区域主机在设计要求动作时间内做出反应，确认管路气流畅通。

（2）在采样管中间释放浓度相对较小的烟雾，区域主机可在 120s 内做出反应。

（3）测试阻燃烟。选用 30W 电烙铁，发热体部分绕上 1.5mm 塑胶电线（非阻燃），用 0～220V 调压器将电压输出调到 0V，电烙铁放置距取样孔 10cm 处，缓慢升压到能闻到糊味及可见少许烟，保持 2～3min，区域主机显示警觉状态；持续加大烟雾，区域主机分别显示行动级、火警 1 级、火警 2 级状态，则系统调试成功。

3.16.4　小结

极早期烟雾报警系统，通过灵活的管网系统主动抽取空气样本，克服了保护区空气流动的影响。使用激光探测烟雾颗粒，具有超高灵敏度，能够探测出火灾发生初期的不可见烟，达到早期预警、报警的效果。同时该系统安装方便、抗干扰性强、设备兼容性强，具有一定的应用和推广价值。

3.17　高大空间可调式灯具支架施工技术

3.17.1　技术概况

高大空间灯具可调式支架施工技术利用 C 型钢、连接件、通丝螺杆等部件设计制作新型灯具支架，通过灯具的连接件进行多维度调节，解决高空灯具易晃动、不稳定的现象，减少高空作业，降低高大空间大型灯具安装难度，保证灯具成排成线、标高一致，提升观感质量。

3.17.2　技术特点

（1）通过建立灯具支架 BIM 模型，模拟现场安装，划分安装网格，绘制灯具支架示意图、灯具安装效果图，达到安装快速、准确。

（2）灯具姿态及空间定位调节简便。通过通丝螺杆上下微调改变灯具高度，通过二维连接件可以左右调整改变灯具水平位置。

（3）灯具整体稳固。单根 C 型钢与 C 型钢连接形成固定支架，吊杆整体高度大于 6m 的采用 *DN*32 钢管，提高灯具安装稳定性。

（4）灯具配线隐形敷设，增加美观度。灯具配线通过 C 型钢（钢管）沿槽内敷设，利于隐蔽和保护。

3.17.3　技术措施

1. 施工工艺流程（图 3.17-1）

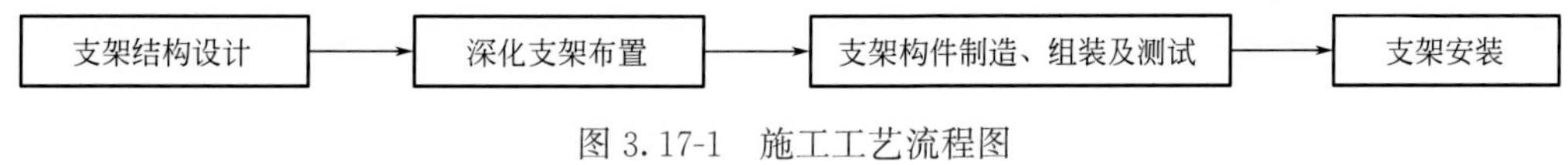

图 3.17-1　施工工艺流程图

2. 支架设计

每套灯具支架在钢结构桁架上只需设置一处固定点，减少了吊点设置和结构转换型材，单根 C 型钢与 C 型钢连接形成固定支架，满足承重受力要求。成品灯具与 C 型钢通过连接件固定，安装方便快捷，为后期灯具的维修、更换提供便利条件。支架组件在地面与灯具预先批量组装，减少了高空作业时间，两级微调灵活方便。灯具支架设计见图 3. 17-2。

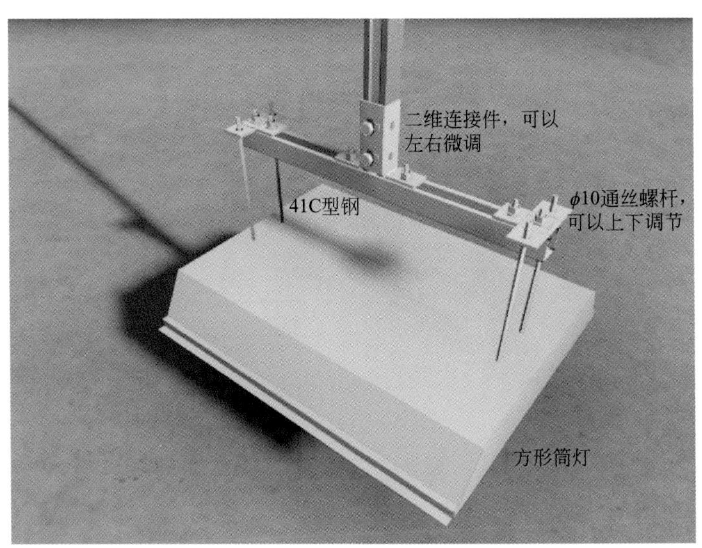

图 3. 17-2　灯具支架示意图

3. 深化支架布置

通过 BIM 建立模型，模拟现场安装，划分安装网格，绘制灯具支架示意图、灯具安装效果图。根据屋面钢结构标高，模拟确定支架立杆长度，使灯具安装在同一标高位置，保证高大空间灯具安装稳定、成排成线及良好的观感效果。灯具支架与抱箍连接见图 3. 17-3。

图 3. 17-3　灯具支架与抱箍连接示意图

4. 支架制作方法

（1）分解设计

1）根据设计及规范的规定，截取施工现场的四根通丝螺杆与灯具顶端连接，两端用垫片加螺母紧固。

2）通丝螺杆上端通过平面连接件与C型钢连接，其中通丝螺杆与平面连接件连接方式为两端垫片加螺母固定，平面连接件与C型钢之间采用两套弹簧螺母、六角螺栓紧固。

3）C型钢中部通过二维连接件另一根C型钢连接，通过弹簧螺母、六角螺栓紧固连接，两根C型钢保持垂直。

4）吊杆上部采用扁钢制作的抱箍与桁架连接，抱箍与C型钢用螺栓连接固定。

（2）测试

灯具的固定及悬吊装置，为检验其牢固程度是否满足设计要求，应做荷载试验，需按大于灯具2倍重量做荷载试验。

（3）标准化制造

可调式固定支架采用标准化制造，由C型钢、连接件、通丝螺杆等部件组成，均为标准构件，可批量生产，现场组装。灯具支架组件见图3.17-4。

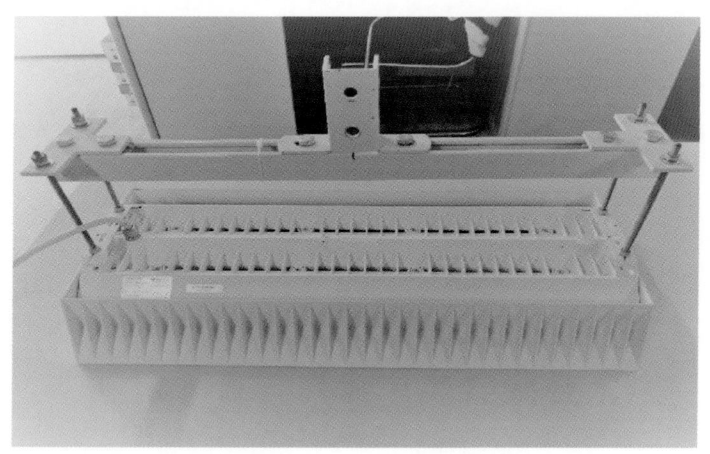

图3.17-4 灯具支架组件图

（4）支架安装

支架安装前利用经纬仪进行测量定位，明确每个支架安装位置，支架地面组装后，采用高空作业车进行安装，通过通丝螺杆上下微调改变高度，通过二维连接件可以左右调整改变水平位置，平面连接件用来适配不同尺寸的灯具。灯具安装完成后，利用经纬仪测量支架的垂直度和水平度，保证在同一平面。现场实际安装整体效果见图3.17-5。

图3.17-5 现场实际安装整体效果图

3.17.4 小结

高大空间可调节式支架完全自主设计，可上下微调改变灯具高度，左右调整改变灯具水平位置，支架整体稳固，设计美观，适用于高大空间灯具安装。本技术对高大空间灯具安装施工做出引导示范，有效提高施工效率，满足设计和验收规范的要求。

3.18 舞台机械施工技术

3.18.1 技术概况

舞台区域主要包括主舞台、左右侧舞台和后舞台等区域。舞台机械由台体、驱动系统、导向系统和控制系统四个部分组成，见图 3.18-1～图 3.18-4。通过舞台一体化机械设备推、拉、升、降、转等运转组合，实现舞台的平移、旋转、升降等综合效果。

图 3.18-1 舞台台体

图 3.18-2 驱动系统

图 3.18-3 导向系统

图 3.18-4 舞台机械控制台

舞台机械由鼓筒转台、主舞台及乐池升降台、演员升降小车、运景升降台、活动台阶等台下设备，对开幕机、单点吊机、台口防火幕机、大幕机、二道幕机、固定柱光架、电动吊杆、灯光吊杆、主舞台单点吊机、侧台装景吊机等台上设备组成。控制系统设备由配电柜、控制柜和控制台组成。

3.18.2 技术特点

(1) 设备系统复杂，功能多，综合立体布局要求紧凑合理。

（2）舞台机械构造复杂、安装精度高，且全部舞台机械安装集中在室内舞台区域进行，施工区域小，高大空间多，施工空间层面多，吊装困难，进货通道受限，施工难度大。

（3）设备安装期间立体交叉施工作业多，与装修、水、通风、电气等专业的密集交叉作业会给工程安全、进度带来许多不利因素，对成品保护要求高。

（4）舞台机械是机电一体化系统，技术协调涉及专业面广，调试难度大。

3.18.3　技术措施

舞台机械施工工艺流程见图3.18-5。

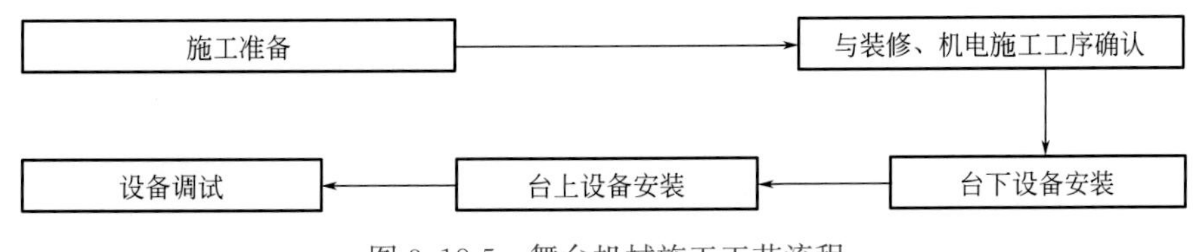

图3.18-5　舞台机械施工工艺流程

1. 舞台机械施工准备工作

1）对舞台机械设备进行三维空间扫描定位。

2）利用BIM模型技术与装修和机电进行多专业设计融合。

3）屋面及室内各层的断水施工完成。

4）舞台上空钢结构和顶面喷涂施工完成。

5）舞台上空钢格栅和马道等金属结构焊接工作完成。

2. 舞台机械和装修、机电的施工工序的确认

1）钢格栅上空各类通风空调和消防主管从导向系统钢梁上方穿越。

2）钢格栅上空各类通风空调和消防支管避开吊挂系统的钢索，在导向系统钢索定位后施工。

3）台下配电管线避开舞台下方轨道，避让困难的地方可在轨道定位后施工。

3. 台下主要设备安装

（1）主舞台及乐池升降台安装

1）根据图纸内容，在乐池基坑地面找出设备中线，做好永久标记。相应的驱动安装位置同样标记。

2）调整导轨段的中心线、水平度和垂直度；合格后用安装螺栓临时固定。

3）驱动装置就位及中心度、水平度和垂直度调整。

4）驱动装置、导轨、钢架连接调整。

① 轨道、驱动装置安装好后，用经纬仪、卷尺、水准仪、钢板尺、框式水平仪等测量工具检查调整轨道、驱动装置、钢架的中心线、垂直度、标高和变形情况。

② 调整合格后将驱动装置与钢架连接起来；驱动装置调整好中心线后用微膨胀混凝土进行基础二次灌浆。

安装完成效果见图3.18-6。

（2）鼓筒转台和台体安装

1）后置埋件精确定位、化学锚栓安装牢固，并做好埋件防腐处理。

2）驱动装置的准确定位、电机和传动系统安装轴度符合要求。

3）回转导轨和底座安装保证同圆度。

4）驱动组件链轮标高一致，与链条相对位置相同。

5）台体安装除保证吊装安全和准确外，对导靴和导轨间隙必须按要求调整到位，

图 3.18-6　乐池升降台

安装完成见图 3.18-7。

图 3.18-7　鼓筒转台

4. 台上主要设备安装

(1) 防火幕安装

防火幕位于观众席和舞台之间，能电动升降和用手动拉环落下。防火幕的两侧设有运行导轨，幕体四周与建筑墙体装有密封装置，以便防火幕处在下降位置时，能有效地隔绝烟和火。防火幕由幕体、导轨、平衡重、驱动装置、卷扬系统、阻尼装置等组成。

1) 测量放线

以设定的永久基点、基线为基准；用经纬仪、水准仪、50m 卷尺、1m 钢尺等测量工具将轨道竖直中心线放设在混凝土墙面或预埋件上；检查各预埋件或预埋螺栓的偏差、垂直度和标高情况，并作记录。

2) 支架、导轨的搬入、安装和调整

用卷扬机将支架、导轨运至安装位置附近；利用台上已安装好的构件作吊装支架、轨道；调整轨道的中心线、垂直度、标高，合格后固定。

3）平衡重安装和调整

用卷扬机将构件运送至安装位置附近；安装临时配重支架；安装平衡重块；调整配重的中心线、垂直度、标高，合格后固定。

4）顶段防火幕钢架组装

搭设组装脚手架；用卷扬机将钢架运至安装位置附近；利用台上已安装好的构件挂卷扬机滑轮组，吊装顶层防火幕，调整其中心线、垂直度和标高，合格后连接固定。

5）顶段防火幕装饰

顶段钢架安装组装完毕后，检查连接节点情况以及连接后的中心线、垂直度、标高，合格后装上装饰板。

6）顶段防火幕提升

通过卷扬机滑轮组提升顶段防火幕，至下一段拼装高度。组装其他各段，每组装好一段提升一段，直至最后。

7）防火幕中心调整

整个防火幕组装完毕后，检查整体中心线、垂直度和标高。检查驱动装置连接情况和滑行轨道情况，用临时控制盘升降防火幕，观测其运行情况，合格后在其运行到最高位置处停止锁紧。

安装完成效果见图 3.18-8。

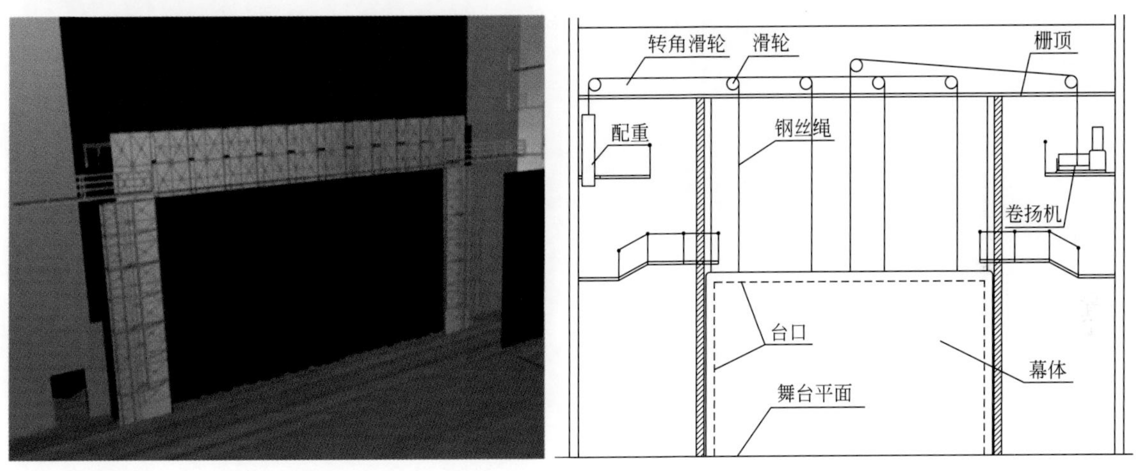

图 3.18-8 防火幕安装

（2）假台口安装

假台口位于舞台台口内侧，由上片和两侧片组成。通过上片和侧片位置的变化，可以调整舞台开口的大小。上片为两层钢制框架，两端设有常闭式防护门，并通过渡桥与两侧马道相连，两侧片为三层钢制框架。上片（含灯桥）为电动提升或下降，侧片为电动，上下设导向装置。假台口安装与防火幕的安装方法基本相同，安装完成见图 3.18-9。

（3）电动吊杆安装

电动吊机位于主舞台上部，可以调速，用于提升布景、各种幕布，也可以吊挂灯具等。

电动吊杆由桁架式吊杆、卷扬系统、控制系统和保护装置等组成。

1）测量放线

利用永久控制点用经纬仪、50m 卷尺、1m 钢尺等测量工具对主舞台电动吊杆进行放线，并作明显标记；检查各预埋件或预埋螺栓的偏差、垂直度和标高情况，并作记录。

2）电动吊杆吊装

用卷扬机将电动吊杆依次吊起，移至待装位置下方主升降台上，再用卷扬机滑轮组将其吊起至安装

图 3.18-9　假台口安装

位置就位，调整固定。

3）电气设备安装

机械设备安装就位后即可进行电气接线，然后进行线路测试，单机试车，安装完成见图 3.18-10。

图 3.18-10　电动吊杆安装

5. 设备调试

舞台机械工程的调试分单体设备调试和设备联合调试两个阶段进行。单体设备调试又分安装过程中的初步调试和全部舞台设备安装完毕后的精确调试。

（1）单项设备初步调试和精确调试

舞台单项设备初步调试和精确调试主要把设备调整到设计要求的位置、精度、速度，消除可能影响设备的不利因素，验证舞台机械和控制系统的运行状况，并根据测试的结果为今后维护、维修提供必要的基本依据。单项设备的初步调试主要进行设备的单机试运转和负荷试验。

（2）舞台机械联合调试

1）主升降台组合

① 各个主升降台单独启动，检查其周边间隙，并做好安全保护措施，包括设备急停措施。

② 以相同速度先后启动相邻两块升降台，检查停留位置的误差、相互之间的间隙。

③ 先后启动相邻两块升降台，在升降过程中触及防剪切开关及各种安装开关，检查触及升降台的停留情况及功能。

④ 以相同速度同时启动或同时制动所有升降台，检查停留位置的误差、相互之间的间隙。

⑤ 以相同速度同时启动或同时制动所有升降台，检查停留位置在事先确定的几个位置。

⑥ 启动电动插销，检查插销插拔情况。

2）侧辅助升降台、补偿台组合

① 各个侧辅助升降台、补偿台单独启动，检查其周边间隙，并做好安全保护措施，包括设备急停措施。

② 以先后启动相邻侧辅助升降台、补偿台升到最高位置或最低位置，检查停留位置的误差、相互之间的间隙。

③ 以先后启动所有侧辅助升降台、补偿台升到最高位置或最低位置，检查停留位置的误差、相互之间的间隙。

3）侧辅助升降台、侧台补偿台、侧车台、主升降台组合

① 清洁侧辅助升降台、侧台补偿台、主升降台上车台用的轨道内的杂物。

② 辅助升降台、侧台补偿台、主升降台升到或降到同一标高，车台以5%的速度运行，来回数次，直到工作正常，然后依次提高至100%速度运行，密切注意车台的运行情况，在运行期间做好安全保护措施，包括设备急停措施。

③ 启动相邻的两块车台，先后运行，检查到达设定点情况。

④ 同时启动相邻的两块车台，时时观察运行中的位移偏差。

⑤ 启动一侧所有的车台，先后运行，检查到达设定点情况。

⑥ 同时启动一侧所有的车台，时时观察运行中的位移偏差。

⑦ 调整好行程开关位置，确定零位开关。

⑧ 以上运行中，检查周边的间隙。

⑨ 车台在主升降台上，启动主升降台做上下运动，按先单块启动，再相邻两块启动，最后同时启动的顺序，分别检查周边间隙、运行情况及车台锁紧情况。

调试完成效果见图 3.18-11。

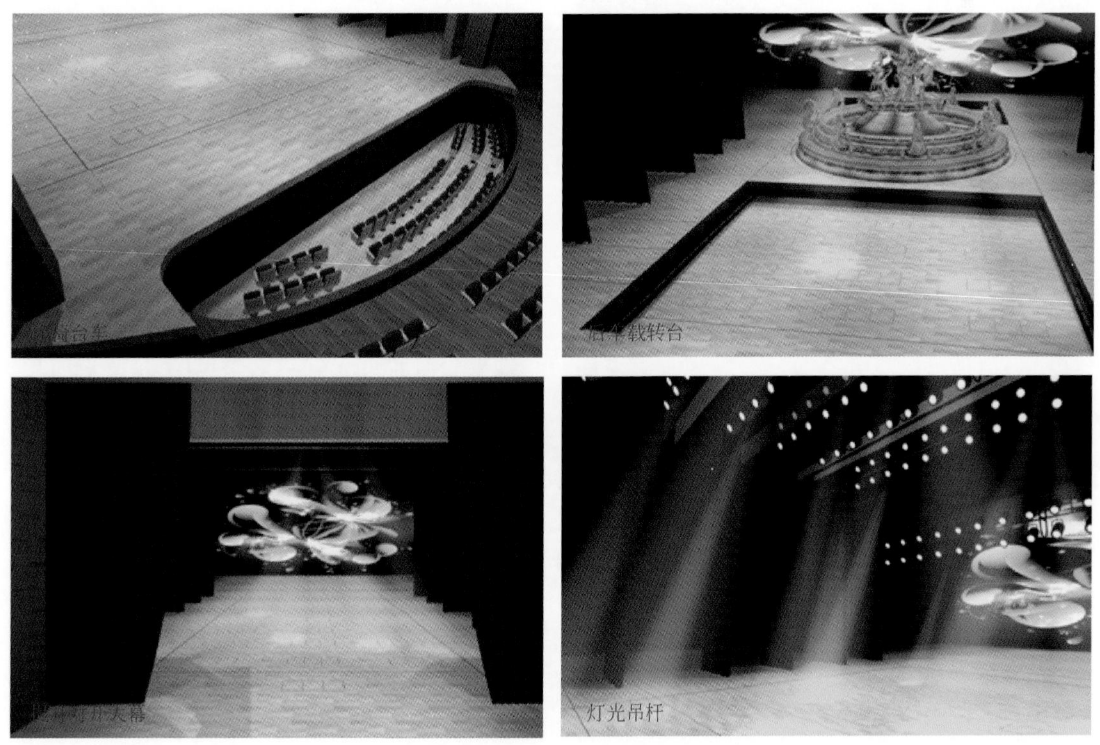

图 3.18-11　舞台调试完成效果图

3.18.4 小结

舞台机械是展现舞台科技效果的关键组成部分之一，是机电一体化的高度结合，具有安装精度高，构造复杂，高大空间多，多专业交叉和成品保护要求高的特点，最终需要和装修、机电、舞台灯光、音响共同创造一个完美舒适的艺术展现殿堂。

3.19 舞台灯光音响施工技术

3.19.1 技术概况

舞台灯光系统包含色调、色彩、色温、亮度、投射范围、调光场景、程序编辑等方面，起到烘托情感和展现舞台视觉，提高舞台表演的效果。舞台灯光系统布置分台内区和台外区，布局合理到位，并能灵活调节，适应演出等功能用途的需要。

舞台音响系统将语言、音乐等声源经过放大及音频处理，把声音输送至听众区。成功的舞台音响系统必须要具有足够响度与足够的还原度，并且能使声音均匀地覆盖听众，而没有出现失真、偏声、混声、啸叫、回响等不良音响效果。

舞台灯光音响系统可以渲染舞台效果、烘托表演氛围、增加舞台活力，给观众带来视觉与听觉相结合的震撼。

3.19.2 技术特点

1. 舞台灯光系统

舞台灯光系统须满足光区控制、光色控制、光量控制这三个方面，三者的有机结合是对演出空间产生具有美学价值的舞台光的前提条件。

（1）光区控制：对演出照明区域的控制，其特点是利用光控制观众注意力，针对性地引导观众观看演出对象，并根据剧情需要创造可变的演出空间。

（2）光色控制：对灯光色彩显示的控制，其特点是根据观众生理、心理特点和对生活的联想，结合剧情、制造色光气氛，使观众获得色彩的视觉感受。

（3）光量控制：对灯光强弱变化的控制，其特点是利用光的强弱变化，调剂光的艺术效果，对改变时空感觉、切割剧情段落等方面，更好地获得空间明暗效果。舞台灯光安装效果见图 3.19-1。

2. 舞台音响系统

（1）建筑声学对音响效果影响较大

舞台音响工程是建筑声学与电声学的有机结合，在建筑声学设计时，必须从装饰装修、语音清晰度等方面进行考究，打造高品质的舞台音响系统。

（2）专业性强

舞台音响系统的使用功能和音响效果涉及正确的电声系统设计和调试、良好的声音传播条件以及正确的现场调音技术三者最佳配合。在选择良好的电声设备和良好的建筑声学条件基础上，经过周密的系统设计、仔细的系统调试，达到自然、舒适的舞台音响效果。舞台音响安装效果见图 3.19-2。

图 3.19-1　舞台灯光安装效果图

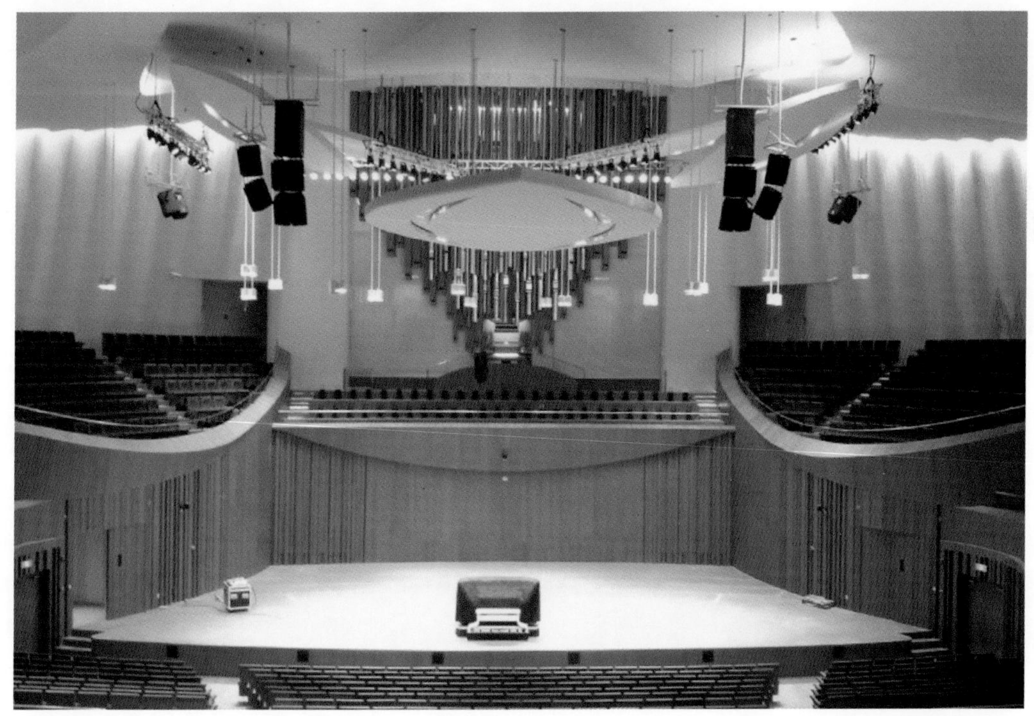

图 3.19-2　舞台音响安装效果图

3.19.3　技术措施

1. 舞台灯光系统

舞台灯光灯位布置为全方位立体分布，包括面光、顶光、逆光、侧光、天排等。舞台各部位均有布光点，并灵活多变地按需组合。安全性方面，结构承载能力满足灯光等设备的承载要求，对于灯光设备安装，必须附加防坠落安全保障措施。

（1）面光设置

面光主要用于照亮舞台前部表演区，对舞台上的表演者起到正面照明的作用，用于人物造型或使舞台上的物体呈现立体效果。从不同角度投射舞台区，保证投射光线、光斑、照度一致。

投射方位及投射方法在舞台正面屋顶处设置面光投光槽，面光轴线与舞台大幕线形成 45°夹角。投射方法包括垂直投射、交叉投射和重点投射，垂直投射使舞台表演区下面获得均匀效果，交叉投射增强舞台中心区域及纵深亮度，重点投射用来加强局部舞台表演区的照明。面光施工效果见图 3.19-3。

图 3.19-3　面光灯施工效果图

（2）顶光设置

顶光位于舞台上方的吊杆上，电源从舞台顶棚下垂，灯具吊挂在吊杆的下边，其作用是对向舞台纵深延展的表演区空间进行必要的照明，灯具也能够根据演出需要配置。顶光设置中通常要考虑到会议的因素，在顶光部位配置相应数量的三基会议冷光源，该光源亮度高、温度低，使其成为会议照明中常用的灯具。由于灯具的数量将增加吊杆的负荷重量，应该考虑吊杆对吊挂灯具的重量和数量的安全性。

灯具的排列及投射方法，第一道顶光与面光相衔接照明主演区，衔接时注意人物的高度。在第一道顶光位置作为定点光并安置特效灯光，选择部分灯加强表演区支点的照明。第二道顶光位置通常处于台口后 2～3m 的檐幕之后，加强舞台后部人物造型及景物空间的照明。前后灯光相衔接，使舞台表演区获得比较均匀的色彩和亮度。顶光灯施工效果见图 3.19-4。

（3）逆光设置

逆光位于舞台中后场上方的吊杆上。电源从舞台顶棚下垂，吊杆中部设有容纳电缆的线筐，灯具吊挂在吊杆的下边，其作用是对向舞台纵深延展的表演区空间进行必要的照明，灯具根据演出需要配置。灯具的数量将增加吊杆的负荷重量，应该考虑吊杆对吊挂灯具的重量和数量的安全性。

逆光与顶光相衔接照明主演区，保证前后场的光照均匀。逆光向舞台前区投射，也可垂直向下投射。逆光位置通常处于舞台后场，有时配置为顶逆相间的形式，与前场顶灯光束相接，使舞台表演区获得比较均匀的色彩和亮度。逆光灯施工效果见图 3.19-5。

图 3.19-4 顶光灯施工效果图

图 3.19-5 逆光灯施工效果图

（4）天排灯设置

天排灯位于舞台后场上方的吊杆上，电源从舞台顶棚下垂，吊杆中部设有容纳电缆的线筐，灯具吊挂在吊杆的下边，其作用是向舞台天幕投射光线。天排灯施工效果见图 3.19-6。

（5）侧光灯设置

侧光的作用是从舞台的侧面造成光源的方向感，作为照射演员面部的辅助照明，加强布景层次，对

图 3.19-6　天排灯施工效果图

人物和舞台空间环境进行造型渲染。不同的投光的角度、方向、距离、灯具种类、功率等会造成不同的侧光效果。

来自单侧或双侧的造型光用于突出侧面人物、景物的轮廓，适合表现浮雕、人像等具有体积感的形象。单侧光表现较强的明暗对比效果，双侧光突出个性化特点，调整正面辅助光与侧光的光比，获得更加完善的造型效果。顶灯侧光加强舞台表演区的侧光效果。侧光灯施工效果见图 3.19-7。

图 3.19-7　侧光灯施工效果图

（6）舞台效果灯设置

为了配合现代舞等节奏感强的节目，体现动感效果，在舞台台面上安装摇头灯，能够满足各种不同表演形式的舞台演出。舞台效果灯施工效果见图 3.19-8。

图 3.19-8　舞台效果灯施工效果图

（7）硅柜安装

硅柜安装符合设计要求，根据电缆地槽和接线盒位置做适当调整。机架的底座与地沟槽钢固定，硅柜竖直安装，垂直偏差不大于 1%。机架并排安装在一起，面板在同一平面上并与基准线平行，前后偏差不得大于 3mm。对于相互有一定间隔而排成一列的设备，其面板前后偏差不得大于 5mm，硅柜内的设备、部件的安装，在硅柜定位完毕并加固后进行，安装在机架内的设备牢固、端正，硅柜上的固定螺钉、垫片和弹簧垫圈均按要求紧固不得遗漏。调光硅柜安装见图 3.19-9。

图 3.19-9　调光硅柜安装

（8）控制台安装

控制台安放竖直、台面水平，附件完整、无损伤，螺钉紧固，台面整洁，接插件和设备接触可靠，安装牢固。控制台安装效果见图 3.19-10。

图 3.19-10 控制台安装效果图

2. 舞台音响系统

（1）装饰装修对音响系统的影响

1）反射板及平面反射的合理使用

在需要使声音向指定地方扩散的部位设置反射板，反射板包括凸面、平面、凹面等三种反射方式，实现控制声音合理反射的方向。反射板通过饰面板或者玻璃、显示屏的方式来实现，使声音向期望的方向反射，尽量控制漫反射的覆盖范围，缩小听声区域。

2）侧墙面的造型设计

当侧墙面反射面比较大的时候，会产生声音较长的延时，这时候将不利于声音的临场感。声音反射示意见图 3.19-11

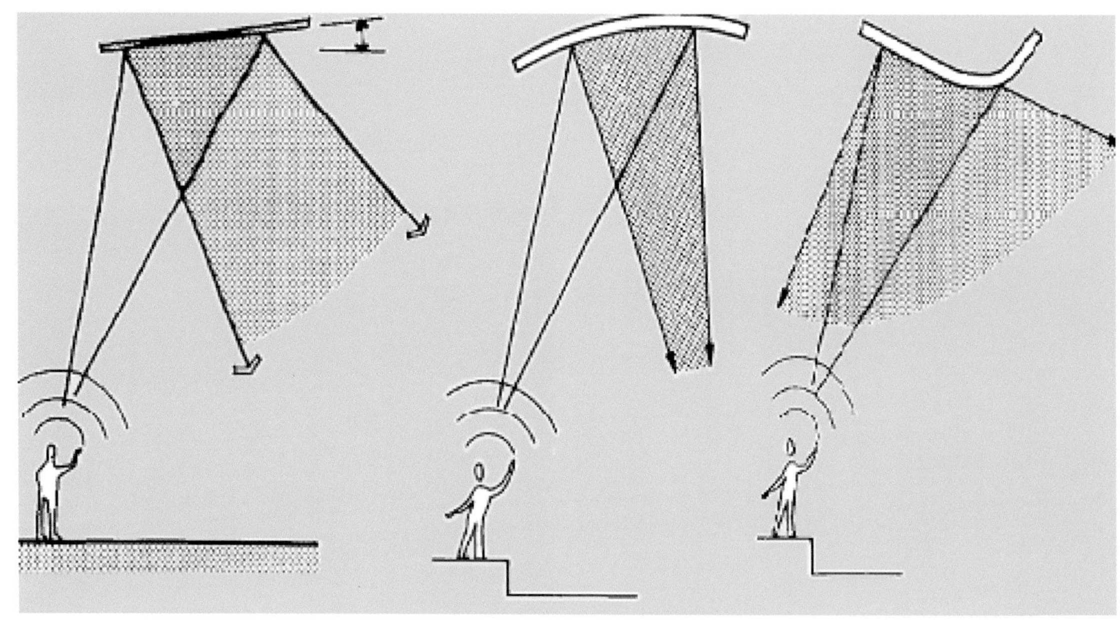

图 3.19-11 声音反射示意图

3）声学软件模拟

在建筑声学设计的过程中采用 EASE 软件，对部分具备条件的重要场所进行了声场模拟，模拟的频率点为 500Hz、1000Hz、2000Hz、4000Hz、6300Hz 五个频点实验，测试模拟的声压级、语言清晰度、声场均匀度能够满足项目的设计目标，达到良好的使用效果。EASE 模型指标见图 3.19-12。

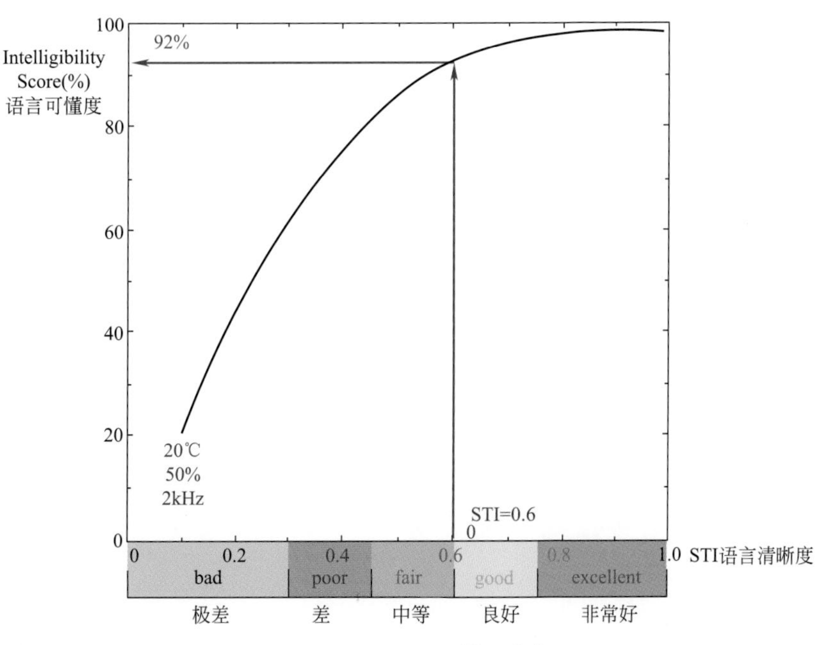

图 3.19-12 EASE 模型指标

(2) 语言清晰度

语言清晰度是人类感知的一种测量，是音响系统中最为重要的特性，已被列入了国际、欧美等地区的法规和标准之中。许多因素都会影响到清晰度，通过计算预测得到语言清晰度指标 STI 的结果，并通过仪器测量场地的语言清晰度。语言清晰度模型见图 3.19-13。

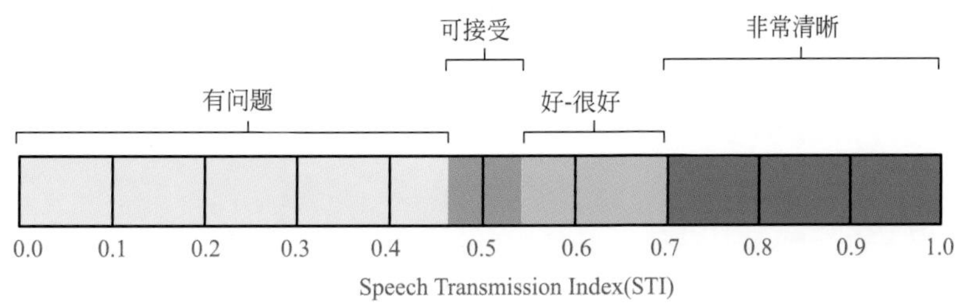

图 3.19-13 语言清晰度模型

影响语言清晰度的要素概括为如下几个方面：

1) 频率响应：声频的频段是 20～20kHz，其中 500～4000Hz 对语言的清晰度影响最明显。

2) 失真：以目前的技术来说，失真主要是由于人为因素和使用劣质器材导致的。

3) 背景噪声：在背景噪声高于 75 dB 的环境下无法得到理想的声音。

4) 混响：混合在一起的反射声就构成了混响，主要受建筑声学环境和吸声材料影响。

5) 回声：回声包括一个和数个可辨认的声音。

6) 人为因素：人为因素包括音响系统的设计、安装以及建筑声学环境设计。

在系统的设计过程中，着重针对上述这六个方面来进行针对性的设计，让系统具备足够宽的频率响应，同时系统频率响应的曲线要平直；系统留有足够的余量避免信号失真；足够大的传声增益以掩盖背景噪声；控制扬声器的投射方向和角度避免混响；通过系统及延时的调整避免回声。主音响施工效果见图 3.19-14。

(3) 音响安装

1) 音响安装前，根据施工图纸对不同型号的音响系统及其相应的安装位置进行核对，按设计规定

图 3.19-14 主音响施工效果图

的位置和安装方式安装音响设备。

2）当涉及承重结构改动或增加荷载时，必须核查有关原始资料，对既有建筑结构的安全和荷载进行核验。

3）音响安装时，必须对安装装置和固定点进行核查。对于主音响，必须附加独立的柔性防坠落安全保障措施。

4）音响安装必须稳固，不应产生机械或振动噪声。

5）音响安装后，水平角、俯角、仰角的调整范围符合设计要求。

6）以建筑装饰物为掩体安装音响，其正面不得直接接触装饰物。

返听音响施工效果见图 3.19-15。

（4）机房设备安装

1）调音台输入通道总数不少于最大使用通道数，输出通道数量不少于扩声通道数量。

2）调音台的安装位置，保证调音员能够面向观察窗。

3）功率放大器的功率满足声场声压级要求，安全可靠。

4）功放设备按系统音响通道类别来配置相应数量。

5）信号处理器设备根据设计要求配置相应类型和数量。

6）机柜内设备安装按照设计要求排列就位。

7）机柜内线缆排布整齐有序，各设备的信号线与电源线分别在机柜内部的两侧排布。

8）按设计要求摆放监听系统设备。

环绕音响效果见图 3.19-16。

3. 舞台灯光音响调试

（1）舞台灯光调试

1）灯具安装完成后，进行通电试验，检查灯具是否正常，通电时间不少于 4h。

图 3.19-15 返听音响施工效果图

图 3.19-16 环绕音响施工效果图

2）通电后，调光柜（箱）有电源指示，不得有短路、过热、断电、闪火光、冒烟、机壳或操作件带电现象。

3）用控制台对每个调光回路进行调光，然后对多路同时调光，均需全亮或关闭，且一致性好，无错路、串扰等现象。

4）从信号源开始逐步检查信号的传输情况，确认信号传输良好，调光硅柜、电脑灯、换色器等设备信号正确稳定。

5）逐一检查设备电平设置、正负极性及畅通情况。

6）系统联调时，检查各设备运行是否协同，有无互相干扰，对音响系统有无干扰等。

（2）舞台音响调试

1）通电前各设备电源开关处于“关闭”状态，各设备功能控制处于初始状态，功率放大器输出控制旋钮在最大衰减的位置。

2）数字处理设备先进行单机加电，按其操作规程完成设置和调整。

3）开始设备的电源开关时，先开始总电源开关，然后按系统信号传输顺序逐一开启各设备电源开关。

4）调试时，对系统各级工作电平进行合理分配。

5）系统调试时，把主观听音检验和客观指标测试结合起来进行，其中主观听声检验时需采用节目源标准样品。

6）依据测量的声学特性指标数据，并结合现场的听声情况对系统各部分的设备参数进行调整，保证同一工作状态下各项声学特性指标同时满足设计要求，且主观音质听感达到最佳状态。

3.19.4 小结

舞台灯光音响系统的优秀与否，直接影响观众的观感、听感、体验等效果，在系统的实现过程中，严格按照设计要求、施工相关规范，最终实现各种演出的舞台灯光效果，以及高清晰度、高质量的声音重放和还原。

3.20 智能化会议系统应用技术

3.20.1 技术概况

智能化会议系统主要包括以下几个子系统：扩声子系统、显示子系统、发言子系统、同声传译子系统、录播子系统、沉浸式视频会议子系统、会议投票/表决子系统、无纸化办公子系统、舞台灯光子系统、信号管理子系统、中央控制子系统等。同时为其他功能的扩充和升级提供标准化接口，使智能化会议子系统具有较好的先进性和兼容性。

智能化会议系统程序简单、功能多样，通过中央控制子系统实现会场内设备一键控制，呈现一流的智能化体验。系统能够从简洁流畅的会议过程、逼真的听觉效果、清晰舒适的视频显示、高效的会议形式等多个方面，体现智能化会议室的多媒体功能。智能化会议系统架构见图 3.20-1。

3.20.2 技术特点

（1）集成化：会议室中所有子系统设备有机的统一集成在一起，方便对各设备控制操作，从而增加了对整个会议的控制度；同时预留标准控制接口，便于系统的扩展和升级。

（2）可视化：操作界面直观化、可视化，按用户要求编写文字或图标，使会议系统控制变得简单易行，在液晶触摸屏上实现完整操作。

（3）互动化：将两个或两个以上不同地方的个人或群体，通过传输线路及多媒体设备，将声音、影像及文件资料互相传送，达到即时、互动的沟通且提高办公效率。

（4）自动化：各子系统设备之间自动联动，会议数据自动统计与分析，提高会议组织效率。

（5）无纸化：实现多个会议提案共享，并完成预览、审阅、批注等操作，简化办事步骤、加快会议议程速度、降低办公成本。

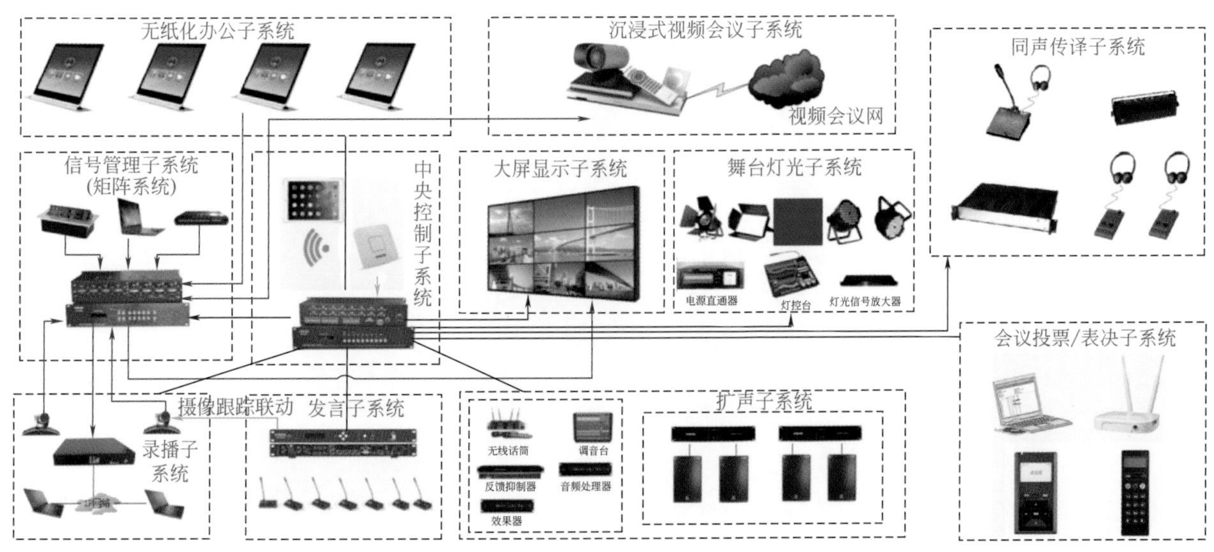

图 3.20-1 智能化会议系统架构图

3.20.3 技术措施

1. 子系统设备安装

（1）扩声子系统

扩声子系统主要由音箱、功率放大器、音频处理设备、调音台、话筒、音源等设备组成。具体技术措施如下：

1）音箱的安装符合下列规定

① 音箱的安装牢固可靠，水平角、俯仰角在设计要求的范围内灵活调整。

② 音箱在建筑结构上的固定安装必须检查建筑结构的承重能力，并征得建筑结构设计单位的同意后方可施工。

③ 安装音箱正面透声结构符合设计要求，同时与相关专业施工单位进行工序交接和接口关系核实与确认。

④ 以建筑装饰为掩体安装的音箱，其正面不得直接接触装饰物。

⑤ 音箱采用支架或吊杆明装牢固可靠，音频指向和覆盖范围符合设计要求。

⑥ 小型壁挂式音箱采用热镀锌膨胀螺栓固定。

⑦ 吸顶式音箱安装在石膏板或矿棉板等轻质板材上时，在背面加衬厚度 3～5mm 的硬质板材，并采用固定吊点吊牢。

⑧ 安装在组合架上的音箱，固定牢固可靠，螺栓、螺母不得有松动现象。

2）功放设备安装在控制台的操作人员能直接监视的部位，其中音源设备、音频处理设备、调音台、周边设备、功率放大器等宜放在同一个房间内。

音箱设备安装效果见图 3.20-2。

（2）显示子系统

智能会议系统内显示子系统的设备主要有投影仪、LED 屏、电视墙等。具体安装技术措施如下：

1）会议显示设备安装前，现场的温度、湿度和洁净度符合设计要求；按显示设备的承重要求对底座和支架进行承重测试。

2）会议显示设备安装时，安装人员使用专用工具和佩戴专用手套，安装过程中不得污染、摩擦、撞击显示屏幕。

图 3.20-2　音箱设备安装效果图

3）会议显示设备和显示屏幕的安装符合要求，并根据现场座椅实际摆放位置进行调整。

4）投影幕安装符合下列规定：

① 投影软幕宜安装在暗盒内，暗盒的尺寸比投影幕尺寸略大。

② 室内投影幕宜在限定空间居中安装。

③ 投影硬幕在屏框上固定牢固，为变形和热胀冷缩留出余量。

④ 投影幕前 1.5m 范围内灯光回路独立可控，灯光不宜直接照射在投影幕上。

5）投影机安装符合下列规定：

① 根据镜头焦距、屏幕尺寸和反射次数计算出安装位置。

② 投影机距投影幕的距离取安装距离范围的中值，遇障碍物可适当调整。

③ 投影机水平方向安装位置与投影幕水平方向居中对称。

④ 投影机吊装时避开灯具和消防喷淋设施。

6）LED 视频显示设备安装符合下列规定：

① LED 模组之间的拼缝符合设计要求。

② LED 显示屏表面平整度符合现行国家规范《视频显示系统工程技术规范》GB 50464 的有关规定。

③ LED 显示屏屏体安装在牢固的底座或墙面支架上；底座固定在水平的地面或其他牢固的基座上，墙面支架安装在建筑或墙面的承重结构上，且底座和墙面支架的承重符合设计要求。

7）电视显示设备安装时符合下列要求：

① 电视显示设备进行移动安装时，移动支架的配重均衡，移动过程中不应倾覆。

② 电视显示设备进行墙面安装时，与墙面之间留有维护和散热间距。

8）会议显示设备安装完成后对显示平面和玻璃期间采取必要的保护和防尘措施。

LED 显示屏安装效果见图 3.20-3。

（3）发言子系统

发言子系统由各类型话筒以及会议主机组成，是会议系统重要的组成部分。具体措施如下：

1）有线发言子系统设备安装包括有线会议单元、控制主机和系统管理软件的安装。

2）无线发言子系统设备包括无线会议单元、控制主机、信号收发器和系统管理软件的安装。

3）有线会议单元安装符合下列规定：

① 嵌入式会议单元安装符合下列规定：

图 3.20-3　LED 显示屏安装效果图

a. 向家具厂家提供产品说明、安装手册及具体开孔位置、尺寸、深度和走线方式。

b. 提供桌面、座椅后背或扶手内的具体安装要求。

② 移动式安装的有线会议单元之间连接线缆长度留有一定余量，并做好线缆的固定。

③ 菊花链式会议系统中，会议单元的安装符合下列规定：

a. 会议单元之间线缆的牢固可靠。

b. 每路线缆连接的会议单元总功耗及延长线功率损耗之和符合设计要求。

c. 单条延长线缆长度小于设备的规定长度。超过规定长度，在规定长度以内设置中继器。

④ 星型式会议讨论系统中，采用屏蔽线缆连接传声器和控制处理装置。

4）无线会议单元、信号收发器的安装符合下列规定：

① 信号收发器的供电电压稳定。

② 信号收发器安装的高度和方向符合设计要求，不应有接收盲区。

③ 红外线会议讨论系统中，红外信号收发器的安装符合下列规定：

a. 红外线信号收发器置的安装避免墙壁、柱子及其他障碍物对信号时发射和接收形成遮挡。

b. 同一会场内的各个红外线信号收发器到会议主机之间的线缆长度等长。

c. 各红外线信号收发器到会议控制主机之间的线缆长度不应超过设备的规定长度。

5）射频会议讨论系统的设备安装符合下列规定：

① 确保会场附近没有与本系统相同或相近、段的射频设备工作。

② 射频会议单元和射频信号收发器的安装位置周围避免有大面积金属物品和电器设备的干扰。

6）信号收发器进行初步安装后，通电检测各项功能，音频接收质量符合设计要求，固定牢固可靠。发言设备安装效果见图 2.20-4。

（4）同声传译子系统

同声传译子系统主要由翻译单元、语言分配单元系统、耳机以及同声传译室等组成。具体措施如下：

1）有线会议同声传译系统设备的安装包括翻译单元、会议系统主机、通道选择器和耳机的安装。

2）红外线同声传译系统设备的安装包括翻译单元、红外发射主机、红外辐射单元、红外接收单元和耳机的安装。

3）有线会议同声传译系统设备的安装符合下列规定：

图 3.20-4　发言设备安装效果图

① 翻译单元的安装符合下列要求：

a.翻译单元的安装符合设计要求。

b.翻译单元置放于同声传译室内操作台面上，其安装稳定可靠，并易于翻译员现场操作。

② 耳机的连接符合现行国家标准《红外线同声传译系统工程技术规范》GB 50524 的有关规定。

4）同声传译室的设备安装除按现行国家标准《红外线同声传译系统工程技术规范》GB 50524 的有关规定执行外，符合下列规定：

① 翻译员清楚地看到主席台和观众席的主要部分，并宜看清发言人的口型和节奏变化以及发言者使用会议显示设备显示的内容。固定式同声传译室的观察窗宜采用双层中空玻璃隔声窗。

② 同声传译室与机房间设有联络信号，同声传译室室外设置译音工作指示信号。

同声传译设备安装效果见图 3.20-5。

图 3.20-5　同声传译设备安装效果图

（5）会议录播子系统

会议录播子系统主要由信号采集设备和信号处理设备组成。具体技术措施如下：

1）录播信号采集设备的安装靠近信号输出设备。

2）各种信号设备接口之间的连接使用专用线缆。

3）录播信号出路设备的网络布线符合设计要求。

4）录播信号处理设备 IP 地址的设置，与会议室办公网络的 IP 地址之间能实现互访。

5）录播信号处理设备的设置满足远端工作站控制管理和本地控制管理的要求。

6）摄像机安装牢固，运转灵活。

7）在强电磁干扰环境下，摄像机安装与地绝缘隔离。

8）摄像机吊顶安装时，预留检修孔。

9）摄像机连接线缆外露部分采用软管保护。

10）编码器宜安装在摄像机附近或吊顶内。

录播摄像机安装效果见图 3.20-6。

图 3.20-6 录播摄像机安装效果图

（6）沉浸式视频会议子系统

沉浸式视频会议子系统主要由摄像机、视频会议终端、多点控制单元设备（Multi Control Unit，简称 MCU）、系统软件等组成。具体措施如下：

1）视频终端摄像机安装前检查摄像机的成像方向。

2）同一会场的视频终端摄像机供电电源由同一组相位电源提供，安装前检查摄像机的工作电压和工作电流。

3）视频终端摄像机安装过程中注意镜头防护。

4）视频终端安装于会议室机柜内，其安装牢固可靠，周围留有足够散热空间。

5）视频会议 MCU 安装于机房机柜内，上架后设备与机柜之间用螺钉固定。

6）通电前检查电源线，确保电源与 MCU 要求一致。

沉浸式会议设备安装效果见图 3.20-7。

图 3.20-7　沉浸式会议设备安装效果图

(7) 会议投票/表决子系统

会议投票/表决子系统主要由投票表决器、数据收发基站、系统软件等设备组成。具体措施如下：

1) 表决系统设备的安装包括表决器、表决主机和系统管理软件的安装。

2) 表决器的安装符合下列规定：

① 表决器的安装符合设计要求。

② 有线表决器单条延长线缆长度小于设备的规定长度。

③ 无线表决系统的信号收发器安装高度和方向符合设计要求，不应有盲区。信号收发器的供电电压稳定。

3) 表决主机的安装符合下列规定：

① 表决主机的安装符合设计要求。

② 表决主机的安装与控制室的标准机柜或置放于操作台面上，其安装牢固可靠。

③ 机柜或操作台内线缆绑扎成束。

4) 系统管理软件的安装按设计要求安装于计算机内，且正常可靠接地。

5) 信号源到信号管理设备之间的连接尽量直接，减少中间设备和接插件对信号效果的影响。

会议投票/表决设备安装效果见图 3.20-8。

(8) 无纸化办公子系统

无纸化办公子系统主要由桌面升降屏、终端电脑、中央服务器等设备组成。具体措施如下：

1) 按设计要求对会议桌面进行开孔作业。

2) 桌面升降器和显示设备的安装均牢固。

3) 向家具厂家提供产品说明、安装手册及具体开孔尺寸、深度。

4) 显示屏幕收合后，桌面升降系统与桌面平齐，不得有凹陷或凸起现象。

5) 显示设备安装完毕后，有调整角度的余地。

6) 桌面升降系统内部的线缆应梳理整齐并预留升降缓冲带。

桌面升降屏安装效果见图 3.20-9。

(9) 舞台灯光子系统

舞台灯光子系统主要由灯光控制台、调光硅柜、灯具等设备组成。具体措施如下：

图 3.20-8　会议投票/表决设备安装效果图

图 3.20-9　桌面升降屏安装效果图

1）灯具通过灯钩、灯具滑车悬挂在灯光悬吊装置上。

2）灯具吊挂牢固，连接销或螺栓的直径不应小于 6mm。每个灯有保险链。

3）固定在移动的悬吊装置下的灯具，其灯具不应与电缆外皮相碰。

4）灯具上的插座，面对插座，上孔与相线相接，下孔与零线相接，中间接灯具外壳。

5）杆灯控吊挂后，用控制杆控制仰俯、水平回转和调焦，控制灵活，无卡阻现场。

舞台灯光设备安装效果见图 3.20-10。

（10）信号管理子系统

信号管理子系统主要由信号处理设备、系统管理软件等设备组成。具体措施如下：

1）信号处理设备在机柜内或控制台内安装牢固可靠，设备之间留有合理间隙，并按要求接地。

2）各信号源线缆与信号管理设备之间连接牢固。

3）复查各信号线缆的标识是否清晰、完整、准确、耐久。

图 3.20-10　舞台灯光设备安装效果图

信号管理设备安装效果见图 3.20-11。

图 3.20-11　信号管理设备安装效果图

（11）集中控制子系统

集中控制子系统主要由中央控制主机、触摸屏、电源控制器等设备组成。具体措施如下：

1）集中控制系统的控制器在进行墙面安装时，确保牢靠稳固。

2）集中控制设备的电源按设计要求，采用单回路单独供电。

3）有线控制器宜安装在桌面上或墙面上，无线控制系统的收发器安装在会场内无线信号覆盖区域最大的位置。

4）集中控制设备在机柜的上部安装牢固，设备之间留有合理间隙，并按要求接地。

集中控制设备安装效果见图 3.20-12。

2. 控制室设备安装

（1）控制台、机柜的安装位置符合设计要求，安装平稳牢固，并便于操作与维护。

（2）控制台与墙面、显示屏或其他设备的净距离符合设计要求。控制台操作面、机柜正面与墙或显示屏的净距离不应小于 1.2m，侧面与墙或与其他设备的净距离，在主要走道不应小于 1.5m，在次要走道不小于 0.8m，背面与墙面或其他设备的净距离不小于 0.8m。

图 3.20-12 集中控制设备安装效果图

(3) 控制台、机柜的散热符合设计要求。

(4) 控制台内部有管线敷设空间及槽道，槽道有检修空间。

(5) 控制台、机柜和内部设备做到可靠接地。

(6) 固定式设备机柜采用金属底座，金属底座固定在结构地面上，活动式设备机柜就位后锁住脚轮，并使用固定脚支腿支撑机柜。

(7) 控制台及机柜的安装避开风口、管道等。

(8) 并列安装的机柜、机架排列整齐，机柜、机架之间采用螺栓紧固连接。机架底座与地面之间的间隙，采用金属垫块垫实，垫块进行防腐处理，机架底座与地面悬空部位加装饰面。

(9) 机柜、机架单个独立安装或多个并列安装达到横平竖直，其垂直误差不大于 3mm，底座水平误差每米不大于 2mm。

(10) 控制室内的电源线、信号线和通信线分别敷设，排列整齐，捆扎固定。

(11) 机柜和操作台内线缆按类别分别绑扎，电源线和信号线绑扎时有一定的间距；线缆绑扎不遮挡线缆标记，绑扎后应做标记。

控制室设备安装效果见图 3.20-13。

3. 管线敷设

(1) 室内线缆采用低烟、无毒、阻燃线缆。

(2) 会议系统控制主机至会议单元之间信号电缆采用金属管/槽敷设。

(3) 信号电缆与电力线平行时，其间距不应小于 0.3m；信号电缆与电力线交叉敷设时，宜相互垂直。

(4) 信号线与具有强磁场、强电场的电气设备之间的净距离大于 1.5m，采用屏蔽线缆或穿金属保护管成在金属封闭线槽内敷设时，宜大于 0.8m。

(5) 传声器到调音台或前置放大器的连接采用双芯屏蔽线缆平衡连接。

(6) 音视频传输线缆距离超过选用端口支持的标准长度时，使用信号放大设备、线路补偿设备，或选用光缆传输。

图 3.20-13　控制室设备安装效果图

（7）模拟音频信号传输宜采用物理发泡立体音频屏蔽电缆。

（8）模拟系统传声器选用屏蔽传输线缆。

（9）数字音频、IP 网络视频传输采用超 5 类以上 4 对对绞电缆，链路传输距离不超过 90m。

（10）高清多媒体信号采用满足 HDMI 1.3 制式及以上版本传输要求的屏蔽电缆。

4. 智能会议系统调试

（1）调试至每个会议话筒单元工作时确保状态正常，开关指示正确，能够清晰地发言。

（2）按照同声传译系统设计的最大容量，对所有翻译单元同时进行调试，确保每一翻译单元的声音被切换到相应通道，任意一个通道选择器或接收单元清晰地听到每一个通道的声音，并且没有串声。

（3）逐一按下表决键，查看表决键上的指示灯是否点亮，屏幕上是否正确显示表决提示。

（4）将音频测试信号或节目源信号输入系统，按各通路分别检查相应音箱扩声是否正常，是否有机械振动声音。中断输入源信号后，音箱无明显噪声和交流声。

（5）使用信号发生器或设备自带的测试卡对显示设备的色彩、亮度、对比度、色温、相位、垂直位移、水平位移和梯形特性进行调试，并对信号处理设备的增益、电平等参数进行调试。

（6）调试人员对接入会议录播系统的每一个信号接口进行测试。根据网络状况、存储空间等运行环境因素，将录播系统的功能参数调整至最佳状态。

（7）调试人员按照要求，设置相应的场景应用模式，并调试各种场景模式下的控制功能。控制界面的字形、术语、图标易于辨认和理解，字体大小便于观看。

3.20.4　小结

现代化会议包含众多子系统，是一个集音频技术、视频技术、网络技术、集中控制等于一体的智能化会议系统。各子系统之间互有衔接，且设备安装复杂，对施工技术要求较高。合理的规划好各子系统，实施过程中遵循“先进技术、简单管理、复杂应用、可靠稳定、弹性扩展”原则，并且满足会议室不同场景的使用需求，最终呈现会议系统的智能化效果。

3.21　重要会议场馆环境控制及空气净化施工技术

3.21.1　技术概况

重要会议场馆等项目，具有空间高大、人员密集、舒适度要求高等特点。空气质量及人体舒适度是衡量重要会议场馆环境控制的两项重要指标。为了保障全周期的环境控制及空气净化，项目应加强建筑、机电、装饰材料的环保性能检测和施工过程中的环境控制，优化系统运行期间的环境指标，把握室内空调通风系统的高效和舒适两个环境控制的关键点。本技术从重要会议场馆项目的环境控制及空气净化等方面进行阐述。

3.21.2　技术特点

1. 建筑材料环保性能保障

建筑材料的有害物挥发是一个长期的过程，进场材料的检测数据如甲醛释放量、挥发性有机化合物（Volatile Organic Compounds，简称 VOC）、苯、游离甲醛、单质硫等参数需满足专业环境监测指标，必须严把进场材料检测关。

2. 施工阶段粉尘颗粒物的控制

项目施工阶段，多道工序产生的大量粉尘颗粒物（如焊接、室外工程施工、石材铺贴等），依靠自然通风无法完全净化，通过在机组内增设过滤段及光氢离子净化装置等措施，可有效净化粉尘。

3. 运行阶段空调系统净化

项目运行阶段，通过在空调系统回风段增设光氢离子净化装置和空气净化除味装置，对空调系统进行杀菌除尘，去除各种异味，分解有害化学物质，达到净化室内空气的效果。

4. 室内温湿度的精准控制

重要会议场所温湿度控制精度要求高，采用低温送风与动态平衡等技术相结合，实现室内温度、湿度精准控制。

3.21.3　技术措施

1. 材料环保控制

严格控制施工材料的环保性能指标，从根源上减少有害物质的挥发，降低空气质量控制的难度，有效保障材料的环保性能。具有较高环境影响因素的材料在进场前，除常规检测项目外，还需对环保指标如甲醛释放量、VOC、苯、游离甲醛、单质硫等进行第三方专项检测，合格后方可进场；材料进场后，对材料的验收、保管、分发、使用和回收等进行全过程追溯管理。

部分材料有害物质限量指标见表 3.21-1。

2. 施工过程环境控制

（1）全过程通风

进场材料在整个施工周期内保持全过程通风。前期仓库和现场增设临时强制通风、除湿等措施，最大程度保证室内空气的流通。

会议中心项目有害物质限量指标表 **表 3.21-1**

序号	材料类别	产品名称	检测项目	检验依据	所需送检样品量	限量指标	
						国家标准指标	会议中心项目材料选取标准
1	涂料	水性防腐涂料	VOC	HJ 2537	≥200mL	≤80g/L	≤50g/L
			游离甲醛			≤100mg/kg	≤30mg/kg
		水性膨胀型防火涂料	游离甲醛	JGJ 415	≥200mL	≤100mg/kg	≤30mg/kg
			可释放氨			≤0.5%	≤0.1%
			VOC			≤80g/L	≤50g/L
		非膨胀型防火涂料	游离甲醛	JGJ 415	≥200mL	≤100mg/kg	≤30mg/kg
			可释放氨			≤0.1%	≤0.1%
			VOC			≤80g/L	≤50g/L
2	胶粘剂	水基型胶粘剂	VOC	GB 18583	≥200mL	缩甲醛类≤350g/L 聚乙酸乙烯酯类≤110g/L 橡胶类≤250g/L 聚氨酯类≤100g/L 其他≤350g/L	≤30g/L
			游离甲醛			缩甲醛类≤1.0g/kg 聚乙酸乙烯酯类≤1.0g/kg 橡胶类≤1.0g/kg 其他≤1.0g/kg	≤0.05g/kg
		溶剂型胶粘剂	游离甲醛	GB 18583	≥200mL	氯丁橡胶、SBS≤0.5g/kg	≤0.5g/kg
			苯			≤5g/kg	不得检出
			甲苯二甲苯			氯丁橡胶≤200g/kg SBS≤150g/kg 聚氨酯类≤150g/kg 其他≤150g/kg	≤100g/kg
			卤代烃			氯丁橡胶≤5.0g/kg SBS(二氯甲烷≤50g/kg, 其他卤代烃≤5.0g/kg) 其他≤50g/kg	氯丁橡胶≤1.0g/kg SBS(二氯甲烷≤10g/kg, 其他卤代烃≤1.0g/kg) 其他≤10g/kg
			VOC			氯丁橡胶≤700g/L SBS≤650g/L 聚氨酯类≤700g/L 其他≤700g/L	≤500g/L
3	橡塑保温板	橡塑保温板	单质硫	ASTM C471M-13	总面积≥500mm×500mm 1块	—	≤10mg/kg
4	绝热材料	绝热材料	甲醛	GB 18580 干燥器法	总面积≥500mm×500mm 1块	≤1.5mg/L	≤0.2mg/L

（2）配备吸附措施

配备活性炭包、移动式空气净化器等措施，定期更换炭包、滤芯等附件，增加吸附效果。

（3）空气置换

系统投用前，加大排风量及换气次数，进一步清洁管路系统，清理滤网，保证室内空气质量。

（4）环境监测

投用前邀请环境监测专业机构对场馆内各种有害物质的含量、排放量进行检测，监测环境指标的变化，准确、及时、全面地反映环境质量现状及发展趋势，针对性地采取专项措施，确保各项指标达到相关标准要求。

3. 系统运行环境控制

光氢离子净化装置可以使空气中催化出大量的氧化物质，快速、高效地杀灭空气中的细菌、病毒，分解有害有毒物质和各种异味，最终还原成水和二氧化碳，达到空气清新和洁净。

在风机盘管回风段增设风管插入式光氢离子空气净化除味装置，改善建筑室内空气质量。净化后，VOC、微生物、禽流感病毒等杀灭率＞99%，室内装修异味去除率＞99%。其安装方式见图3.21-1、图3.21-2。

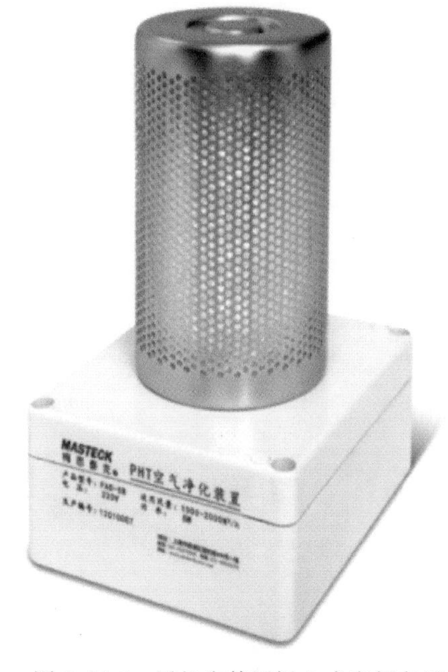

图3.21-1　风机盘管用插入式光氢离子空气净化装置样式图

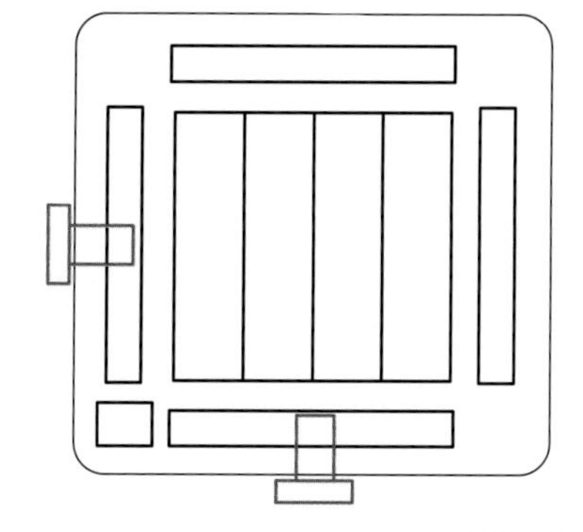

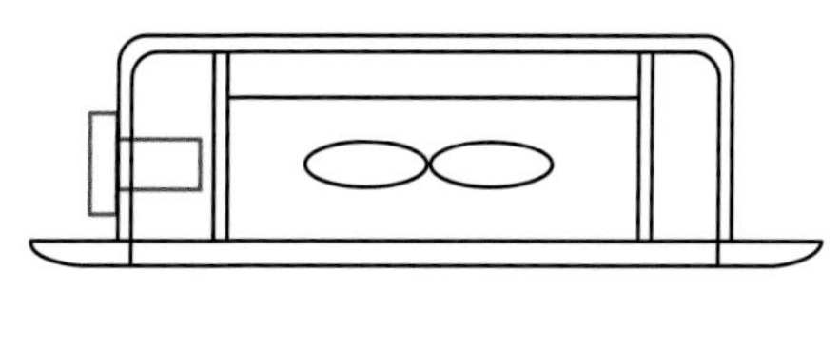

(a) PHT光氢离子VRV嵌入式内机安装示意图

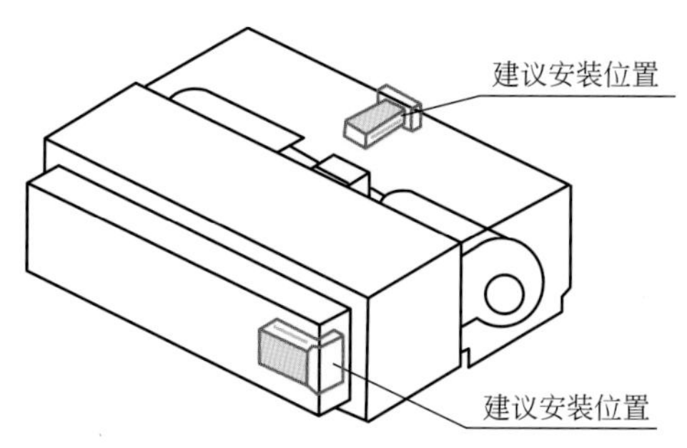

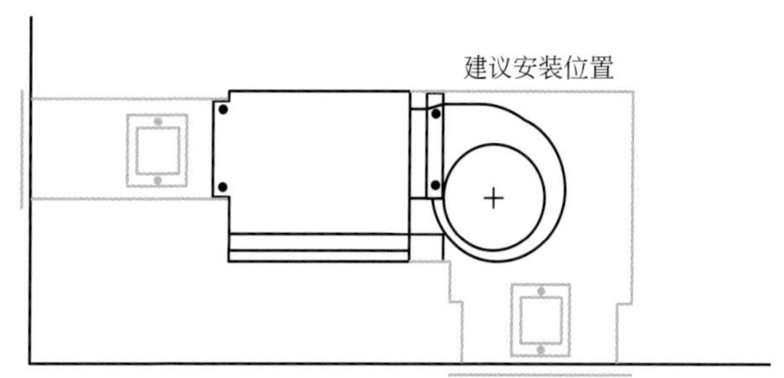

(b) PHT光氢离子风机盘管和VRV风管机安装示意图

图3.21-2　风机盘管用插入式光氢离子空气净化装置安装示意图

空调机组回风段内增设风管插入式光氢离子空气净化除味装置，可有效杀菌除尘，杀菌效率为90%，甲醛去除率为95%，苯去除率为75%，总挥发性有机化合物去除率为80%。其安装方式见图3.21-3、图3.21-4。

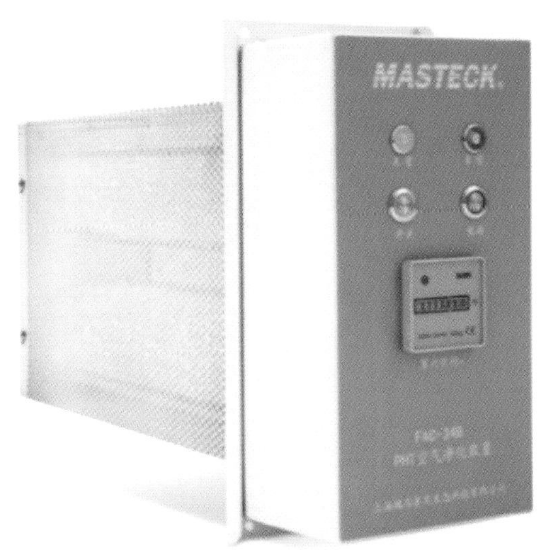

图 3.21-3　空调箱用插入式光氢离子空气净化装置样式图

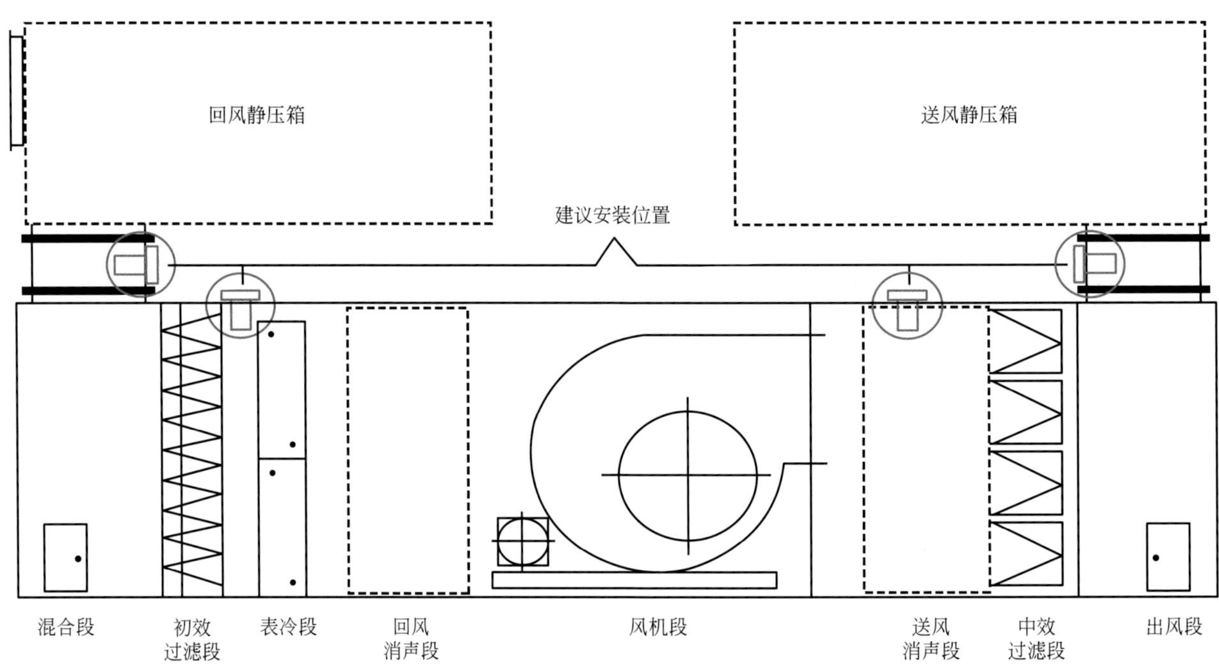

图 3.21-4　空调箱用插入式光氢离子空气净化装置安装示意图

4. 空气质量实时监测

对室内空气进行实时检测，确保空气质量可控、可靠，各项有害物质含量均低于国家规范要求指标，见表 3.21-2。

5. 空调舒适性提升

(1) 对于室外空气湿度指数长期在 60%以上的地区，采用防结露风口，通过空调系统除湿将室内湿度控制在 55%左右，防止因结露现象产生霉变、异味。

(2) 低温送风与动态平衡相结合，通过智能控制设备精准调节，将室内温度精确控制在 25.5±0.5℃范围内。

(3) 采用侧送风的送风形式，避免空调风直吹人体。

环境监测实测数据表 表 3.21-2

检验部位	检验项目		检验结果	检验依据
某会议室	甲醛(mg/m^3)		1号:0.044 2号:0.045 3号:0.047	GB 50325
	氨(mg/m^3)		1号:0.068 2号:0.077 3号:0.085	GB/T 18204.2
	苯(mg/m^3)		1号:未检出 2号:未检出 3号:未检出	GB 50325 附录 G
	总挥发性有机化合物 TVOC (mg/m^3)		1号:0.822 2号:0.793 3号:0.770	GB 50325 附录 G
	单一 VOC (mg/m^3)	甲苯	1号:0.045 2号:0.045 3号:0.046	GB 50325 附录 G
		乙酸丁酯	1号:0.018 2号:0.018 3号:0.016	
		乙苯	1号:0.043 2号:0.043 3号:0.043	
		二甲苯	1号:0.094 2号:0.094 3号:0.093	
		苯乙烯	1号:0.459 2号:0.459 3号:0.380	
		十一烷	1号:0.008 2号:0.008 3号:0.009	

3.21.4 小结

重要会议场所通过应用合理的空气调节及净化技术，实现项目从设计、施工至交付使用全过程改善室内环境及空气质量的目的；采用防结露措施、低温送风及智能控制调节空调风量水量等手段，精准调节室内温湿度偏差，提升室内环境的舒适性，为项目快速投运和高端会议召开保驾护航。

3.22 重要会议机电系统运行保障技术

3.22.1 技术概况

随着中国经济实力及国际地位的提升，重要的国际会议越来越频繁，对机电系统运行的要求越来越高，本技术从完善的保障机构、可靠的电力保障、舒适稳定的空调系统、稳定的消防和给水系统等阐述机电系统运行保障的要求。

3.22.2 技术特点

1. 保障体系完善，分工明确

针对重要会议期间机电系统运行保障需求，建立完善的保障体系，明确职责分工，保障会议的顺利进行。

2. 保障区域划分清晰，保障标准明确

会议重点保障部位多，各区域专业保障要求高。通过清晰划分保障区域，设立明确的保障区位及保障标准，达到各专业保障运行要求。

3. 各专业保障内容具体，系统稳定要求高

针对电力、空调、消防、给水排水等专业不同的保障需求，制定专门的各系统保障方案，进行专项系统模拟运行试验，保障系统运行稳定。

4. 噪声、舒适度等环境品质要求高，技术措施复杂

重要会议的保障标准高，对室内环境的噪声和舒适度要求严格，需采取多重的技术保障措施确保运行指标。

3.22.3 技术措施

1. 建立专业保障工作组，完善保障组织架构

建立层次分明、高效的组织保障架构，搭建“政府机构-建设单位-运营单位-施工单位”四位一体的指挥系统，下设特殊专业保障组、工程类专业保障组及后勤保障类工作组等机构，负责对重要会议场馆及周边工程设施设备、建筑装修、建筑围护、市政设施的保障组织工作，对供电、特种设备、通信、厨房等特殊专业运行保障工作进行协调，各保障组分工如下：

（1）特殊专业保障组及其职责

1）强电专业保障组职责：负责室外电力管线和设施设备、室内电力设施设备至末端供电的保障工作。

2）电梯专业保障组职责：负责室内电梯的运维工作。

3）环境控制保障组职责：组织保障室内各区域空气质量控制达标，无异味。

4）音视频专业保障组职责：负责联络协调会展公司，保障会议音视频设备设施的使用功能和效果。

5）通信专业保障组职责：负责转播线路等特殊通信、专用通信、国际专网、三大运营商通信保障工作。

6）厨房专业保障组职责：负责对厨房设备设施的运维保障。

（2）工程类专业保障组及其职责

1）给水排水暖通专业保障组职责：负责室内各空间上水、下水、空调、通风、消防设施设备的保障工作。

2）建筑围护结构专业保障组职责：负责建筑物本身及室内外装饰、装修的围护，室内外新增或调改项目的组织实施。

3）弱电专业保障组职责：负责对楼体内外的各类弱电专业设施设备的保障工作。

4）园林专业保障组职责：负责室外花草苗木等绿化维护保障工作。

5）市政专业保障组职责：负责室外给水排水、供热、燃气、道路、各类管井、路灯、草坪灯的维护保障工作。

6）场内应急保障组职责：负责对现场工程类各保障组后备维护人员的统筹调度。

（3）后勤保障类工作组及其职责

1）规划设计保障组职责：负责对接相关使用方，对涉及外观、功能调整的事项进行协调沟通，组织落实设计调整，确认各类新增设计变更。

2）综合协调保障组职责：负责对外联络、信息报送、组间协调、后勤保障工作，对接相关使用方。

3）消防和安全保障组职责：负责场内外涉及设备设施保障过程的安全生产管理工作。

4）场外应急保障组职责：负责建立场外应急队伍和场外应急物资、设备的准备、储存、管理工作。

2. 重点保障部位及品质保障

根据组织机构划分，明确各层各区域各专业的保障区位，落实到组、到人、到位置，重点保障部位主要有高低压变配电所、消控安保智能化机房、冷冻机房、生活给水泵房、消防泵房、不间断电源（Uninterruptible Power Supply，简称UPS）机房、各楼层强弱电间、各设备层机房等。以强电保障组为例，强电专业保障区位图见图3.22-1。

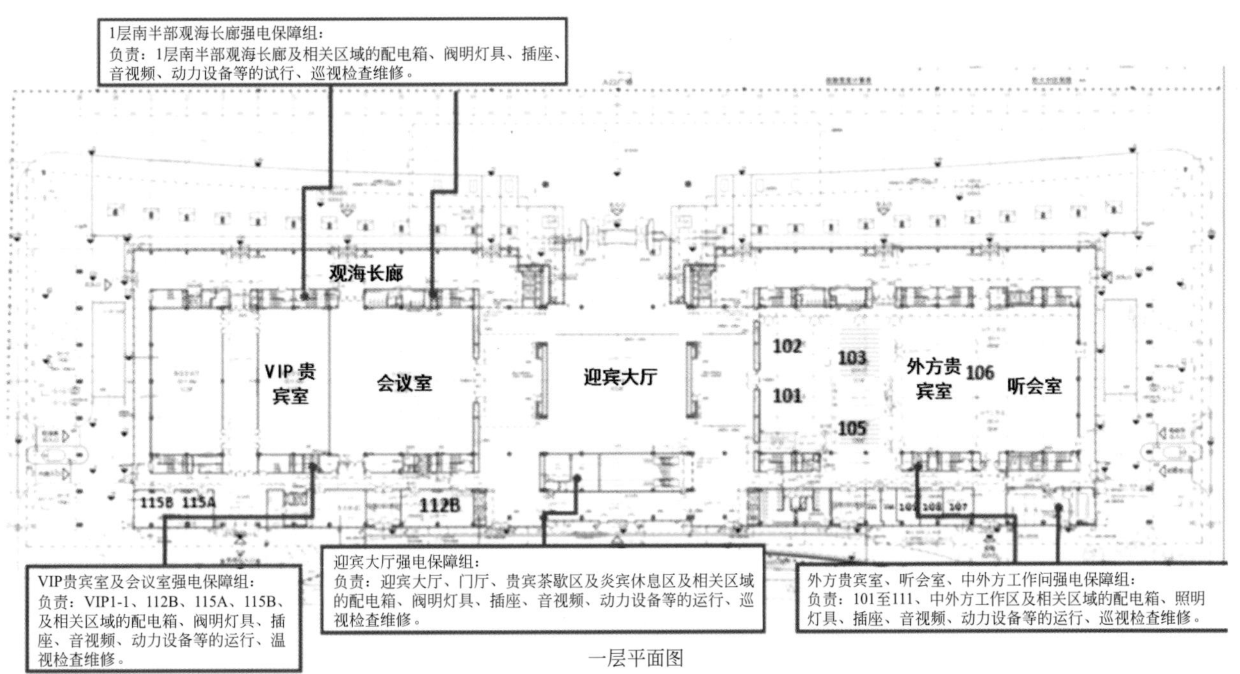

图3.22-1 某会议中心强电专业保障区位图

各专业需在重要机房内配备充足的备品备件，保障应急处理所需物资供应。

会议场馆使用前，电力系统电源供电电压、电流实时监控、双电源切换正常，重要区域的UPS供电实现0s切换；给水系统稳定，水质检测合格，备用水箱储水量符合使用需求，重点水泵房内实时监测供水压力及供水设备运行情况；排水系统必须逐项检查，保障排水顺畅；空调系统提前投入运行，楼宇自控系统调节有效，室内温湿度环境满足会议需求。

会议场馆使用期间，重点监测空调供回水水温、房间内的温湿度、二氧化碳浓度及各空调机房的设备运行情况；专人定点监控各用电设备供电电压、电流；重点监控供水压力及供水设备运行情况；及时检查排水设施是否顺畅。

3. 重要系统的保障措施

(1) 电力供应保障措施

在重要设备的前端加上自动转换开关（Automatic Transfer Switch，简称 ATS）搭配 UPS 电源设备，见图 3.22-2、图 3.22-3，有效应对电力系统出现的以下情况：主要回路断电、电源过压、欠压、电压下陷、电压浪涌、电压瞬变、电压尖峰、频率偏移等，保护重要设备的正常运行。

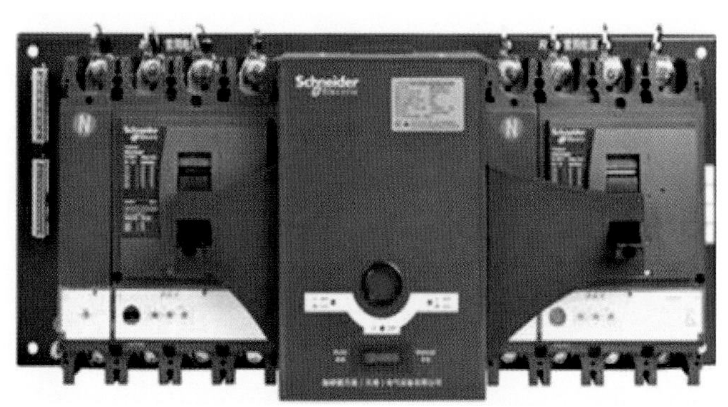

图 3.22-2　ATS转换开关

图 3.22-3　UPS不间断电源主机

如果市电电源的供电出现故障或超出预定限制，UPS 将转换为电池工作模式，通过其内部或外接备用电池不间断地瞬时切换，不对运行设备及灯光造成任何影响，实现无感切换，给予重要设备稳定的供电（通常设计为 30min、重要场所 60min）。UPS 安装见图 3.22-4。

图 3.22-4　UPS间安装示意图

UPS 设备也可应用于场馆内舞台设备、安防系统、弱电设备机房等重要区域，根据输出电压设置，将输出频率固定为 50Hz 或 60Hz；在待机模式下，UPS 可通过 INVERTER ON（逆变器启动）按钮或显示屏执行冷启动，以节省能源。

（2）空调系统的舒适性及空气净化技术措施

1）空调系统的舒适性技术

① 采用防结露风口，防止因结露产生霉变、异味、滴水等。

② 低温送风与动态平衡相结合，通过智能控制设备精准调节，精确控制室内温度。

③ 结合楼宇设备自控系统，通过室内均布的感温探头及 CO_2 浓度传感器，维持室内空气质量洁净舒适。

2）空调系统隔振降噪技术

空调系统采用隔声、消声和隔振措施，落地空调设备均采取两级减振措施；悬吊设备、管道采用弹簧减振吊架；设备进出口与管道连接处采用柔性管接头；所有管道穿出机房围护结构的结合部位均采取隔振和密封措施。

3）空调机组增设空气净化及杀菌措施

在空调机组新风回风混合段、初效过滤段、表冷段、风机段的基础上，增设活性炭过滤、高压静电除尘、光氢离子杀菌、湿膜加湿等功能段，机组供回风主管路设置均流消声段。

（3）消防保障措施

1）储备应急物资、人员

会议前期，准备海绵、水桶、拖把、快速抢修器、强力胶、膨胀吸水袋等物资，与会场安保系统沟通后，合理放置在规定存放点。同时将应急抢修人员，编入会场服务人员序列，以便第一时间迅速处理。

2）重点区域，专人值守保障

在消防泵房、稳压系统、湿式报警阀、水力警铃等重点区域，安排专人看守，对有可能出现的意外情况，逐一列出并做好相应预案。在会前演练过程中，保证预案落实到位。

（4）给水排水保障措施

1）给水水质实时监测

在给水泵房出水管处、重要会议用水点，分别设置给水水质监测点，设专人看护，会议期间与会议安保系统对接，进行实时监测，按时反馈。

2）重要卫生间安排维修人员

重要卫生间，将维修人员编入现场保洁组，确保卫生洁具使用正常。

4. 各系统保障措施模拟

（1）电力供应保障系统模拟

进行供电保障系统模拟，如切断供电电源后的 UPS 系统 0s 切换及 UPS 供电时长检测；主电源断开后双电源切换模拟；室外移动柴发供电演练模拟。

（2）空调保障系统模拟

进行重要区域的空调工况模拟，如室内温度过高或者过低，通过楼宇自控系统调整、改善室内温度；根据室内监测数据合理调整空调系统新回风混合比；空调机组各动能段的性能模拟。

（3）消防保障系统模拟

对火灾自动报警系统、防火门监控系统、电气火灾监控系统、消防电源监控系统、余压监控系统、可燃气体探测系统等进行逐系统测试，模拟发生事故时的设备系统运行情况，同时做好应急预案的演练，确保万无一失。

（4）给水排水保障系统模拟

给水排水系统的模拟重点在于对突发状况的处理，如模拟二次供水系统停水故障，紧急切换为市政供水的演练模拟；模拟卫生间排水堵塞故障，保障人员进行疏通和封闭卫生间的应急处置演练模拟。

3.22.4 小结

重要会议系统的保障，需要建立完善的组织架构，对供电、供水保障、空调系统效果及楼宇自控系统进行全方面的评估，提前拟定应急预案；对应急进场材料的环保性进行严格把关；对供电系统设备的可靠性进行检测及应急情况演练；对现场各个点位风速、温度、湿度、风口角度等进行全方位的监测，确保会议顺利运行。

第4章

调试技术

大型公共建筑机电系统专业复杂且规模庞大，包括通风空调、给水排水、消防、智能化等专业系统，专业间联动要求高，调试难度大。大空间空调系统送风主要采用球喷或旋流风口，风量平衡及气流组织调节困难，自控系统的可靠性直接影响运行参数的准确；电气系统中设备多、负荷大，且含有重要的一级负荷，是机电系统稳定运行的基础；消防子系统繁多，协同配合以及智能化程度要求高，应确保消防系统在发生火灾时及时响应启动。调试事关大型公建机电系统的安全稳定运行和节能效益，应进行全方位、精细化调试，提前介入，过程解决，保证机电系统运行的功能性、节能性和安全性要求。

本章针对大型公建空调、电气、消防等主要机电系统，从单体调试到系统联动调试，筛选调试过程中关键且具有代表性的调试环节进行阐述。主要包括空调系统关键设备性能优化、系统水力平衡、全系统联合调试技术，电气系统供电保障、智能照明及充电桩调试技术，以及消防系统联动调试技术等内容。

4.1 空调系统关键设备性能优化调试技术

4.1.1 技术概况

空调系统一般分为水循环回路和风循环回路系统。水循环回路包括冷源及辅助设备（含冷水机组、冷却塔、水泵等）、输配系统（包括水管、阀门等）和末端装置（如组合式空调机组、新风机组、风机盘管等）；风循环回路包括机组（如组合式空调机组、新风机组等）、输配系统（包括风管、阀门等）和末端装置（如风机盘管、变风量末端、风口等）。

通过对系统关键设备性能优化调试，检查施工缺陷，测定空调设备各项参数是否符合设计要求，需在测定设备的性能后对其进行分析、调整，改善由于设备之间的相互不均衡导致的问题，保证各个设备的运行处于高效区，确保为业主提供良好舒适的使用环境；在调试的过程中积累系统设备的相关数据，为今后的系统运行及保修提供指导性依据。

4.1.2 技术特点

（1）调试工作基础在于参数测量的科学准确，检测测量仪器种类多，需选择合适、先进的仪器设备及正确的测试方法，并确保计量量值溯源。

（2）空调系统调试涵盖专业多、单机设备种类多、试验项目多、参数多样化，包含电气性能参数、设备性能参数、空气和水等不同工况下的参数等。

（3）单机调试要求高，采用图表、性能曲线等方式，对设备参数测量结果分析，采取合理措施，确保设备运行状态处于高效区。

4.1.3 技术措施

1. 选择合适的测量仪器

先进、合适的测量仪器保证测试精度。根据被检测对象的特点，以及检测参数的范围，选择合适的检测仪器，所选定检测仪器需检定合格有效，符合量值溯源的要求。在测量具体对象时，要根据检测对象及相关要求，确定测点数量和分布情况，按要求测量。

检测用仪器，包括电气性能测试和设备性能测试仪器，电气性能测试仪器主要有兆欧表、万用表、钳形电流表和功率表等，设备性能测试仪器主要有红外测温仪、风速仪、声级计、微压计和转速表等，仪器选择见表 4.1-1，常用检测仪器见表 4.1-2。

检测仪器选择 **表 4.1-1**

序号	测量参数	单位	检测仪器
1	电压	V	万用表
2	电流	A	交流钳形电流表
3	功率	kW	钳形功率计
4	温度	℃	红外测温仪，温度计
5	相对湿度	%RH	相对湿度仪

续表

序号	测量参数	单位	检测仪器
6	风速	m/s	风速仪
7	噪声	dB(A)	声级计或频谱分析仪
8	风量	m^3/h	风量罩、毕托管和微压计、风速仪
9	压力	Pa	微压计
10	水流量	m^3/h	超声波流量计
11	水温度	℃	玻璃水银温度计、铂电阻温度计
12	压力	Pa	压力表
13	转速	r/min	转速表

常用检测仪器　　**表 4.1-2**

		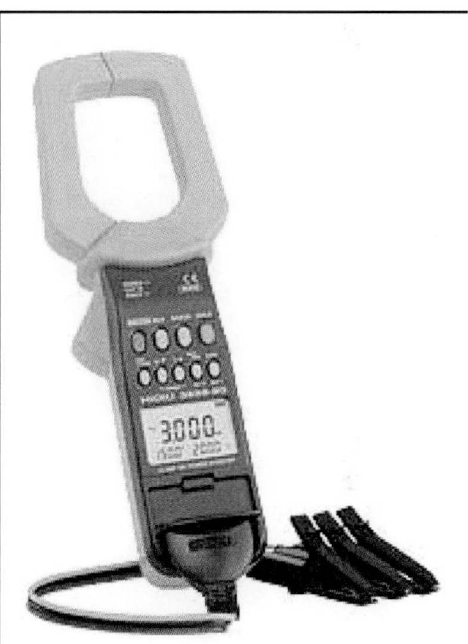
用表	钳形电流表	钳形功率表
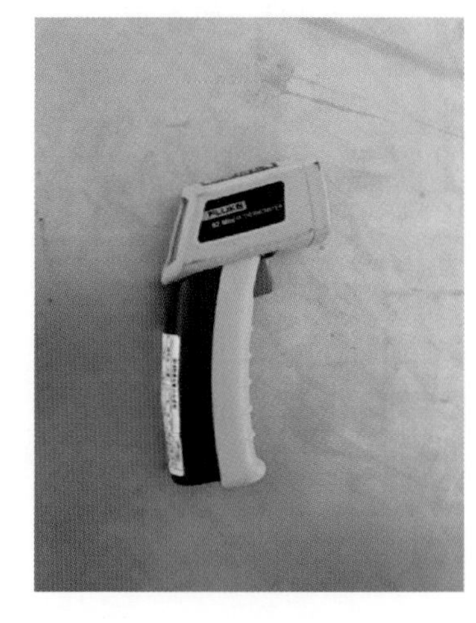	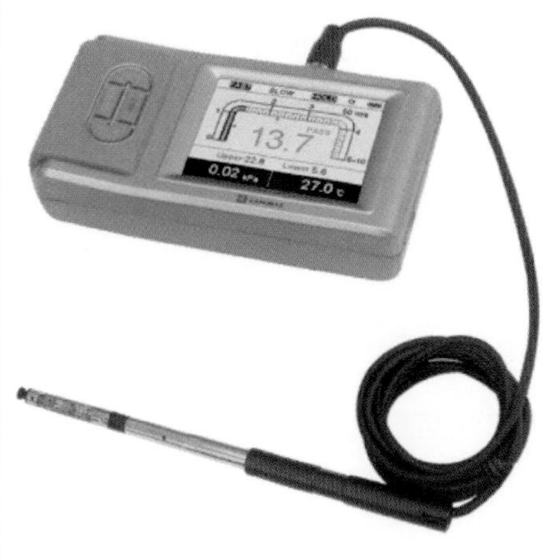	
红外测温仪	热线风速仪	声级计

续表

	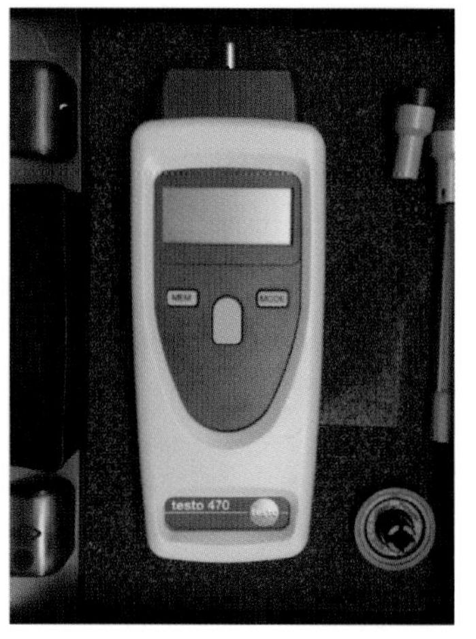	
数字式微压计	转速表	风量罩

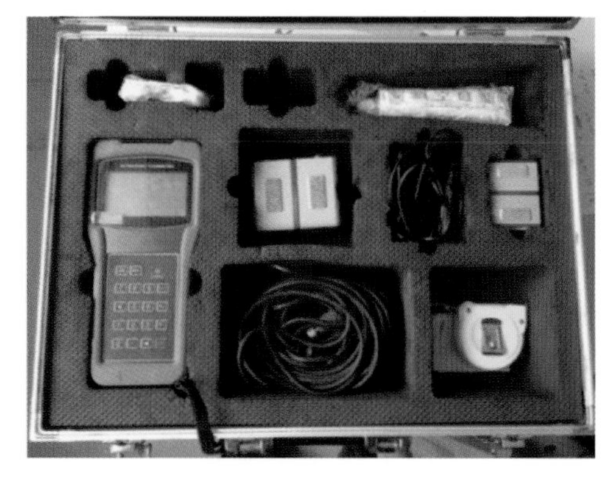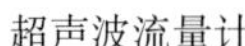	
超声波流量计	漏风量测试仪

2. 冷水机组的调试

中央空调系统冷水机组按驱动方式不同，分为蒸气压缩式冷水机组和吸收式冷水机组。

蒸气压缩式冷水机组是消耗机械功实现制冷的冷源，按冷却介质分为风冷式冷水机组和水冷式冷水机组两种，根据压缩机类型又分为离心式冷水机组、活塞式冷水机组、涡旋式冷水机组和螺杆式冷水机组，活塞式冷水机组、涡旋式冷水机组适用于小型系统，离心式冷水机组适用于大型系统，螺杆式冷水机组介于两者之间。吸收式冷水机组是消耗热能实现制冷的冷源，在空调中吸收式制冷机组常用溴化锂吸收式制冷机组，按携带热能的介质不同分为蒸汽型溴化锂吸收式冷水机组、热水型溴化锂吸收式冷水机组、直燃型溴化锂吸收式冷（热）水机组、烟气型溴化锂吸收式冷（热）水机组和烟气热水型溴化锂吸收式冷（热）水机组。

由于大型公建空调系统较大，冷水机组以离心式冷水机组为主，或搭配组合螺杆式冷水机组，最常见的是氟利昂制冷系统。本节以离心式冷水机组为例说明冷水机组的调试。

在冷水机组运行前，要完成冷冻水和冷却水系统相关设备的检查与试运行工作，重点是水泵、冷却塔和阀门的开关情况。同时，水处理设备也要投入运行，水质检测合格后进行冷水机组的调试。

对冷水机组制冷剂系统做相关试验，检查验证系统气密性和真空度等参数，检查冷水机组的安装情况及运行参数符合要求，以保证中央空调系统正常运行。

(1) 对冷水机组进行检查

检查项目包括：设备检查和试运转检查。

1) 设备检查：核查冷水机组的铭牌参数并检查其施工质量情况。

2) 试运转检查：

① 冲洗润滑系统，符合随机技术文件的规定。

② 加入油箱的冷冻机油的规格及油面高度，符合随机技术文件的规定。

③ 抽气回收装置中压缩机的油位正常，转向正确，运转无异常现象。

④ 各保护继电器的整定值正确。

⑤ 导向叶片实际开度和仪表指示值，按随机技术文件的规定调整一致。

3) 一般情况下，试运转分三步进行，即无负荷试车、空气负荷试车和制冷剂负荷试车。机组的空气负荷试运转，符合下列要求：

① 压缩机吸气口的导向叶片关闭，浮球室盖板和蒸发器上的视孔法兰拆除，吸、排气口与大气相通。

② 冷却水的水质，符合《工业循环冷却水处理设计规范》GB/T 50050—2017。

③ 启动油泵及调节润滑系统，供油正常。

④ 点动电动机进行检查，其转向正确，转动无阻滞现象。

⑤ 启动压缩机，通水冷却时，机组的电机连续运转时间不应小于 0.5h；通氟冷却时，机组的电机连续运转时间不应大于 10min；同时应检查油温、油压和轴承部位的温升，机器的声响和振动均应正常。

⑥ 导向叶片的启闭应灵活、可靠；当导向叶片开度大于 40%时，试验运转时间宜缩短。

4) 制冷机组经空负荷和空气负荷试运转后，其吹扫、抽真空试验、密封性试验、系统检漏和充灌制冷剂应符合下列规定，用卤素仪进行检查时，泄漏率不应大于 14g/a：

① 空气负荷试运转合格后，应用 0.5～0.6MPa 的干燥压缩空气或氮气，对压缩机和压缩机组按顺序反复吹扫，直至排污口处的靶上无污物。

② 压缩机和压缩机组的抽真空试验，应符合下列要求：

a. 关闭吸、排气截止阀，并开启放气通孔，开动压缩机进行抽真空。

b. 压缩机的低压级将曲轴箱抽真空至 15kPa，压缩机的高压级将高压吸气腔压力抽真空至 15kPa。

③ 压缩机和压缩机组密封性试验，将 1.0MPa 的氮气或干燥空气充入压缩机中，在 24h 内其压力降不大于试验压力的 1%。使用氮气和氟利昂混合气体检查密封性时，氟利昂在混合物的分压力不应小于 0.3MPa。

5) 机组的负荷试运转，应符合下列要求：

① 接通油箱电加热器，将油加热至 50～55℃。

② 冷却水的水质，符合《工业循环冷却水处理设计规范》GB/T 50050—2017。

③ 载冷剂的规格、品种和性能，符合设计的要求。

④ 启动油泵、调节润滑系统，其供油应正常。

⑤ 按随机技术文件的规定启动抽气回收装置，并排除系统中的空气。

⑥ 启动压缩机应逐步开启导向叶片，并应快速通过喘振区。

⑦ 机组的声响、振动和轴承部位的温升应正常，当机器发生喘振时，应立即采取消除故障或停机的措施。

⑧ 油箱的油温宜为 50～65℃，油冷却器出口的油温宜为 35～55℃；

⑨ 能量调节机构的工作应正常。

⑩ 机组载冷剂出口处的温度及流量，符合随机技术文件的规定。

6）试运转时观察冷水机组的各项参数，如冷凝器及蒸发器的参数，包括冷凝及蒸发压力/温度、进水压力、出水压力、进出水压差、水流量、进水温度、出水温度、进出水温差。

7）制冷量调节：通过控制面板调节。离心式冷水机组大都采用进口可转导叶调节法，即在压缩机叶轮进口前设置可转导叶，通过自动调节机构，改变进口导叶开度；或通过压缩机电动机变频调速来实现机组制冷量调节。

（2）冷水机组测试

测试机组的制冷量和性能。观察显示屏上机组运行时显示的参数，并用相应的仪器测量相关参数，如水流量、进出水温度等。此外，要结合 BIM 和系统模拟计算结果，优化设定冷水机组运行参数。

1）制冷量检测

① 测点布置

温度测点设在靠近机组的进出口处；流量测点设在设备进口或出口的直管段上，并符合冷水机组测试要求。

② 检测步骤与方法

a. 按《蒸气压缩循环冷水（热泵）机组性能试验方法》GB/T 10870—2014 规定的液体载冷剂法进行检测。

b. 分别对冷水的进、出口水温和流量进行检测，根据进、出口温差和流量检测值计算得到系统的供冷量。

c. 每隔 5～10min 读一次数，连续测量 60min，取每次读数的平均值作为测试的测定值。

d. 机组的制冷量按式（4.1-1）计算：

$$Q_0 = \frac{V\rho c\Delta t}{3600} \tag{4.1-1}$$

式中 Q_0——机组制冷量，kW；

V——循环侧水平均流量，m^3/h；

Δt——循环侧水进、出口平均温差，℃；

ρ——水平均密度，kg/m^3；

c——水平均定压比热，kJ/（kg·℃）；

ρ、c 可根据介质进、出口平均温度由物理特性参数表查取。

2）冷水机组性能系数检测

① 被测机组测试状态稳定后，开始测量冷水机组的冷量，并同时测量冷水机组耗功率。

② 每隔 5～10min 读一次数，连续测量 60min，取每次读数的平均值作为测试的测定值。

③ 冷水机组的性能系数（*COP*）按式（4.1-2）计算：

$$COP = \frac{Q_0}{N_i} \tag{4.1-2}$$

式中 Q_0——机组测定工况下平均制冷量，kW；

N_i——机组平均实际输入功率，kW。

3. 冷却塔的调试

冷却塔根据水、气相对流向，分为逆流式和横流式（又称直交流式）两种。水冷式系统通常采用开式循环系统，使用最多的是机械抽风逆流式圆形冷却塔，其次是机械抽风横流式矩形冷却塔。

本节以逆流式冷却塔为例，展开说明冷却塔的设备检查、试运转及冷却塔效率检测。

（1）冷却塔调试、运行

1）准备工序

① 清扫冷却塔内的夹杂物和污垢，防止冷却水管或冷凝器等堵塞。

② 冷却塔和冷却水管路系统用水冲洗，管路系统应无漏水现象。

③ 检查自动补水阀的动作状态应灵活准确。

④ 冷却塔内的补给水、溢水的水位应进行校验；调节浮球总成的调整螺栓，使浮球在合理的位置才开启或关闭。

⑤ 旋转布水器的转速等，调整到进塔水量适当。

⑥ 确定风机的电机绝缘情况及风机的旋转方向。

2）冷却塔运转、调试步骤

① 检查冷却塔循环水系统、电气系统安装。

② 启动单台冷却塔，测量电机的输出电流，调整风机并记录，使电机输出电流接近额定电流，测量冷却塔的进水、出水温度，从而检验冷却塔是否达到使用要求。

③ 调节浮球阀，使浮球阀按照设置的水位开启或关闭，喷水量和吸水量达到平衡。

④ 按上述方法调节其他冷却塔。测试冷却塔振动及噪声情况，调整固定螺栓、减震器、风机角度使其振动及噪声符合要求。

（2）冷却塔的效率检测

1）冷却塔运行状态稳定后，开始测量工作，冷却水量不低于额定水量的 80%。

2）测量冷却塔进出口水温，并测试冷却塔周围环境空气湿球温度。

3）冷却塔效率按式（4.1-3）计算：

$$\eta_{ic}=\frac{T_{iC,in}-T_{iC,out}}{T_{iC,in}-T_{iw}}\times 100\% \tag{4.1-3}$$

式中　η_{ic}——冷却塔效率，%；

$T_{iC,in}$——冷却塔进水温度，℃；

$T_{iC,out}$——冷却塔出水温度，℃；

T_{iw}——环境空气湿球温度，℃。

4. 水泵的调试

空调水系统采用的水泵，绝大多数为卧式单级单吸或双吸清水泵（简称离心泵），极少数的小型水系统采用管道离心泵（立式单吸泵，简称管道泵）。本节以卧式离心泵为例介绍水泵扬程、流量及效率的调试和测定。

（1）水泵性能测试

水泵的运行状况直接关系到空调水系统运行的安全性、可靠性和经济性。性能曲线是表示水泵的主要性能参数（如流量 V、扬程 H 等）之间关系的曲线，可通过水泵的运行参数与基本性能曲线对比来判断水泵运行状况，同时，当工况变化时通过性能曲线可查到水泵对应的参数变化值，检查这些参数是否符合设计要求，并找到运行的最佳工况点。

1）测试在工频工况下的水泵转速，并与铭牌参数、随机资料中的水泵转数相比较。

2）针对现有管路工况，测试水泵流量、进出口总压差（扬程）。

以某工程选用的某型号水泵为例，如图 4.1-1 所示，红色标记为设计值，扬程 150ft（44.7mH_2O），流量 1200 GPM（327.3m^3/h），蓝色线为水泵叶轮直径 13.3″（337.8mm）所对应的流量—扬程曲线。

具体测试数值见表 4.1-3。

工况一：水泵扬程 160.3ft（48.8mH_2O），流量 1055 GPM（287.8m^3/h），落在流量—扬程曲线上，与设计数值相比，扬程较大、流量较小，运行效率较设计值低，经过检查调整管道阻力后，如工况二，水泵扬程 143ft（42.6mH_2O），流量 1280GPM（349.1m^3/h），落在流量—扬程曲线上，运行效率高于 80%，符合设计值，运行于高效区。

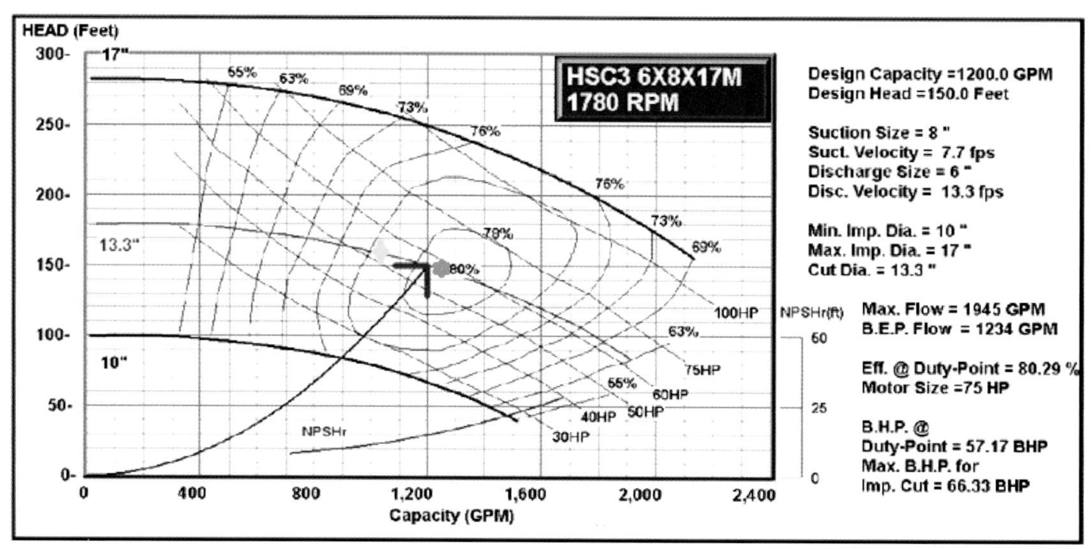

图 4.1-1　水泵性能曲线图

水泵测试数据对比　　　　**表 4.1-3**

测试参数＼测试结果	设计值(红色)	工况一(黄色)	工况二(绿色)
有效扬程 ft(mH_2O)	150(44.7)	160.3(48.8)	143(42.6)
水流量 GPM=Gal/min(m^3/h)	1200(327.3)	1055(287.8)	1280(349.1)

(2) 水泵流量调试

如果水泵流量达不到设计要求，改变水泵流量的方法常用的有如下两种：

1) 调整水泵出口阀门。这种方法降低水泵流量时能耗较多，有较宽的调节范围。

2) 改变水泵转速。这种方法降低水泵流量时能耗最多，流量调节范围宽，水泵容易进入不稳定区工作。

(3) 水泵效率检测

1) 被测水泵测试状态稳定后，开始测量。

2) 测试过程中，测量水泵流量，并测试水泵进出口压差，以及水泵进出口压力表的高差，测试原理如图 4.1-2 所示，同时记录水泵输入功率。应注意两个测点之间的阻力部件（如过滤器、软连接和弯头等）对测量结果的影响，如果影响不能忽略，则应进行修正。

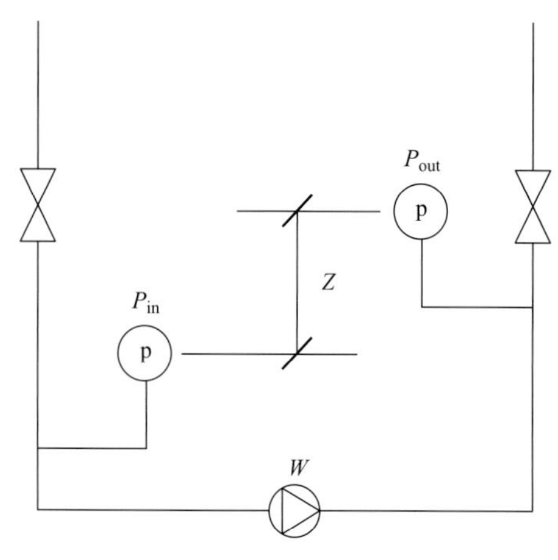

图 4.1-2　水泵效率测试原理图

3) 检测工况下，应每隔 5～10min 读数 1 次，连续测量 60min，并应取每次读数的平均值作为检测值。

4) 水泵效率按式（4.1-4）计算

$$\eta=\frac{10^{-6}V\rho g(\Delta H+Z)}{3.6W} \tag{4.1-4}$$

$$\Delta H=\frac{(P_{out}-P_{in})}{\rho g} \tag{4.1-5}$$

式中　V——水泵平均水流量，m^3/h；

ρ——水平均的密度，kg/m^3，可根据水温由物性参数表查取；

g——自由落体加速度，9.8m/s^2；

P_{out}——水泵出口压力，Pa；

P_{in}——水泵进口压力，Pa；

ΔH——水泵平均扬程：进、出口平均压差，mH$_2$O；

Z——水泵进、出口压力表高度差，m；

W——水泵平均输入功率，kW。

5. 风机的调试

中央空调系统中的风机主要是离心式通风机（简称离心风机）和轴流式通风机（简称轴流风机），两种风机性能参数（流量、全压、轴功率和转速之间的关系）一样。通常空调机组采用的都是离心风机，使用时都由电动机驱动，采用直联或皮带传动。

本节以离心风机为例，说明风机风压、风量及风机单位风量耗功率的测试。

（1）风机性能测试

1）测试在工频工况下的风机转速，并与铭牌参数、随机资料中的风机转数相比较。如图4.1-3所示。

图4.1-3　转速测量图

2）针对现有管路工况，测试风机的流量、风机进出口总静压差。

以某工程选用的某型号风机为例，风机性能曲线如图4.1-4。图中：右上方的黑点，是风机转速1450rpm时的理论值，风量22000CFM（Cubic Feet Per Minute，ft^3/min）（37380m^3/h），机外余压4.15in. H$_2$O（1283Pa）；左下方的黑点，是风机转速1150rpm时的理论值，风量约18000CFM（30583m^3/h），机外余压约2.10in. H$_2$O（797Pa）。

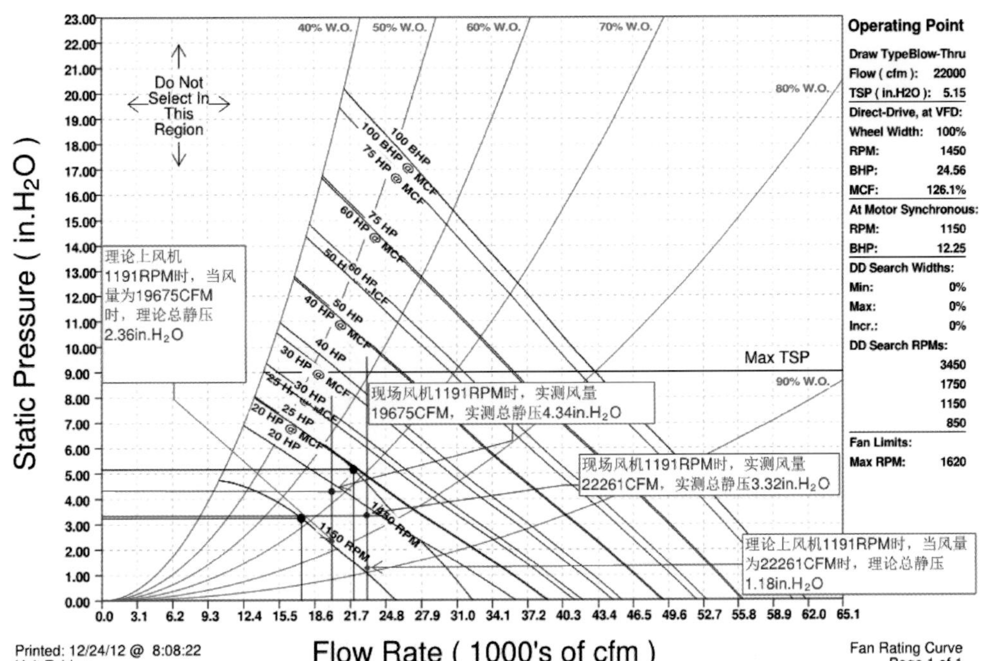

图4.1-4　风机性能曲线测试图

工况一（左上方红点）：现场实测风机转速1191rpm，风量19675CFM（33429m^3/h），机外余压4.31in. H$_2$O（1073Pa），风机出口阀门开度范围在60%～70%。经计算，风机运行效率78.6%。

工况二（右下方红点）：现场实测风机转速 1191rpm，风量 22261CFM（37823m^3/h），机外余压 2.82in. H_2O（826Pa），风机出口阀门开度范围在 75%～80%。经计算，风机运行效率 68.5%。

标准工况风机转速 1191rpm，风量 19675CFM（33429m^3/h），机外余压 2.36in. H_2O（587Pa），风量 22261CFM（37823m^3/h），机外余压 1.18in. H_2O（293Pa），在工况一、二实测风机总静压均优于标准工况。通过性能曲线的数据分析，在满足设计参数的条件下，工况一的运行效率较高，可作为此风机实际运行调整的依据。

（2）风机风量调试

如果风机风量不满足设计要求，调节方法有两大类，一类是改变转速的变速调节，一类是转速不变的恒速调节，调节进口或出口阀门，或改变叶片角度，采用较多的是调节阀门。

1）改变风机转速。这种方法降低风机风量时能耗最多，风量调节范围宽，风机容易进入不稳定区工作。

2）调整风机入口阀门。这种方法降低风机风量时能耗较多，有较宽的调节范围。

3）调整风机出口阀门。这种方法风量调节范围较小，易使风机进入不稳定区工作。

（3）皮带及皮带轮的调校

当机组的风机与电机型号确定后，检查皮带轮及皮带的配置是否合适，根据转速比进行校核。先计算转速比，确定电机轮的大小，而电机轮的大小又与带动该机组的电机额定功率、皮带根数和皮带轮的型号有关系，将这些因素确定以后，便可以确定皮带的配置是否合适。

（4）风机单位风量耗功率检测

1）被测风机测试状态稳定后，开始测量。

2）分别对风机的风量和输入功率进行测试，风量可在风管内测试，功率可用功率表直接测得，或者用电流电压检测值计算得到。

3）风机的风量应为吸入端风量和压出端风量的平均值，且风机前后的风量之差不应大于 5%。

4）风机单位风量耗功率按式（4.1-6）计算：

$$W_s = \frac{N}{V} \tag{4.1-6}$$

式中 W_s——单位风量耗功率，W/（m^3/h）；

N——风机输入功率，W；

V——风机实际风量，m^3/h。

4.1.4 小结

冷水机组、冷却塔、水泵与风机等是空调系统的重要、关键设备，在系统深化设计及水力、负荷等复核计算过程中，必须对关键设备性能参数进行分析，并通过调试做好优化工作。对冷水机组和冷却塔的测试，确认其制冷量和运行效率满足节能和其他设计要求。水泵与风机的运行状态关系到管网循环和空调效果的优劣，对于后期运行费用也有很大的影响，必须确保处于高效区运行。

在设备调试结束后，对设备安装的质量作出评价，有针对性地提出整改建议，确保设备投入正常运行，达到节能环保的要求，减少设备维护工作，延长设备使用寿命。

4.2 空调系统平衡调试技术

4.2.1 技术概况

空调系统试运行与平衡调试是系统由静到动，实现工程设计技术指标的重要过程，随着空调系统复杂化和用户对空调系统使用性能要求的提高，系统的平衡调试工作愈发重要。

空调系统平衡调试工作由专业的调试人员实施，按合理、规范的方法进行，对空调系统的施工质量作出正确的评价，为空调的使用效果提供改进依据，保证室内温度、湿度以及气流组织等指标达到设计要求，满足使用的舒适度。

本节主要介绍应用静态与动态的平衡方式来实现空调风系统和水系统的平衡，通过调试使各个空调系统在接近额定工况下工作时，达到各个风口的风量平衡、水泵在接近理论所需的流量下运行、回路间的水流量平衡，解决由于风、水系统水力不平衡而引起的运行工况失调及风量不均和送风温度不稳的问题，实现系统合理、节能、稳定运行。

4.2.2　技术特点

（1）系统平衡调试工作复杂，平衡过程难度高，涉及的工作量大，需要模拟各类工况进行反复测试。

（2）含二级泵变流量系统的水系统平衡，采用分级调试的方法，分别对一级泵定流量系统和二级泵变流量系统调试，并对控制逻辑进行验证。

（3）变风量空调（Variable Air Volume，简称 VAV）系统调试，采用创新的“动态平衡法”，通过对最不利环路的分析和变风量空调系统末端装置（Variable Air Volume System Box，简称 VAVBOX）的整定，实现 VAV 系统的动态平衡。

（4）平衡调试过程中通过理论计算和实际测量对系统合理分析，运用适合的调试方法，采用先进的测试仪器，使系统达到较好的平衡状况，满足设计要求。

4.2.3　技术措施

1. 空调水系统平衡调试技术

空调水系统可分为冷热水系统、冷却水系统、冷凝水系统，一般以单个循环系统分别进行流量平衡及调试。

（1）冷却水系统的调试

1）确认管道冲洗合格。

2）测量电机和线路的各项绝缘电阻值符合规范要求，进行设备的机械部分的检查。

3）启动冷却水泵和冷却塔，进行整个系统的循环清洗，1～2h 放水一次，反复多次，直至系统内的水不带任何杂质，水质清洁为止。

4）确认系统管路上的阀门均已打开，系统已注满水，管路中的空气已排空，水泵试运转正常。

5）冷却塔进出水电动阀门的启闭由楼宇设备自控系统（Building Automation System，简称 BA 系统）根据系统水量的要求调节，实现节能。

（2）冷热水系统的平衡调试

空调冷热水系统的平衡，通常通过调整静态平衡阀或动态平衡阀实现。通过调整阀门的开度，将系统中所有水力平衡阀的流量同时调至设计流量，从而调整各个干管、立管的水流量分配，使水流量达到设计要求。

1）准备工作

① 校核空调水系统每个分支的冷（热）水设计流量。

② 检查水泵、新风机组、空调机组和风机盘管的过滤器，确认清洗干净。

③ 检查空调冷热水管路的手动阀门，确认处于全部打开状态，且阀门开度可调。

④ 检查水泵、冷水机组、新风机组、空调机组和风机盘管的手动阀门，确认处于全部打开状态，且阀门开度可调；检查其电动阀，确认可以正常工作，且处于完全开启状态。

⑤ 在水系统平面图和系统图上详细标注设计流量。

2）水流量的测量方法

① 水流量测量采用便携式超声波流量仪。

② 测量时要选择合适的位置，一般在局部阻力（如阀门、三通等）上游 10 倍管直径、下游 5 倍管直径位置，且管道中的液体必须是满管。

③ 确定被测管路的表面温度在传感器的使用温度范围内。水流量测试见图 4.2-1。

图 4.2-1 水流量测试

3）冷（热）水系统水力平衡调试

① 静态水力平衡的调试

冷（热）水系统静态平衡调试包括两个步骤：第一步是单个回路中各设备间的水流量平衡，第二步是各个回路间的水流量平衡。

a. 静态水力平衡调节的分析

如图 4.2-2 所示，是一个串并联组合系统，其中支管Ⅰ上平衡阀 V1、V2、V3 组成并联系统，平衡阀 V1、V2、V3 又与平衡阀 G1 组成串联系统，平衡阀 G1、G2…G6 组成并联系统。

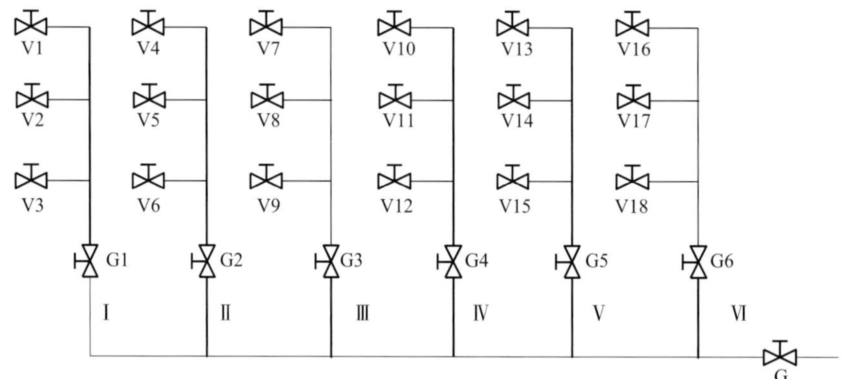

图 4.2-2 串并联系统示意图

根据串并联系统流量分配的特点，实现水力平衡的方式如下：首先将平衡阀组 V1、V2、V3 的流量比值调至与设计流量比值一致，支管内设备实现水力平衡。按步骤对支管Ⅱ～Ⅵ分别进行调节。支管中各设备间平衡调整完后，再根据流量等比法，将Ⅱ～Ⅵ支管相互之间进行平衡，平衡阀 G1、G2…G6

的流量比值调至与设计流量比值一致，调整平衡阀 G 达到设计流量，最终达到整个系统的平衡。

b. 静态水力平衡调试的步骤，见图 4.2-3。

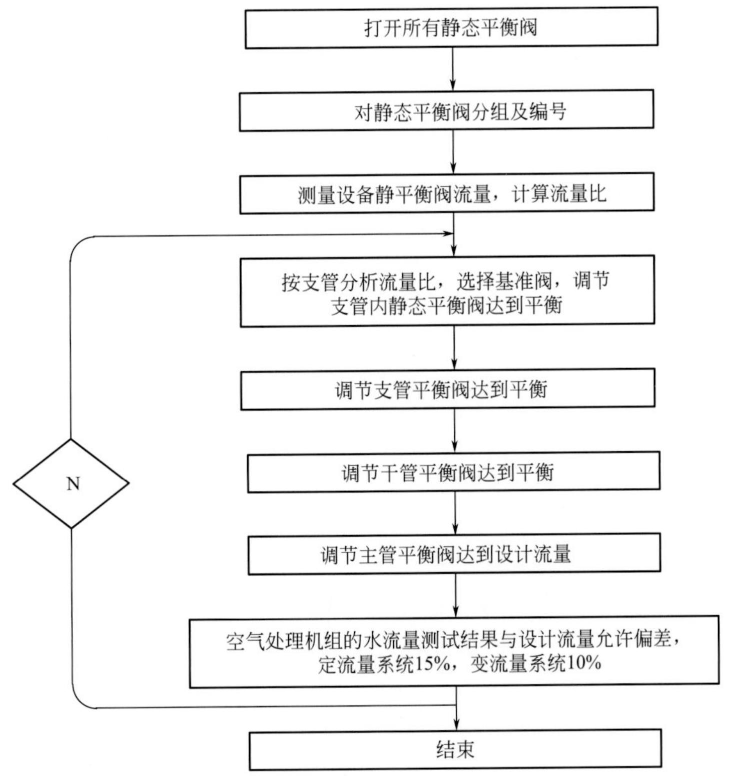

图 4.2-3　空调水系统静态水力平衡流程图

打开所有静态平衡阀：把系统的静态平衡阀全部调到全开位置。

对静态平衡阀分组及编号：对水力平衡阀进行分组及编号，按支管内为二级并联阀组 V1、V2、V3…V18，支管为一级并联阀组 G1～G6，系统干管阀 G 顺序进行。

测量设备静平衡阀流量，计算流量比：测量水力平衡阀 V1～V18 的实际流量 $V_{实}$，并计算出流量比 $\triangledown=V_{实}/V_{设计}$；

按支管分析流量比，选择基准阀，调节支管内静态平衡阀达到平衡：对每一个并联阀组内的水力平衡阀的流量比进行分析，例如，对支管Ⅰ内水力平衡阀 V1～V3 的流量比进行分析，假设 $\triangledown_{V1}<\triangledown_{V2}<\triangledown_{V3}$，则取水力平衡阀 V1 为基准阀，先调节 V2，使 $\triangledown_{V1}=\triangledown_{V1}$，再调节 V3，使 $\triangledown_{V1}=\triangledown_{V3}$，则 $\triangledown_{V1}=\triangledown_{V2}=\triangledown_{V3}$，以此方法依次对支管Ⅱ～Ⅵ进行调节，从而使支管内并联阀组的水力平衡阀的流量比均相等。

调节支管平衡阀达到平衡：测量各支管水力平衡阀 G1～G6 的实际流量，并计算出流量比 $\triangledown_{G1}$～$\triangledown_{G6}$，调节各支管水力平衡阀，从而使各支管内水力平衡阀的流量比均相等。

调节干管平衡阀达到平衡：测量干管水力平衡阀 G 的实际流量，并计算出流量比 $\triangledown_{G}$，调节干管水力平衡阀，从而使干管内水力平衡阀的流量比均相等。

调节主管平衡阀达到设计流量：调节系统主管阀，使主管阀的实际流量等于设计流量，系统内各干、支管和设备流量平衡，调试结束。

调试结束后，空调设备冷水、热水、冷却水流量测试结果与设计流量的允许偏差为 10%，各空调机组的水流量允许偏差为 20%。

② 动态水力平衡的调试

动态水力平衡阀通常采用动态平衡电动阀，根据设计流量进行定制，在工作压差范围内流量维持不变。对于安装在供水管上的动态平衡电动调节阀，通电后根据设计值在控制器上进行 PID 参数设定。动态平衡阀参数设定根据设计及厂方给定的数据，此数据应与现场实际数据相结合，并相应做出调整，从工程以往经验来看，先手动人工平衡流量数据，再在此基础上进行动态平衡阀的微调，效果比单纯依赖动态平衡阀要好很多。

4）二级泵变流量系统调试

二级泵变流量系统，由一级泵和二级泵构成。通常一级泵为定流量，二级泵为变流量。空调冷水二级泵变流量系统调试应在系统水力平衡的基础上进行。如图 4.2-4 所示。

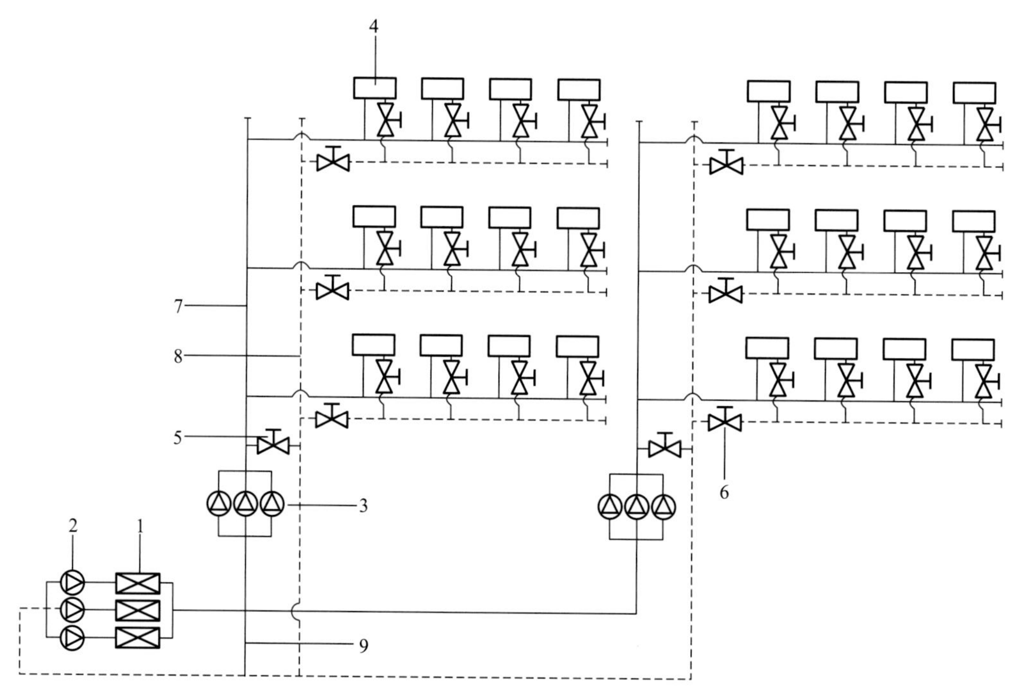

图 4.2-4　二级泵中央空调系统示意图

1—制冷设备；2—一级循环水泵；3—二级循环水泵；4—末端设备；5—旁通调节阀；
6—平衡阀；7—空调供水管；8—空调回水管；9—旁通管

① 一、二级泵的调试

a. 将二级泵变频泵调至工频，调节旁通调节阀使用户侧流量达到设计流量，记录该流量下的压差值。

b. 调节二级泵，使旁通调节阀管路的流量尽可能小，直至接近于零，记录该流量下对应的频率。

c. 调节一级泵，使一级泵流量达到设计要求，记录该流量下对应的频率。

d. 空调冷水二级泵系统变流量调试，应使二级泵能够做到定压差自动变频运行。根据二级泵变频控制的方式，合理选择压差值。

e. 通过对一、二级泵系统流量的调节，使旁通管的流量尽可能小，直至接近于零。

② 水力平衡阀控制逻辑验证

目的是测试并验证通过水力平衡阀的流量能否达到设计要求，测试项目为水力平衡阀开度及流量。

a. 将平衡阀的开度分别设为 0、25%、50%、75%和 100%五个状态。

b. 分别测量这五个状态下流过阀门的流量。

③ 判定水力平衡阀的控制逻辑是否满足要求：

a. 流经平衡阀的流量能否达到设计流量。

b. 平衡阀与执行机构是否正常运行。

c. 经过平衡阀的流量是否随着阀门开度的大小而变化。

④ 水泵变频及开启台数的自控逻辑验证

目的是为了验证水泵能否根据管网压力的变化情况实现变频运行或开启台数的转换。验证的项目包括：水泵变频功能，水泵开启台数转换。

⑤ 二级泵空调水系统联合调试

在完成控制逻辑验证后，检测整个水系统的变化情况，确定水泵应设定的合理压差，使水泵的频率正常，供回水温差接近设计要求，一、二级泵总流量匹配，尽量减小旁通管的流量，使二者的流量相等。

2. 空调风系统平衡调试技术

空调风系统平衡前，需确认系统风管强度试验、漏风量检测合格。漏风量检测应在规定工作压力下，对风管系统检测，漏风量不大于《通风与空调工程施工质量验收规范》GB 50243—2016 规定值为合格。系统风管漏风量的检测，应以总管和干管为主，宜采用分段检测、汇总综合分析的方法，漏风量测试见图 4.2-5。

图 4.2-5　漏风量测试

（1）空调风系统平衡调整流程

空调风系统平衡调整流程：空调机组、通风机的单机试运转→机组性能测定→系统总风量的测定→风口风量平衡。

1）空调机组、通风机的单机试运转。包括风机开机前检查、风机的启动与运转。

2）机组性能测定。包括风机风压、风量、转速、运行电流等。

3）系统总风量的测定：

① 测定截面位置的确定。测定截面应选在气流比较均匀稳定的地方，一般选在局部阻力之后大于或等于 5 倍管径（或矩形风管长边尺寸）和局部阻力之前大于或等于 2 倍管径（或矩形风管长边尺寸）的直管段上，当条件限制时，距离可适当缩短且应适当增加测点数量。

② 测定截面内测点位置的确定。对于矩形风管，应将截面划分为若干个相等的小截面，并使各小截面尽可能接近于正方形，测点位于小截面的中心处，小截面的面积不得大于 0.05m^2。对圆形风管，应将风管截面划分为若干个面积相等的同心圆环，测点应在各圆环面积等分环线与相互垂直的两条直径的交点上，划分的圆环数根据风管直径确定。

③ 测试方法

a. 绘制系统草图。

b. 用热线风速仪测量风管的风速，或用毕托管和微压计测量风管内的动压。

c. 计算风量。实测系统风量与设计风量偏差不超过－5%～＋10%。

4）风口风量平衡：

① 风口风量初测：散流器风口用风量罩测量，格栅风口、喷口等用风速仪定点测量法。

② 风口风量平衡：对系统各个风口风量进行平衡工作，调试方法主要有流量等比例分配法、基准风口调整法和逐段分支法等，以基准风口法使用较多。

③ 风口风量最后测定：在风口风量平衡工作结束后，对所有风口的风量再测定确认，实测风口风量不得超过设计风量的±15%。

（2）风口风量的平衡调试方法

大型公建以高大空间区域较多，较多的采用球形喷口、旋流风口等。本节以球喷风口采用基准风口法为例，说明调整风口风量的平衡。喷口风速高，在调试过程中要根据送风射程、送风量、送风温差，参考相关产品样本，计算得出送风角度，并调节、锁定。

风量平衡流程：初次测量，确定基准风口→支管风口风量平衡→支干管间风量平衡→风口风量平衡的复核。

系统示意图见图 4.2-6，该系统有 6 个支路，编号依次为Ⅰ、Ⅱ…Ⅵ，每个支路又有不同数量的风口，以Ⅲ支路为主要研究对象，对其风口编号 1、2…10。

1）初次测量，确定基准风口：将全部风口风量初测一遍，并计算出各个风口的实测风量与设计风量的比值，取最小比值的风口为基准风口。如风口 1 比值最小则以风口 1 为基准风口。

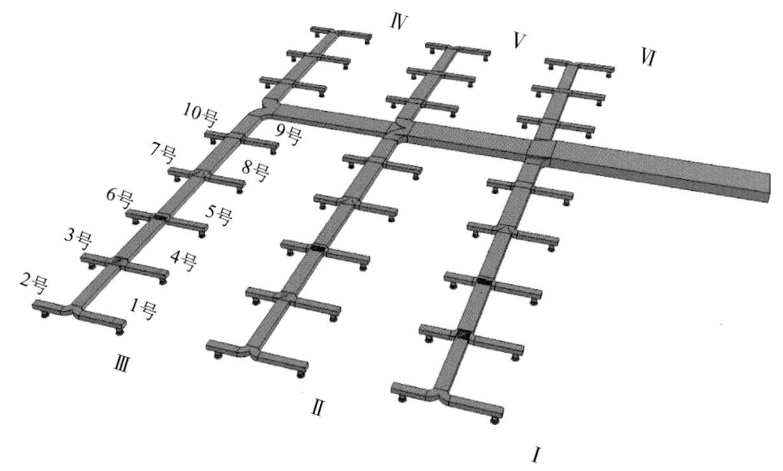

图 4.2-6　球喷风口系统示意图

2）支管风口风量平衡：风量的测定调整从离风机最远的支管Ⅲ开始。通过风口测量调节，使支管Ⅲ上风口 3～10 的实测风量与设计风量的比值百分数近似相等，达到支管各风口的平衡。通过同样的调节方法使其他支干管上的风口风量平衡。

3）支干管间风量平衡：通过支干管风量测量和阀门调节，达到支干管Ⅰ、Ⅱ…Ⅵ间的风量平衡。

4）风口风量平衡的复核：对系统所有风口进行测量，对于未满足要求的风口进行微调，最终达到平衡，记录数据。

3. VAV 系统调试技术

（1）准备工作

1）VAV 系统调试前，应检查新风机组、变风量末端、调节阀门、系统管路及自控元件等，确保空调系统能够正常运行工作、控制系统连接完好且具备测试条件。

2）准备检测调试所需人员、仪器、设备，收集与空调系统相关的设计资料及产品说明书，详细了解系统设计以及要求。

（2）VAV 系统的调试流程

以常见的定静压系统调试为例，调试流程如图 4.2-7 所示。

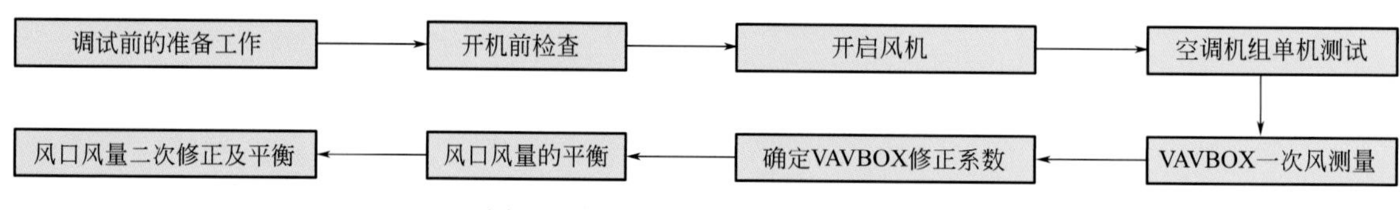

图 4.2-7　VAV 系统的调试流程图

（3）风量平衡调试

1）基准量化设定

在深化设计阶段进行风量平衡计算，对管道尺寸、走向进行优化，预先设定管道风量、全压及静压值，建立量化的调试基准。

2）前期预调

对影响风量平衡、传感器测量精度、造成噪声、漏风量增加等问题的点位进行有针对性的检测措施，重点检查 VAVBOX 与管道接口、风口接口等连接处漏风情况、引压软管的变形，对不符合要求的部位进行整改。

3）系统总风量调试

对调试区域的 VAV 系统的新风机组、空调机组、排风机的总风量进行调试，确认各设备风量达到设计要求，有多台变风量新风、排风的设备同时将各台间风量进行初调，如图 4.2-8 所示。

4）变风量末端风量平衡调试

① VAVBOX 风量的测量及修正系数整定

为了校验 VAVBOX 自带风量测量装置的准确度，通过风量罩测量风口风量之和与 VAVBOX 自带传感器测量的风量进行比较，通过软件对 VAVBOX 的修正系数 K 值进行调整。若偏差较大，要重新检查 VAVBOX 测压管是否堵塞、松动，如图 4.2-9 所示。

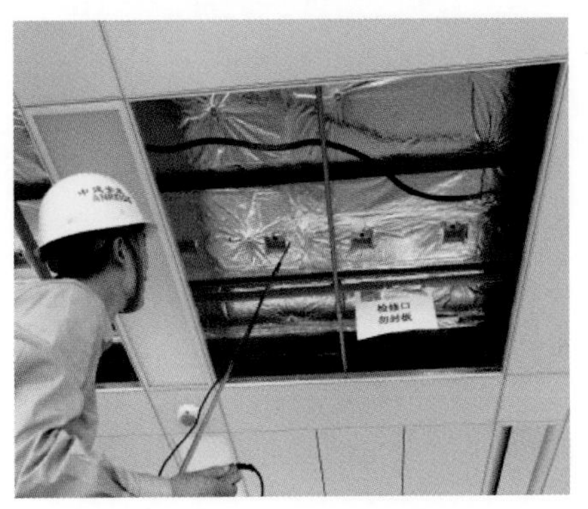

图 4.2-8　系统风量测量

图 4.2-9　风口风量测量

② VAVBOX 风量的平衡

a. VAVBOX 箱的系数 K 值修正后，通过 DDC 的上位软件，读取系统中每一台 VAVBOX 的风量值，此时软件中读取的风量值即为各 VAVBOX 的实际风量值。

b. 通过设置输出模拟信号，使所调试支管上的 VAVBOX 箱运行于最大风量值，参考风口风量平衡方法对此支管各 VAVBOX 的风量进行平衡。

5）最不利环路的判定与分析

① 手动设置传感器温度，输出模拟信号。如系统未进入供冷阶段，通过设置输出低于室内温度的模拟信号，让 VAVBOX 按设计风量运行。

② 分析 VAVBOX 的阀门开度。通过上位软件读取各 VAVBOX 前端的阀门开度，提前处理系统出现的问题。一般情况下，最不利环路为管路最长的位置，如出现在靠近机房的前端，应检查该台 VAVBOX 的手动阀及管路是否异常。

③ 调节静压点的压力值，逐步增大系统的运行风量。直至系统中只剩一台 VAVBOX 的阀门开度为 100%，从此台 VAVBOX 开始延伸至机房的管路，即为系统的最不利环路。

6）VAV 系统的风量二次平衡

在 VAV 系统的自控系统调试结束之后，对一次风系统风量平衡的结果进行再次确认。在 VAV 系统控制软件界面上将空调机组、VAVBOX、新风阀和排风阀开启到一次平衡时的状态，读取每个VAVBOX风量，与之前一次平衡的记录结果对比，如果发现偏差较大的，要分析原因，及时进行修改。

7）系统总排风量、新风量的调试：调节各机组排风和新风装置，使排风量与新风量能够达到设计要求的最大值。

8）系统带负荷运行及室内参数的测定

空调区域的温、湿度值及其波动范围应符合设计规定，为确保调试效果，当室内负荷达不到设计值时，进行人工模拟的带载调试。

① 室内温湿度测试：测试在空调设备及自控系统投入情况下，房间温湿度能否达到对应的温控器设置要求；当房间温湿度改变后，空调系统能否进行相应调整，并在新的温湿度下达到平衡。

② 各房间温湿度平衡测试：在空调水系统正常运转情况下，测试空调区域各房间温湿度能否达到设计参数，未出现不同房间、不同楼层、不同系统的冷热不均现象。当部分房间负荷发生变化导致送风量最大仍不能满足要求时，相应空调水阀门能进行自动调节而改变送风温度，同时负荷未发生变化的系统不受波动，仍保持平衡。

③ 带载调试，在调试时负荷未达到设计峰值时，在调试房间区域内使用加热器、加湿机、二氧化碳发生器等模拟设计负荷，测试变风量系统能否满足设计要求。

4.2.4 小结

空调系统平衡调试工作，对于系统建成后的运行效果有着重要影响。调试前需要充分做好前期技术准备工作，及时与各设备厂家沟通，提供必要的技术支持，保证数据准确，提高工作效率和调试质量。在调试过程中，对空调风系统和水系统的水力失调原因进行分析，及时处理过程中出现的问题，通过反复调整找出系统最佳平衡点，最终达到空调系统水量、风量的分配平衡，达到设计要求，为用户带来舒适的空调环境。

4.3 中央空调全系统联合调试技术

4.3.1 技术概况

中央空调全系统联合调试是在空调系统单机试运行合格和系统平衡工作结束后，通过投入空调自控系统进行全系统的联合工作的调试。

空调自控系统的任务是对以空调房间为主要调节对象的空调系统的温度、湿度和其他相关参数进行自动检测和自动调节，以及对有关设备进行自动连锁和信号报警，以保证空调系统能在最佳工况点运行和对系统进行保护，在满足实际负荷或工作需要的前提下做到既安全又节能。空调自控系统控制与调节的基本内容包括：空调房间温度、湿度、静压，设备运行状态，水系统的流量、压力、温度，风系统的风量、压力、温湿度、回风CO_2浓度，电机频率，阀门状态等。

在系统调试完毕后，对空调系统参数测定和调整，最终对空调系统综合效果做出评价。

4.3.2 技术特点

（1）自动控制仪器、仪表的检验和自动调节系统回路检查，是空调自控系统调试的重点，也是空调系统联合调试的基础。

（2）空调系统的联合调试，需要和楼宇设备自控系统相配合，对新风机组、空调机组、水系统、变冷媒流量多联机系统（Variable Refrigerant Volume，简称 VRV）和送排风系统等联动调试。

(3) 要按照不同工况受控参数及调节的要求，对投入运行的控制设备和空气调节过程进行调试，调试需与运行工况结合紧密，如无负荷状态、有负荷状态等不同工况的测试。

(4) 空调系统综合效果的评价，以关键参数的测量为依据，主要包括空调房间温度、湿度、风速、噪声、静压等。

4.3.3 技术措施

1. 空调自控系统的调试

中央空调系统受控的主要设备有冷水机组、冷却塔、冷冻（却）水泵、空调机组、新风机组、电动二通阀、比例积分阀、压差旁通阀、风量调节阀、风机等。空调自控系统调试包括：空调系统、新风系统、送/排风系统、热交换系统、制冷系统等。

自控系统的调试，主要包括自动控制仪器、仪表的检验和自动调节系统的线路检查。

自动控制仪器、仪表的检验，分为室内校验和现场校验。校验时，要严格按照使用说明书或其他规范对仪器、仪表的要求逐台进行全面的性能校验。自动控制仪表安装后，还需要进行诸如零点、工作点、满刻度等一般性能的校验。

自动调节系统的线路检查：

(1) 根据系统设计图样与有关施工规程，仔细检查系统各组成部分的安装与连接情况。

(2) 检查敏感元件的安装是否符合要求，所测信号是否能正确反映工艺要求，对敏感元件的引出线，尤其是弱电信号线，要特别注意强电磁场的干扰。

(3) 对于调节器，应着重检查手动输出、正反向调节作用、手动/自动的干扰切换是否正常。

(4) 对于执行器，应着重检查其开关方向和动作方向、阀门开度与调节器输出的线性关系、位置反馈是否正常，能否在规定数值起动、全行程是否正常、有无变差和卡顿现象。

(5) 对仪表连接线路的检查：着重查错，并且检查绝缘情况和接触情况。

(6) 对继电信号的检查：人为地施加信号，检查被调量超过预定上下限时的自动报警及自动解除警报的情况是否正常，此外，还要检查自动连锁线路和紧急停机按键等的安全措施是否正常。

(7) 各种自动计算检测元件和执行机构的工作应正常，满足 BA 系统对被测定参数进行检测和控制的要求。

2. 通风与空调系统配合联动调试

(1) 新风机组的联调：

① 配合 BA 系统检查新风机组风机的启停、故障、报警、运行状态和手自动显示。

② 配合 BA 系统检查新风系统各种温湿度监示，机组过滤器阻塞报警、水侧自控阀与新风系统的连锁。

③ 与 BA 系统通信实现监示、启停和再设定，过渡季变新风量运行。

(2) 空调机组调试：

① 配合 BA 系统检查空调机组风机的启停、故障、报警、运行状态和手自动显示。

② 配合 BA 系统检查空调系统各种温湿度监示，机组过滤器阻塞报警、水侧自控阀与新风系统的连锁。

③ 与 BA 系统通信实现监示、启停和再设定，过渡季变新风运行和全新风运行。

④ 对于定风量空调系统，以回风 CO_2 浓度为控制目标，调节新风入口定风量装置以及空调箱回风阀的开度。定风量装置、回风电动调节风阀与空调箱风机连锁，同时开启与关闭。

⑤ 对于 VAV 系统，以一次风送风管道静压或总风量为控制目标，控制调节电机频率。变频器与空

调箱风机连锁，同时开启与关闭。

(3) VRV 系统：配合各系统用房、各类控制中心及机房的 VRV 系统，与 BA 系统通信实现监示、启停及再设定。

(4) 送排风系统调试：

① 启停控制：在预定时间程序下控制送排风机的启停，可根据要求临时或者永久设定、改变有关时间表，确定假期和特殊时段。

② 手自动监测：通过启动柜接触器辅助开关，直接监测风机运行状态，手自动状态。通过风机过载继电器状态监测，产生风机故障报警信号。

③ 排油烟系统与厨房空调系统连锁运行。

④ 变频风机调试最佳开机、关机、调速模式。

3. 空调系统综合效果的测定和调整

空调系统室内环境基本参数包括温度、相对湿度、风速、噪声以及静压差等。

室内参数的测定应在系统风量、空气处理设备和空调水系统、风系统都调试完毕，且送风状态参数符合设计要求，以及室内热湿负荷和室外气象条件接近设计工况的条件下进行。选择合适的检测设备，根据房间大小及相关要求，确定测点数量和分布情况，按要求测量。

(1) 室内温度和相对湿度的测定：

对所有空调房间的温度和相对湿度要进行测量，且要分多次多时段测量。

1) 测点布置：

① 对于空调房间，室内面积不足 $16m^2$，测室中央 1 点。

② $16m^2$ 及以上不足 $30m^2$ 测 2 点（居室对角线三等分，其二个等分点作为测点）。

③ $30m^2$ 及以上不足 $60m^2$ 测 3 点（居室对角线四等分，其三个等分点作为测点）。

④ $60m^2$ 及以上不足 $100m^2$ 测 5 点（二对角线上梅花设点）。

⑤ $100m^2$ 及以上每增加 $20～50m^2$ 酌情增加 1～2 个测点（均匀布置）。

⑥ 测点离地面高度 0.7～1.8m，且应距外墙表面和冷热源不小于 0.5m，避免辐射影响。

2) 检测方法：

① 根据设计图纸绘制房间平面图，对各房间进行统一编号。

② 检查测试仪表是否满足使用要求。

③ 检查空调系统是否正常运行，对于舒适性空调，系统运行时间不少于 6h。

④ 根据系统形式和测点布置原则布置测点。

⑤ 待系统运行稳定后，依据仪表的操作规程，对各项参数进行测试并记录测试数据。

(2) 室内噪声的测定：

有些场所，如会议室、音乐厅等房间，噪声要求特别高，通过室内噪声的测定，以确定能否满足设计和使用要求，此外可进行局部测量查找噪声源。

室内噪声应符合设计要求，测定结果可采用噪声标准曲线（NC 曲线）或分贝［dB (A)］的表达方式。用声压计分别测试工作区域内的本底噪声和工作状态噪声。噪声测试时需注意本底噪声与合成噪声之差，对检测结果进行修正。如进行频谱分析时，应分别对各个频带加以修正，然后计算出被测噪声的声压级。

1) A 声压级 dB (A) 检测方法：

① 根据设计图纸绘制房间平面图，对各房间进行统一编号。

② 根据测点布置原则布置测点。

③ 关掉所有空调设备，测量背景噪声。

④ 依据仪表的操作规程，测量各测点噪声。

2）NC 标准下噪声测试：

利用八倍频谱噪声仪测试 A 计权模式下测试 63Hz、125Hz、250Hz、500Hz、1000Hz、2000Hz、4000Hz、8000Hz 不同频率的噪声值，然后和 NC 噪声评价曲线对比。实测噪声曲线在 NC 某条曲线下，那么实测噪声曲线就符合当前 NC 曲线标准。

① 选择及确定测试点：当室内面积小于 $50m^2$ 时，测点位于室内中心，距地 1.1～1.5m 高度处或按工艺要求设定，距离操作者 0.5m 左右，距墙面和其他主要反射面不小于 1m。当室内面积大于 $50m^2$，每增加 $50m^2$ 增加 1 个测点。测量时声级计或传声器可以手持，也可以固定在三脚架上，使传声器指向被测声源。设备噪声声压级测点按照图 4.3-1 选取。

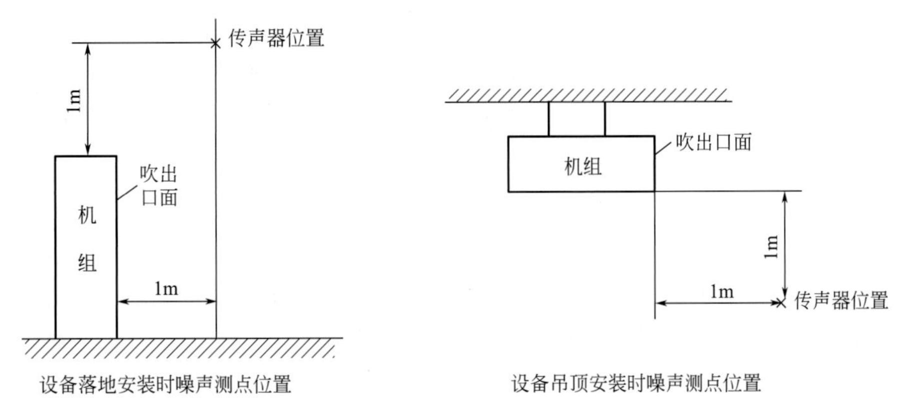

图 4.3-1　设备噪声测点布置图

② 测试数据和记录测试数据。

③ 绘制测试数据曲线：根据实际测试记录数据，将不同频率的测试值标定在图 4.3-2 中相对应的点上，得到实际数据的噪声曲线。例如，实测各个频率下的噪声值为：22.9dB、27.9dB、30.3dB、22.5dB、41.0dB、32.9dB、32.11dB、30.9dB，可得到曲线如图 4.3-3。

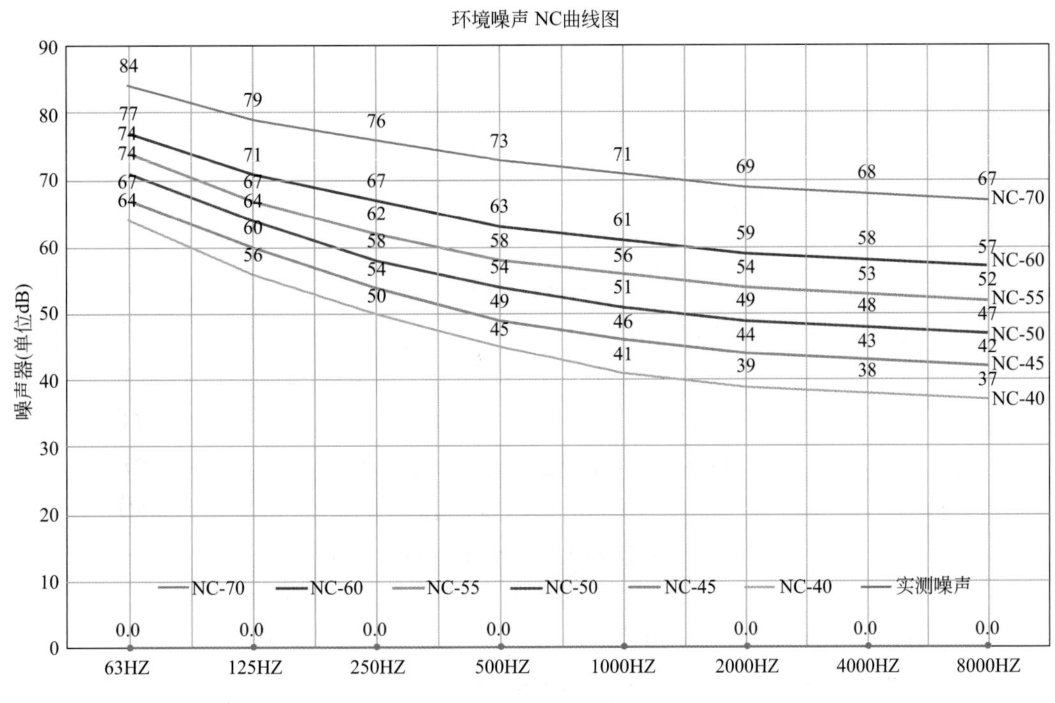

图 4.3-2　噪声曲线图

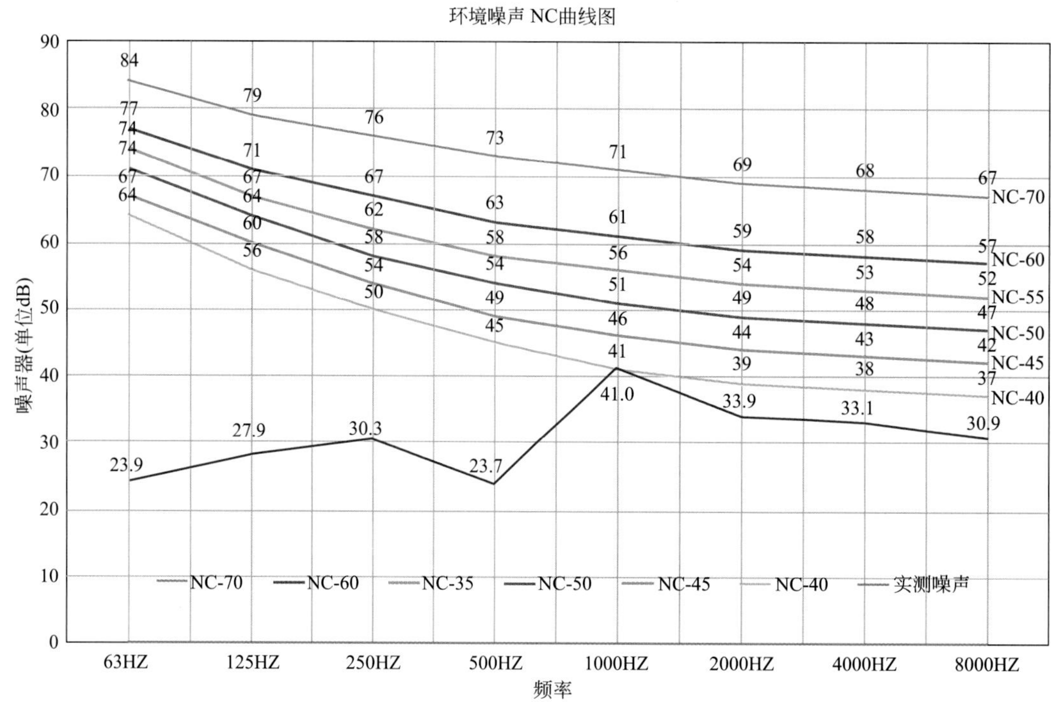

图 4.3-3　实测噪声曲线图

④ 分析测试数据曲线：首先可以根据实际的数据判断这条曲线符合NC哪条曲线要求。如图4.3-2，实测八个频段数据值在1000Hz工况下的噪声值最高并且刚好落在NC-40曲线41dB上，那么可以判断这条实测曲线（环境噪声）符合NC-40标准。另外根据设备实测的数据值可以和设备产品噪声参数对比，对于不符合要求的设备可以针对性的调整。

（3）室内气流组织的测定：

当空调房间工作区有使用要求时，要对室内气流组织进行测定，内容包括：气流流型、速度分布和温度分布的测定。气流流型的测定是整个气流组织测定的重要环节。

1）气流流型的测定：可采用丝线法或示踪剂法（如发烟）等，逐点观察和记录气流流向，并可用量角器测量气流角度，也可采用照相机或摄像机等图像处理技术进行记录，采用热球式风速仪或超声三维风速仪等测量各点气流速度；

气流流型的测定，应选择通过代表性送风口中心的纵、横剖面和工作区高度的水平面各1个，剖面上的测点间距应为0.2～0.5m，水平面上的测点间距应为0.5～1.0m。两个风口之间的中线上应设置测点。

2）气流速度分布的测定：一般紧接着气流流型测定之后进行，测点的布置与前面相同。测定的方法是，将测杆头部绑上一个热球风速仪的测头和一根合成纤维丝，在风口直径倍数的不同断面上从上至下逐点进行测量（一般每个点测量两次，取平均值）。热球风速仪只测出气流速度的大小，而气流的方向靠丝线飘动的方向来确定，并将测定结果用面积图形表示在纵断面图上。

3）温度分布的测定：

① 射流区温度衰减的测定，射流区测点的布置与测速度分布相同，可用热电偶温度计或水银温度计进行逐点测量，射流区每个垂直断面上测5个点。在射流速度最大值处所测得的温度称为射流轴心温度，而把5个测点温度的平均值作为射流的平均温度。

② 恒温区域内温度分布的测定，主要测出恒温区域内（距地面2m以下）不同标高平面上各点的温

度，绘出平面温差图，进而确定不同平面中区域温差值。

③ 绘制射流区温度衰减曲线、恒温区域平面温差分布图、区域温差累积曲线图。

4.3.4　小结

中央空调全系统联合调试是按照设计参数的要求，对公共建筑室内的温度、相对湿度、风速、噪声、静压差以及照度等测试，是对施工、调试结果的综合测试和验证。通过调整与试验，使自动控制的各环节达到正常或规定工况，提高空调系统运行过程中的自控水平，减少人为因素影响，系统运行符合设计要求，同时符合国家现行节能设计标准中的规定。

空调系统正式投入运行后还应通过空调季和过渡季的运行、观察，并不断调整，以达到满意的效果。

4.4　空调系统的故障诊断及处置技术

4.4.1　技术概况

空调系统在调试和使用过程中，可能出现不同程度的区域性或普遍性的问题，按其性质可分为设备故障和系统故障。设备故障主要是指设备及装置器件发生故障，如水泵不能启动、风机突然停机、皮带断裂、阀门完全堵塞、机组跳闸停机、报警失灵等。系统故障是指由于设备故障或运行状况不佳所引起的故障，例如空调区域温度过冷、过热、冷热不均，湿度过大、舒适度差，或空气品质差、房间噪声偏大、管道超压报警等。

通过检查施工安装质量，对运行记录进行核查及分析，采取检测、模拟等各种措施，找出故障的系统、设备或部件，并运用专业理论知识和经验分析找出故障原因，并提出科学、可行的解决方案。

4.4.2　技术特点

（1）设备故障复杂多样，运用空调系统关键设备的故障及处置技术，可快速诊断问题，并给出处置方案。

（2）系统故障成因复杂，采用分析检测数据、工况模拟等手段，分析排查系统故障成因，制定处置措施。

4.4.3　技术措施

1. 关键空调设备故障诊断及处置

（1）冷水机组

对冷水机组故障的处理，必须严格遵循科学程序，切忌盲目行动、随意拆卸，否则会使已有的故障扩大化，或引起新的故障，甚至对冷水机组造成严重损害。

故障处理的基本程序：调查了解故障产生的经过→搜集数据资料，查找故障原因→分析数据资料，诊断故障原因→确定解决方案→实施操作→检查结果。

可以通过“望、切、闻、思”进行故障诊断。

望：观察冷水机组的运行参数判断其工况是否正常。如冷水机组运行中高、低压力值，油压，冷却水和冷冻水进出口压力等参数，对比设定运行工况要求的参数值，偏离工况要求为异常，可以反映出一些问题或故障。另外，注意观察一些外观表象，如压缩机吸气管结霜，表示冷水机组制冷量过大、蒸发温度过低、压缩机吸气过热度小、吸气压力低。

切：在全面观察各部分运行参数的基础上，摸排各部分的温度情况，触碰冷水机组各部分及管道（包括气管、油管、液管、水管等），感觉压缩机工作温度及振动、进出水温度、管道接头处的油迹及分布情况等，如有异常说明可能存在故障隐患。

闻：通过冷水机组异常声响来分析判断故障、发现问题。主要听辩压缩机、油泵及抽气回收装置的压缩机、系统的电磁阀、节流阀等设备的异常声响。

思：综合分析以上三步得到的数据及各类现象，找出故障原因，制定处置措施。

蒸气压缩式冷水机组各种故障的逻辑关系见图 4.4-1。

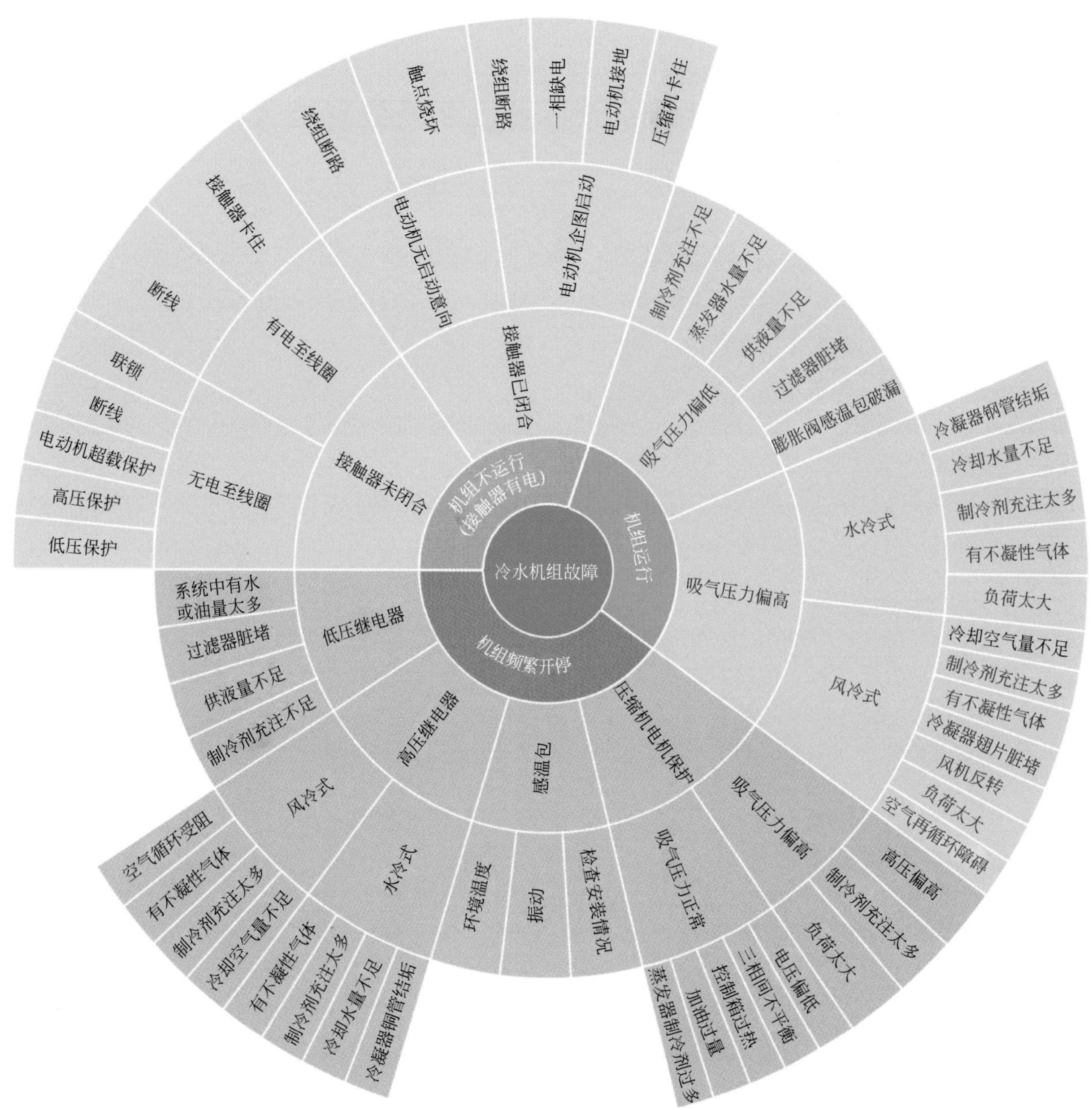

图 4.4-1 冷水机组各种故障的逻辑关系图

（2）冷却塔

冷却水的流量和回水温度直接影响到制冷机的运行工况和制冷效率，因此保证冷却水的流量和回水温度至关重要。冷却塔组成构件多，工作环境差，常见故障和原因分析及解决办法见表 4.4-1。

冷却塔常见故障和原因分析及解决方法　　　　**表 4.4-1**

<table>
<tr><th>故障</th><th colspan="2">原因分析</th><th>解决方法</th></tr>
<tr><td>出水温度过高</td><td colspan="2">1. 循环水量过大
2. 布水管(配水槽)部分出水孔堵塞，造成偏流(布水不均匀)
3. 进出空气不畅或短路
4. 通风量不足
5. 填料部分堵塞造成偏流
6. 室外湿球温度过高</td><td>1. 调阀门开度
2. 清除堵塞物
3. 查明原因、改善
4. 查找原因，增加通风量
5. 清除堵塞物
6. 减小冷却水量</td></tr>
<tr><td rowspan="2">通风量不足</td><td>1. 风机转速降低</td><td>1.1 皮带松
1.2 轴承润滑不良</td><td>1.1 张紧或更换皮带
1.2 加油</td></tr>
<tr><td colspan="2">2. 风机叶片角度不合适
3. 风机叶片破损
4. 填料部分堵塞</td><td>2. 调至合适角度
3. 修复或更换
4. 清除堵塞物</td></tr>
<tr><td>集水盘(槽)溢水</td><td colspan="2">1. 集水盘(槽)出水口(滤网)堵塞
2. 浮球阀失灵，不能自动关闭
3. 循环水量超过冷却塔额定容量</td><td>1. 清除堵塞物
2. 修复
3. 减少循环水量</td></tr>
<tr><td>集水盘(槽)
中水位偏低</td><td colspan="2">1. 浮球阀开度偏小，补水量不足
2. 补水压力不足，造成补水量小
3. 管道系统有漏水的地方
4. 补水管径偏小</td><td>1. 调整浮球阀位
2. 提高压力或加大管径
3. 查明漏水处，堵漏
4. 更换</td></tr>
<tr><td>有明显飘水现象</td><td colspan="2">1. 循环水量过大或过小
2. 通风量过大
3. 填料中有偏流现象
4. 布水器转速过快
5. 挡水板安装位置不当</td><td>1. 调节阀门至合适水量
2. 降低风机转速或风机叶片角度
3. 调整填料，使其均流
4. 调整转速
5. 调整</td></tr>
<tr><td>布水不均匀</td><td colspan="2">1. 布水器部分出水孔堵塞
2. 循环水量过小
3. 布水器转速太慢或不稳定、不均匀</td><td>1. 清除堵塞物
2. 加大循环水量
3. 调整</td></tr>
<tr><td>有异常噪声或振动</td><td colspan="2">1. 风机转速过高，风量过大
2. 风机轴承缺油或损坏
3. 风机叶片与其他部件碰撞
4. 紧固螺栓的松动
5. 风机叶片松动
6. 皮带与防护罩摩擦
7. 齿轮箱缺油或齿轮组磨损</td><td>1. 降低风机转速或调整风机叶片角度
2. 加油或更换
3. 调整
4. 紧固
5. 紧固
6. 张紧皮带，调整防护罩
7. 加油或更换齿轮组</td></tr>
<tr><td>滴水声过大</td><td colspan="2">1. 填料下水偏流
2. 冷却水量过大
3. 积水盘(槽)中未装吸声垫</td><td>1. 调整或更换填料
2. 调整水量
3. 加装吸声垫</td></tr>
</table>

(3) 水泵

水泵是水系统输配动力核心，水泵出现故障，水系统无法正常运转，影响空调效果。常见故障和原因分析及解决办法见表 4.4-2。

水泵常见故障和原因分析及解决方法　　表 4.4-2

故障	原因分析	解决方法
启动后不出水	1.水量不足 2.叶轮旋转反向 3.阀门未开启 4.吸入端或叶轮内有异物堵塞	1.补水 2.调整电机接线相序 3.检查并打开阀门 4.清除异物
启动后系统末端无水	1.转速未达到额定值 2.管道系统阻力大于水泵额定扬程	1.检查电压、填料松紧、轴承润滑 2.更换水泵或改造管路
压力表指针剧烈摆动	有空气进入泵内	排气并查明原因，采取措施杜绝发生
启动后开始出水，但又停止	1.管道中积存大量空气 2.有大量空气吸入	1.查明原因，排气 2.检查管道、轴封等的严密性
在运行中突然停止	1.进水管、口被堵塞 2.有大量空气吸入 3.叶轮严重损坏	1.清除堵塞物 2.检查管道、轴封等的严密性 3.更换叶轮
轴承过热	1.润滑油(脂)不足 2.润滑油(脂)老化或油质不佳 3.轴承安装错误或间隙不合适 4.泵与电机的轴不同心	1.加油(脂) 2.清洗后更换合格的润滑油(脂) 3.调整或更换 4.调整找正
填料函漏水过多	1.填料安装不合理 2.填料磨损 3.轴有弯曲或摆动	1.调整填料安装 2.更换 3.校直或校正
泵内声音异常	1.有空气吸入，发生气蚀 2.泵内有固体异物	1.查找原因，杜绝空气吸入 2.拆泵清除
泵振动	1.地脚螺栓或各连接螺栓螺母松动 2.有空气吸入，发生气蚀 3.轴承磨损 4.叶轮破损 5.泵内有异物 6.泵与电机的轴不同心 7.轴弯曲	1.紧固 2.查找原因，杜绝空气吸入 3.更换 4.修补或更换 5.清除异物 6.调整 7.校正或更换
流量达不到额定值	1.转速未达到额定值 2.叶轮松动 3.阀门开度不够 4.有空气吸入 5.进水管或叶轮内有异物堵塞 6.密封环磨损过多 7.叶轮磨损严重 8.管道系统阻力偏大	1.检查电压、填料、轴承 2.紧固 3.开到合适开度 4.查找原因，杜绝空气进入 5.清除异物 6.更换密封环 7.更换叶轮 8.管道改造或更换水泵
电动机耗用功率过大	1.转速过高 2.在高于额定流量和扬程的状态下运行 3.填料压得过紧 4.水中混有泥沙或其他异物 5.泵与电机的轴不同心 6.叶轮与蜗壳摩擦	1.检查电机、电压 2.调节出水管阀门开度 3.适当调整 4.清洗 5.调整 6.查明原因，调整消除

(4) 风机

风机是风系统输配动力核心，风机出现故障，风系统无法正常运转，影响空调使用。风机常见问题和故障的分析与解决方法，参见表 4.4-3。

风机常见故障和原因分析及解决方法　　　　表 4.4-3

现象	原因分析	解决方法
电机温升过高	1. 流量超过额定值 2. 电机或电源方面有问题	1. 关小风量调节阀门 2. 查找电机和电源方面的原因
轴承温升过高	1. 润滑油(脂)不够 2. 润滑油(脂)质量不良 3. 风机轴与电机轴不同心 4. 轴承损坏 5. 两轴承不同心	1. 加足 2. 清洗轴承后更换合格润滑油(脂) 3. 调整同心 4. 更换 5. 找正
传动问题	1. 皮带过松(跳动)或过紧 2. 多条皮带传动时,松紧不一 3. 皮带易脱落 4. 皮带擦碰皮带保护罩 5. 皮带磨损、油腻或脏污 6. 皮带磨损过快	1. 调电机位置,张紧或放松 2. 全部更换 3. 调整 4. 张紧皮带或调整保护罩 5. 更换 6. 调整皮带轮的平行度
噪声过大	1. 叶轮与进风口或机壳摩擦 2. 轴承部件磨损,间隙过大 3. 转速过高	1. 调整 2. 更换或调整 3. 降低转速或更换风机
振动过大	1. 叶轮与轴的连接松动 2. 叶片重量不对称或有叶片磨损、腐蚀 3. 叶片上附有不均匀的附着物 4. 叶轮上的平衡块重量或位置不对 5. 风机与电机两皮带轮的轴不平行 6. 地脚或其他连接螺栓的螺母松动	1. 紧固 2. 调整平衡或更换叶片或叶轮 3. 清洁 4. 进行平衡校正 5. 调整平行 6. 拧紧
叶轮与进风口或机壳摩擦	1. 轴承在轴承座中松动 2. 叶轮中心未在进风口中心 3. 叶轮与轴的连接松动 4. 叶轮变形	1. 紧固 2. 查明原因,调整 3. 紧固 4. 更换
出风量偏小	1. 叶轮旋转反向 2. 阀门开度不够 3. 皮带过松 4. 转速不够 5. 管道堵塞 6. 叶轮与轴的连接松动 7. 叶轮与进风口间隙过大 8. 风机制造质量问题,达不到铭牌值	1. 调换电机接线相序 2. 调整阀门开度 3. 张紧或更换 4. 检查电压、变频器 5. 清除堵塞物 6. 紧固 7. 调整至合适间隙 8. 更换风机

2. 空调系统常见故障

室内环境基本参数包括温度、相对湿度、风速、噪声、洁净度、静压差以及照度等。温度、相对湿度是空调系统的重要的参数，控制室内湿度是空调系统的主要功能之一，如果空调房间湿度过大，会使人产生憋闷感。噪声偏高也是空调系统运行过程中较常见的问题。此外，空气品质差，如二氧化碳浓度高、空气不清新等，都是空调房间存在的问题。

空调系统常见故障和原因分析及解决方法参见表 4.4-4。

空调系统常见故障和原因分析及解决方法 **表 4.4-4**

现象	原因分析	解决方法
送风参数与设计值不符	1.冷热媒参数和流量与设计值不符 2.空气处理设备热工性能达不到额定值 3.空调箱或风管的负压段漏风,未经处理的空气漏入 4.挡水板挡水效果不好 5.送风管和冷水管温升超过设计值	1.调节冷热媒参数与流量 2.测试空气处理设备热工性能,查明原因,消除故障 3.检查设备、风管,排除短路与漏风 4.检查喷水室挡水板,消除 5.检查风管、水管保温层施工质量
室内温度、相对湿度均偏高	1.送风温度、相对湿度偏高 2.喷水室喷嘴堵塞,或喷水压力过大,错装细喷喷嘴 3.空气处理设备风量过大、热湿交换不良 4.室内负压造成大量室外空气渗入 5.送风量不足可能过滤器堵塞 6.表冷器结霜,造成堵塞 7.房间热湿负荷计算不准确	1.检修制冷系统 2.清洗喷水系统,检查喷嘴型号,调节喷水压力 3.调节通过空气处理设备的风量 4.调节回、排风量使室内形成正压 5.清理过滤器,使送风量正常 6.调节蒸发温度,防止结霜 7.夜间或负荷小的时段调试判别
室内温度合适或偏低,相对湿度偏高	1.送风温度低(可能是二次加热未开或不足) 2.喷水室过水量大,送风含湿量大(可能是挡水板不均匀或漏风) 3.机器露点温度和含湿量偏高 4.室内产湿量大(如增加了产湿设备,用水冲洗地板,漏气、漏水等)	1.正确使用二次加热,检查二次加热的控制与调节装置 2.检查挡水板质量,堵漏风 3.调节三通阀,降低混合水温 4.减少湿源
室内温度正常,相对湿度偏低多见于冬季	1.室外空气含湿量较低,未经加湿处理,仅加热后送入室内 2.加湿器系统故障	1.加湿 2.检查加湿器及控制与调节装置
系统实测风量大于设计风量,室内正压过大	1.系统的实际阻力小于设计阻力 2.设计时选用风机容量偏大	1.关小风量调节阀,减小风量 2.有条件时改变(降低风机的转速)
系统实测风量小于设计风量,室内出现较大负压,室内温度、相对湿度偏高	1.系统阻力大于设计阻力 2.系统中有阻塞现象 3.系统漏风 4.风机出力不足风机达不到设计能力或旋转方向不对,皮带打滑等	1.减小系统阻力 2.检查清理阻塞物 3.检查漏风点,堵漏风 4.检查、排除影响风机出力不足的因素
系统总送风量与总进风量不符	1.风量测量方法与计算不正确 2.系统漏风或气流短路	1.复查测量与计算数据 2.检查漏风情况;消除短路
机器露点温度正常或偏低,但室内降温慢	1.送风量小于设计值,换气次数少 2.二次回风的系统二次回风量过大 3.空调系统房间多、风量分配不均	1.检查风机型号,叶轮转向,皮带,开大送风阀门,消涂风量不足因素 2.调节,降低二次回风量 3.调节,使各房间风量分配均匀
室内气流速度超过允许流速	1.送风口速度过大 2.总送风量过大 3.送风口的形式不合适	1.增大风口面积或开大风口调节阀 2.降低总风量 3.改变送风口形式,增加紊流系数
室内气流速度分布不均,有死角区	1.气流组织设计考虑不周 2.送风口风量未调节均匀,不符合设计值	1.实测气流分布图,找出问题根源 2.调节各送回风口风量
室内噪声偏高	1.设备噪声传播 2.风速过高 3.送回风口叶片松动 4.风口风管连接不佳	1.设备消声减振,对机房消声处理 2.调整 3.修复 4.修复
室内空气品质差	1.新风系统不正常运行 2.新风和回风过滤不良 3.系统串风(新风和排风、回风)	1.检查新风机组 2.清洗滤网 3.检查回路和阀门

4.4.4　小结

通过多个项目的调试，汇总空调系统调试过程中出现的各类问题，结合现场实际情况，分析其产生原因，并有针对性地提出处置意见，快速有效解决空调系统运行的故障，尽可能避免误判，减少停机时间，满足设计及使用要求。

4.5　供配电保障调试技术

4.5.1　技术概况

供配电保障调试技术，主要针对供配电系统电气设备、应急电源系统、柴油发电机组的检测调试及供配电系统的故障诊断调试。结合设计图纸及生产厂家技术文件，对现场电气设备进行检测和整定，确保安装的电气设备和供配电系统合格；当市电停电时，应急电源系统、柴油发电机组可向建筑内的重要用电负荷正常供电；当供配电系统故障时可以快速诊断及处置。大型公建供配电系统电压等级多为35kV 及以下，本技术主要以此为例进行阐述。

4.5.2　技术特点

（1）应用先进且稳定可靠的电气检测调试设备仪器，精度等级及最小分度值满足检测调试要求，并符合国家有关计量法规及检定规程的规定。

（2）整个供配电保障系统的调试，要求高，项目种类多，工作量大，包括重要供配电设备的调试、供配电电缆线路的测试、保护定值的整定及应急、不间断电源的调试等。

（3）供配电系统故障诊断及调试，通过仪表测量法、检测调试法和逻辑分析法，快速发现、诊断及解决供配电系统的故障，有较强的技术性和适用性。

4.5.3　技术措施

1. 供配电系统电气设备的检测调试

电气设备是供配电系统的关键元件和基本单位，其品质将直接影响大型公共建筑的电源质量和配电系统的可靠性，对供配电系统中的电气设备的检测调试极其重要，常用的检测设备仪器见表 4.5-1。

常用检测设备仪器　　**表 4.5-1**

序号	仪器设备名称	示例图片
1	微机继电保护测试仪	

续表

序号	仪器设备名称	示例图片
2	全自动变比组别测试仪	
3	直流电阻测试仪	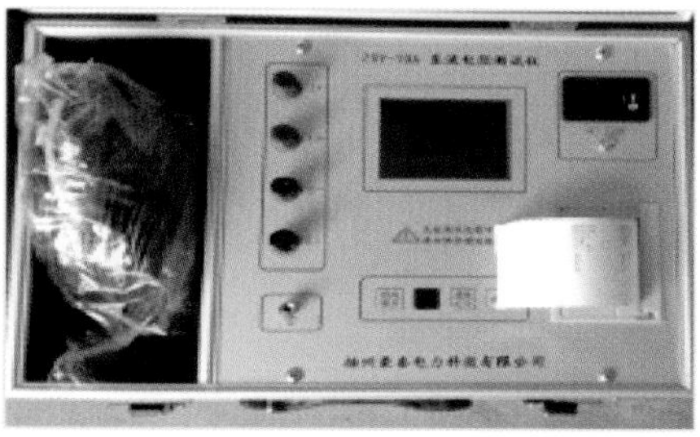
4	电能质量测试仪	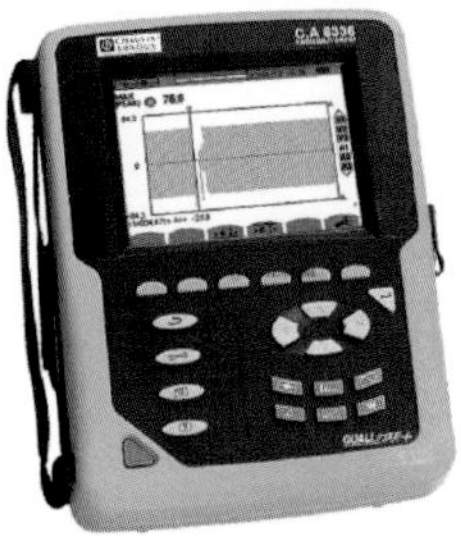
5	高频直流高压发生器	
6	开关特性测试仪	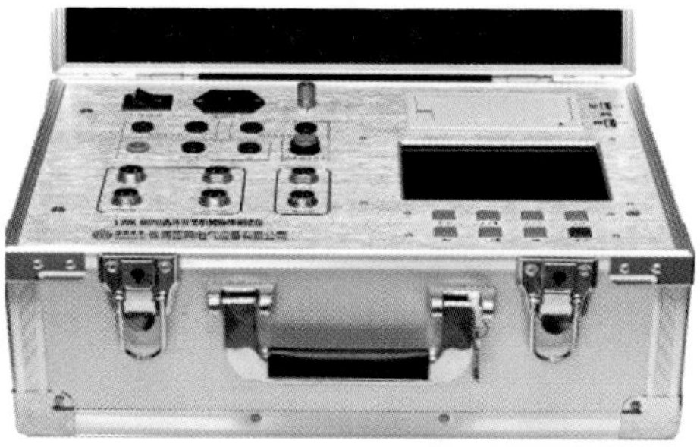

续表

序号	仪器设备名称	示例图片
7	CT伏安变比极性综合测试仪	
8	智能回路电阻测试仪	
9	试验变压器	
10	交流串联谐振耐压设备	

(1) 电力变压器检测调试

1) 测量绕组连同套管的直流电阻，使用直流电阻测试仪在分接头的所有位置上进行，各相绕组相互差值不应大于4%（1600kVA及以下）或2%（1600kVA以上）；线间各绕组相互差值不应大于2%（1600kVA及以下）或1%（1600kVA以上）；或用测得的直流电阻与同温下产品出厂实测数值比较，其相应变化不应大于2%，不同温度下电阻值按式（4.5-1）计算：

$$R_2 = R_1 \frac{T+t_2}{T+t_1} \tag{4.5-1}$$

式中　R_1——温度在t_1（℃）时的电阻值，Ω；

R_2——温度在t_2（℃）时的电阻值，Ω；

T——计算用常数，铜导线取 235，铝导线取 225。

2）测量变压器各分接头的变压比：采用自动变比测试仪测量并计算比差，变压比的允许偏差为 ±1%，同时与制造厂铭牌数据相比，无明显差别。

3）检查变压器三相接线组别：采用接线组别测试仪检查，与变压器的铭牌标记和外壳上的符号相符。

4）测量变压器绝缘电阻值及吸收比：使用 2500V 兆欧表分别测量变压器高压对低压及地、高压对地、低压对地的绕组绝缘电阻值及吸收比。绝缘电阻与出厂值进行比较，在同温度下不应低于出厂值的 70%；常温下吸收比不应小于 1.3，或与出厂值比较无明显差别。

5）测量各绝缘紧固件及铁芯接地线引出套管对地的绝缘电阻值，并检查变压器铁芯是否存在多点接地情况，变压器铁芯只允许通过其铁芯接地线一点接地。

6）变压器绕组的交流耐压试验：被试绕组用导线连在一起，并接到试验变压器的高压端子上，其余绕组用导线连在一起，并接地。试验时，试验电压从零均匀地增加到额定值，并维持 1min，在试验过程中，不断观察电流表、电压表指示，仪表不应有大的摆动，在耐压过程中应无放电或短路现象。

7）变压器冲击合闸试验：在变压器耐压试验合格后，第一次正式送电前，应进行冲击合闸试验。由高压侧投入全电压，观察变压器冲击电流，听变压器声音；在不具备从高压侧送电的条件下，若现场试验电源能满足变压器容量的要求，可从变压器的低压侧反送电对变压器进行冲击试验；如果冲击试验的冲击电流读数基本相同且声音正常，则可认为冲击试验合格，达到要求，变压器可以投入运行。

8）相位检查：用万用表检查变压器进线电缆和出线母排的相位，以确保变压器的相位与电网的相位一致，保证用电安全。

（2）真空断路器检测调试

1）测量断路器相间及各相对地的绝缘电阻值，测量的数值应与出厂报告相符。

2）测量断路器各相导电回路电阻：在断路器合闸后，用回路电阻测试仪测量断路器各相导电回路电阻，其值应符合产品的技术规定。真空断路器的检测调试见图 4.5-1。

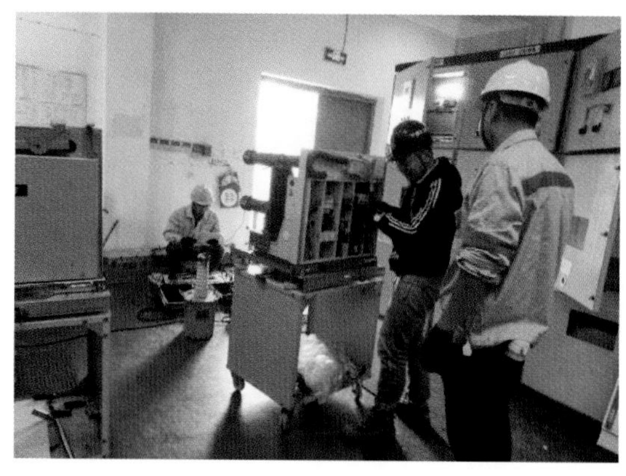

图 4.5-1　真空断路器检测调试图

3）测量断路器的分、合闸时间：断路器主触头分、合闸的同期性及合闸时触头的弹跳时间，用高压开关测试仪测量，测试结果应符合产品技术条件的规定，40.5kV 以下断路器测得触头合闸的弹跳时间应不大于 2ms。

4）测量分、合闸最低动作电压：采用直流稳压电源和标准电压表进行测试，试验数据应符合产品要求。

5）测量分、合闸线圈及合闸接触器线圈的绝缘电阻值和直流电阻值：采用 500V 兆欧表及直流电阻测试仪测量，合闸线圈及合闸接触器线圈的绝缘电阻值应不低于 10MΩ，直流电阻测量值应满足产品技术要求。

6）断路器操作机构的操作试验：观察断路器应可靠动作，各辅助触点动作良好，操作次数应不少于三次。

7）断路器的交流耐压试验：断路器三相对地及断路器断口间进行耐压试验，不应发生放电现象。

（3）电压互感器（Potential Transformer，简称PT）检测调试

1）绝缘电阻测量：电压互感器一次绕组对地（外壳）、二次绕组对地（外壳）、二次绕组间进行绝缘电阻测试，测得值应满足标准要求。

2）检查电压互感器的组别和极性：采用直流感应法或组别测试仪检查电压互感器的组别和极性应符合设计要求。

3）绕组直流电阻值的测量：测量在电压互感器的出线头上进行，应符合产品规定。

4）比差的测量：采用自动变比测试仪进行测试，其变比误差应符合产品技术要求。

5）空载电流试验：采用调压器、电流表及电压表进行试验。在电压互感器二次线圈通入额定电压进行空载电流测试，其值不做规定；空载电流测试应在感应耐压试验前后各进行一次，且两次的测得值不应有明显区别。

6）电磁式电压互感器励磁特性试验：试验方法与空载电流试验方法相似，励磁曲线测量点为额定电压的20%、50%、80%、100%、120%，对于中性点直接接地的电压互感器，最高测量点应为150%，对于中性点非直接接地系统，半绝缘结构电磁式电压互感器最高测量点应为190%，全绝缘结构电磁式电压互感器最高测量点应为120%。励磁电流测量值与出厂值和型式试验报告的偏差不大于30%。

7）电压互感器的交流耐压试验：采用三倍频感应耐压试验仪试验，试验电压按出厂的80%进行，并应在高压侧监视电压。耐压时无异常放电现象；二次绕组之间及对外壳的交流耐压值可采用2500V兆欧表代替。

（4）高压电流互感器检测调试

1）互感器的绝缘电阻应满足标准要求。

2）电流互感器的极性检查：采用直流感应法检查电流互感器的极性应符合设计要求并与铭牌和标志相符。

3）绕组直流电阻值的测量：电流互感器的绕组直流电阻值应符合产品规定，且同型号、同批次、同规格电流互感器一、二次绕组的直流电阻和平均值的差异不应大于10%。

4）电流互感器的比差、角差测定：用电流互感器校验仪进行测量，比差及角差精度等级应满足其相应继电器及仪表、仪器的运行要求。

5）交流耐压试验：考虑到其安装位置及不好拆开等特点，与高压母线一同进行耐压试验，10kV电流互感器耐压值为33kV/min。

（5）避雷器检测调试

1）避雷器绝缘电阻值应符合标准要求。

2）金属氧化物避雷器直流参考电压和0.75倍直流参考电压下的泄漏电流值：根据避雷器的电压等级及不同规格，用直流泄漏试验变压器和微安表先测量直流1mA参考电流时的参考电压作为避雷器的直流参考电压，再测量0.75倍直流参考电压时的泄漏电流；测得的直流参考电压应符合产品技术条件的规定。实测值与制造厂规定值比较不应大于±5%；0.75倍直流参考电压下的泄漏电流值应不大于50μA或符合产品的技术条件规定。

3）阀式避雷器的工频放电：用交流试验变压器进行试验，放电电压值可参照《电气装置安装工程 电气设备交接试验标准》GB 50150—2016的有关标准。

（6）高压电缆检测调试

1）高压电缆的绝缘电阻测量：直流耐压前、后采用2500V兆欧表测试电缆芯线对地、金属屏蔽层

间和芯线间的绝缘电阻，测量值应满足规范要求，且耐压前后的绝缘电阻值不应有大的差异，测试完后应立即放电，确保安全。高压电缆交流耐压试验见图 4.5-2。

图 4.5-2　高压电缆交流耐压试验图

2）用兆欧表或校线器检查电缆相位，保证电缆两端的相位一致且与供电网的相位一致。

3）高压电缆的交（直）流耐压试验和泄漏电流测量：对于 18/30kV 及以下电缆一般可采用直流泄漏试验代替交流试验，试验时应分 4 阶段～6 阶段均匀升压，每阶段应停留 1min，并记录泄漏电流值，10kV 电缆当试验电压调整到 35kV 时，停留 1min 记录泄漏电流值后，应继续停留 15min，并记录泄漏电流值，然后缓慢阶梯式降低试验电压，在每个电压段停留 1min，并记录泄漏电流值，试验结束后，应切断试验电源，并对电缆芯线进行放电。在直流耐压试验后应对电缆各芯线间及芯线对地或屏蔽层间进行绝缘电阻测试，其绝缘电阻值在耐压前后，不应有大的差别。在试验过程中应注意观察电流表指针是否稳定，听电缆两端是否有异常声响，以判断电缆及电缆头是否存在缺陷。

4）金属屏蔽层电阻和导体电阻比测量：用直流双臂电桥或直流电阻测试仪分别测量相同温度下金属屏蔽层电阻和导体电阻值，作为以后电缆检修时的对比依据。

（7）高压母线检查试验

1）高压母线绝缘电阻值应满足规范要求。

2）交流耐压试验：若母线上连接的高压元器件无法拆除，应根据耐压标准最低的元器件对母线进行交流耐压试验。

3）高压柜电加热及带电显示检查：交流耐压试验时，观察高压柜上的带电显示装置应显示正常。检查电加热回路的绝缘电阻及直流电阻，以判断电加热器是否正常。

（8）直流屏检查调试

1）根据设计图纸，对蓄电池进行充、放电试验，检查蓄电池电压及充、放电时间。

2）用万用表检查直流供电回路的电压应符合要求，用 500V 兆欧表检查各直流回路的绝缘电阻值，测得值应符合要求。

3）给直流屏送上正式电源，观察蓄电池电压及充、放电应正常，各类仪表指示正常，用万用表检查各输出回路电压值和极性符合要求。

4）检查直流装置信号和参数：输出母线电压信号，过、欠电压报警，装置失电报警；绝缘下降信号、系统接地故障信号；直流故障信号；电池电压、电流、内阻、浮充、均充以及预告警、故障等信号确认正常。

（9）保护定值整定调试

1）备自投装置的调试及动作时间整定

根据设计文件要求，对两段低压母线备自投、市电与柴油发电机组备自投、终端配电箱双电源备自投的动作逻辑校验，调试设置备自投装置的动作时间。确保有动作信号或者模拟动作状态时，上述备自投装置能正确、及时动作。

2）高低压保护装置动作电流和动作时间整定

① 10kV 继电保护

10kV 继电保护应配备过载、定时限过电流、限时和瞬时电流快速断开保护。采用三相继电保护测试仪对微机综合继电保护装置进行校验和整定，整定值按照电力部门或设计要求。

② 变压器低压侧总断路器

变压器低压侧总断路器应配置过负荷、长延时和瞬时跳闸保护。为充分利用变压器容量又不影响其寿命，变压器低压侧总断路器的过负荷整定应与变压器允许的正常过负荷相适应，长延时过电流脱扣器整定电流宜等于或接近于变压器低压侧额定电流。长延时过流跳闸的整定、瞬时过流跳闸的整定值符合电力部门或设计要求。

③ 低压母线分段断路器

根据流过母线的最大电流选择过载和瞬时跳闸，瞬时跳闸整定方法同变压器低压侧总断路器的瞬时跳闸整定方法相同。

④ 单台电动机供电的低压断路器

低压断路器应配置长延时和瞬时过流跳闸：长延时过流跳闸的整定值一般取电机额定电流的 1.2 倍，瞬时过流跳闸的整定值一般取电动机额定电流的 8～10 倍，在调试整定的过程中参照电动机铭牌对其断路器进行整定。

⑤ 漏电保护装置

低压供配电系统当主保护达不到保护单相接地的要求时，应设置剩余电流动作保护装置 RCD（Residual Current Operated Protection Device，简称漏电保护），以确保人身和财产安全。采用 RCD 的选择性进行分级保护时，在安装使用前应进行串联模拟动作试验，保证其动作特性协调配合。

2. 应急电源、不间断电源的调试

应急电源（Emergency Power Supply，简称 EPS）是一种集中消防应急供电电源，在市电故障和异常时，能够继续向负载供电，确保不停电，以保护人民生命和财产的安全。不间断电源（UPS）可以向负载提供输出精度高、波形失真小、电压及频率稳定的高质量电源，而且在 UPS 静态旁路开关切换时可以做到不间断供电。

（1）柜体的常规检查调试见表 4.5-2

柜体的常规检查调试　　　　**表 4.5-2**

序号	调试方法及注意事项
1	用兆欧表或万用表检查配电箱内开关及配线的绝缘电阻值，其值应符合规范要求
2	手动分合空气开关，用万用表检查开关分、合闸正常
3	用万用表检查电源正常，回路符合设计图纸的要求，电线、电缆、导线和端子连接紧固，电源相序正确
4	模拟在市电电源停电或意外中断时 EPS、UPS 能否实现不间断给网络设备、通信设备、重要的民航专用设备等用电设备供电
5	电流表、电压表及电流互感器的比对精度检验；过载、过流、过压、过温等保护整定及模拟试验

（2）蓄电池的充放电试验

放电前对蓄电池组做均充，以使电池组达到满充电状态。断开电池组和开关电源之间的连接，把试验负载正确连接到电池组正负极上。根据情况需要，确定电池组的放电倍率，在试验负载上选择相匹配的负载档，对电池组进行放电。

记录电池充放电时间、电流、最终电压、电池温度、放电容量，同时记录电压不符合标准的电池个数。完成充放电试验，根据试验数据绘制充放电曲线，应符合厂家出厂资料和设计文件的要求。

3. 柴油发电机组的检测调试

为保证大型公共建筑的供电安全，当市电掉电以后，高低压系统还能保障部分重要负荷，设置应急柴油发电机系统，主要为以下系统提供正常供电中断时的应急电源：应急照明、消防系统、防排烟系统、消防电梯系统等。

（1）外观检查

机组的控制屏表面应平整；电镀件的镀层应平滑，无漏镀斑点、锈蚀等现象；紧固件应有防松措施，工具及备附件应固定牢固；各焊接部位应牢固，焊缝应均匀，无裂纹、药皮、溅渣、焊穿、咬边、漏焊及气孔等缺陷，焊渣、焊药应清除干净；涂漆部分的漆层均匀，无明显裂纹、脱落、流痕、气泡、划伤等现象；机组应无漏油、漏水、漏气现象；电气线路布线整齐，接头牢固；电气安装应符合电气安装原理图。

（2）绝缘电阻试验

用1000V的兆欧表测量各独立电气回路对地绝缘电阻，包括电枢绕组对地电阻、励磁绕组对地电阻。冷态绝缘电阻不低于2MΩ，热态绝缘电阻不低于0.5MΩ（冷态是指机组运行前各部分温度之差不超过9℃的状态；热态是指机组在额定工况下连续工作后，缸套水温和润滑油温在1h内的变化不超过4.5℃的状态）。

（3）绝缘介电强度试验

试验时应无对地击穿或闪络现象。

（4）相序检查

用相序表检查输出三相电压的相序，对采用输出插头插座者，应按顺时针方向排列（面向插座）；对采用设在控制屏上的接线端子者，从屏正面看应自左到右或自上到下排列。

（5）电气性能试验

1）仪表准确度检查

在空载及额定负载时，检查机组控制屏上各电气仪表的指示，并与测试表测量结果相比较其准确度。所有测试仪表准确度等级应不低于0.5级，控制屏各监测仪表（发动机仪表除外）的准确度等级：频率表应不低于5.0级，其他应不低于2.5级。

2）电子式自动调速系统的调速范围

调整范围应不小于95%～105%额定转速。

3）机组的常温启动性能试验

机组在常温（非增压机组不低于5℃、增压机组不低于10℃）下经三次启动应能成功，两次启动的时间间隔为10～30s，启动成功率应大于99%。启动成功后应能在3min内带额定负载运行。

4）低温启动和带载

在低温下使用的机组应有低温启动措施。在环境温度－40℃（或－25℃）时，对功率不大于250kW的机组应能在30min内顺利启动，并应有在启动成功后3min内带规定负载工作的能力；对功率大于250kW的机组，在低温下的启动时间及带载工作时间按产品技术条件的规定。

5）机组的电压频率性能试验

启动并调整机组在额定电压、额定频率、额定功率、额定功率因数下运行稳定后，减负载至空载，然后按要求从空载逐级加减负载，机载计算机根据公式计算频率降、稳态频率带、稳态电压偏差、测量相对的频率整定上升范围和下降范围、测量瞬态频率差和频率恢复时间、测量电压不平衡度、测量瞬态电压偏差和电压恢复时间。

6）电压整定范围

调节发电机的电压调节器，在额定的功率因数、额定频率时，机组从空载到额定负载，发电机输出电压的可调节范围应不小于±5%额定电压。

7）不对称负载下的线电压偏差

额定功率不大于250kW的机组在一定的三相对称负载下，在其中任一相（可控硅励磁者指接可控硅的一相）上再加25%额定相功率的阻性负载，当该相总负载电流不超过额定值时应能正常工作，线电压的最大（或最小）值与三相线电压平均值之差应不超过三相线电压平均值的±5%。

8）线电压波形正弦性畸变率

机组在空载额定电压时的线电压波形正弦性畸变率应不大于下列规定值。

单相机组和额定功率小于3kW的三相机组为15%；额定功率3～250kW的三相机组为10%；额定功率大于250kW的机组为5%。

9）电话谐波因数

容量小于62.5kVA的机组，其线电压的电话谐波因数（THF）应不大于8%。容量不小于62.5kVA的机组，其线电压的电话谐波因数（THF）应不大于5%。

以上两项试验在做电压频率试验时由电脑测试软件自动记录并打印数据和曲线。

10）噪声试验

功率不大于250kW的机组噪声声压级平均值应不大于102dB（A），功率大于250kW的机组和使用增压柴油机的机组，其噪声声压级由厂家产品规范规定及由当地环境保护部门技术检测机构现场检测后提供有效的检测报告。

（6）发电机组（一般动力发电机）的工况

发电机组应在75%的额定功率下稳定运行。记录用于计算输出有功功率的输出容量及其相应的功率因数，同时测量发电机组噪声，均应满足设计和产品的技术要求。

（7）保护功能试验

1）润滑油低油压保护功能

用模拟法或压力试验台试验。当润滑油油压≤1.7bar时，低油压保护装置应报警，油压≤1.4bar时，低油压保护装置应使发动机停机。

2）超速保护功能试验

用模拟法或调节电调器试验。当机组的运行速度超过允许的最高运行速度时（转速大于115%），超速保护装置应报警并使发动机停机。

3）过电流保护试验

用模拟法试验。一般当机组承受过载电流10%（10s）时，过流保护装置应报警，机组承受过载电流15%（5s）时，过流保护装置应能使发动机停机。

4）过电压保护试验

用模拟法或调整发电机励磁调节装置（AVR）试验。当机组出现某种过电压，超过额定值10%（10s）时，电压保护装置应报警，超过额定值15%（5s）时，电压保护装置应能停机保护。

5）发电机欠电压保护试验

用模拟法或用调压器试验。当发电机电压低于额定电压的0.85倍时，电压保护装置应能报警，当发电机电压低于额定电压的0.7倍时，电压保护装置应能停机保护。

6）过热保护功能

用模拟法或温度开关试验台试验。当冷却水温≥103℃时，过热保护装置应能报警，当冷却水温≥108℃时，过热保护装置应能停机保护。

7）持续负载试验

负载试验的持续时间取决于发电机组的定额和用途。对额定有功功率和相关的发电机效率的试验，通常采用功率因数为1.0的负载进行。若选用试验设备是合适的，该试验可在额定功率因数下进行。

（8）自动化功能试验

1）自动维持运行状态

机组应能自动维持冷却水的温度在15～50℃范围内。检验方法：接通水套加热器电源，用温度计检查水套加热器断电和加电时冷却水的温度是否符合设定值的要求。

2）自动启动和加载

机组接到自启动信号（市电停电信号或遥控的指令）后，应能自动启动，启动成功率＞99％，一个启动循环包括3次启动，两次启动之间的间隔时间应为10～30s。机组启动第三次失败后，不再启动；如有备用机组，程序控制系统应能自动将启动指令传递给备用机组。机组启动成功后应能自动加载。

检验方法：用模拟的方法输出给机组控制器市电停电信号（断开或闭合接点信号），检查机组接到信号后能自动延时启动，启动成功后能自动发给输出开关合闸信号加载；模拟主用机组三次启动失败（可采用紧急停机方式），控制器能自动启动备用机组，并给出主用机组启动失败信号。

3）自动卸载停机

机组接到停机信号（市电来电信号或遥控的指令）后，经延时确认后应能自动停机，其停机方式有正常停机和紧急停机两种。

正常停机步骤：切断输出回路空载运行5min后，切断燃油油路。

紧急停机步骤：立即切断输出回路、燃油油路。

检验方法：用模拟的方法送给正在运行的机组控制器市电停电信号（闭合或断开接点信号），检查机组接到信号后能自动延时切断输出开关，并空载运行5min后自动停机。

4）自动控制功能

并联方式工作的发电机组，当接到启动信号同时启动机组，只有在并联成功后方能自动合闸，输出开关带负载供电，当负载小于单台机组的额定功率的80％时，自动解列机组；当负载超过单台机组的85％时自动启动另几台机组并入供电。市电来电信号经延时确认后，自动切掉机组输出开关，运行的机组空载运行5min后自动停机。

检验方法：并联方式工作的发电机组，检查确认输出开关具备失压脱扣功能；模拟停电、来电信号送给机组控制器，调整机组所带负荷比例，机组的运行应符合规定的要求。单机空载试运行按柴油发电机组操作中单机空载测试步骤操作启动机组，检查机组运行参数以确认机组运行正常。

单机空载试运行分三个阶段，第一阶段为机组空载运行，机组输出保护开关在分闸状态；第二阶段为单机机组输出保护开关合闸；第三阶段为机组电力送到并机母线，通过校对开关上下端的电压及相位，检验二次取样信号的准确性。

（9）各机组输出相序核对

在完成单机空载测试后，以并机母线电压作为测量校验点，逐台分别启动各台机组，送电到并机母线，测量各机组的输出相序应保持一致，检查电力电缆接线排除错相问题。

（10）机组空载并机测试

首先进行两两并机测试，调校机组在空载并机情况下的有功和无功分配，以达到平衡分配，验证空载时负载分配情况。

（11）柴油发电机组输出与市电相序核对

为保证使用安全，在柴油发电机组向负载正式送电前需进行相序核对，即以市电相序为参照，核对调整柴油发电机组的输出相序与市电相序一致。如柴油发电机调试期间市电未正常供电，相序核对工作可在市电供电正常后进行。

4. 供配电系统故障诊断及调试

大型公共建筑供配电系统复杂，涉及面广，如果系统产生问题，建筑的使用将受到很大影响，对人们的生命财产安全带来威胁，还会使得建筑的功能无法正常使用。为此，本节就怎样有效检查和排除建筑供配电系统所出现问题进行分析，确保供配电系统能够安全、稳定的运行。

常用故障诊断调试方法有仪表测量法、检测调试法和逻辑分析法。

（1）仪表测量法

在电气系统的故障诊断方法中，仪表测量法操作简便，所以应用较为广泛。仪表测量法是应用试电笔和万用表对电气系统进行检测，在检测断电线路和带电设备时，能够有效地检测出故障位置。在大量的故障检测中，仪表测量法主要检测的是电气控制系统的电阻、绝缘电阻。调试人员可以通过仪表测量法对电气系统中线圈脱落以及接触不良或者短路的问题进行检测，从而能够找到具体的故障位置。

（2）检测调试法

当需要深入检查电气系统的电路、怀疑电气设备有损坏时，或者难以使用传统的检测方法有效地诊断故障时，可以通过检测调试法来确定故障。在检查电气系统中的相关电路时，调试人员遵循“先易后难”的原则进行分布式试验检查。

（3）逻辑分析法

逻辑分析法主要应用于电气系统中的二次回路故障检测。在电气二次控制回路故障的检测中，往往会涉及较多的电气零件以及较为复杂的接线。调试人员在检测排除这些故障时，往往会耗费大量的时间，而且，较大的工作量也会增加失误的概率。在运用逻辑分析法时，将故障与相应的图纸进行全面的对比来分析，能够较为准确地发现故障位置以及故障线路。逻辑分析法的运用，能够有效地提升故障诊断的准确率以及工作效率，有效地避免调试人员的盲目操作。

4.5.4　小结

应用供配电保障调试技术，对供配电系统电气设备的检测调试，检查确认电气设备质量合格且符合设计要求，对供配电系统分级保护的整定调试，提高供配电系统的可靠性，确保应急电源系统在市电故障或断电情况下，及时准确切换投入使用，为建筑物供配电系统的高可靠性提供保障。电气系统故障诊断及调试，能够有效、快速地找到故障点和故障的原因，判断电气设备质量是否合格，提高电气系统的安全稳定性。

4.6　智能照明系统检测调试技术

4.6.1　技术概况

智能照明系统通常由调光模块、开关功率模块、场景控制面板、传感器及编程器、编程插口、PC监控机等部件组成，由计算机控制，组成独立的智能照明控制系统，实现对建筑物泛光照明、景观照明、广告照明、道路照明、会议、舞台及其他照明等的各种智能化管理及自动控制。智能照明系统运用无线 ZigBee、WiFi、GPRS 等多种物联网和 IT 技术，实现了远程开关、调光、检测等管控功能。

本技术通过对智能照明系统中的控制管理设备、输入输出设备、通信网络的调试，保证其性能，提升照明质量。

4.6.2 技术特点

（1）通过对智能照明系统中控制设备、回路及控制软件的调试，先进性与适用性相结合，实现系统可靠运行。

（2）硬件静态调试与软件同步调试相结合，实现系统功能优化及整体动态调试。

4.6.3 技术措施

大型公共建筑智能照明系统调试需要分步完成，调试流程见图 4.6-1。

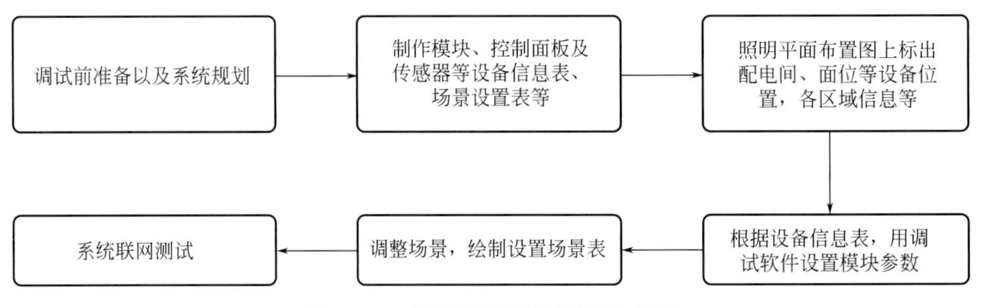

图 4.6-1　智能照明系统调试流程图

1. 调试前的检查

调试前，对照明设备进行外观检查，确认外观良好、照明元器件、配件和清单一致。模块单元箱柜接地可靠、元器件齐全，开关操作部位零件灵活、接触可靠，对设备进行通电测试，测试前检查设备绝缘情况。

2. LED 驱动电源模块的调试

（1）控制模块的检查与调试，主要包括对专用电缆及接线进行检查。专用电缆使用兆欧表测试，测试时需拆除联接模块和二次元件，绝缘需满足送电要求；接线的检查主要是确认接线符合要求、紧固、无漏接错接。

（2）电源模块功能一般由四部分组成：

1）电源变换：中压变低压、交流变直流、稳压、稳流。

2）驱动电路：分立器件或集成电路能输出较大功率组成的电路。

3）控制电路：控制光通量、光色调、定时开关及智能控制等。

4）保护电路：保护电路内容较多，如过压保护、过热保护、短路保护、输出开路保护、低压锁存、抑制电磁干扰、传导噪声、防静电、防雷击、防浪涌、防谐波振荡等，需测量电路电阻值判断电路的状态。

（3）电源模块的调试：主要对输入、输出电压及指示灯的显示情况确认。测量输入、输出电压，电压符合产品技术要求，指示灯的显示符合产品说明书。

（4）各种冗余配置的调试，模拟现场情况，确认各区域照明的自动切换功能。开通数据通信，调出系统维护功能。

3. 供电回路的调试

供电回路调试前，桥架、电缆、母线、电气管线敷设和穿线完毕，配电箱（柜）及控制系统、灯具、开关面板接线完成，绝缘电阻测试合格。回路检查调试步骤如下：

（1）检查各照明配电柜，确认已全部切断电源。

（2）检查各灯具，确认接线准确，测试合格。

（3）按系统、按配电箱控制的区域和楼层等划分各自独立的调试区域，分段分区域分系统调试。

（4）照明配电箱用临时电源供电，逐个照明回路送电、点亮灯具，确认回路所有灯具正常。

（5）采用相同的方法调试其他照明配电箱，逐步调试完首个区域所有照明配电箱，再往下个区域调试。

（6）所有分段分区域分系统调试完成后，进行总体送电运行调试：先切断各区的照明控制箱开关，配电间上锁；然后对照明主干线电缆、封闭母线空载送电，运行 24h 后做全面的检查确认无误后，分段分区域分系统开始送电。

4. 中央控制软件调试运行

（1）将现场设备按照智能照明系统图通过电气安装总线（European Installation Bus，简称 EIB 总线）连接起来；

（2）根据现场设备安装情况及功能要求，划分区域，按照区域梳理编制控制逻辑、编辑程序，通过智能建筑调试软件（如 ETS 软件）将程序导入到相应的模块中，来控制现场各个照明回路。大型公共建筑智能照明系统中输入设备一般为面板、感应器、定时器，输出设备为继电器模块、调光器模块、模拟输出模块、灯具调光模块，其他设备为系统原件。

（3）在确认现场控制准确无误、各个回路对应负载匹配、设备间通信正常后，根据控制区域划分回路，确定控制方式，编写控制程序，将程序导入到现场每个回路的设备中。

（4）在单回路控制完成后，根据设计要求，通过控制软件的图形界面，来完成各区域内的多回路集中控制的程序编写。

（5）操作仿真软件，导入电子地图，将系统中每个输出回路与现场电子地图的回路相对应，监控现场每个回路，按场景进行控制，查询每个回路或照明设备的状态。

（6）系统运行正常后，对现场设备控制程序进行修改或远程调试，分时间段按场景设置多次测试整个系统。

5. 联调时需注意事项

（1）同一网络同类型设备地址不能重复。

（2）对各种设备调试要使用与之相匹配的测试软件。

（3）设置场景时使用诊断功能查询所有设备，确认其在线工作。

（4）将设备调试数据及时保留存档，并管理好历史数据文件。

（5）灯光控制继电器是整个智能照明系统控制的核心，所有场景的设置都是通过智能终端对灯光控制继电器的指令完成的。

（6）根据设计要求，通过智能终端预先设置好对应回路的组合控制模式。

6. 试运行阶段

完成系统的联调工作，运行稳定后进入试运行阶段。

（1）分步启动系统内所有设备：通过智能照明模拟监控软件，对现场的灯具按组、按模式及单路控制，分步开启所有设备。或通过现场的智能面板和触摸屏就地控制。

（2）检测系统运行情况：系统试运行期间全程跟踪，对相关问题现场检测及修正，保证智能照明系统的正常运行。

（3）对系统功能进行优化：通过系统的试运行，综合现场有关使用方的意见，对部分控制功能进行进一步的优化、编程调试。

（4）智能照明各个支线调试完成，本地控制功能正常，满足设计要求。

4.6.4 小结

当今大型公共建筑智能化程度越来越高，智能照明系统已经成为不可或缺的一部分。通过对大型公共建筑的智能照明系统的设备检查、单体调试、程序调试运行、系统联调、系统运行情况的检测及系统功能的优化，完成智能照明系统的最终调试。确保智能照明系统能符合设计文件及业主的要求，达到照明场景控制、时钟控制的自动化控制、延长灯具寿命、美化城市环境。

4.7 充电桩智慧管理系统调试技术

4.7.1 技术概况

充电桩分为交流和直流两种类型，大型公共建筑多配置直流快速充电桩，输入端与交流电网连接，输出端装有充电插头，根据不同的电压等级需求，为各种型号的电动汽车充电，用户通过人机交互操作界面，进行充电方式、充电时间、费用支付、票据打印等操作。本技术主要介绍直流充电桩的设备和智慧管理系统的调试。

4.7.2 技术特点

（1）充电桩设备调试能够保证充电设施的充电性能，又能够保证充电过程中用户的充电安全。

（2）在分析充电桩充电流程与现场检测的基础上，对充电桩的各项技术指标进行测试，提供了一种充电桩整体性能检测的方法。

（3）通过充电管理服务平台的调试，确保人机交互功能正常，实现容量的动态平衡。

4.7.3 技术措施

充电桩的构成原理见图 4.7-1，其中实线框内为基本构成单元，虚线框内为可选构成单元。

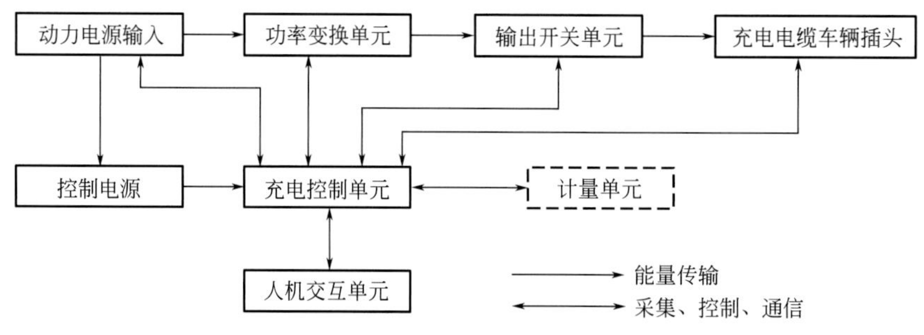

图 4.7-1 充电桩构成原理图

直流充电桩测试系统构成，见图 4.7-2。

充电桩的功能，主要有充电控制功能、通信功能、绝缘检测功能、直流输出回路短路检测功能、车辆插头锁止功能和预充电功能，还有人机交互功能（显示功能、输入功能）、计量功能、急停功能、保护功能等。

1. 充电桩测试

充电桩有以下技术要求：环境条件、电源、环境适应、内部温升、安全、电气绝缘性能、输出、电

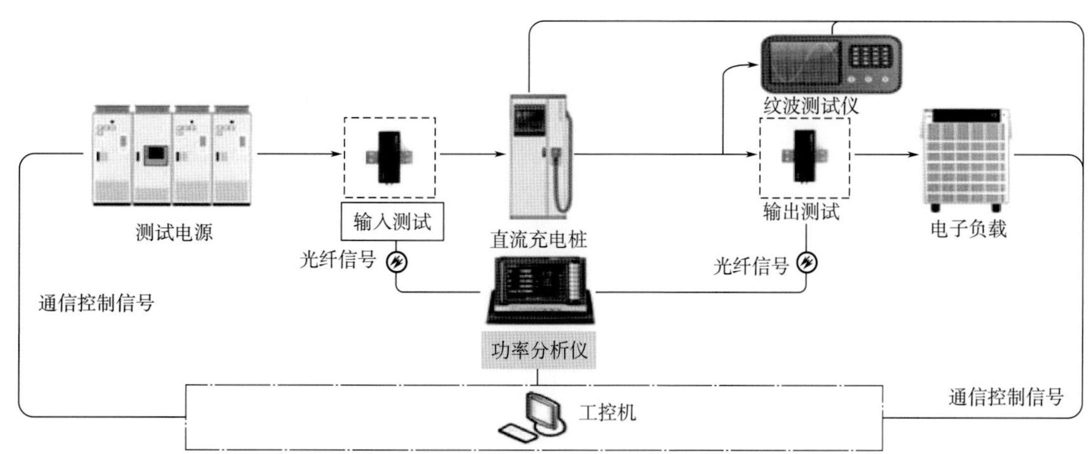

图 4.7-2　充电桩测试系统构成示意图

容耦合、待机功耗、输入电压与电流测试误差、充电桩效率、输入功率因数和充电控制时序与流程、噪声等。充电桩测试应结合充电桩的技术要求，分别在电源、安全和输出等方面做针对性的测试，见表 4.7-1。

充电桩测试内容及要求　　　　**表 4.7-1**

测试项目	测试项目要求
输出电压、电流误差测试	输出电压误差不应超过 0.5%，输出电流误差不应超过 1%(当设定的输出直流电流小于 30A 时，误差不应超过±0.3A)
稳流精度测试	充电桩连接负载，设置在恒压状态下运行，设定输出电压整定值在 85%、100%、115%额定值时，分别测量充电桩的输出电流，多次测量，稳压精度不应超过 1%
稳压精度测试	充电桩连接负载，设置在恒压状态下运行，设定输出电压整定值在 85%、100%、115%额定值时，分别测量充电桩的输出电压，多次测量，稳压精度不应超过 0.5%
电压纹波因数、电压纹波测试	充电桩连接电阻负载，设置在恒压状态下运行，设定输出电压整定值在 85%、100%、115%额定值时，调整负载电流为 0～100%额定值，分别测量直流输出电压、输出电压的交流分量峰-峰值和有效值。在上下限范围内改变输出电压整定值，重复上述测量。输出电压纹波有效值因数不应超过 1%，电压纹波峰峰值因数不应超过规定值
效率测试	充电桩连接负载，设置在额定输入电压状态下运行，调整负载电流，测量充电桩有功功率和输出功率。当充电桩输出功率为额定功率的 20%(含)～50%(含)时，效率不小于 88%，当充电桩输出功率为额定功率的 50%～100%(含)时，效率不应小于 93%
输入功率因数测试	针对交流供电充电桩，当充电桩输出功率为额定功率的 20%(含)～50%(含)时，输入功率因数不小于 0.95，当充电桩输出功率为额定功率的 50%～100%(含)时，输入功率因数不小于 0.98
限压特性测试	充电桩在恒流状态下运行时，当输出直流电压超过限压整定值时，应能自动限制输出电压的增加，转换为恒压充电状态
限流特性测试	充电桩在恒压状态下运行时，当输出直流电流超过限压整定值时，应能立即进入限流充电状态，自动限制输出电压的增加
显示功能测试	充电桩连接上位机管理系统，进行启停操作，在各种状态下，检查充电桩的显示功能。充电桩能显示相关信息，显示字符清晰、完整，没有缺损
输入功能测试	手动设置充电桩充电参数，检查充电桩应正确响应
通信功能测试	充电桩在充电过程中，应能随时响应上级监控系统数据召唤和远程控制，上级监控系统能即时获得充电桩的充电参数和充电实时数据

续表

测试项目	测试项目要求
输入过压保护测试	调整输入电源电压超过输入过压保护整定值时，充电桩输入过压保护应启动，立即切断直流输出并发出告警提示
输入欠压保护测试	调整输入电源电压低于输入欠压保护整定值时，充电桩输入欠压保护应启动，立即发出告警提示
输出过压保护测试	整定输出过压保护整定值，模拟输出过压故障，充电桩应立即切断直流输出并发出告警提示
输出短路保护测试	模拟输出短路故障，充电桩应立即切断直流输出并发出告警提示
冲击电流测试	充电桩连接额定负载，启动充电桩，在设定的输出直流电流大于等于 30A 时，输出电流过冲不应超过当前整定值的 5%；在设定的输出直流电流小于 30A 时，输出电流过冲不应超过 1.5A
连接异常测试	充电桩连接负载，启动充电桩，将充电桩连接装置中的连接确认触头或通信触头断开，充电桩应立即切断直流输出并发出告警提示
绝缘电阻测试	充电桩非电气连接的各带电回路之间、各带电回路与地之间的绝缘电阻值不应小于 10MΩ
电击防护测试	用直流电阻测试仪测量充电桩接地点接地电阻应小于 0.1Ω，接地端应有明显标志
急停功能测试	充电桩设置在额定负载状态下运行，按急停按钮，充电桩应立即切断直流输出

2. 充电桩智慧管理系统的调试

（1）充电桩智慧管理系统应用于充电桩后台管理的运营平台，整体系统由两部分组成：电动汽车充电桩、充电管理服务平台。

1）充电桩的控制电路主要由嵌入式 ARM 处理器完成，用户可自助刷卡或通过手机客户端（Application，简称 APP）接入的方式进行用户鉴权、余额查询、计费查询等功能。用户可根据液晶显示屏指示选择 4 种充电模式：包括按时间充电、按电量充电、按金额充电、自动充满充电等。

2）电动汽车充电桩控制利用控制器局域网络总线（Controller Area Network，简称 CAN）进行数据交互，与服务器平台利用有线互联网或无线通信网络进行数据交互，为了安全起见，电量计费和金额数据实现安全加密。

3）充电管理服务平台主要有三个功能：充电管理、充电运营、综合查询。充电管理对系统涉及的基础数据进行集中式管理，如电动汽车信息、用户卡信息、充电桩信息；充电运营主要对用户充电进行计费管理；综合查询对管理及运营的数据进行综合分析查询，对电池的状态进行监控，实现智能化集中管理。

4）电动汽车有序充电，是指在满足电动汽车充电需求的前提下，运用实际有效地经济或技术措施引导、控制电动汽车进行充电。通过接受智能有序充电管控终端（ICT）的命令进行充电功率的动态调节。

（2）充电桩现场调试

充电桩目前多采用自助刷卡或通过 APP 接入充电的方式。充电桩需接入网络，充电桩的现场调试包括设备调试和使用功能调试，此处以通过扫描二维码由 APP 接入充电的方式进行说明。

1）检查充电桩外观是否有破损情况，如有破损要针对破损问题进行分析，避免类似问题再次发生；

2）如外观检查完好，则打开充电桩柜门，观察内部器件是否完好，检查完毕后，将设备上电；

3）设备上电后，观察系统屏幕是否能正常进入待机界面；

4）进入系统设置界面，将充电桩编号、本地 IP 地址、端口号、子网掩码等信息配置完毕；

5）返回到待机界面，观察是否能获取到动态二维码，如获取不到则需检查桩内网线是否能连接互联网；

6）获取动态二维码后，将充电枪插入车端充电接口，进行扫码充电，如扫码后充电桩屏幕无变化，则需检查充电枪连接是否正常（可尝试重新插拔充电枪）；

7）如果充电桩屏幕进入提示充电桩输出工作状态，则表明启动充电成功，接着需观察充电电量、充电金额变化，如一切正常，则从手机端结束充电；

8）将站内所有充电桩检查完毕后，登录总台监控系统，观察充电桩整体在线情况，如一切正常，说明本次调试成功。

4.7.4　小结

通过对充电桩设备外观检查、技术参数、安全性能、通信监控系统及智慧管理系统的测试和调整，使充电桩设备及系统满足国家标准和相关规范及相应设计文件的要求，确保用户安全高效使用。

4.8　消防系统联动调试技术

4.8.1　技术概况

消防系统联动调试涉及通风、电气、弱电、消防水、消防火灾报警、气体消防、防火卷帘门、电梯等专业，在完成各专业子系统调试工作的基础上，进行系统联动控制功能调试，实现消防系统各功能正常工作状态，确保消防系统在发生火灾时有效响应、及时启动，达到系统设计功能，满足消防验收条件和使用需求。

本技术主要介绍联动控制系统实现正常工作的基本步骤和要点，以及消防火灾报警系统和消防设备联动配合调试的要点。

4.8.2　技术特点

（1）消防系统联动调试涵盖专业设备数量多，单机调试工作量大。

（2）消防系统联动调试涉及专业多、系统复杂，协同配合要求高。

（3）消防系统联动调试的调试点位多，通信接口种类、数量繁多，技术集合度高，联动控制逻辑复杂，数据交互量大，质量保障难度大。

4.8.3　技术措施

1. 消防系统部件功能调试技术

（1）调试前准备工作

1）在系统部件功能调试作业开展前，要开展“三个一致”核查工作：专业内部平面图与系统图一致、专业间设备编号及位置一致、施工现场和施工图一致。

2）调试前，按规范要求及现场实际情况需要调整相关组件、设施的参数和检查系统线路，对于错线、开路、虚焊和短路等应进行处理。

3）电系统：现场各终端联动设备动力、照明、应急照明电源供应正常，系统调试完毕，设备运行良好，无故障，具备联动条件，应急照明系统自动投入功能正常。

4）水系统：消防水池注满水，供水阀门打开，所有消火栓出水口关闭，室外管网畅通，室外消火栓使用正常。消防水箱具备稳压、补压功能，消防水泵房泄水口、排水沟到位，具备放水、排水条件。

5）风系统：各种消防风机调试完毕，设备运行正常，各种阀类机械开启灵活，各种无源信号反馈正常。

6）临时排水系统根据现场排水设施布置方案进行排水，不得随意排放。

（2）消防系统部件功能调试技术

1）消防水泵的调试

消防水泵见图 4.8-1。

① 以自动直接启动或手动直接启动消防水泵时，消防水泵应在 55s 内投入正常运行，且应无不良噪声和振动。

② 以备用电源切换方式或备用泵切换启动消防水泵时，消防水泵应分别在 1min 或 2min 内投入正常运行。

③ 消防水泵安装后应进行现场性能测试，其性能应与生产厂商提供的数据相符，并应满足消防给水设计流量和压力的要求。

④ 消防水泵零流量时的压力不应超过设计工作压力的 140%；当出流量为设计工作流量的 150%时，其出口压力不应低于设计工作压力的 65%。

2）稳压泵的调试

① 当达到设计启动压力时，稳压泵应立即启动；当达到系统停泵压力时，稳压泵应自动停止运行；稳压泵启停应达到设计压力要求；

② 能满足系统自动启动要求，且当消防主泵启动时，稳压泵应停止运行；

③ 稳压泵在正常工作时每小时的启停次数应符合设计要求，且不应大于 15 次/h；

④ 稳压泵启停时系统压力应平稳，且稳压泵不应频繁启停。

3）湿式报警阀调试

湿式报警阀组见图 4.8-2。湿式报警阀调试时，在试水装置处放水，当湿式报警阀进口水压大于 0.14MPa、放水流量大于 1L/s 时，报警阀应及时启动；带延迟器的水力警铃应在 5～90s 内发出报警铃声，不带延迟器的水力警铃应在 15s 内发出报警铃声，压力开关应及时动作，并反馈信号。

图 4.8-1　消防水泵

图 4.8-2　湿式报警阀组

4）火灾报警控制器调试

① 调试前切断火灾报警控制器的所有外部控制连线，并将任一个总线回路的火灾探测器以及该总线回路上的手动火灾报警按钮等部件连接后，方可接通电源。

② 对控制器进行下列功能检查并记录，控制器应满足标准要求：

a. 检查自检功能和操作级别；

b. 使控制器与探测器之间的连线断路和短路，控制器应在100s内发出故障信号（短路时发出火灾报警信号除外）；在故障状态下，使任一非故障部位的探测器发出火灾报警信号，控制器应在1min内发出火灾报警信号，并应记录火灾报警时间；再使其他探测器发出火灾报警信号，检查控制器的再次报警功能；

c. 检查消声和复位功能；

d. 使控制器与备用电源之间的连线断路和短路，控制器应在100s内发出故障信号；

e. 检查屏蔽功能；

f. 使总线隔离器保护范围内的任一点短路，检查总线隔离器的隔离保护功能；

g. 使任一总线回路上不少于10只的火灾探测器同时处于火灾报警状态，检查控制器的负载功能；

h. 检查主、备电源的自动转换功能，并在备电工作状态下检查控制器的负载功能；

i. 检查控制器特有的其他功能。

5）感温火灾探测器调试

① 在不可恢复的探测器上采取模拟报警或故障方法，使探测器处于火警报警或故障状态，探测器应能分别发出火灾报警和故障信号。

② 可恢复的探测器可采用专用检测仪器或模拟火灾的办法使其发出火灾报警信号，并在终端盒上模拟故障，探测器应能分别发出火灾报警和故障信号。

6）智能感烟探测器

采用专用检测仪器和模拟火灾的方法检查探测器的报警功能，探测器应能正确响应。

7）可燃气体探测器调试

① 依次逐个将可燃气体探测器按产品生产企业提供的调试方法使其正常动作，探测器应发出报警信号；

② 对探测器施加达到响应浓度值的可燃气体标准样气，探测器应在30s内响应，撤去可燃气体，探测器应在60s内恢复到正常监视状态；

③ 对于线型可燃气体探测器应将发射器发出的光全部遮挡，探测器相应的控制装置应在100s内发出故障信号。

8）防火卷帘调试

防火卷帘见图4.8-3，按用途分为防火分区分隔卷帘和疏散通道卷帘。防火分区分隔卷帘在火灾发生时一步降到底，当有火警信号传送到主机，主机就启动控制模块将分隔卷帘降到底，考虑到火灾扑救和分区内人员逃生的要求，在防火卷帘门两侧分别设置手动控制按钮，优先级高于自动，可实现内外手动控制防火卷帘门的起、闭。疏散通道防火卷帘考虑到有人员逃生要求，设置为两步降到底，使疏散通道防火卷帘两侧的任一烟感探测器报警，主机发出指令，防火卷帘控制模块动作，下降到一定位置（如1.8m），将位置反馈到主机，并延时一定时间后降到底；如果防火卷帘两侧的感温探测器在30s内报警时，主机中断延时30s指令，立即发出指令，防火卷帘控制模块动作，防火卷帘降到底。

图4.8-3　防火卷帘图

9）雨淋阀调试

自动和手动方式启动的雨淋阀，应在15s之内启动；公称直径大于200mm的雨淋阀，应在60s之内启动。雨淋阀调试时，当报警水压为0.05MPa，水力警铃应发出报警铃声。

10）防火水幕调试

手动水幕保护系统，以手动控制的方式对该道水幕进行一次喷水试验；自动水幕保护系统，以手动和自动控制的方式分别进行喷水试验。自接到启动信号至开始喷水的时间，用秒表测量，其他性能用压力表、流量计等测量，各项性能指标均应达到设计要求。

11）智能水炮调试

① 性能调试

与智能水炮配套的火灾自动报警联动控制系统调试合格，处于正常工作状态，设置好智能水炮地址、参数，手动控制其动作及角度，目测消防炮转动，应符合下列要求：

a.智能水炮旋转应灵活无阻碍，水平旋转角、俯角、仰角的范围应满足设计要求，智能水炮的水流应没有遮挡，最大射程应满足设计要求；

b.带有雾化功能的智能水炮，雾化角的设置范围、无级转换功能正常；

c.智能水炮的阀组安装位置正确，电气测试正常。

② 定位调试

确认关闭检修阀后，智能水炮处于自动状态下，点燃试验火源，检查探测器报警正常，目测消防炮开始扫描并指向火源，观察消防泵启动、电动阀开启；检查各种反馈信号正常。

12）自动排烟窗的调试

① 手动操作排烟窗开关进行开启、关闭试验，排烟窗动作应灵敏、可靠。

② 模拟火灾，相应区域火灾报警后，同一防烟分区内排烟窗应能联动开启；自动排烟窗应在60s内或小于烟气充满储烟仓时间内开启完毕。带有温控功能自动排烟窗，其温控释放温度应大于环境温度30℃且小于100℃。

③ 与消防控制室联动的排烟窗完全开启后，状态信号应反馈到消防控制室。

13）活动挡烟垂壁的调试

① 手动操作挡烟垂壁按钮进行开启、复位试验，挡烟垂壁应灵敏、可靠地启动与到位后停止，下降高度应符合设计要求。

② 模拟火灾，相应区域火灾报警后，同一防烟分区内挡烟垂壁应在60s内联动下降到设计高度。

③ 挡烟垂壁下降到设计高度后应能将状态信号反馈到消防控制室。

2.消防联动调试技术

（1）消防联动原理

消防联动调试涉及的消防设备主要有：普通供电配电柜、消防供电配电柜、消火栓泵、喷淋泵、正压送风机、电动送风口、排烟风机、排烟阀、防火阀（70℃、280℃）、空调系统、电梯、防火卷帘、消防广播、警铃、声光报警器、气体灭火系统等。

在调试之前首先要在现场对消防设备进行就地手动测试，确定其运行可靠，然后将所有现场受控设备的电源与控制箱连线断开，防止误操作或程序有误时引起消防设备的误动作，造成经济损失。气体灭火系统在联动调试时不启动整套系统，只联动启动其触发装置。

消防联动调试在消防自动报警系统调试完成之后进行。当有火灾发生时，火灾区域普通供电电源切断，避免火灾区域发生电火灾扩大火情，同时切换至消防供电电源，为应急照明和疏散指示供电，引导火灾区域人员撤离火灾现场，现场模块向消防主机反馈动作状况。调试时用发烟器对任一感烟探测器加烟，消防主机接收到火灾报警信号后，在3s内发出启动指令到现场的控制模块，将现场普通供电电源切断并接通消防供电电源。现场主要表现为照明灯熄灭，疏散指示及应急照明开启，现场控制模块动作及反馈指示灯亮。基本联调逻辑见图4.8-4。

（2）消防系统联动测试技术

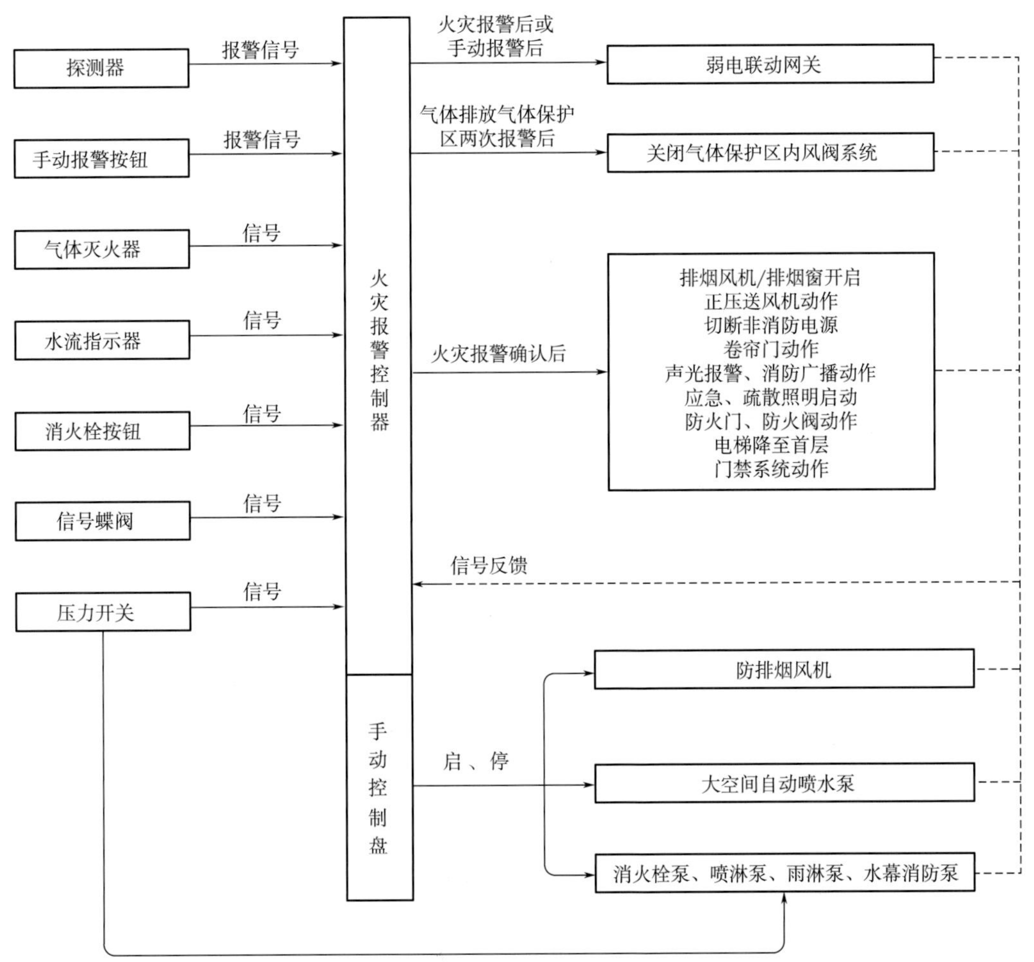

图 4.8-4　基本联调逻辑示意图

1）消防排烟系统联动联调

① 模拟报警（吹烟）使防火分区内任一探测器报警，防火阀收到消防控制中心发出的信号关闭或开启，并联动火灾区域内的送风机、排风机、空调机组停机。兼有排烟任务的风机，消防中心再次发出信号将防火阀打开，同时联动风机启动，高速或反转排烟。见图 4.8-5。

图 4.8-5　消防排烟调试图

② 模拟报警（加温）使防火分区内任一探测器报警，280℃防火阀关闭，并联动火灾区域内的送风机、排风机、空调机组停机。火灾区域排烟支管上的 280℃防火阀及排烟风口收到信号自动打开排烟，其他区域层排烟支管上的 280℃防火阀及排烟风口全部关闭，并联动风机启动排烟。排烟风口、防火阀的动作信号及排烟风机启动信号都反馈到消防控制中心。

2）防火卷帘门系统联动调试

① 汽车坡道防火卷帘、地上十字区防火卷帘和中庭：由防火卷帘所在防火分区内两只独立的火灾探测器或一只火灾探测器与一只手动火灾报警按钮的报警信号，作为防火卷帘下降的联动触发信号，并联动控制防火卷帘门直接下降到地面。控制中心及各区域消控室同时收到联动控制装置反馈

动作信号。

② 疏散通道防火卷帘：防火分区内任两只独立的感烟火灾探测器的报警信号应联动控制防火卷帘下降至距地面一定高度处；任一只专门用于联动防火卷帘的感温火灾探测器的报警信号应联动控制防火卷帘门降到地面。控制中心及各区域消控室同时收到联动控制装置反馈动作信号。

3）电梯联动调试

① 将回路、正压通风机控制的各个部件装置与设备接线端子打开进行查对。可采用数字式多路查线仪（或万用表）检查监控回路电源线、通信线是否短路或开路，采用兆欧表测试回路绝缘电阻，应对导线与导线、导线对地、导线对屏蔽层的电阻进行分别测试。

② 模拟所在防火分区内两只独立的火灾探测器或一只火灾探测器与一只手动火灾报警按钮的报警信号，经控制中心及各区域消控室确认火灾后，由消控中心启动电梯强降输出模块动作，电梯强降至首层或转换层，观察电梯迫降至首层或转换层及信号状况，同时消控中心启动首层或转换层和相邻层的正压通风，并检测电梯前室风压满足规范要求。控制中心及各区域消控室同时收到电梯的运行状态和迫降位置及正压通风风机的运行状态。

③ 模拟所在防火分区内两只独立的火灾探测器或一只火灾探测器与一只手动火灾报警按钮的报警信号，经控制中心及各区域消控室确认火灾后，由消控中心切断非消防电源导致自动扶梯停运，控制中心及各区域消控室同时收到扶梯的停运状态。

4）门禁疏散系统联动调试

将回路中的各个部件装置与设备接线端子打开进行查对。可采用数字式多路查线仪（或万用表）检查监控回路电源线、通信线是否短路或开路，采用兆欧表测试回路绝缘电阻，应对导线与导线、导线对地、导线对屏蔽层的电阻进行分别测试。将门禁电磁锁进行编码核验。模拟所在防火分区内两只独立的火灾探测器或一只火灾探测器与一只手动火灾报警按钮的报警信号，经所在分区消控控制器确认火警并同时触发联动控制，所在防火分区及相邻防火分区所有门禁电磁锁打开，复验安全门开启状态。控制中心及各区域消控室同时接收到门禁开启信号。

5）空调系统联动调试

空调系统在火灾发生后必须立即关闭，调试时现场模拟火灾信号，当主机收到火警信号时，发出启动指令到空调系统控制模块，模块动作关闭空调电源并反馈信号至主机。

6）消防广播系统联动调试

消防主机接收到火灾报警信号，发出动作指令到发生火灾的对应区域及相邻区域的广播切换模块，将广播切换到消防状态，使用主机话筒通知人员疏散。警铃和声光报警器报警时的声音达到 75～115dB(A)。主机处于自动状态时，任一探测器或手动报警按钮被按下，主机都将对同区域的警铃和声光报警器发出动作指令，向此区域人员发出警报。

7）气体灭火系统联动调试

气体灭火系统主要用于柴油发电机房、高低压配电室、通信机房等。调试前将储气瓶与瓶头阀分离，只保留启动气瓶。在编写联动程序时，必须有两种不同的报警方式同时报警才启动气体灭火系统，防止某一种报警误报而造成巨大经济损失。当气体保护区内感烟探测器与感温探测器同时向主机报警时，主机向启动气瓶控制模块发出动作指令，启动气瓶动作释放高压气体至瓶头阀，瓶头阀动作打开储气瓶，释放高压气体灭火。调试时只要瓶头阀动作即可。气体灭火系统见图 4.8-6。

8）消火栓系统联合调试

① 联动控制：应由消火栓系统出水干管上设置的低压压力开关信号作为触发信号，直接控制启动消火栓泵，不应受消防联动控制器处于自动或手动状态影响。

消火栓按钮的动作信号作为报警信号及启动消火栓泵的联动触发信号，由消防联动控制器联动控制消火栓泵的启动。

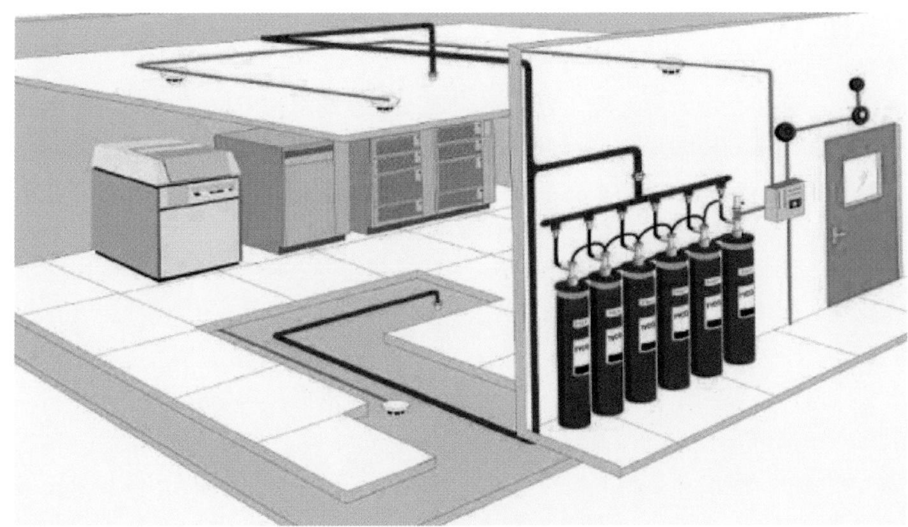

图 4.8-6　气体灭火系统示意图

② 手动启动：消防联动控制器设置为“手动”状态且多线联动控制盘处于“允许操作”状态时，直接通过多线联动控制盘上“启动”“停止”键实现对消防泵（水泵控制柜处于自动状态）直接手动启动/停止控制。

③ 反馈信号：消火栓泵的动作信号反馈至消防联动控制器。

9）自动喷水灭火系统联合调试

以临时高压湿式系统为例，其调试步骤和方法如下：

① 联动控制：由湿式报警阀压力开关的动作信号作为触发信号，直接控制启动喷淋泵（水泵控制柜处于自动或手动状态），不应受消防联动控制器处于自动或手动状态影响。

② 手动启动：消防联动控制器设置为“手动”状态且多线联动控制盘处于“允许操作”状态时，直接通过多线联动控制盘上“启动”“停止”键实现对喷淋泵（水泵控制柜处于自动状态）直接手动启动/停止控制。

③ 反馈信号：水流指示器、信号阀、压力开关、喷淋消防泵的启动和停止的动作信号应反馈至消防联动控制器。

10）大空间智能灭火系统联合调试

① 联动控制：应由智能水炮（下称“水炮”）红外和紫外探测火源作为触发信号，通过水炮联动控制器（处于自动状态）直接控制启动水炮消防泵。

② 手动启动：水炮联动控制器设置为“手动”状态，直接通过水炮联动控制器上“启动”“停止”键实现对水炮消防泵（水泵控制柜处于自动状态）直接手动启动/停止控制。

③ 反馈信号：水炮动作信号、水炮消防泵的动作信号反馈至消防联动控制器，信号阀、水流指示器信号反馈至消防联动控制器。

11）消防应急照明和疏散指示系统联合调试

① 集中控制型应急照明和疏散指示系统：由两只独立的火灾探测器或一只火灾探测器与一只手动火灾报警按钮的报警信号作为触发信号，应由火灾报警控制器输出火警信号启动应急照明控制器，由发生火灾的报警区域开始，顺序启动全区域疏散通道的消防应急照明和疏散指示系统。

② 集中电源非集中控制型应急照明系统：由两只独立的火灾探测器或一只火灾探测器与一只手动火灾报警按钮的报警信号作为触发信号，由消防联动控制器联动应急照明配电箱，启动着火区域应急照明，并顺序启动全区域疏散通道的消防应急照明。

4.8.4 小结

消防联动调试是一项复杂细致的专业工作，对实现火灾自动报警及联动系统功能至关重要。消防系统里包含的重要设备多，不同设备单机调试侧重点不同，要及时发现其中潜在的隐患并加以处理，全方位保证消防设备的状态满足联合调试需求。为确保联动调试的顺利进行，必须配备专业的调试人员，科学合理地协调好专业间的联动，确保调试工作有序进行。

第5章

绿色节能技术

绿色建造，是建筑产业全面转型升级，实现绿色、循环、低碳发展的必由之路。随着现代信息技术及数据挖掘技术的发展，绿色节能技术与建筑机电系统相融合，通过采集制冷机组、水泵、风机等设备运行数据以及温度、湿度、CO_2 浓度等室内空气参数，优化设备运行控制策略，达到运行节能、优化室内环境的目的。同时，针对机电系统运行噪声，从声源和传播路径等环节对振动及噪声进行全方位控制。此外，运用节能技术合理利用自然资源，从根源上达到节能减排的效果。

本章依托既已完成的大型公建项目，筛选智能机电与绿色节能应用技术、中央空调系统群控技术、消声隔振技术、雨水和自然光利用等绿色建造技术进行阐述。

5.1 智能机电与绿色节能应用技术

5.1.1 技术概述

智能机电是通过增加相应的传感检测设备，以及自动化控制设备，对建筑物内暖通空调、变配电、给水排水、电梯等相关机电设备统一进行数字化管理，从传统机电控制演化为智能机电管理。

绿色节能是利用 LOT（物联网）及 AI（人工智能）技术对建筑机电采集的数据进行挖掘、清洗、转储、处理，根据绿色节能策略对机电设备进行节能控制、动态管理，形成管理上闭环。

建筑机电与绿色节能技术应用，将机电管理业务予以系统化、规范化和流程化，形成一套成熟完善的一体化的信息管理体系，并在此体系上充分挖掘管理潜力，以提高工作效率、降低管理成本、辅助管理决策。建筑机电与绿色节能应用技术架构见图 5.1-1。

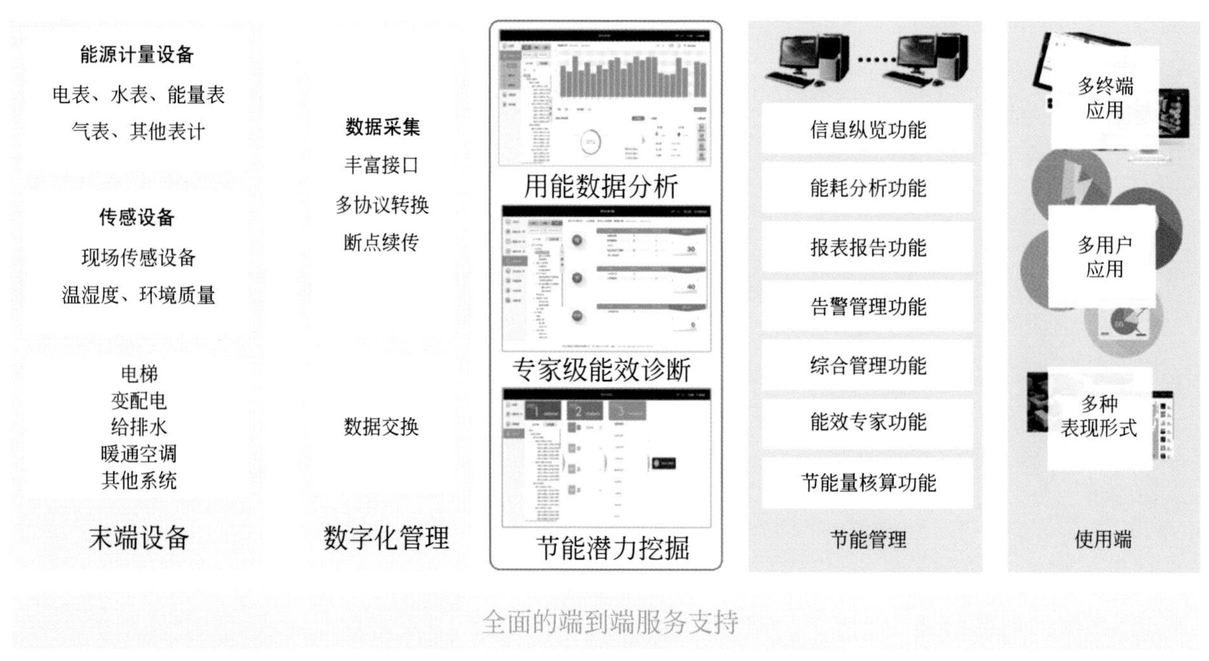

图 5.1-1　建筑机电与绿色节能应用技术架构

5.1.2 技术特点

1. 建筑机电技术特点

（1）数字化、标准化、开放化、集成化

建筑机电技术将传统机电设备数字化、要素化、编码化，采用符合工业标准的软、硬件技术，易于扩展的系统结构，开放的通信接口和协议，实现与各智能化子系统、建筑机电设备及系统之间监控、管理、集成的要求。

（2）分布式集散控制

建筑机电技术采用分布式集散控制方式的两层网络结构，控制层则采用总线技术，管理层建立在以太网络上。控制层支持点对点通信，并允许在线增减设备，其灵活的结构为系统实施和维护带来最大的便利，管理层通过标准 TCP/IP 通信协议高速通信。

（3）图形界面、互动控制

智能机电技术将相互独立的机电设施，用图形方式集中管理整个楼宇的风、水、电以及能源信息。管理人员和操作人员通过系统的人机界面进行监视，监测环境温度、湿度等参数，空调机组、照明回路、电梯等设备的运行状态，以及建筑的用电、用水和通风情况。

2. 绿色节能技术特点

（1）完整的端到端解决方案

绿色节能技术覆盖了通讯层、平台层和应用层，通过不同的组合，形成完整详细的解决方案。B/S架构系统方便管理人员随时随地的进行操作，使用标准Web浏览器即可，无需客户端。支持移动APP进行能耗查询和告警管理。

（2）安全性强

支持web服务与数据库隔离；支持三级权限配置：页面权限，按钮权限和数据权限；支持用户信息的MD5、Salt加密，支持用户登录多重认证机制；数据端与操作端相独立，操作端崩溃不影响具体工作及系统安全。

（3）绿色节能

通过能源精细化管理，帮助运行管理人员及时发现隐含漏洞。建立节能标杆，结合绩效考核，促进主动节能，降低能耗成本。数字化管理、能源专业知识IT化及并与经营性数据整合，对管理决策作支撑。

5.1.3　技术措施

1. 智能机电技术措施

智能机电系统结合BA系统监测的相关数据信息，实时查看各类机电子系统相关设备的运行状态，设备故障时，结合BIM模型第一时间定位故障设备，并基于管线路由了解故障影响范围。同时，平台能够以图表的形式展现设备的历史运行状态及各类汇总信息。

智能机电集成与监控见图5.1-2。

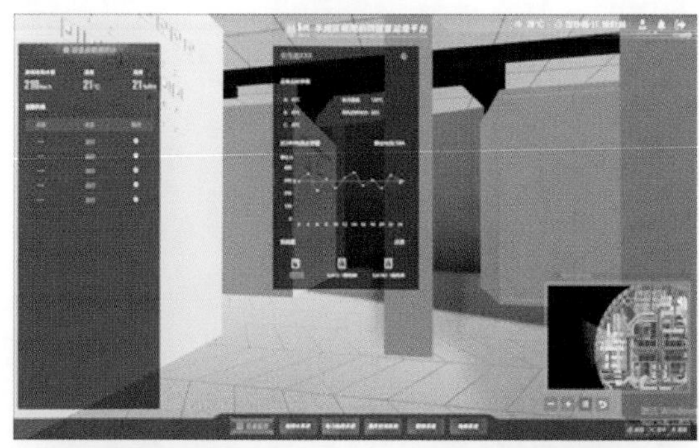
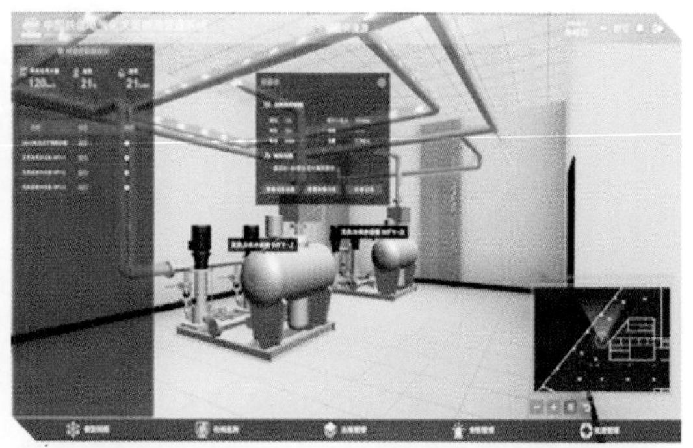
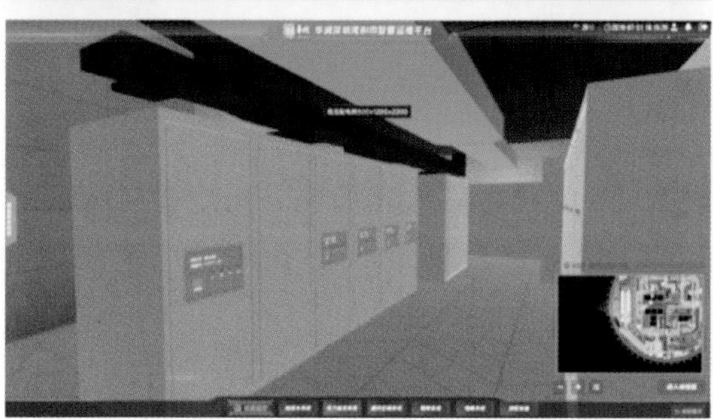
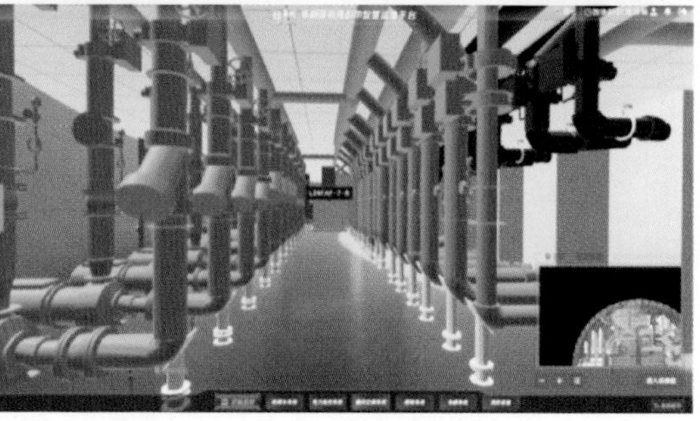

图5.1-2　智能机电集成与监控

（1）冷热源系统监控

1）通过配电柜，现场控制器对冷水机组、冷冻水泵、冷却水泵、冷却水塔进行开关控制，开关状态、故障报警、手动自动等信号。

2）正常工作状态，有使用末端发出需制冷的信号，中央监控站即向相应的冷源系统发出制冷信号。

3）现场控制器通过检测冷冻水供水/回水温度、回水流量，计算出系统所需的冷负荷量，从而决定冷源系统的增开或减开。

4）现场控制器按日期/累计运行时间设定冷水机组、冷冻水泵、冷却水泵、冷却水塔的启停程序，以保证各台冷水机组、冷冻水泵、冷却水泵、冷却水塔风机的运行时间趋于一致，减少设备损耗。

5）现场控制器记录冷水机组的连续运行时间，当连续运行时间达到某一限度时，现场控制器将自动切换冷水机组。

6）冷水机组的开关设有时间延迟，以防止系统启动频繁。

7）现场控制器根据测量冷却水供回水温度与设定值的偏差，自动开关冷却水塔风机，使冷却水供回温度保持在设定范围内。

8）当冷水机组、冷冻水泵、冷却水泵、冷却水塔出现故障时，在中央工作站会显示及打印报警信息，包括报警时间。

DDC 安装见图 5.1-3。

图 5.1-3　DDC 设备安装

（2）暖通空调系统

暖通空气调节系统的目的在于，创造一个良好的空气环境，即根据季节变化提供合适的空气温度、相对湿度、气流速度和空气洁净度，以保证人的舒适度。

1）空调新风系统

① 通过配电柜，现场控制器对送风机进行开关控制，开关状态、故障报警、手动自动等信号。

② 现场控制器根据测量回风温度/送风温度与设定值的偏差，调节冷/热水电动二通阀的开启度，使回风温度/送风温度保持在设定范围内。

③ 夏天，当回风温度/送风温度高于设定值时，增加冷水电动二通阀的开启度。当回风温度/送风温度低于设定值，减少冷水电动二通阀的开启度。

④ 冬天，当回风温度/送风温度高于设定值时，减少热水电动二通阀的开启度。当回风温度/送风温度低于设定值，增加热水电动二通阀的开启度。

⑤ 现场控制器根据测量室外温度与设定值的偏差，对回风温度/送风温度设定值作出适量调整，以便达到更佳的控制效果。

⑥ 现场控制器根据测量回风 CO_2 浓度值与设定值比较，调节回风阀/新风阀的开启度，实行经济运行，达到最佳节能效果。

2）送排风机

① 通过配电柜，现场控制器对送/排风机进行开关控制，开关状态、故障报警、手动自动等信号。

② 通过配电柜内的手动自动选择开关，在必要时进行机组的就地控制。

③ 现场控制器按正常/假日时间程序及事故程序自动启停机组。

④ 现场控制器通过车库 CO 浓度值与设定值的比较，联动开关相关区域的风机设备，保证车库 CO 浓度值在设定范围内。

环境监测设备安装见图 5.1-4。

图 5.1-4　环境监测设备安装

（3）给水排水系统

1）现场控制器对给水泵、排污泵等设备，进行运行状态、故障报警、手动自动等信号监测。

2）现场控制器根据测量集水坑的高低水位情况，自动开关排水泵，使集水坑的水位保持在正常范围内。

3）集水坑的水位到达高水位时，现场控制器将自动开启排水泵，直到集水坑的水位到达低水位，现场控制器将停止排水泵。

4）现场控制器根据测量生活水箱的高低水位情况，自动开关生活水泵，使生活水箱的水位保持在正常范围内。

5）当生活水箱的水位到达低水位时，现场控制器将自动开启生活水泵，直到生活水箱的水位到达高水位，现场控制器将停止生活水泵。

水管传感器安装见图 5.1-5。

图 5.1-5　水管传感器安装

（4）变配电系统

对低压馈线柜、变压器、高压进线柜、高压出线柜加装电表与温度传感器，能够实时监测三相电流、三相电压、有功功率、无功功率、铁心温度等参数，实时读取供配电系统的相关实时数据，异常情况主动报警并自动定位。

变电所智能仪表安装见图 5.1-6。

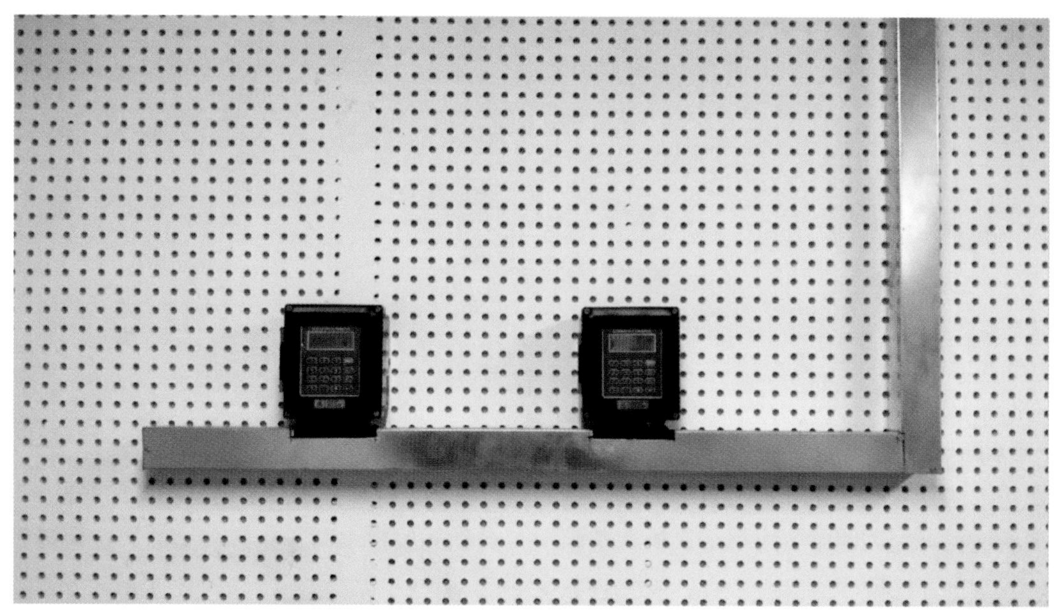

图 5.1-6　变电所智能仪表安装

（5）照明系统

1）现场控制器对照明开关状态信号进行监测。

2）通过配电柜内的手动自动选择开关，在必要时进行照明的就地控制。

3）现场控制器根据时间程序，对照明进行开关动作。

4）现场控制器记录该设备的累计运行时间，当运行时间达到某一限度时，中央监控站会显示维修指示信息。

5）当照明出现故障时，中央监控站会显示及打印报警信息，包括时间。

（6）电梯系统

结合梯控系统，能够实时监控电梯的运行状态，包括但不限于电梯的运行状态、急停状态、上下行方向、故障、报警、所在楼层、电梯运行参数等。

当电梯发生故障时，平台第一时间主动定位，并显示当前电梯停靠楼层、电梯厅外和电梯轿厢内部实时监控画面，通过一键形式通过五方对讲与电梯内部被困人员进行沟通。

电梯状态实时监控见图 5.1-7。

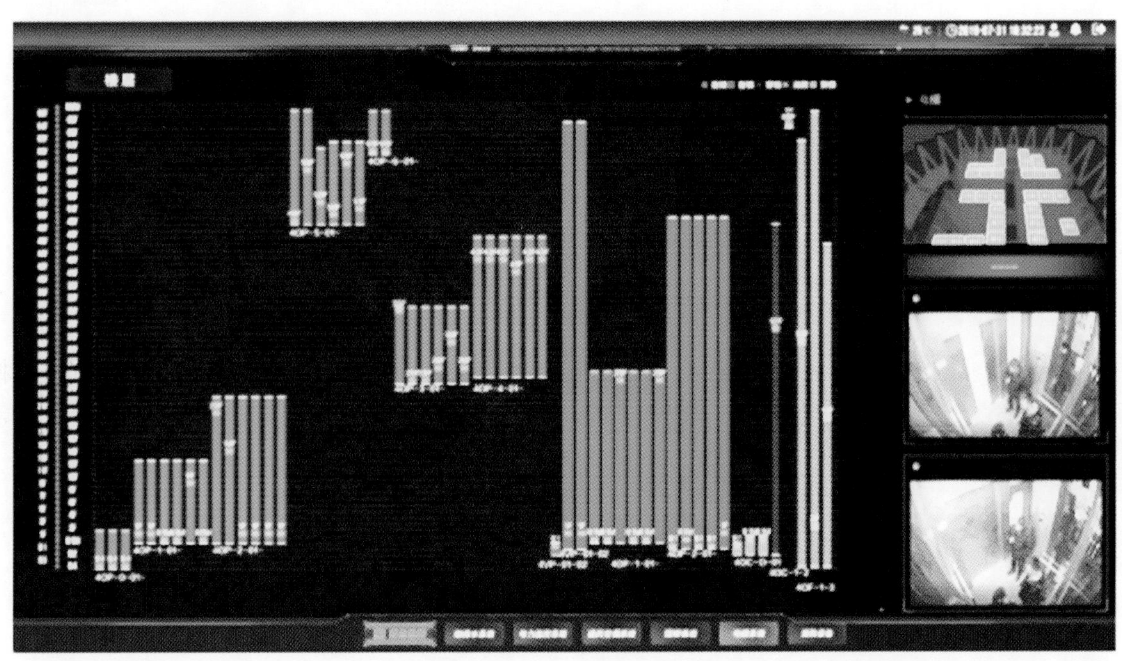

图 5.1-7　电梯状态实时监控

2. 绿色节能技术措施

（1）基础节能分析

1）能耗模型

① 根据国家标准和行业标准，提供对不同类型的能源（电、水、气等）进行能耗建模。

② 根据客户需求从区域和业态维度进行能耗建模。

2）能耗分析

① 提供对时间段、地理区域或功能区域的能耗分析。

② 分析能耗同比值、环比值。

③ 分析单位面积能耗、人均能耗等单位指标。

④ 分析转化标准煤、碳排放量、转化为人民币。

能耗分析见图 5.1-8。

3）能耗对比/能耗排名

① 提供对多个地理区域、多个功能区域的能耗对比分析，以及能耗排名。

② 提供对同一分析对象在多个时间段里能耗对比分析。

③ 支持对多个排名节点的百分比分析。

④ 提供对能源分类分项的能耗排名。

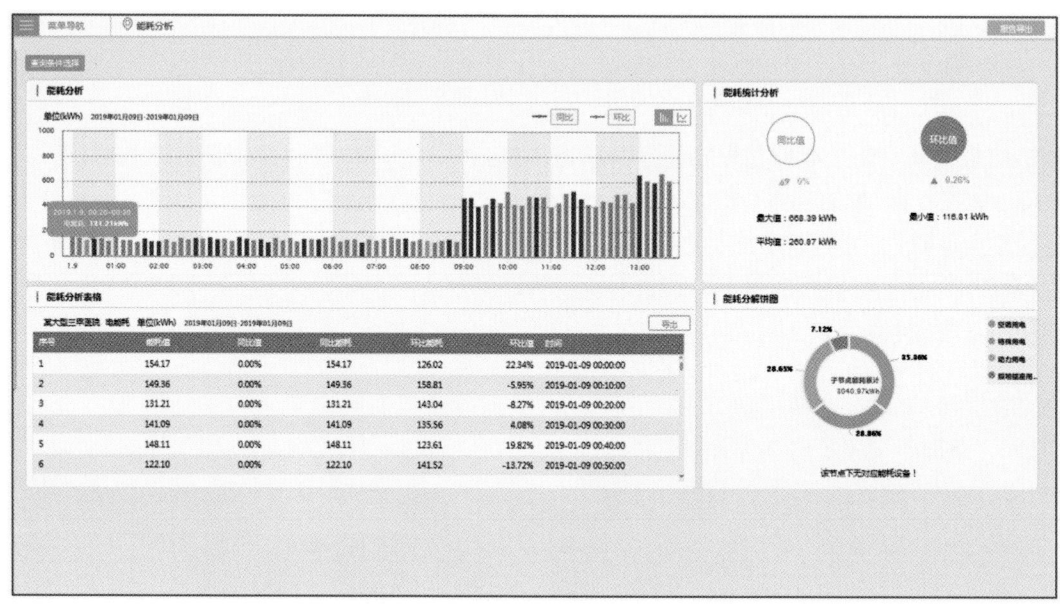

图 5.1-8　能耗分析

能耗对比见图 5.1-9。

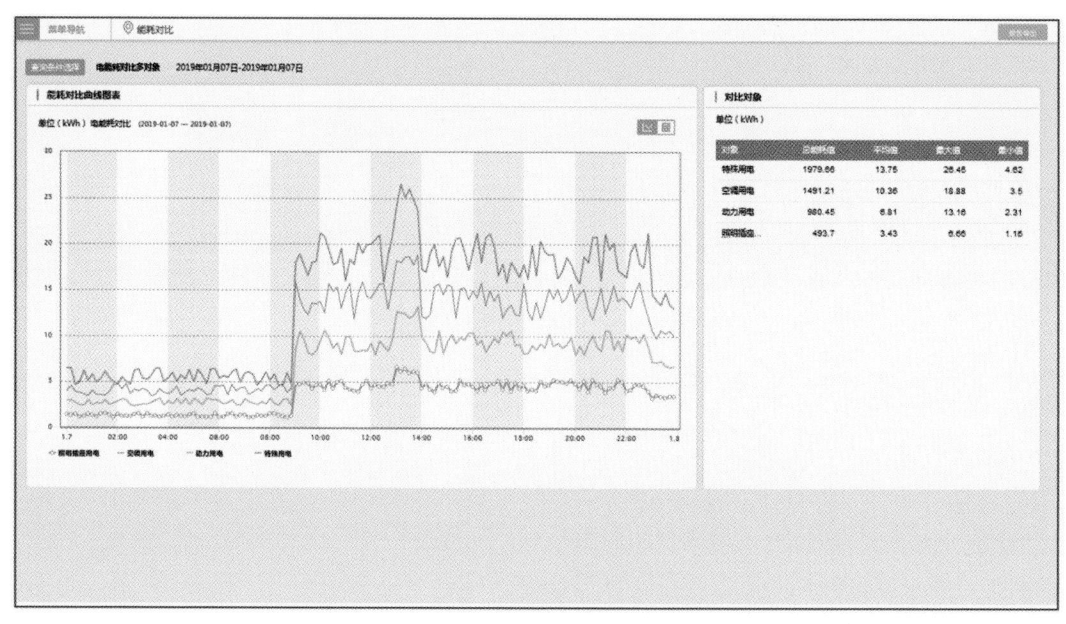

图 5.1-9　能耗对比

4）能流平衡

① 支持各能耗节点自身能耗的展示，及其子节点能耗和及差值计算结果。

② 对差值大于一定百分比的节点进行异常数据着色。

（2）负荷预测

对能源消耗进行预测，算法具备学习能力，跟踪时间越长、数据量越大，预测越准确。

（3）能源审计

提供“三年逐年能源账单”“某年逐月能源账单”“配电之路历史运行记录”审计报告的展示、查询和导出。

能源审计见图 5.1-10。

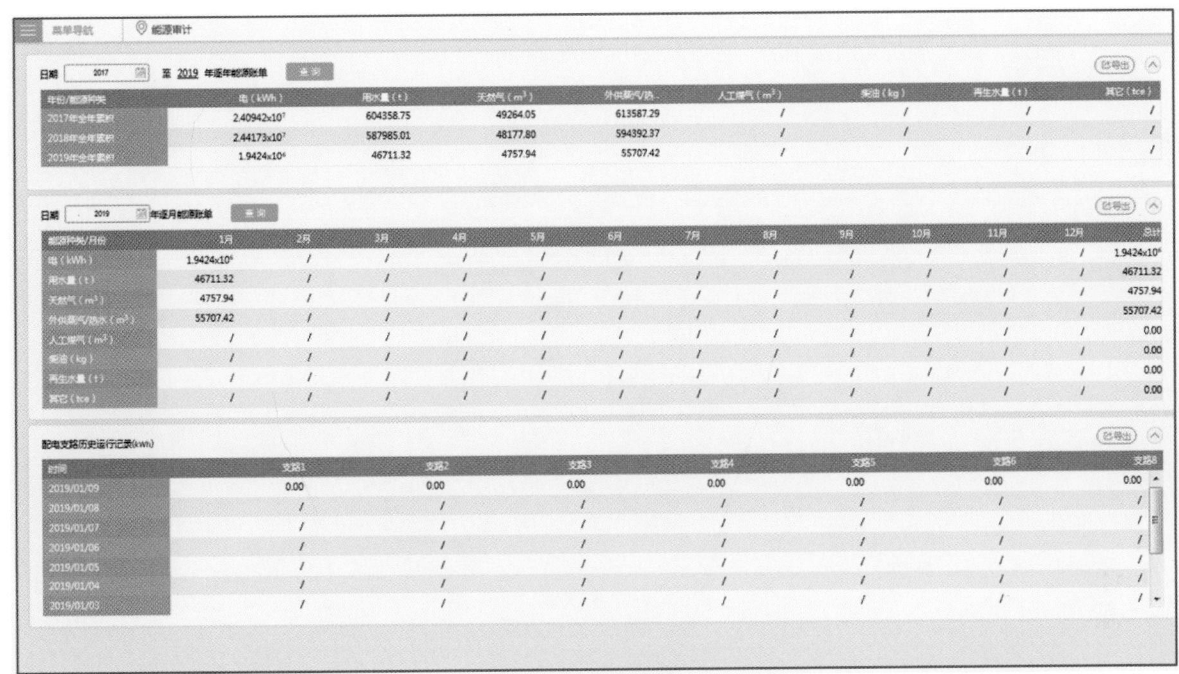

图 5.1-10　能源审计

（4）峰值分析

1）提供对可选回路的某一时间段用电峰值时刻的统计。

2）提供对可选回路的任一峰值的负荷的组成进行分析。

3）支持选取多个节点对象进行横向对比分析。

（5）环境分析

对任意地理区域或功能区域的某一段时间的环境服务品质进行量化打分，并提供对该分值组成的分析。

（6）能效专家

1）支持查看当前变压器设备在某时段范围内的能效信息，包括平均负载率、功率因数、运行效率、损耗率、变压器温度，以及负荷和损耗率信息，包括最大值、最大值发生时间，最小值、最小值发生时间，平均值，与上一个时段的同比值和环比值。

2）根据变压器或者变压器组的平均负载率情况，展示相应的运维提示信息。

3）导出《变压器负载率月报》。

4）支持查看当前冷冻站在某时段范围内的能效信息，包括冷冻站能效比、冷冻水输送系数、冷却水输送系数、冷冻水温度、冷却水温度、总耗电量、总制冷量等，以及能耗总览信息，包括能耗最大值、最小值、平均值，与上一个时段的同比值和环比值。

能效专家见图 5.1-11。

（7）能耗对标

1）根据国家或者地方标准创建多组能耗指标体系。

2）与预设的能耗指标体系进行对标分析，并对能耗实际值及能耗标杆值的平均值、最大值、最小值进行统计。

（8）节能服务

1）对项目的节能改造措施包括技术改造或管理节能行为，进行节能量核算，算法遵循国家标准。

2）对节能事件进行管理，形成节能足迹，评估节能事件的节能效果。

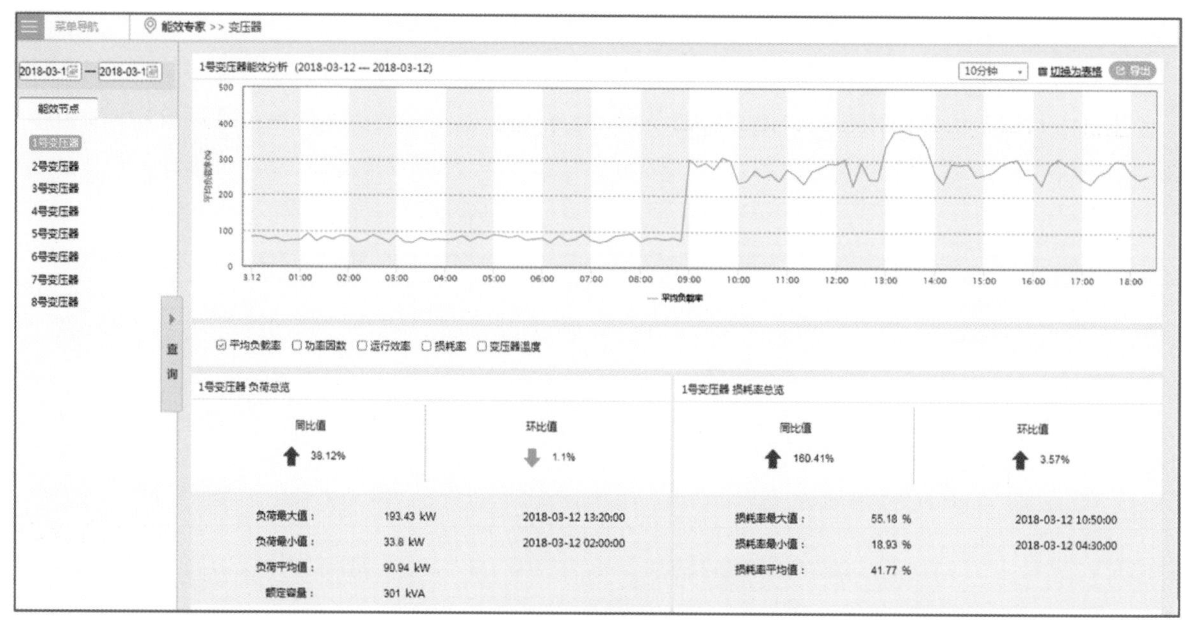

图 5.1-11　能效专家

（9）关联分析

对各节点的能耗和相关参数进行关联性分析，计算出相关系数，相关参数包括：作息时间、温度、湿度、风力、人流量等。

（10）报告报表

1）提供本项目能耗趋势分析报告、能耗差异管理报告、告警信息分析报告、能耗异常诊断报告、节能量核算报告。

2）报表在线手动生成或自动生成，根据需要自动定期推送。

3）选择报表时间段，提供基于报表模板生成能源消耗报表。

报告报表见图 5.1-12。

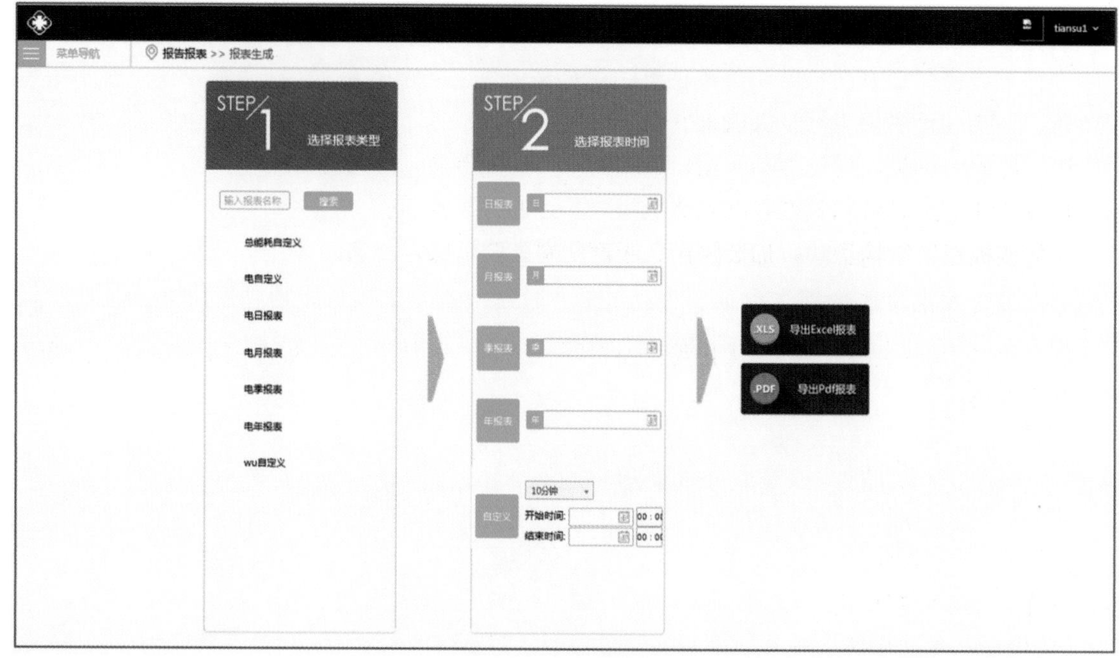

图 5.1-12　报告报表

5.1.4　小结

智能机电与绿色节能应用技术，串联智能化与信息化管理的上下游应用，使传统机电数据应用不再割裂，形成统一体系下智能机电的数据积淀。根据运行产生的数据进行分析，自动进行分析、挖掘、节能控制和管理，并以此为管理者分析与决策提供支持，最终节省能源消耗创造绿色生态环境。

5.2　机电工程消声隔振技术

5.2.1　技术概况

大型公建机电系统设备管线复杂、规模庞大，振动及噪声源众多，会议室、录音室等功能性房间对消声隔振的要求高。大型公建噪声主要包括机电设备运行产生的机械噪声、管道内流体介质流态改变导致的噪声等，并经基础、地板、墙体、楼板及附属管道等传至相邻房间，噪声控制难度大。机电工程的消声隔振技术已成为建筑施工企业研究的重要课题。

本技术从深化设计、建造过程到联合试运进行全过程噪声控制，并从限制声源噪声和降低传播噪声两个层面着手，针对机电设备、管道、建筑结构等进行全方位控制。

5.2.2　技术特点

1. 优化管理理念，进行全过程噪声控制

（1）深化设计阶段，加强图纸审核，基于 BIM 技术优化设备、管线排布，对风系统进行噪声校核和深化设计，并进行设备参数选型优化。

（2）建造阶段，严控设备进场验收，针对不同噪声源，因地制宜地加强施工技术细节管理，提高工艺质量。

（3）联合试运阶段，严格参数测量，满足性能要求。

2. 多措并举，综合施策，进行全方位噪声控制

从设备、管线、建筑结构三个层面出发，精细噪声控制：

（1）选用低噪声设备，优化隔振台座、隔振器等设计和选型，削减机械噪声。

（2）管线加装消声设备和管件，削减流致噪声，控制噪声传递。

（3）优化楼板建筑结构型式，加装隔声、吸声材料，降低噪声传递。

3. 创新引领，优化噪声控制

采用自主开发的隔振设计软件，优化动力设备隔振设计，并基于 CFD 噪声模拟结果优化风管形式，提高减振降噪效果。

5.2.3　技术措施

1. 深化优化校核技术措施

（1）系统运行噪声校核优化

1）风系统噪声校核及优化技术

BIM 深化阶段，采用自主研发的风系统噪声计算软件，对风系统产生的房间噪声进行快速计算及校核，并基于通过 CFD 数值模拟获得的构件形状、尺寸等影响因素对气动噪声大小影响的研究结果，指导深化设计。

声环境功能区划分和噪声限值满足《声环境质量标准》GB 3096—2008 要求，常规噪声控制要求和声功能区划分见表 5.2-1，特殊功能区噪声要求参考相关国家标准规定或设计要求。

环境噪声限值和声环境功能区划分　　表 5.2-1

声环境功能区类别	时段 dB(A)		声环境功能区划分
	昼间	夜间	
0 类	50	40	指康复疗养区等特别需要安静的区域
1 类	55	45	指以居民住宅、医疗卫生、文化教育、科研设计、行政办公为主要功能，需要保持安静的区域
2 类	60	50	指以商业金融、集市贸易为主要功能，或者居住、商业、工业混杂，需要维护住宅安静的区域
3 类	65	55	指以工业生产、仓储物流为主要功能，需要防止工业噪声对周围环境产生严重影响的区域

2）动力设备隔振优化设计技术

采用自主研发的动力设备隔振设计软件，实现隔振台座的快速设计、隔振器的快速选型及其位置优化，提高设计效率，降低设备振动导致的固体传声，见图 5.2-1。

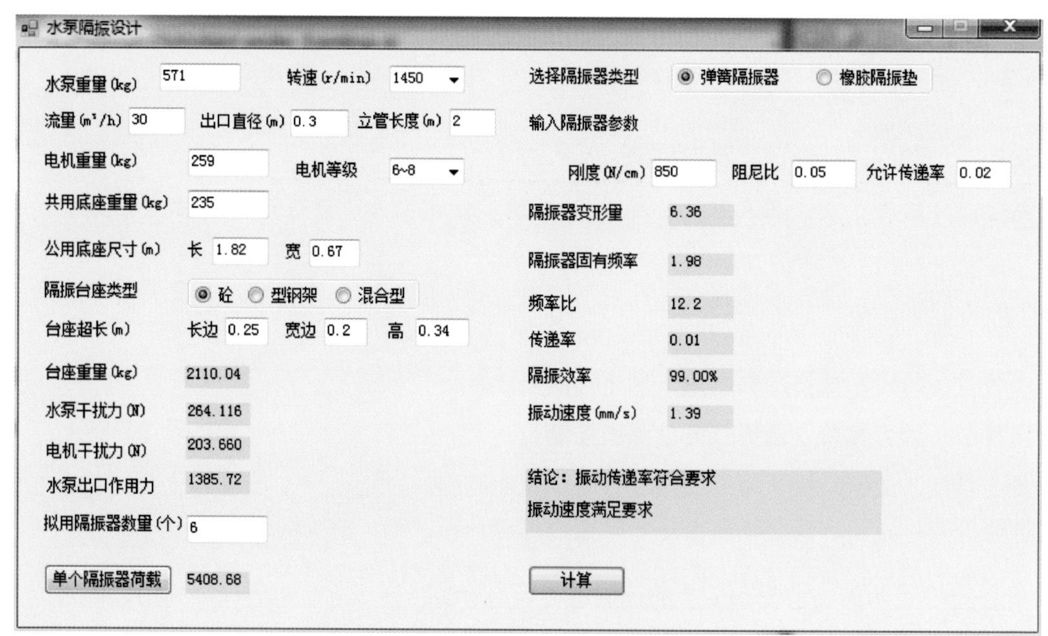

图 5.2-1　水泵隔振设计软件

（2）BIM 深化优化设备减振隔振及降噪措施

1）校核动设备布置位置是否满足规范要求。

2）校核动设备减振设置是否满足规范要求。

3）检查复核附着于墙体和楼板上可能引起传声的设备和经常产生撞击、振动的部位，是否采取防止结构声传播的措施。

（3）BIM 深化优化管线减振隔振及降噪措施

1）检查复核管线是否经过噪声敏感区域。

2）检查复核管线是否采取减振隔振及降噪措施。

3）管线经过噪声敏感区域内时，在对系统和使用功能不造成影响的情况下改变管线布局，绕开相关区域，无法改变管线布置的增加减振隔振降噪措施。

（4）管线综合排布

BIM管线综合排布时以风管为基准进行排布，结合CFD仿真软件计算结果，尽量减少管线的爬高降低、水平弯、直角弯，增大弯头半径等，结合风管安装位置对风管管径进行优化，减少截面尺寸突变产生的噪声、优化截面形状（如长宽比）减少噪声，以及末端风口处增加静压箱等。

一般建筑通风、空调送回风、排风等均为低速风管，风管优化排布时满足表5.2-2、表5.2-3要求。

空调系统中风管内的风速度范围　　表5.2-2

部位	推荐风速(m/s)			最大风速(m/s)		
	居住建筑	公共建筑	工厂	居住建筑	公共建筑	工厂
新风入口	3.5	4	5	4	4.5	6
风机入口	3.5	4	5	4.5	5	7
风机出口	5.0～8.0	6.5～10	8～12	8.5	7.5～11	8.5～14
主管道	3.5～4.5	5～6.5	6～9	4～6	5.5～8	6.5～11
横支管道	3	3～4.5	4～5	3.5～5	4～6.5	5.5～9
立支管道	2.5	3～3.5	4	3.25～4	4～6	5～8
送风口	1～2	1.5～3.5	3～4	2～3	3～5	3～5
回风管道			3	3	5～6	6

不同噪声等级通风空调系统风管和出风口最大允许风速　　表5.2-3

室内允许噪声等级(dB)	干管	支管	风口
25～35	3.0～4.0	≤2.0	≤0.8
35～50	4.0～7.0	2.0～3.0	0.8～1.5
50～65	6.0～9.0	3.0～5.0	1.5～2.5
65～80	8.0～12.0	5.0～8.0	2.5～3.5

2. 设备选型采购和验收技术措施

（1）严格按照设计或经设计书面确认后的BIM深化优化参数进行动设备的选型，对有声学要求的设备需要取得声学顾问书面认可。

（2）设备选型采购前要求设备生产商提供具有合格资质的第三方检测单位出具的设备动平衡、声学检测报告，定标前核对设备供应商提供的检测结果满足噪声要求，并在设备出厂时提供设备动平衡和噪声检测数据及安装、运行维护手册。

（3）风机、水泵等非定型设备在选择参数时，要避免以后设备运行时存在下列情况：

1）风压偏高风量偏大，人为调小阀门开度增加阻力，导致噪声增大。

2）风压风量偏低，满负荷非最佳运行工况，导致噪声增大。

3）叶轮叶片数量偏少或尺寸偏长，运行时增大风速，导致噪声增大。

（4）设备到货验收时检查设备动平衡、声学检测测试报告，必要时由第三方单位进行现场抽检，对不能满足噪声控制要求的设备拒绝验收。

3. 建筑结构隔振减振降噪措施

建筑隔振减振降噪措施见表5.2-4。

建筑隔振减振降噪措施　　表 5.2-4

建筑功能	设备安装位置	减振隔振降噪措施	
		墙面和吊顶	地面
冷水机房/锅炉房/空调机房/风机房/水泵房等	地面以上楼内安装对噪声控制要求不高或远离主建筑单体机房		混凝土设备基础
	地面以上楼内安装对噪声控制严格功能区附近	离心玻璃棉或岩棉＋铝合金穿孔板或矿棉板	机房整体浮筑地板＋混凝土设备基础或浮筑设备基础
	地下室内靠近噪声控制区域	离心玻璃棉或岩棉＋铝合金穿孔板或矿棉板	机房整体浮筑地板＋混凝土设备基础或浮筑设备基础
	地下室内远离噪声控制区域		混凝土设备基础
	上人屋面/行人通道附近	室外安装反射板/绿化带隔离	

(1) 浮筑楼板

浮筑楼板是将楼板（钢筋混凝土地面）用弹性隔振材料与基层地面（或楼板）和四周墙体完全隔离，面层混凝土与基础楼板之间不构成刚性连接，可有效地减低固体声的传递，控制建筑物内部其他工程设备和人员活动所产生的噪声和振动传递，具有降低基层楼板向楼下辐射噪声，达到提高楼板撞击声隔声性能的目的。典型浮筑地板做法示意见图 5.2-2，细部做法见图 5.2-3～图 5.2-6。

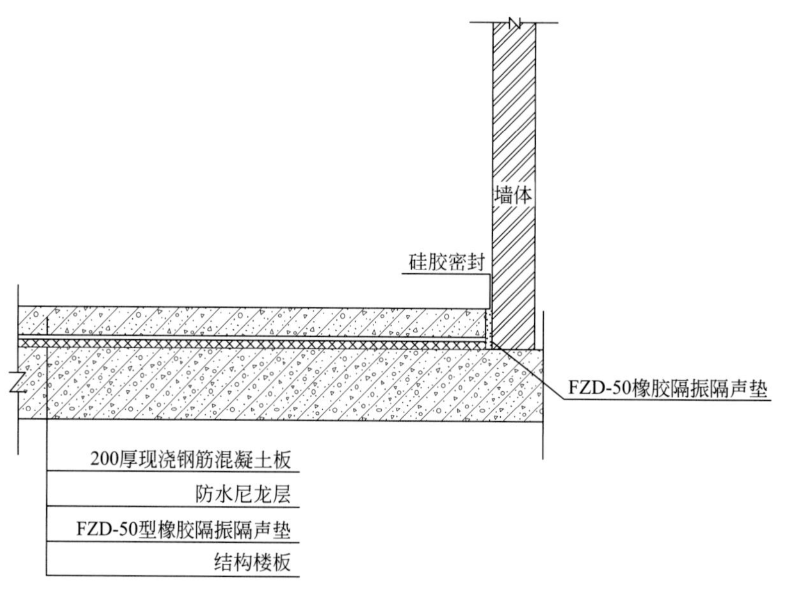

图 5.2-2　浮筑地板做法示意图

图 5.2-3　浮筑隔振隔声板满铺

图 5.2-4　管道穿越浮筑层

图 5.2-5　地漏穿越浮筑层

图 5.2-6　管道井穿越浮筑层

1）找标高、弹面层水平线，按荷载分布进行减振块、钢板的定位控制线。

2）进行水泥砂浆找平，边框隔离条以找平层地面线为基线，在墙角位置拼接安装，接缝处用胶带粘接。

3）减振垫块摆放固定

减振垫块按荷载分布平面图进行放置、固定，确保位置准确。

4）铺放焊接钢板及缝隙密封

钢板按 BIM 排版图进行切割下料，钢板之间的连接采用焊接。焊接后钢板间的缝隙用工程胶带进行粘接密封。

5）铺放 PE 膜（或防水卷材）

在焊接完成的钢板上铺设厚聚 PE 防水膜或防水卷材，防水卷材必须覆盖整个楼板的隔声区域，以避免产生声桥。

6）布置钢筋并浇筑混凝土浮筑层

根据要求布置钢筋及浇筑混凝土浮筑层，待混凝土浮筑层养护完成后，将高出板面的边框隔离条和 PE 膜割除并清理干净，使浮筑楼板与墙脚、柱脚等完全断开。

（2）铝合金穿孔吸声板＋离心玻璃棉

对于有较高隔声、消声、吸声要求的动设备机房、录音室、导播室等，内墙面根据防火等级要求分别采用离心玻璃棉或岩棉等进行隔声处理；外表面根据装修等级要求分别采用铝合金穿孔吸声板或矿棉板，以达到降噪效果。

铝合金穿孔吸声板除可让室内空气充分流通外，背部贴上吸声无纺材料后，更具有极佳的吸声功能，对于空调机房、水泵房等动设备噪声较大且同时具备吸声和隔声功能时，再加上离心玻璃棉或岩棉等，便可消除室内大部分的噪声并阻隔声音的传播。

空调机房铝合金穿孔吸声板＋离心玻璃棉做法见图 5.2-7，冷冻机房做法见图 5.2-8。

（3）冷却塔声学屏障

冷却塔主要呈现中低频噪声，其中低频噪声波长大，衍射能力强，传播距离远，不易被阻隔和吸收。噪声源中出风口噪声最大，出风口噪声一般比进风口处的声级高 10dB（A）以上，噪声治理需要着重治理排风口的空气动力噪声。

1）出风口设置消声器

为防止出风口噪声辐射，且保证顺畅通风，不影响散热，在出风口处安装消声器。出风口处消声器结构见图 5.2-9。

为了方便冷却塔日常维护和检修，消声器的消声片为滑动式，在检修时可以通过将消声片滑出一定空间，保证足够的工作面。

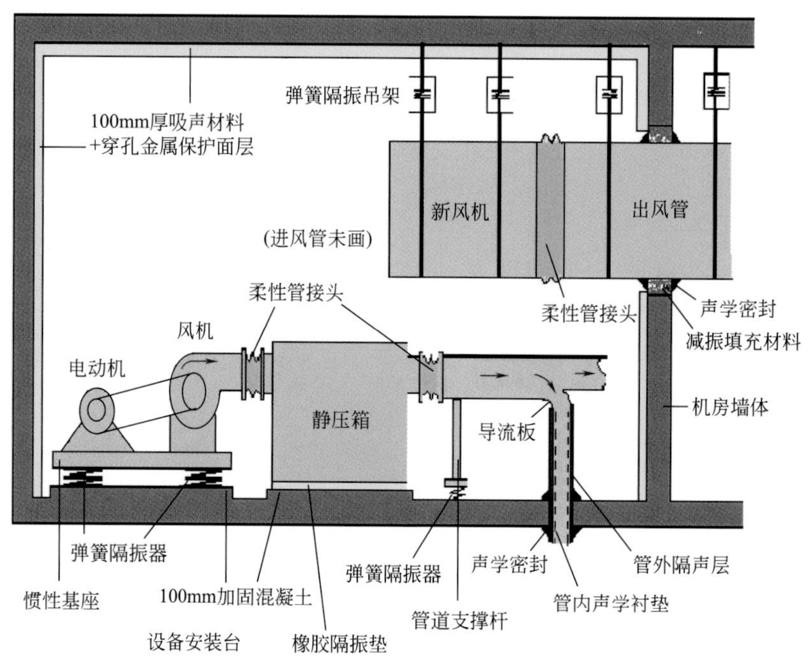

图 5.2-7 机房铝合金穿孔吸声板+离心玻璃棉

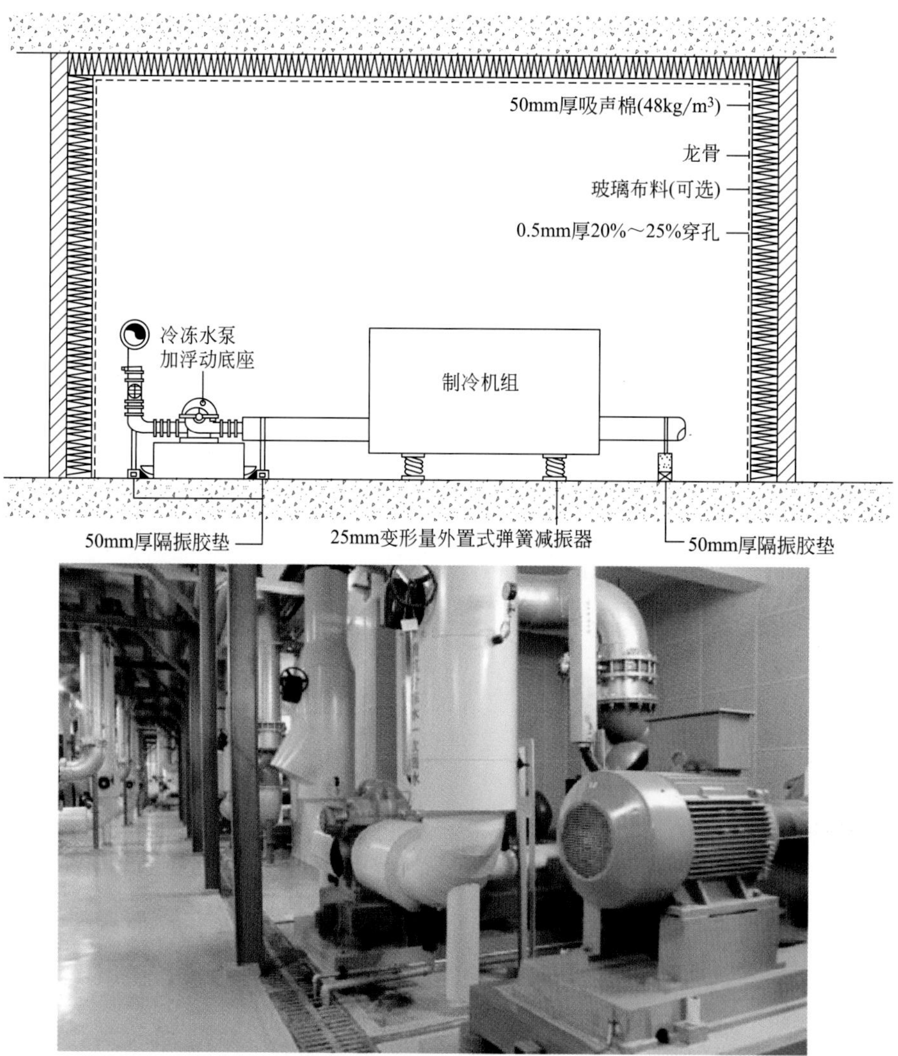

图 5.2-8 典型冷冻机房离心玻璃棉+铝合金多孔吸声板

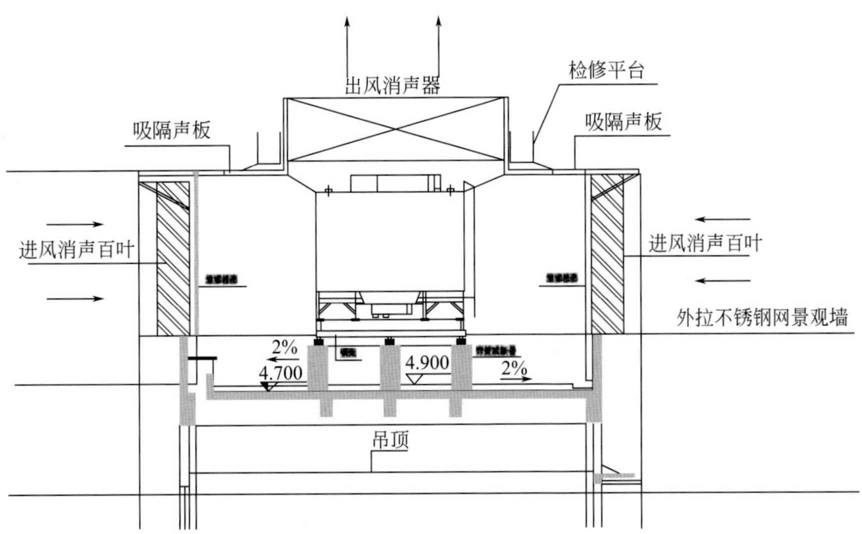

图 5.2-9　隔声罩整体结构图

消声器内消声片结构为：铝合金穿孔板＋无碱玻璃丝吸声布＋PVF、高分子透声薄膜＋超细玻璃丝棉＋PVF、高分子透声薄膜＋无碱玻璃丝吸声布＋铝合金穿孔板。

2）隔声罩设置消声百叶

既要保持进风通畅，又要阻止噪声辐射，进风口噪声声压级超标较排风口小，设计进风口安装消声百叶，具有重量轻、风阻小、消声效果良好等特点。消声百叶尺寸根据具体项目进行设计。这样既满足一定的隔声量，又不会过多的增加流阻，见图 5.2-10。

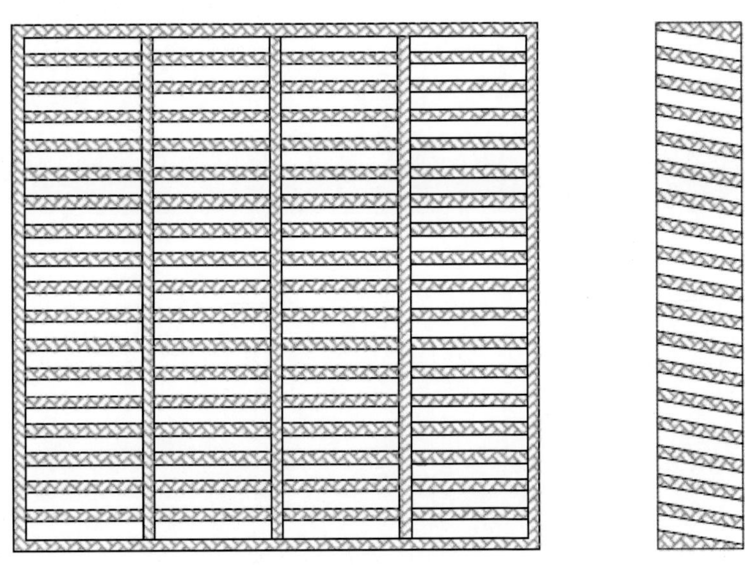

图 5.2-10　隔声罩整体结构图

消声百叶材料选用见图 5.2-11。

为了增加美观，在消声百叶的外口增设不锈钢网景观墙，既可以将消声百叶遮住又不影响进风通畅。

3）隔声罩的吸声处理

采用隔声加吸声的结构，既阻止了噪声的向外辐射，又降低了隔声罩内部的混响，降低冷却塔整体的结构传声，减轻了隔声板及消声百叶的降噪负荷。泡沫铝吸隔声板由内部 80mm 吸声层和 75mm 厚彩钢板隔声层组成，见图 5.2-12。

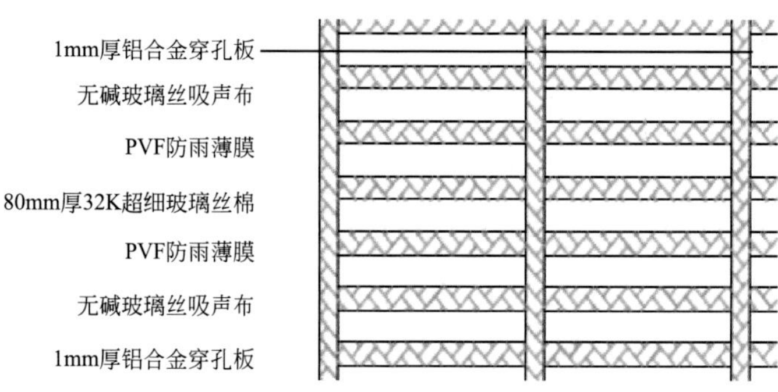

图 5.2-11　进风消声百叶材料结构图

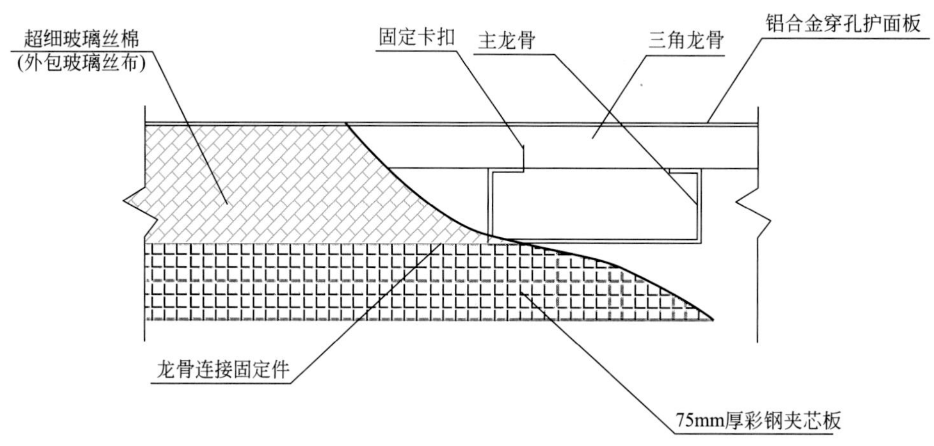

图 5.2-12　吸、隔声板剖面结构图

4. 动设备减振隔振降噪解决措施

动设备噪声控制要求见表 5.2-5，动设备隔振减振降噪措施见表 5.2-6。

动设备噪声控制要求　　**表 5.2-5**

动设备类型	噪声控制要求 dB(A)	测量位置要求
制冷机组	≤90	1.一般户外：距离任何反射物（地面除外）至少 3.5m 外测量，距地面高度 1.2m 以上。 2.噪声敏感建筑物户外： 在噪声敏感建筑物外，距墙壁或窗户 1m 处，距地面高度 1.2m 以上。 3.噪声敏感建筑物室内： 距离墙面和其他反射面至少 1m，距窗约 1.5m 处，距地面 1.2～1.5m 高
锅炉(燃烧器)	≤80	
卧式水泵	≤72	
立式水泵	≤72	
冷却塔	≤75	
空调机组(落地)(AHU/MAU/PAU)	≤60	
空调机组(吊挂)(MAU/PAU)	≤60	

动设备隔振减振降噪措施　　**表 5.2-6**

动设备类型	安装位置	减振隔振降噪措施
制冷机组/锅炉/空气压缩机	靠近噪声控制严格区域	浮筑地板或浮筑基础＋阻尼弹簧减振器
	噪声控制普通区域	橡胶减振或弹簧阻尼减振器
柴油发电机组	地面以下或远离主建筑	橡胶减振垫或弹簧阻尼减振器
卧式(立式)水泵	靠近噪声控制严格区域	减振台座＋阻尼弹簧减振器
	噪声控制普通区域	橡胶减振垫或阻尼弹簧减振器
冷却塔	靠近噪声控制严格区域	进口消声百叶＋出风口消声器＋阻尼弹簧减振器
	噪声控制普通区域	阻尼弹簧减振器或橡胶减振垫

续表

动设备类型	安装位置	减振隔振降噪措施
空调机组/风机(落地安装)	靠近噪声控制严格区域	浮筑地板或浮筑基础＋阻尼弹簧减振器或复合型槽钢＋阻尼弹簧减振器
	噪声控制普通区域	阻尼弹簧减振器或橡胶减振垫
空调机组/风机/风机盘管/VRV 室内机等(吊式安装)	靠近噪声控制严格区域	阻尼弹簧减振器或阻尼弹簧减振器＋槽钢基础橡胶减振垫
	噪声控制普通区域	橡胶减振垫或阻尼弹簧减振器

(1) 冷水机组

冷水机组的工作振动属于三维振动，可通过基础和墙壁传播，产生固体传声，该噪声的特点是低频率、危害大，而且自然衰减很慢，可以传播很远距离。冷水机组的机械噪声、电磁噪声、电机风冷噪声以及管道的振动噪声，都可通过空气传播。其中的低频率成分穿透能力很强，可以产生透声现象，可采用以下措施进行降噪：混凝土设备基础＋弹簧减振器或橡胶减振垫、机房整体浮筑地面或浮筑混凝土基础＋弹簧减振器的方式。制冷机组组合式减振安装见图 5.2-13、弹簧减振器安装见图 5.2-14。

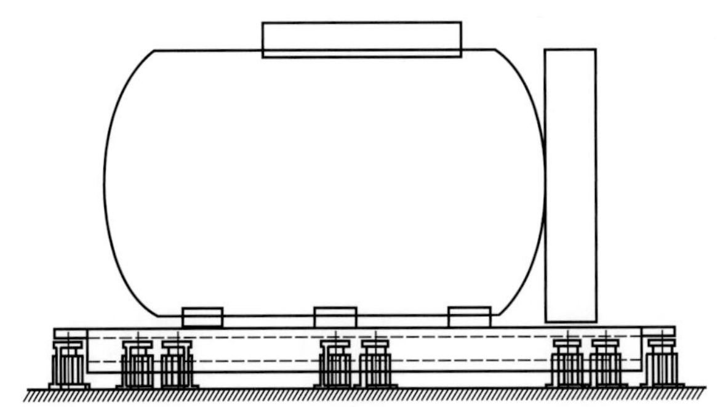

图 5.2-13　冷冻机组的减振机座安装

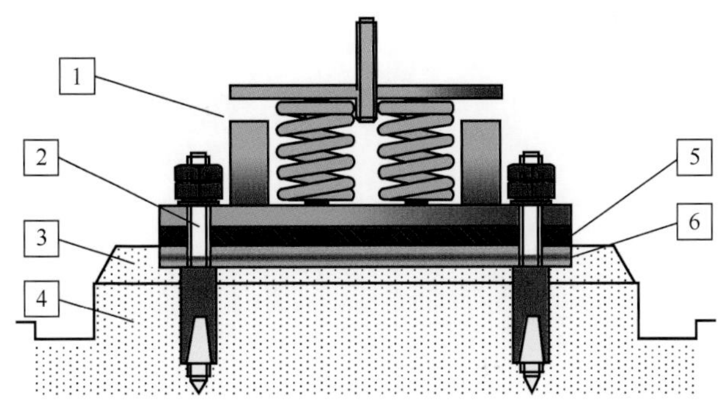

图 5.2-14　弹簧减振器安装详图

1—弹簧减振支座；2—膨胀螺丝；3—二次灌浆；4—设备基础；5—橡胶减振垫；6—底板

(2) 冷却塔

冷却塔隔振一般选用设备基础＋橡胶减振垫，及设备基础或钢架式底座＋弹簧减振器组合形式。钢架式底座＋弹簧减振器安装见图 5.2-15。

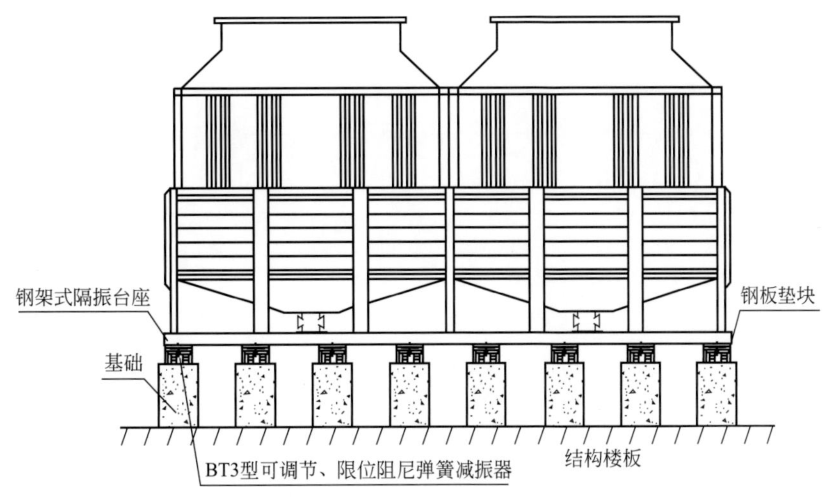

图 5.2-15　冷却塔钢架式全钢型减振台座＋阻尼式弹簧减振器做法安装样图

钢架式全钢型减振台座：钢架式全钢型减振台座主要采用型钢制作而成，利用型钢的坚固和韧性，增加减振器和落地设备放置的平稳性；在台座与每一个减振器之间放置一块钢板垫块（惰性块），来避免橡胶垫和台座直接接触造成损坏，也大大减少由于振动而导致减振器位移的程度。

特殊安装位置对噪声控制要求极高的冷却塔，减振降噪措施可采用声学屏障。

（3）水泵

水泵采用型钢混凝土混合结构的隔振惯性台座，台座重量至少是水泵运行重量的 1.5 倍，降低隔振体系的重心，增加水泵隔振体系的稳定性，提高隔振效果。

水泵机组在混凝土惯性台座上配备外置式弹簧，减振器的频率为 3～5Hz，隔振效率达 97%以上；提高频率比，以降低传递率，即传到支承结构上的干扰力尽可能地小；隔振器的阻尼比为 0.02，以防止水泵启动和关闭时产生共振。水泵减振隔振安装见图 5.2-16、图 5.2-17。

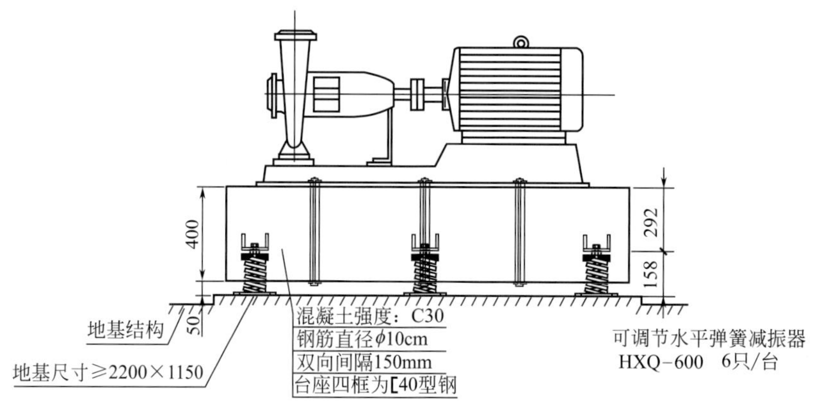

图 5.2-16　水泵减振隔振安装

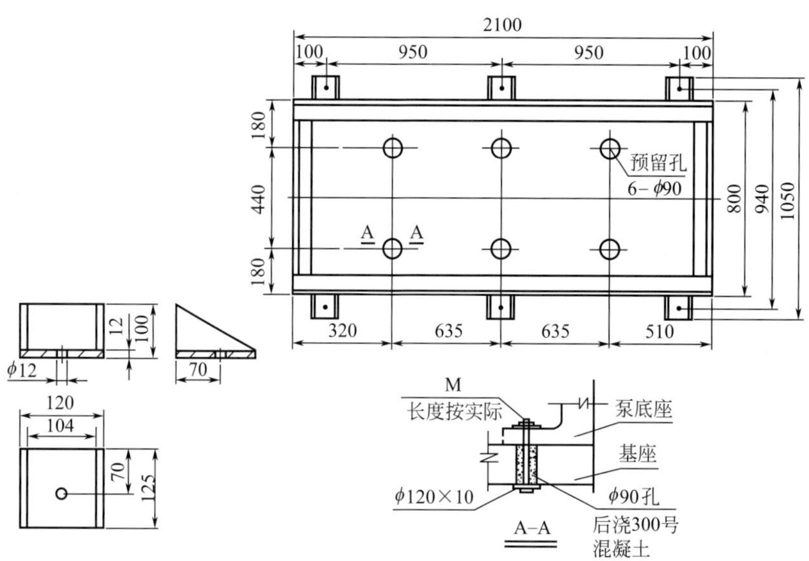

图 5.2-17　减振台座制作

（4）空调机组

空调机房墙体或地面根据噪声控制等级综合考虑是否采用建筑隔声及吸声处理。

落地安装的空调机组、风机，采用钢架基座结构加阻尼弹簧隔振器隔振。落地安装空调机组减振隔振安装见图 5.2-18，风机安装见图 5.2-19。

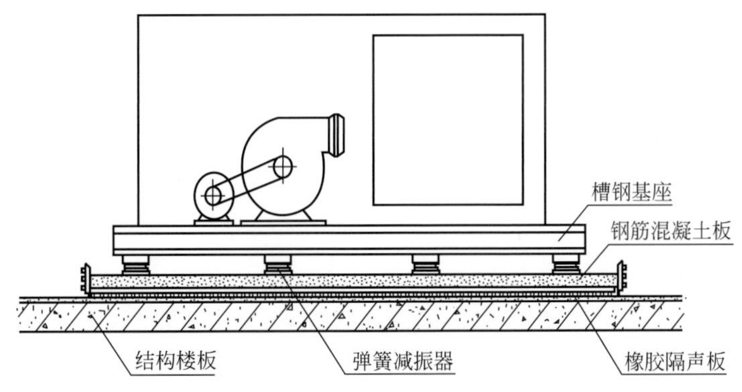

图 5.2-18　落地安装空调机组减振隔振安装示意图

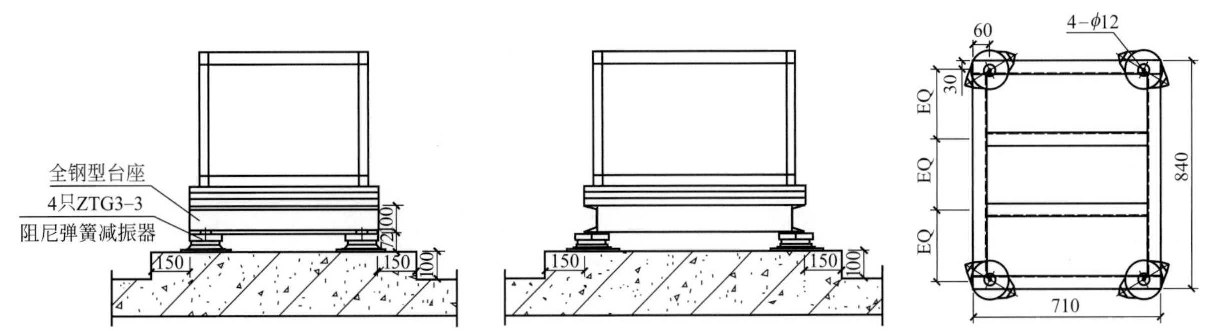

图 5.2-19　落地风机减振隔振安装示意图

说明：台座材料为 10 号槽钢。

吊装空调机组、轴流风机、风机盘管采用阻尼弹簧隔振器。吊装空调机组减振隔振安装见图 5.2-20、风机安装示意见图 5.2-21。

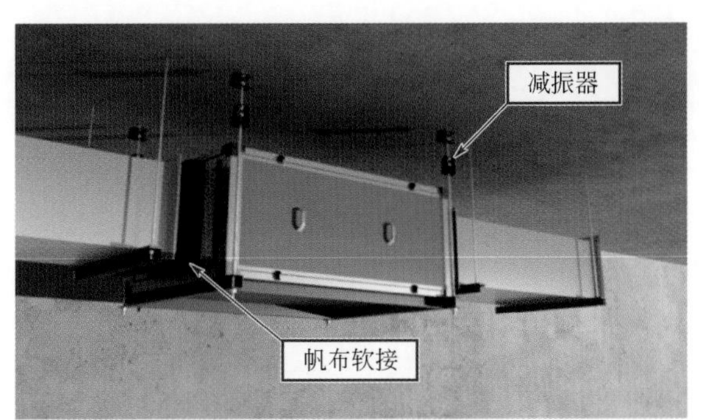

图 5.2-20　悬吊式空调机组减振隔振安装示意图

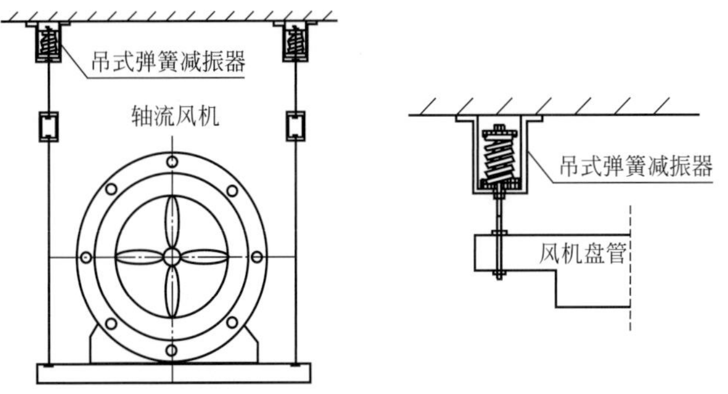

图 5.2-21　悬吊式风机减振隔振安装示意图

（5）柴油发电机

发电机降噪可从声源着手，排气噪声是主要的噪声源，采用特制的阻抗型复合式的消声器，一般可使排气噪声降低 40～60dB（A）。降低发电机组冷却风机噪声时，必须考虑两个问题，一是排气通道所允许的压力损失，二是要求的消声量。针对上述两点，可选用阻性片式消声器。

尾气消声设计：在发电机尾气管安装二级消声器。发电机尾气经不锈钢波纹膨胀节减振后，经消声器消声后排放。在发电机的尾气管及消声器用 25mm 厚的玻璃棉包扎保温隔热，并包以铝箔纸装饰。

进、排风消声设计：根据甲方提供的图纸及现场情况，发电机组进风为自然进风的消声型式，排风为排风井无消声直接排除。消声室及风井内均安装吸声降噪片，以防机房噪声外泄，同时起到消声的作用。消声室及风井内的材料为吸声棉体、焊网、角钢、轻钢龙骨等。

大部分的柴油发电机都是采用水箱风扇进行冷却，必须将水箱散热器的热量排出机房外，为避免噪声传出发电机房外，必须对排风系统设置排风消声。

柴油发电机房外柴油机排风系统消声：柴油机排风经排气消声风槽进行消声后排出机房外仍有较高的噪声，排风必须经过机房外设置的消声风槽进行消声，从而将噪声降到更低限度，该消声风槽外部为砖墙结构，内部为吸声板。

5. 风管减振隔振降噪解决措施

风管系统产生的噪声是通风空调系统的主要噪声之一，减少此类噪声可采用以下几种措施。

（1）安装消声器

1）消声器、消声弯头应单独设置支、吊架，不能使风管承受消声器或消声弯头的重量，且有利于单独检查、拆卸、维修和更换。

2）为保证在末端消声器之后的风管系统不再出现过高的气流噪声，在管道拐弯处应采用曲率半径大的弯头。

3）为避免噪声和振动沿着风管向围护结构传递，各种传动设备的进出口管均应设柔性短管连接，风管的支架、吊架及风道穿过围护结构处，均应有弹性材料垫层，在风管穿过围护结构处，其孔洞四周的缝隙应用不燃纤维材料填充密实。

4）穿孔板孔径和穿孔率应符合设计要求，穿孔板径钻孔或冲孔后应将孔口的毛刺挫平，因为如有毛刺，当孔板用作松散吸声材料的壁板时，容易将壁板内的玻纤布幕划破；当用作共振腔的隔板时也会因空气流经而产生噪声。

5）对于送至现场的消声设备应严格检查，不合格产品严禁安装，在安装时，要严格注意其方向。

消声器及软连接安装示意见图 5.2-22。

（2）安装导流片

导流片设置的目的是让气流在风管内尽量少地产生紊流，因紊流而产生振动，从而产生噪声，但导流片设置不好会增大阻力损失，噪声变强，影响气流的稳定性。内弧线或内斜线角弯头导流叶片的设置问题是主要原因，因此，导流片的片距、片数必须根据弯头的宽度 A 尺寸而定，见图 5.2-23。

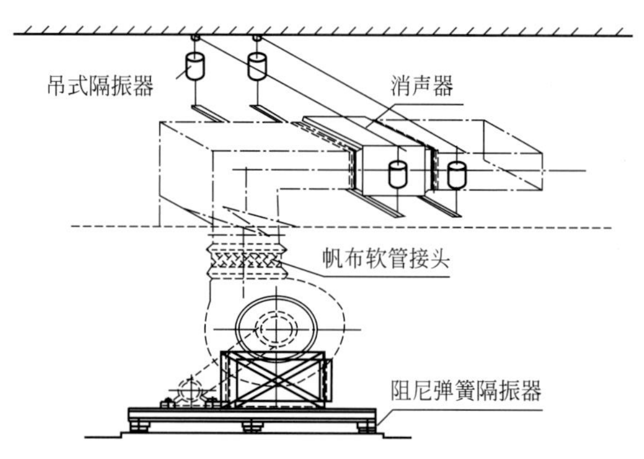

图 5.2-22 消声器及软连接安装示意图

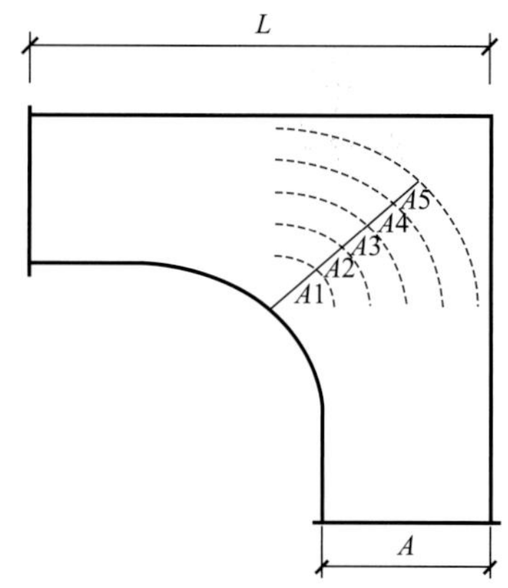

图 5.2-23 导流片设置示意图

（3）风口静压箱及软管消声

1）空调系统的送回风口一般都是与装修的吊顶板紧密相接的，为了阻断风管内的振动传递至吊顶板，风管与风口之间采用柔性短管连接，见图 5.2-24。

2）采用在风口上方制作安装风口静压箱作为风口与支管的过渡衔接，有效地避免了噪声的二次发生，见图 5.2-25。

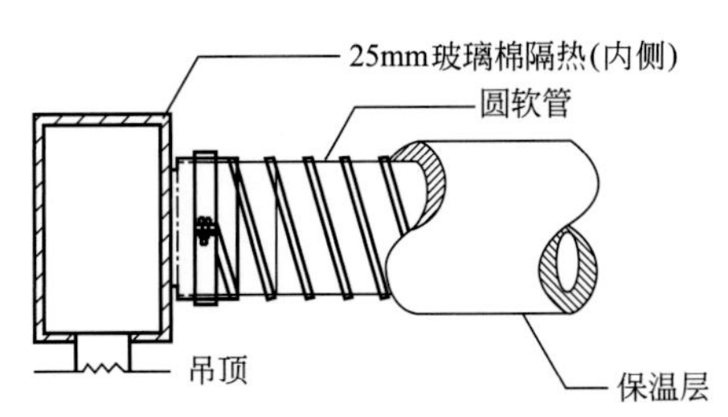

图 5.2-24　风口静压箱内消声及软风管做法图

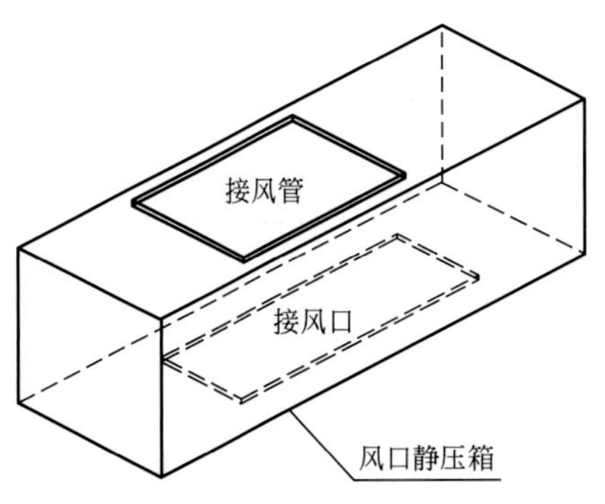

图 5.2-25　风口静压箱示意图

(4) 风管消声及减振

录音室、同声传译等要求噪声控制特别高的风管，可在风管的内壁贴隔声材料，可采用胶粘加压条的方式，防止时间长后隔声材料的脱落影响隔声效果。风管外的隔声板可采用压条或胶粘加压条的方式。风管安装在装饰吸声吊顶的上方，风管在进出墙处采用声学封堵。风管系统的支吊架均采用减振支吊架，减振器的型号必须根据风管系统的重量要求进行选择，见图 5.2-26。

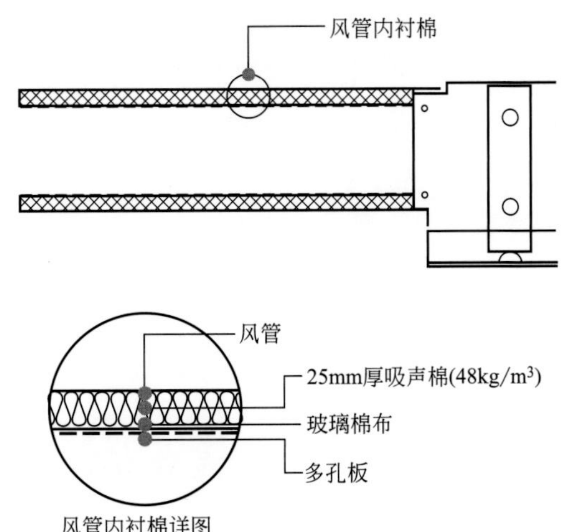

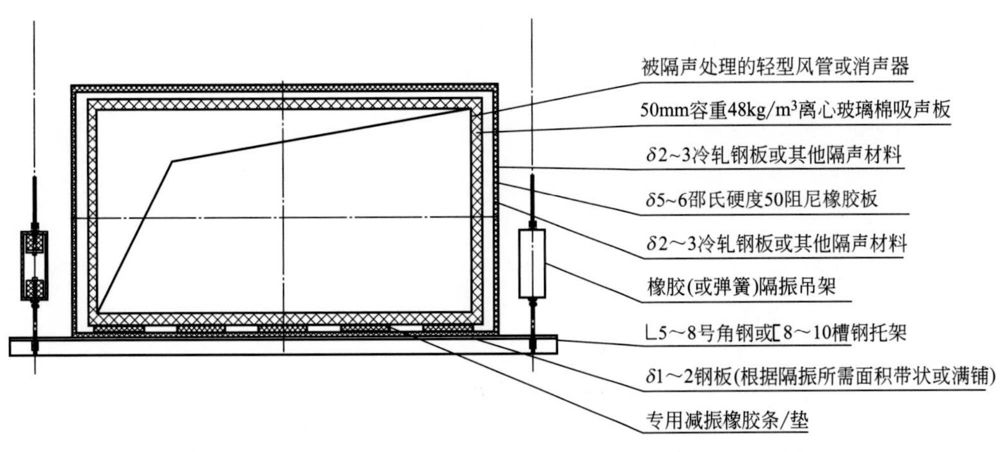

图 5.2-26　风管减振示意图

(5) 风管系统安装

1) 在条件允许的条件下，应尽量采用低速送风，以减少送风噪声。

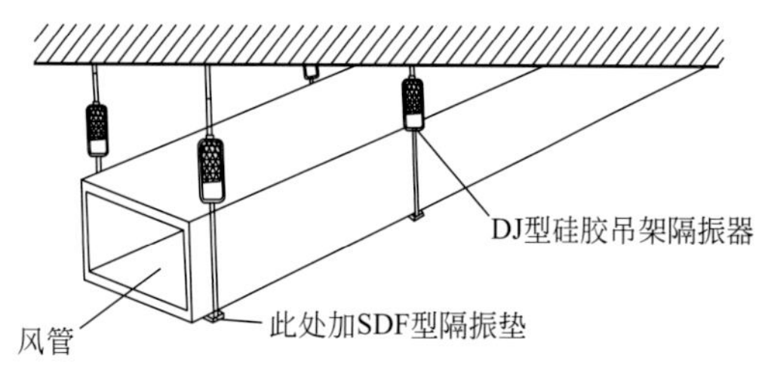

图 5.2-27　风管减振吊架安装示意图

2）对于建筑物内的风管及支、吊架应用相应的防隔振结构与措施，见图 5.2-27。

3）严格风管的密封性措施，杜绝由于风管系统漏风导致的噪声。

4）减少阻力，减少振动，在噪声等级要求较高的区域，使用圆形风管和椭圆形风管代替常用的方形风管（办公区域 VAV 系统），尽可能地减少因气流紊流而产生的噪声。

5）风管在制作过程中变径要采用渐扩管或渐缩管；分支与主管应采用非 90°顺接，不得采用垂直连接；矩形弯管宜采用内外同心弧形，导流片设置应符合《通风管道技术规程》JGJ/T 141—2017 的要求。控制好风管及配件的制作安装质量，风管的接缝和接管处应严密，要进行风管系统漏风量检测并满足规范要求，防止由于风管系统漏风而形成噪声。

6）风管在运送气流的过程中由于气流的激荡会使风管产生振动，风管和结构墙体接触后会将振动传递给墙体并进一步向外传播，在风管与套管中间空隙中填塞离心玻璃棉等柔性材料，既能避免风管与墙体的直接接触，又能降低风管振动噪声产生的概率。风管穿墙做法见图 5.2-28。

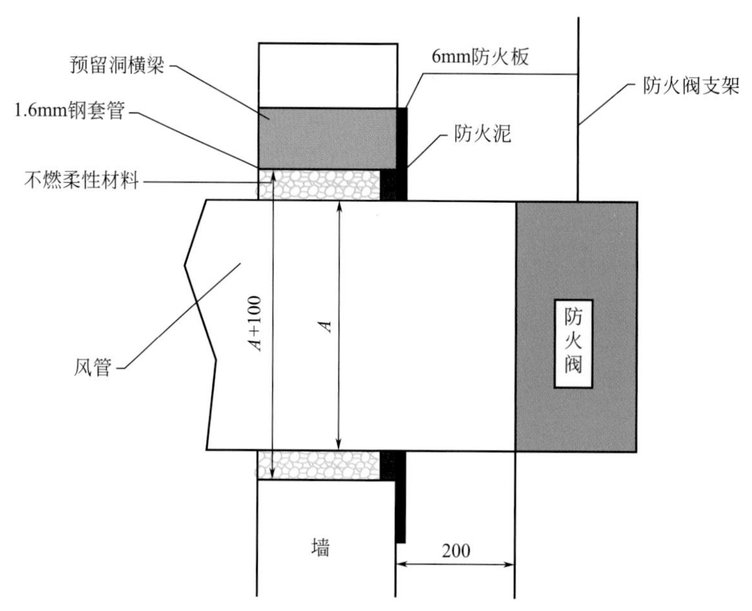

图 5.2-28　风管穿墙做法

7）机房内接入静压箱的排风管口加设消声弯头。由于送回风管截面积较大，如果风管安装强度及其整体刚度不够，就会产生摩擦及振动，因此，对刚度不够的风管在外表面用L 40×4 角钢进行加固。在风管吊架处加设橡胶减振垫，以减少风管振动产生的噪声。风管与空调机组连接采用柔性接头，空调机组与基础之间采用橡胶垫层。空调机房减振降噪典型做法见图 5.2-29。

6. 水管减振隔振降噪解决措施

工程设备的振动，除了通过基础沿建筑结构传递外，还通过管道向外传递，同时管内介质流动时，尤其经过阀门、弯头、分支时引起的振动也会通过管道向外传递，激发有关结构振动并辐射噪声。

（1）在设备与管道之间配置软连接装置，减少设备振动及固体声沿管道的传递。

（2）管道支架、吊架、托架须采用阻尼弹簧隔振器或悬吊弹簧隔振器隔振减少振动传递。

（3）管道穿墙时应与建筑墙体完全脱开，并放置橡胶隔振带进行隔振处理。

（4）管道隔振尽可能采用着地隔振支承架、弹性托架或管道平置吊架。

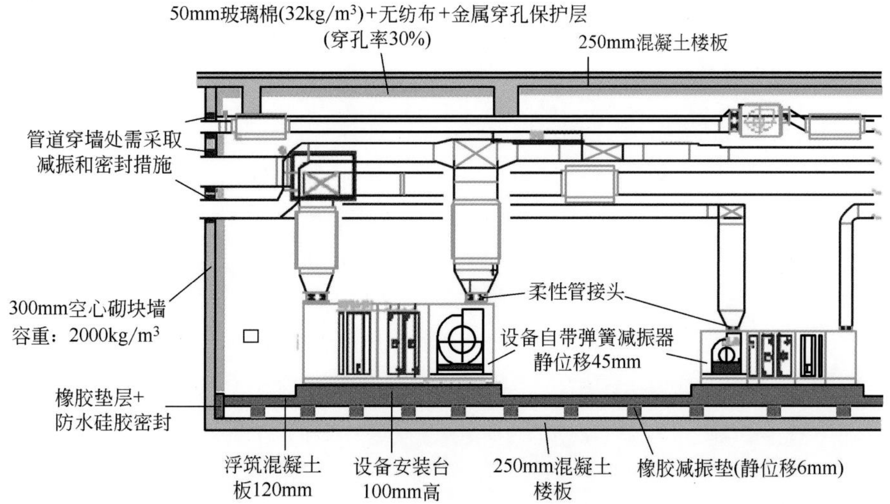

图 5.2-29　空调机房减振降噪典型做法

（5）管道隔振做法见图 5.2-30～图 5.2-34。

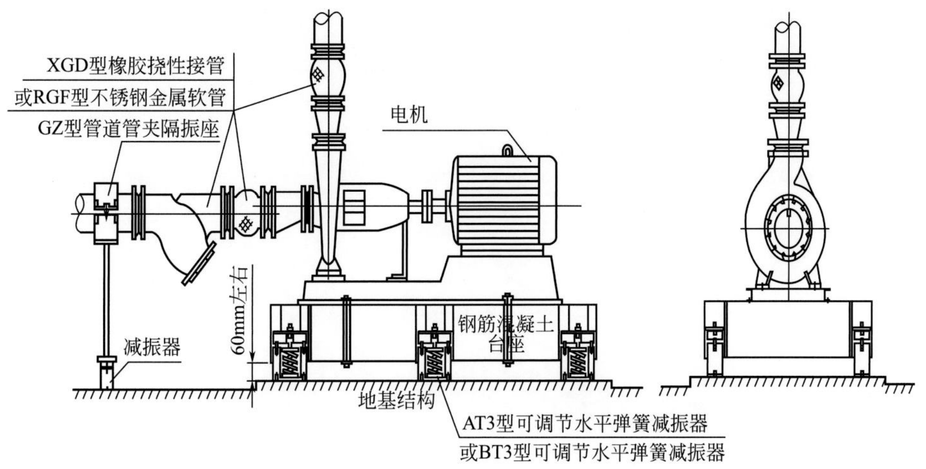

图 5.2-30　水泵房内管道消声减振隔振做法

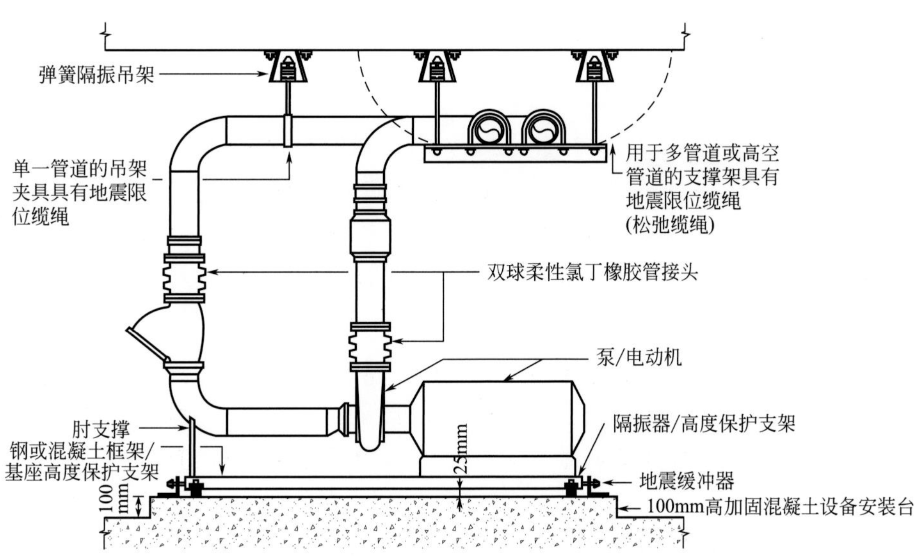

图 5.2-31　冷冻机组及管道减振隔振做法

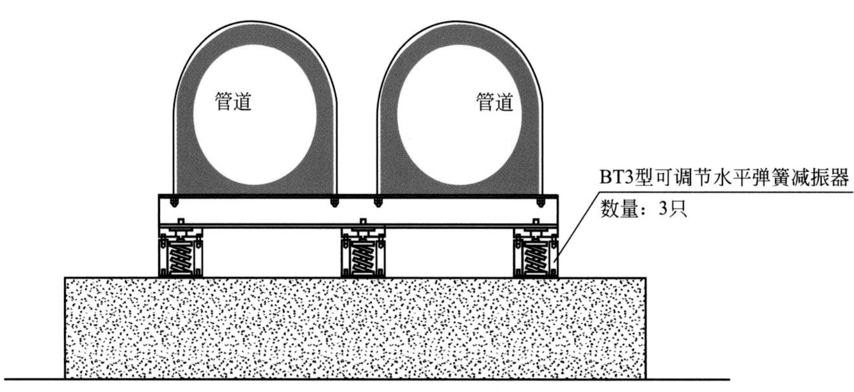

图 5.2-32　管道组合减振安装

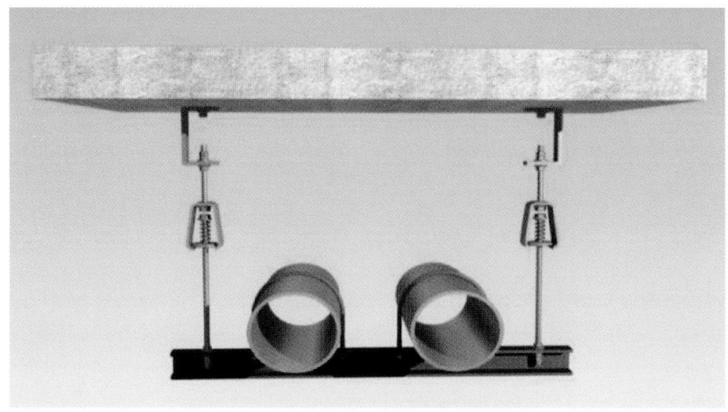

图 5.2-33　弹簧减振安装

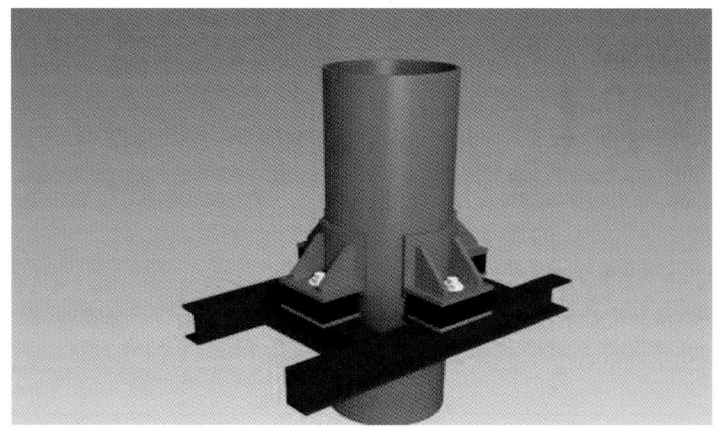

图 5.2-34　管道垂直安装木托隔振

7. 防火封堵减振隔振降噪解决措施

(1) 风管管道穿墙处的减振和密封

在所有的管道穿出机房围护结构的结合部位均需要采取减振和密封措施，见图 5.2-35。

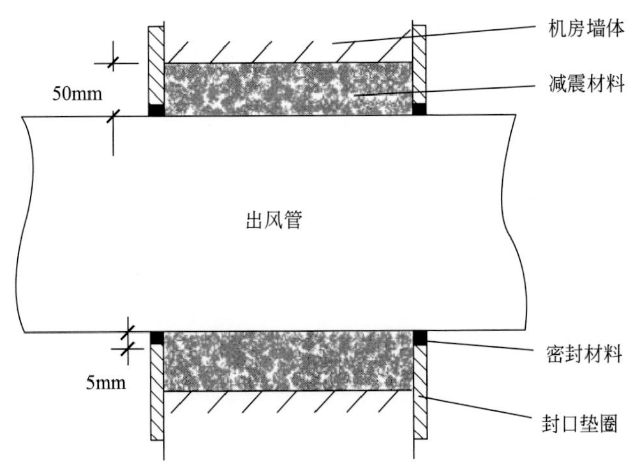

图 5.2-35　风管穿墙密封措施

(2) 风管管道穿墙处的减振和密封封堵之前，清洁孔口周边及贯穿物，使之干燥、无灰尘与杂物，见图 5.2-36。

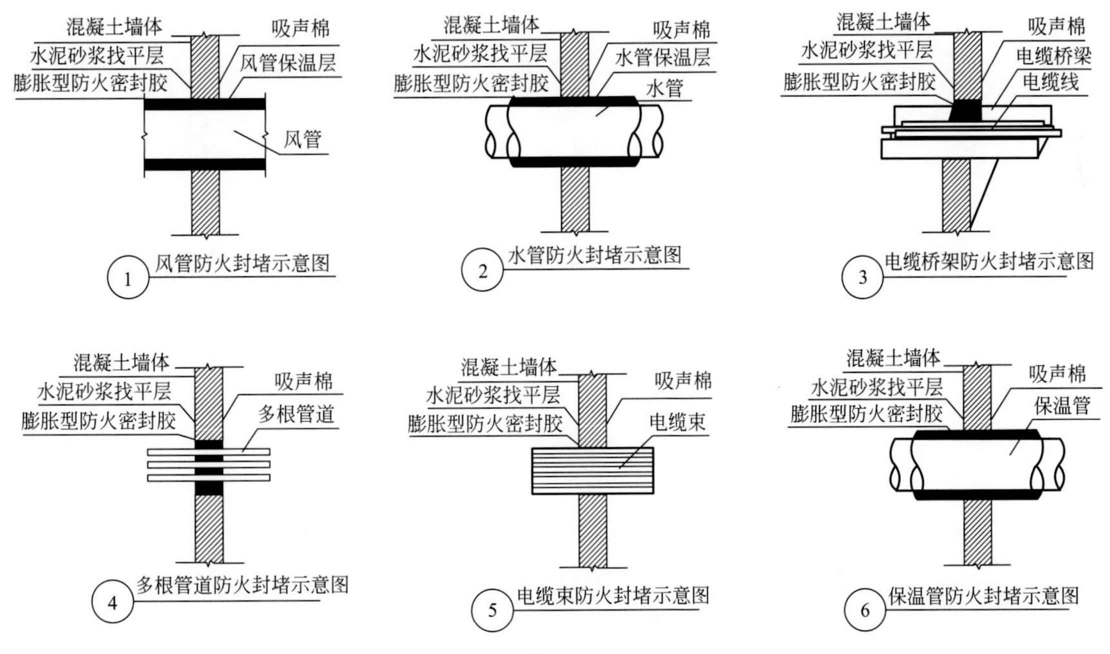

图 5.2-36　管道穿墙封堵示意图

8. 系统联合试运行阶段检验检测

(1) 噪声测试仪器采用（带倍频分析的）声级计，宜检测 A 声压级的数据。

1) 室内环境噪声检测的测点布置应符合下列规定：

① 室内噪声测点应位于室内中心且距地面 1.1～1.5m 高处，并按工艺要求设定，距离操作者应为 0.5m，距墙面和其他主要反射面不应小于 1m。

② 当室内面积小于 $50m^2$，应取一个测点，每增加 $50m^2$ 应增加一个测点。

2) 室内环境噪声检测应符合下列规定：

① 空调系统应正常运行。

② 测量时声级计或传声器可采用手持或者固定在三脚架上，应使传声器指向被测声源。

③ 噪声测量结果以 A 级 dB（A）表示。必要时测量倍频程噪声，进行噪声评价。

④ 测量背景噪声时应关闭所有相关的空调设备。

3）室内环境噪声应按下式计算

$$P_e = P_m - \Delta b$$

式中　Δb——噪声修正值，根据实际噪声与背景噪声之差查表 5.2-7。

噪声修正值（dB（A））　　**表 5.2-7**

ΔL	<3	3	4～5	6～10
Δb	测量无效	3	2	1

（2）噪声数据测量与分析

为了便于在噪声测试仪上直接读出噪声评价的主观量，测试仪器接收声音按不同的程度滤波，其方法是在噪声测试仪的放大电路中插入 A、B、C 三个计权网络。A 网络式模拟人耳对 40phon 纯音的等响曲线倒立后的形状接近，它使接收、通过的低频段的声音（500Hz 以下）有较大的衰减。B 网络是模拟人耳对 70phon 纯音的响应，与 70phon 的等响曲线倒立后形状接近，它使接收、通过的低频声音有一定的衰减。C 网络是模拟人耳对 100phon 纯音的响应，与 100phon 的等响曲线倒立后的形状接近，在整个可听声频率范围内有近乎平直的特性，可让所有频率的声音以近似一样的程度通过。声级计的读数均为分贝值，但由于网络不同，其读数所代表的意义也不一样，因此，在读数“dB”的后面应加上所选定的计权网络名称。

1）设置测量方式和时间：可以选择四种测量方式：单次测量、整时测量、数据采集和滤波器测量。单次测量的时间为：Man（人工）→10s→1min→5min→10min→15min→20min→30min→1h→8h→24h。

整时测量的测量时间为：10s→1min→5min→10min→15min→20min→30min→1h。

数据采集的测量时间为：10s→1min→5min→10min→15min→20min→30min→1h→8h→24h。

s、min、h 分别表示：秒、分、时。

2）测试参数的选择：设置计权方式 A，设置时间计权 F，设置量程 HML；可以选中 H 高量程、M 中量程、L 低量程三种量程状态。在等待测量状态，也可以通过计权、快慢、量程来设置 ACL、FS、HML 三种状态，此时改变的状态不保存，在不关机或不复位的情况下有效。而通过设置按钮设置的 ACL、FS、HML 状态被保存下来，重新开机或复位后，仪器即在所设置的状态下测量瞬时声级。

3）数据的采集：同单次测量一样，设置仪器为数据采集测量方式。在等待测量方式下，按确定/暂停按钮，仪器进入采集方式测量，测量结束，即显示数据。按显示按钮，仪器选择显示单组测量数据、整时测量数据、采集测量数据和滤波器测量数据，按确定/暂停按钮确认，显示屏先显示最后一组测量的数据，将测量数据记录。

注意点：当在有风的场合下进行测量时可以使用风罩以降低风噪影响，可以选择不同风罩，当选用 $\phi=60$ 风罩时，它降噪能力大约 15～20dB。正当对测试点风速大于 5m/s 时，应该偏移 45°。

4）绘制测试数据曲线

根据实际测试记录数据，将不同频率的测试值标定在图 5.2-37 中相对应的点上。得到实际数据噪声曲线。

5）数据分析

首先根据实际的数据判断这条曲线符合 NC 哪条曲线要求，进而判断这条实测曲线（环境噪声）是否符合 NC 标准。

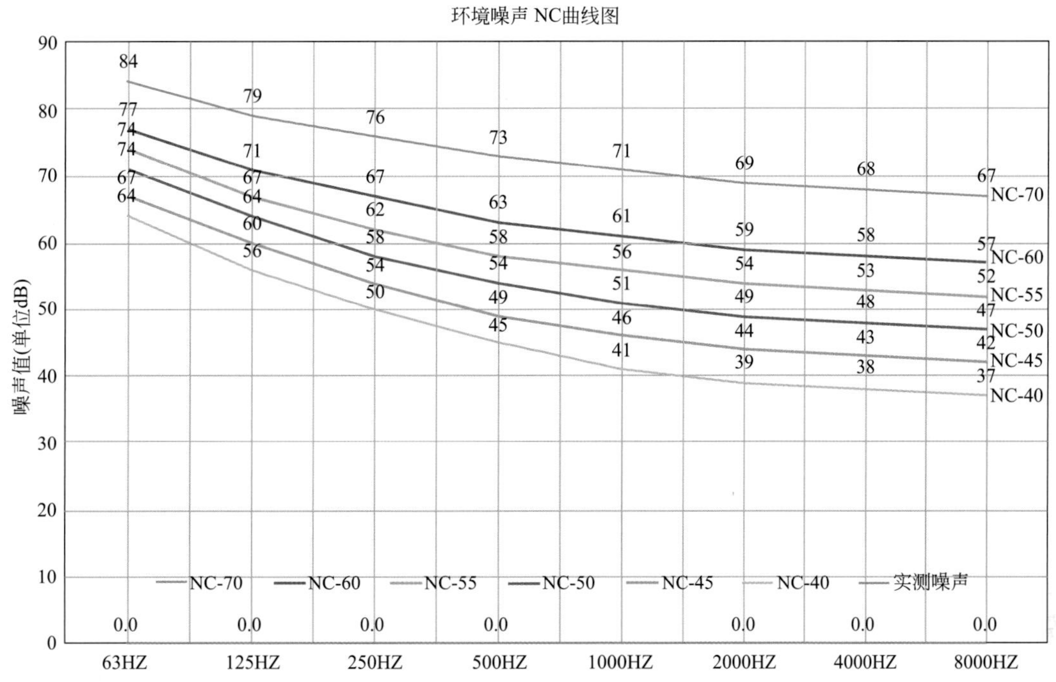

图 5.2-37　数据噪声曲线

八倍频谱和噪声评价推荐范围标准见表 5.2-8、表 5.2-9。

八倍频谱声压级值与噪声标准的曲线关系　表 5.2-8

噪声标准 八倍频谱	63 Hz	125 Hz	250 Hz	500 Hz	1000 Hz	2000 Hz	4000 Hz
NC-15	47	36	29	22	17	14	12
NC-20	51	40	33	26	22	19	17
NC-25	54	44	37	31	27	24	22
NC-30	57	48	41	35	31	29	28
NC-35	60	52	45	40	36	34	33
NC-40	64	56	50	45	41	39	38
NC-45	67	60	54	49	46	44	43
NC-50	71	64	58	54	51	49	48
NC-55	74	67	62	58	56	54	53
NC-60	77	71	67	63	61	59	58
NC-65	80	75	71	68	66	64	63

室内声环境功能区建议的噪声标准范围划分　表 5.2-9

室内声环境功能区	噪声标准范围	dB(A)
居民住宅、医院、酒店公寓	NC-20～NC-30	25～35
教堂、剧院、大型会议室	NC-20～NC-30	25～35
办公室、教室、图书馆、小型会议室	NC-30～NC-35	35～40
超市、餐厅	NC-35～NC-40	40～45
工程工作间、维修车间	NC-40～NC-50	45～55
厨房、洗衣房、车库、工厂控制室	NC-45～NC-65	50～70

注：无锡大剧院由芬兰萨米宁建筑事务所设计，以上噪声标准划分为国外标准。

(3) 质量控制

为保证测试数据的可靠性，所有测试人员均应经过相关仪器使用培训，熟悉作业操作流程，能够准确判断所选取的实测点是否有效可用。现场测试环境需要满足测试条件，排除现场施工的干扰。测试时严格控制测试人数和现场人员的行动，测试人员和辅助人员应保持一定距离并禁止制造噪声。测试完成后应将数据准确记录，包括测试位置点位和实测值，并安排专人复核记录数据。

5.2.4 小结

噪声控制是一个系统工程，从设计、采购、施工、调试、运行等各方面进行系统性的综合考虑，前期重点在于设计和采购，中期在于施工，后期在于运行维护，缺一不可，并要求土建、机电、装修等各专业共同参与、密切配合。通过本技术的应用，达到了隔声减振和噪声控制的设计要求，并为类似工程施工和工艺推广积累了丰富的经验。

5.3 大型冷冻机房群控系统技术

5.3.1 技术概况

在中央空调系统日益广泛的使用中，为对冷水机组、水泵、冷却塔等冷冻机房设备进行自动化、节能化、安全化控制，减少人工值守、操作导致的事故，大型冷冻机房可采用对系统设备集中自动控制的群控系统。机房群控系统通过对机房设备能耗、冷却塔风机控制流程、泵的运行特点、主机的工况特点等进行分析，将冷冻水系统、冷却水系统以及 DDC 系统相结合，实现对空调系统冷却泵、冷冻泵、供回水阀门、冷却塔、冷水机组、换热器等设备运行状态的监视及故障报警处理，并做出相应的节能分析报告，减少冗余空调设备的运行时间，降低整个机房的能耗，使冷冻机房达到最优化的运行效果。本技术以某项目包括蓄冷水池在内的冷冻机房群控系统为例进行介绍。

5.3.2 技术特点

(1) 应用由中央电脑、终端设备、现场控制分站、传感器及执行器等组成的智能控制系统，提升大型冷冻机房群控系统自控水平及分析控制能力。

(2) 通过控制系统自动控制、远程手动控制及就地手动控制三种模式的合理切换，实现系统运行模式多样化，有效保证机房设备正常运行。

(3) 自控全面覆盖，实现对机房设备运行的整体控制。

(4) 通过对系统进行数字量输入、输出测试，模拟量输入、输出测试，实现系统功能调试。

5.3.3 技术措施

1. 施工工艺流程图（图 5.3-1）

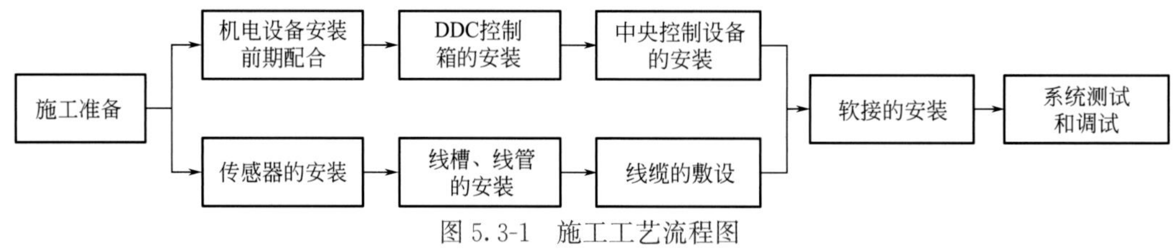

图 5.3-1 施工工艺流程图

2. 系统组成

群控系统根据冷负荷的需求及每天预先编排的程序对制冷系统的组成设备（包括冷水机组、冷冻水泵、冷却水泵、冷却塔、补水泵等）进行优化控制，并通过高阶数据接口，将制冷系统的状态传递给BA系统。

本系统提供有关接口设备，或与其他系统承包单位协调开放各自系统中的通信协议及其源代码，采用标准的数据访问机制（OPC）实现与其他系统透过高阶接口互相通信及监控。冷水机组等机电一体化设备由机组自带自控设备控制，集中监控系统进行设备群控和主要运行状态的监测。制冷机房内设备在机房控制室集中监控，采用集中控制的设备和自控阀均要求就地手动和控制室自动控制，控制室能够监测手动/自动控制状态。智能控制系统，由中央电脑及终端设备加上若干现场控制分站和传感器、执行器等组成。控制系统的软件功能应包括：最优化启停、PID控制、时间通道、设备台数控制、动态图形显示、各控制点状态显示、报警及打印、能耗统计、各分站的联络及通信等功能。冷冻机房群控系统见图5.3-2。

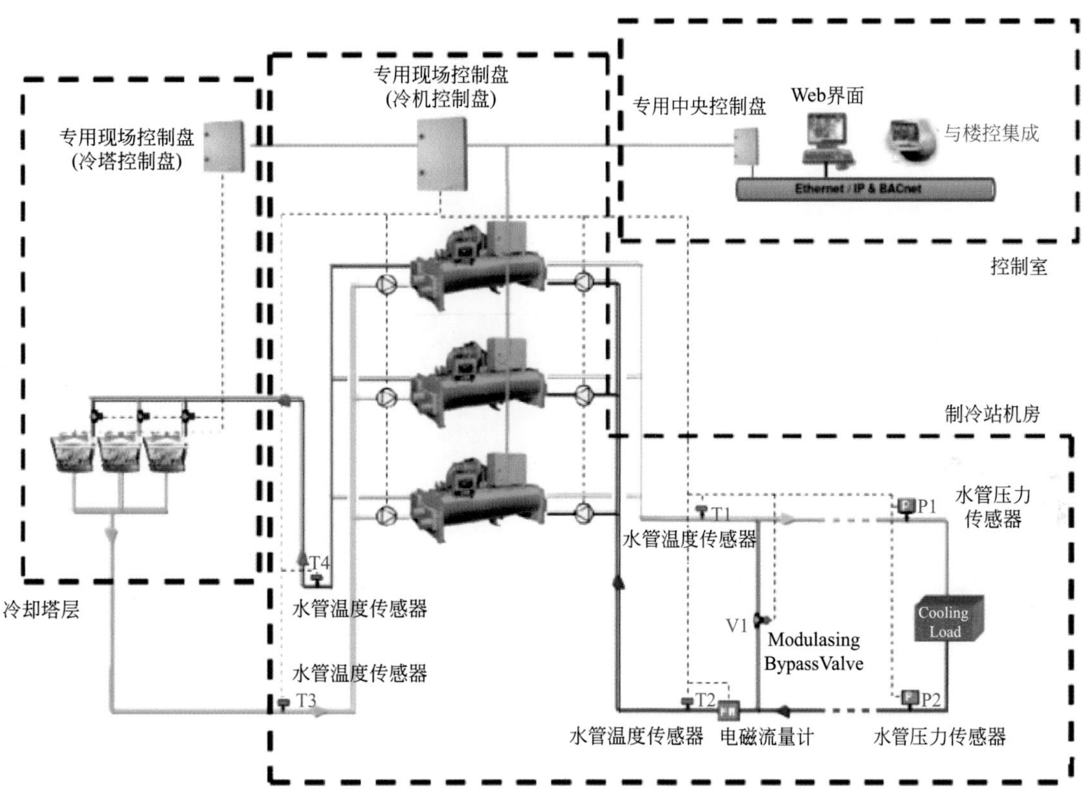

图5.3-2　冷冻机房群控系统图

3. 系统运行模式

（1）空调系统运行工况切换，系统有自动控制、远程手动控制和就地手动控制三种模式。群控系统主屏幕见图5.3-3。

（2）控制系统应能完成不同工况的远程切换控制，包括不同工况下相关设备（制冷主机、水泵、冷却塔、板式换热器等）的启停和相关阀门的开启、关闭和开度调节，电动阀门应有打开到位、关闭到位的显示和开度位置指示，以确保工况远程切换的安全。电动调节阀还宜设置手动调节阀门开度的装置，包含蓄冷水池的中央空调系

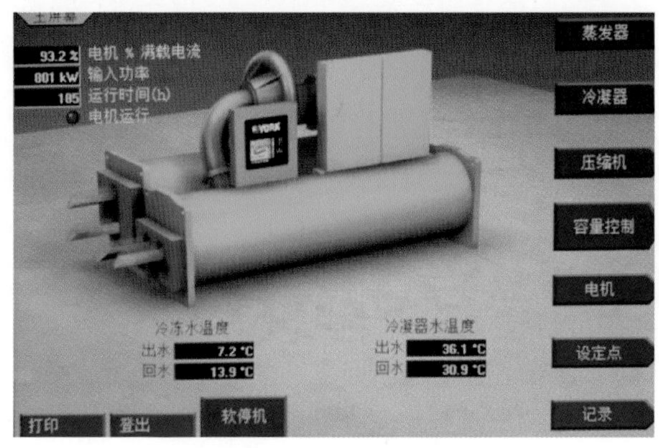

图5.3-3　群控系统主屏幕图

统，有以下四种运行工况：制冷机组供冷、制冷机组蓄冷、蓄冷水池放冷及蓄冷水池与制冷机组联合供冷。蓄冷工况下，两个蓄冷水池同时蓄冷，当某个蓄冷水池冷量蓄满时，关闭其进出水管上的电动蝶阀，待另一个蓄冷水池蓄满后，关闭其进出水管的电动蝶阀。放冷工况下，两个蓄冷水池同时放冷，当某个蓄冷水池冷量放冷完毕时，关闭其进出水管上的电动蝶阀，待另一个蓄冷水池冷量放冷完毕时，关闭其进出水管的电动蝶阀。部分主机蓄冷时，其余不运行主机进出水管上阀门关闭。各工况设备运行情况见表 5.3-1。

各工况设备运行表 **表 5.3-1**

工况	运行模式	冷冻机房内制冷与蓄冷、放冷设备					
		主机	冷冻泵	冷却泵	冷却塔	释冷泵	循环冷水泵
工况一	制冷机组供冷	开	开	开	开	开	开
工况二	制冷机组蓄冷	开	开	开	开	关	关
工况三	蓄冷水池单放冷	关	关	关	关	开	开
工况四	蓄冷水池与制冷机组联合供冷	开	开	开	开	开	开

（3）空调系统的节能控制：

1）冷冻水泵变频调速运行控制，确保制冷机组蒸发器安全的条件下实现蓄冷、放冷水泵的节能运行。

2）冷却塔运行台数的控制，确保制冷机组有较高的能效比（COP）。

（4）空调系统的运行监测：

1）空调系统运行状态的监测。

2）空调系统运行参数的监测。

3）运行能耗的监测。

（5）空调系统的安全保护与故障报警：

1）安全保护。除控制柜（箱）的电气安全保护以外，控制系统还应有冷冻水低流量保护，冷冻水出水低温保护，冷冻水低压差保护，冷冻水出水高温保护，冷却水进水低温保护。

2）故障报警。当控制系统设备或被控制的空调系统设备运行中发生故障时，控制系统应提供故障报警。控制柜（箱）应设置报警电铃和故障指示灯，以声光报警方式提供故障报警。同时，应能将故障报警信号传送到上位机，并在上位机显示器上显示相应的报警信息。

4. 主要自控项目

（1）一次变频泵变流量系统（VPF）控制。

1）冷水机组与冷水变频泵独立控制由冷水机组厂家统一考虑。

2）冷水机组与机组出口管道上的电动阀、冷却水泵电气连锁控制。

3）高压冷水机组要求变频启动，其启动柜厂家自带。

4）冷水机组电机的实际运行电流与额定电流之比，改变冷水机组运行台数（加机前需对原运行机组卸载）。

5）供回水压差控制冷水变频泵转数（压差取各系统的最远末端压差）。

6）流量控制空调冷水变频泵运行台数。

7）流量控制旁通阀开度，以保证流经冷水机组的最小流量。

8）冷却水泵与对应电动水阀之间的电气连锁。

9）冷却塔风机设置为变频风机，风机与变频器一一对应，根据每台出水管出水温度对风机风速进行调节。

10）冷水机组的启停程序：冷却塔的风机—冷却水的电动阀—冷却泵—冷冻水电动阀—冷冻水泵—冷水机组，停机顺序相反。

（2）补水、定压系统

空调冷水膨胀水箱液位通过浮球控制补水阀开闭。

5. 空调系统检测参数

（1）温度检测

电阻式温度计，利用金属或半导体的电阻随温度变化的特性测量温度。用电路转换输出电信号。

（2）压力、压差测量

将弹性测量压力元件的位移转换为电感、电阻或电容的变化，再经过电路转换输出电信号。

（3）温度控制

测量空调主管的回水温度，以便调节流量，节约能源。

（4）压力（压差）控制

测量对象为空调供、回水之间的压差，以便使空调系统更稳定、更安全地运行。

6. 控制系统的选择

1）选型：实现一个舒适性空调控制系统首先需要考虑的是可靠性，既在操作系统失去控制能力的情况下，操作人员能够控制局面。选用DDC控制系统就可以满足要求。

2）DDC结构：硬件部分包括：与传感器、变送器相连接的计算机接口，信号连接变换箱；工业计算机，打印机，显示器，键盘，桌椅；温度、湿度、压力、流量等变送器、阀门；系统配套的电器控制柜。

3）软件部分包括：开发软件和应用软件。开发软件：当用户感觉系统运行有问题，或需要变动内容时进行应用软件的变更。应用软件：为控制空调系统工作进行编制的软件。

7. 中央控制及网络通信设备柜的安装

1）控制台安装应垂直、平正、牢固，垂直度、水平方向倾斜度、相邻设备顶部高度、相邻设备接缝处平面度及相邻设备接缝的间隙满足规范要求。

2）控制台内机架、配线设备，金属钢管、槽道、接地体，保护接地，导线截面，颜色应符合设计要求。

3）按系统设计图检查主机、网络控制设备、UPS、打印机等设备之间接线型号以及连接方式是否正确，尤其要检查其主机与DDC之间的通信线。

8. 控制点位的选择和安装要求

（1）温、湿度传感器的安装

1）不应安装在阳光直射的位置，远离有较强振动、电磁干扰的区域，其位置不能破坏建筑物外观的美观与完整性，室外温、湿度传感器应有防风雨防护罩。

2）应尽可能远离窗、门和出风口的位置，如无法避开则与之距离不应小于2m。

3）并列安装的传感器，距地高度应一致，高度差不应大于1mm，同一区域内高度差不应大于5mm。

4）温度传感器至DDC之间的连接应符合设计要求，尽量减少因接线引起的误差，对于镍温度传感器的接线电阻应小于规范值。铂温度传感器的接线总电阻应小于规范值。

5）水管温度传感器的安装应工艺管道预制和安装同时进行。

6）水管温度传感器的开孔与焊接，必须在工艺管道的防腐、衬里、吹扫和试压前进行。

7）水管型温度传感器的感温段大于管道口径的二分之一时，可安装在管道的顶部，如感温段小于管道口径二分之一时，应安装在管道的侧面或底部。

8）水管型温度传感器不宜安装在管道开孔、焊缝及其边缘上。温度传感器见图 5.3-4。

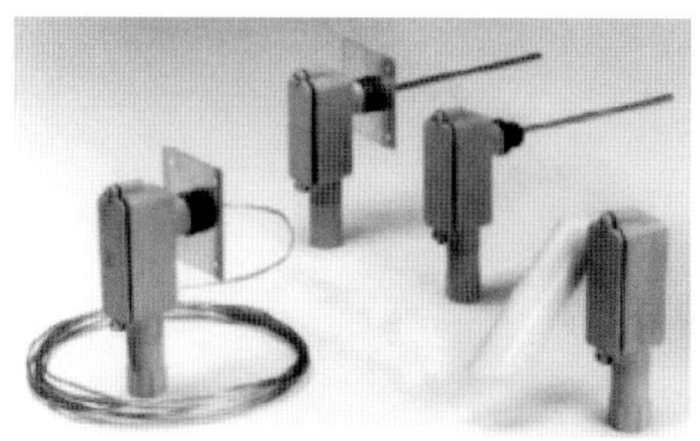

图 5.3-4　温度传感器图

（2）压力、压差传感器的安装

1）传感器应安装在便于调试、维修的位置。

2）传感器应安装在温、湿度传感器的上游侧。

3）水管型压力与压差传感器的安装应在工艺管道预制和安装的同时进行，其开孔与焊接工作必须在工艺管道的防腐、衬里、吹扫和压力试验前施行。

4）水管型压力、压差传感器不宜安装在管道开孔、焊缝及其边缘上。

5）水管型压力、压差传感器的直压段大于管道口径的三分之二时可安装在侧面或底部和水流流束稳定的位置，不宜选在阀门等阻力部件的附近、水流流束死角和振动较大的位置。

（3）流量计的连接

1）流量变送器应安装在便于维修处，并避免管道振动、避免强磁场。

2）流量传感器安装时要水平，流体的流动方向必须与传感器壳体上流向标志一致。

3）当可能产生逆流时，流量变送器后面装设止逆阀。流量变送器应装在距测压点 2.2～4.5 倍管道直径的位置；测温器应设置在下游侧，距流量传感器 6～8 倍管道直径的位置。

4）流量传感器需要装在一定长度的直管上，以确保管道内流速平稳。上游应留有 10 倍管径长度的直管，下游有 5 倍管径长度的直管。若传感器前后有阀门和管道缩径、弯管等影响流量平稳的设备，则直管段的长度还需相应增加。

5）信号的传输线宜采用有屏蔽和绝缘保护层的电缆，宜在 DDC 侧接地。

9. BA 与冷冻机房群控系统的联动和信息传输

冷冻机房群控系统能提供基于开放协议的接口，通过接口提供实时冷热源部分负荷变化记录信息和设备运行状态、故障报警等信息，并接受上层 BA 系统主机的空调水系统启停控制、时间、能源优化控制模式选择与调整控制。冷冻机房群控系统设置为开放的控制系统，通过设计的接口，将群控系统的各点位情况开放给 BA 系统。

10. 系统调试

（1）调试必须具备的条件

系统的全部设备包括现场的各种阀门、执行器、传感器等到全部安装完毕，线路敷设和接线全部符合设计图纸的要求。

系统的受控设备及其自身系统不仅安装完毕，而且单体或自身系统的调试结束；同时其设备或系统的测试中的冷水机组其单机运行必须正常而且其总冷量和冷冻水的进出口压力、进出口水温必须满足空调系统的工艺要求。

（2）调试步骤

1）数字量输入测试：干接点输入按设备说明书和设计要求确认其逻辑值。脉冲或累加信号按设备和设计要求确认其发生脉冲与接收数一致，符合设备说明书规定最小频率、最小峰值电压、最小脉冲宽度、最大频率、最大峰值电压、最大脉冲宽度。电压或电流信号（有源与无源）按设备说明书和设计的要求进行确认。

动作试验：按不同信号的要求，用程序方式或手动方式对全部测点进行测试，并将测点测试值记录下来。

特殊功能检查：按规定的功能进行检查，如数字量信号输入以及正常、报警、线路、开路、线路短路的检测等。

2）数字量输出测试：继电器开关量的输出 ON/OFF：按设备说明书和设计要求确认其输出的规定的电压、电流范围和允许工作容量。输出电压或电流开关特性检查：电压或电流输出，符合设备使用书和设计要求。

动作试验：程序方式或手动方式测试全部数字量输出，并记录其测试数值和观察受控设备的电气控制开关工作状态是否正常；如果受控单体受电试运行正常，则可以在受控设备正常受电情况下，检查受控设备运行是否正常。

特殊功能检查：按规定的功能进行检查，如按设计要求进行三态（快、慢、停）和间歇控制等的检查。

3）模拟量输入测试：按设备说明书和设计要求确认其有源或无源的模拟量输入的类型、量程（容量）、设定值（设计值）是否正确。检查与测试温、湿度、压力、压差传感器。

按产品说明书的要求确认设备无偿援助电源电压、频率、温度、湿度是否与实际相符。按产品说明书的要求确认传感器的内外部连接线是否正确。根据现场实际情况按产品说明书规定的输入量程范围，接入模拟输入信号后在传感器端或 DDC 侧检查其输出信号，并经计算确认是否与实际值相符。精度测试：使用程序和手动方式测试其每一测试点，在其里程范围内读取三个测点（全量程的 10%、50%、90%），其测试精度要达到该设备使用说明书规定的要求。

4）模拟量输出测试：按设备使用说明书和设计要求确定其模拟量输出的类型、量程（容量）与设定值（设计值）是否符合。

按产品说明书的要求确认该设备的电源、电压、频率、温度、湿度是否与实际相符。手动检查：首先将驱动器切换至手动档，然后转动手动摇柄，检查驱动器的行程是否在 0～100%之间。在确认手动检查正确后，按产品说明书要求，模拟其输入信号或者从 DDC 输出模拟量输出（AO）信号，确认其驱动器动作是否正常。动作试验：用程序或手控方式对全部的 AO 测试点逐点进行扫描测试，记录各测点的测试数值，并将该值填入表中，同时观察设备的工作状态和运行是否正常。

特殊功能检查：按工程规定的功能进行，如保持输出功能、事故安全功能等。全部数字输出信号（DO）、数字输入信号（DI）、模拟量输出（AO）、模拟量输入（AI）点应根据监控点表或调试方案规定的监控点数量要求进行测试。

5）DDC 功能测试：

运行可靠性测试：抽检某受控设备的监控程序，测试其受控设备的运行记录和状态。关闭中央监控主机、数据网关，确认系统 DDC 及受控设备运行正常后，重新开机后抽检 DDC 设备中受控设备的运行记录和状态，现时确认系统框图有其他图形无能自动恢复。关闭 DDC 电源后，DDC 及受控设备运行正常，重新受电后 DDC 能自动检测受控设备的运行，记录状态并予以恢复。

DDC 抗干扰测试：将一台干扰源设备（例如冲击电钻）接于 DDC 同一电源，干扰设备开机后，观察 DDC 设备及其他设备运行参数和状态运行是否正常。

DDC 软件主要功能及其实性测试，DDC 点对点控制。

在 DDC 侧用笔记本电脑或现场检测器，或者在中央控制主机侧手控一台被控设备，测定其被控设备运行状态返回信号的时间应满足系统的设计要求。蒸发器参数界面见图 5.3-5。

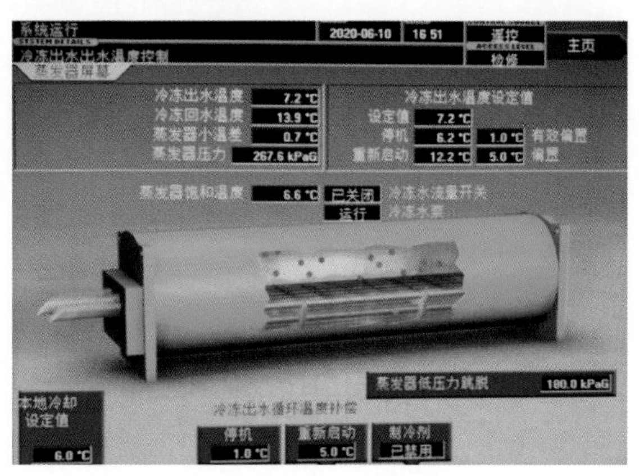

图 5.3-5　蒸发器参数界面图

6）系统联动控制调试：

按监控点表要求，检查装在空调水管上的温度传感器、压力传感器、流量计、电动调节阀等到设备的位置、接线是否正确和输入、输出信号的类型、量程是否和设置相一致。

检查水泵控制柜的全部电气元器件有无损坏，内部与外部热线是否正确无误，严防强电电源串入DDC。用笔记本电脑或手提检测器检测按附表记录的所有模拟量输入点温度、压力和流量计的量值，并核对其数值是否正确。记录所有开关量输入点（水流开关等）工作状态是否正常。强置所有的开关量输出点开与关，确认相关的蝶阀、水泵等工作是否正常。强置所有模拟量输出点、输出信号，确认相关电动阀的工作是否正常，及其位置调节是否跟随变化。

由上位机发出系统起动信号，观察设备联动是否按照水阀—冷却塔风机—冷却泵—冷冻泵—主机的顺序和延时间进行启动，系统正确启动运行一段时间后，由上位机发出系统停止信号，观察设备联动是否按照主机—冷冻泵—冷却泵—冷却塔风机—水阀的顺序和延时间陆续关闭。

在超过两台以上冷源设备运行的情况下，停运部分空调设备，观察系统是否能根据空调系统的负荷变化自动停运1台或多台冷源设备。之后将停运的空调设备恢复，观察系统是否能恢复1台或多台冷源设备。在不改变冷源主机和水泵运行台数的情况下，降低部分空调的负荷，观察系统能否通过调节旁通阀，保持集水器和分水器之间的压差稳定在设定范围内。冷源系统控制面板见图5.3-6。

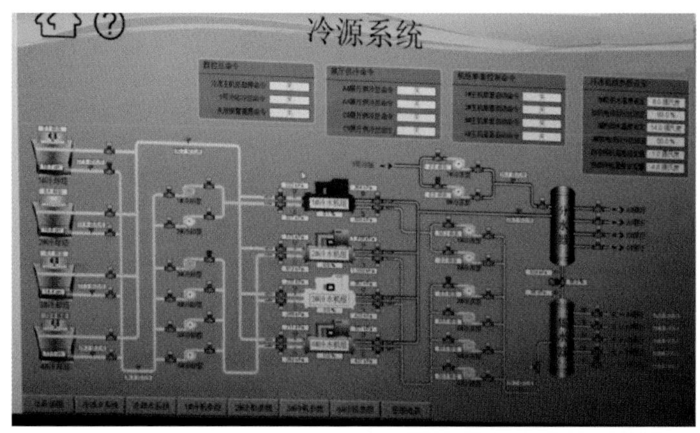

图5.3-6　冷源系统控制面板图

5.3.4　小结

本技术通过对群控系统的优化，利用先进的设备和自动控制技术，制定节能控制措施，合理设置控制点位，模拟数据输入调试，实现对空调系统的有效监测及自动化控制，保证系统正常运行，节能效果显著，有利于改善冷水机组等关键设备的运行状况，适用于大型冷冻机房群控系统安装。

5.4　模块式雨水收集处理系统施工技术

5.4.1　技术概况

随着我国经济持续高速增长、城市化进程推动和生态发展需求，雨水收集利用作为国家可持续发展战略的重要组成部分成为现代城市管理者的共识。模块式雨水收集处理系统由过滤系统、蓄水系统以及净化系统等组成，以其便捷高效地对收集的雨水进行处理达到符合设计使用标准而得到广泛推广应用。

模块式雨水收集处理系统通过前端收集装置收集屋面及地面雨水，经弃流、粗滤、细滤等水处理系统处理后，汇入模块式蓄水调节池，再根据使用功能需要采取消毒净化等后续处理工艺。

5.4.2　技术特点

模块化雨水收集处理系统以无毒、无味的环保高密度聚乙烯（High Density Polyethylene，简称HDPE）雨水收集模块为主要构成框架，结构简易轻便，具有稳定的耐候性以及综合性能良好的刚性、韧性和耐环境应力开裂性等。

与传统蓄水构筑物相比，HDPE 雨水收集模块具有 95%以上的有效集水空间，并且具有很高的承载能力。

模块化雨水收集处理系统抗干扰能力强全自动运行、远程控制运行操作稳定、维护简单方便、处理效果好，出水水质稳定、动力消耗低、处理构筑物结构紧凑、占地面积小，工程范围内绿化率高。

模块化雨水收集处理系统降低了时间成本、人工成本、运输成本、施工成本和后期维护成本。此外，水池自重轻，从根本上改变混凝土水池沉降、开裂、渗透等诸多问题，其系统原理见图 5.4-1。

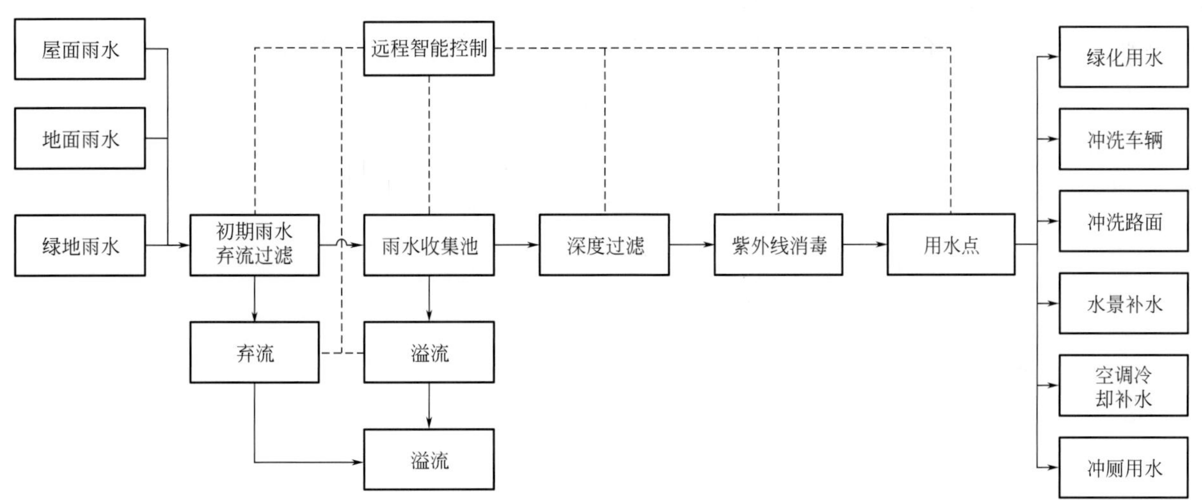

图 5.4-1　雨水收集处理池系统原理图

5.4.3　技术措施

1. 施工工艺流程（图 5.4-2）

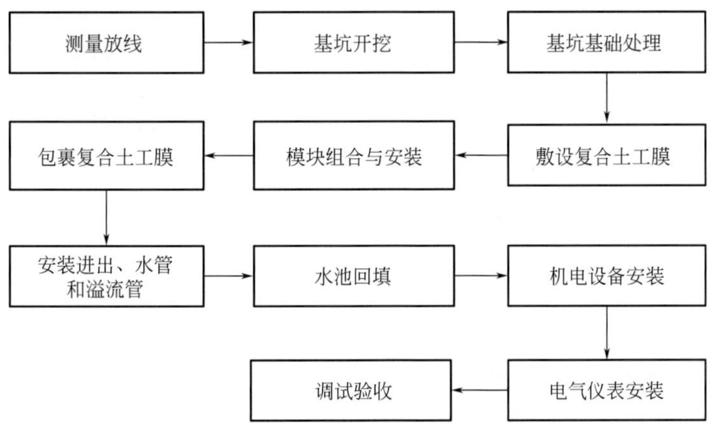

图 5.4-2　施工工艺流程图

2. 施工工艺

（1）基坑开挖与基础处理

1）基坑开挖前，编制专项施工方案，根据土质情况采取降水、放坡或支护等措施，必要时，方案应通过专家论证。

2）若遇软弱基础，地基承载力达不到设计要求的，应对地基进行处理。

3）基坑底平面尺寸比结构物基础设计尺寸各边应加宽 1m，确保模块安装作业面。

4）基础底面应平整，平整公差小于±10mm/10m，彻底清除底面尖锐石块/铁钉铁丝及其他遗留物，防止对土工膜造成损坏。

（2）铺设复合土工膜

1）埋地式雨水池和清水池需在水池外包裹一层 HDPE 复合防渗膜，厚度不小于 0.8mm，通过防渗膜将整个雨水池和清水池与外界土壤隔离开，防止池水和土壤污染，同时保证系统的完整性和稳定性。HDPE 复合防渗膜外还应包覆一层土工膜，不低于 $200g/m^2$，进一步保护防渗膜，确保整个系统不会发生外渗及内渗。

2）复合土工膜铺设采用两布一膜结构，使用整幅材料现场单层铺装。

3）土工膜推荐使用双焊缝及错位焊接的焊接工艺，避免出现十字焊缝，焊接完成后严格检查焊接质量。

4）使用复合土工膜施工需进行双面机械缝合保护。超过宽幅时，无纺布可使用搭接方式，搭接宽度不小于 30cm。

5）土工膜是池体的最重要的组成部分之一，应保护土工膜完好性，避免其受到磨损、损坏，在包裹结束后的雨水收集池体的周边和上表面围盖保护板一层。

6）土工膜铺设完成后，应进行检查，如有损坏，应进行修补。

土工膜铺设见图 5.4-3。

（3）模块组合与安装

1）首先进行首层模块安装，然后逐层安装，上下层之间应该成楼梯型连接，见图 5.4-4，尽量避免垂直连接，从而增强塑料模块的稳定性。

图 5.4-3　复合土工膜铺设

图 5.4-4　模块化雨水收集池现场拼装图

2）同层塑料模块之间使用固定卡进行连接，上下层塑料模块之间用固定杆连接。

3）水池底部设有便于沉淀底泥清理的构造，并带有池底冲洗、底泥排出的反冲洗管路系统。因此，在进行首层模块安装时，塑料水池的反冲洗管要同时施工，在水池的进水一侧留出进水管道弯头，反冲洗管的端部用管堵封牢；并将反冲洗支管引至水池顶面与总管汇合。

4）模块应具有良好的通过性，确保 40mm 的颗粒可在模块内自由通过，见图 5.4-5，以防止水池模块堵塞，便于反冲洗排泥。

5）雨水收集与利用系统设置通气系统，以保证内外压力平衡；可采用回用口及排污口兼做通气作用，通气管道直径不小于100mm。

图5.4-5 塑料模块的组合及安装

图5.4-6 罐壁预留洞连接件

（4）包裹复合土工膜，安装进、出水管和溢流管路

1）将事先焊接好的复合土工膜紧紧围裹在已铺装好的塑料模块组合水池的骨架周围，并按折痕将其折好。在顶面包裹时两侧搭接大于500mm。

2）将进、出水管和连通管路与复合土工膜的接口做密封处理。再将进水管路引入进水井（沉砂井），将出水管和溢流管路引入出水井（溢流井）。

（5）水池回填

1）基坑底部混凝土垫层保证水平，上部铺不少于20mm中砂垫层。

2）弃流井、阀门井的坐标可根据现场实际情况做适当调整。

3）沉砂井基础的做法：采用原土或粗砂分层回填，人工或机械夯实，每层厚度不大于500mm。顶部做200mm厚度、宽度不小于1500mm的混凝土垫层，混凝土强度等级不低于C20。

4）沉砂井与储水模块各连接管安装完后，在回填过程中先将沉砂井周围回填500mm厚度的粗砂或石粉。用人工夯实后，再回填下一层。最后回填至管顶500～700mm厚度人工夯实后，方可回填其他材料。

5）设备间取水管处的回填做法与沉砂井取水管处的回填做法相同。

6）储水模块透气管在回填过程中避免将立管压歪，保证立管垂直。

7）水池顶部土工布表面区域均匀摊铺200mm厚的纯净中砂，再采用干净无杂质的松散好土进行储水模块上表面的回填施工。每300mm拍打密实，直到设计高度，禁止使用机械方法进行夯实作业，禁止用水冲灌或水浸泡。

8）雨水收集水池四周回填物为粗砂和原土，回填时在靠近复合土工膜的一侧回填100mm厚的粗砂，再在粗砂的外侧回填原土。不得回填带有石块等硬物的粗砂或石粉，以免硬物直接接触方块造成漏水现象发生。每次每层回填厚度为300mm，压实，直至顶面。

（6）PE设备罐及水处理系统安装

1）PE设备罐安装

① 设备罐基坑开挖完毕后浇筑设备罐基础垫层，待基础垫层达到承重要求将设备罐吊装到位。

② 设备罐内部底层浇筑机电设备基础垫层及设备基础，待设备基础达到结构强度进行设备安装。

③ 设备安装预留洞通过配套构件与设备结构壁连接，见图5.4-6，最后进行防水处理。

④ 采用粗砂进行回填，至设备罐顶部位置后，以上采用原土回填、夯实。

⑤ 以PE设备罐作为成品的设备间，缩短了通常使用混凝土浇筑设备间的施工周期，施工简单、快捷。

设备罐安装见图 5.4-7。

图 5.4-7　PE 设备罐

2）水处理系统

① 雨水粗滤及细滤分别采用 316L 不锈钢滤网和石英砂滤料，滤速不大于 30m/h，带由压差控制的自动反冲洗功能，便于运行维护。过滤器不少于 2 台，当一台发生故障时，仍能处理不小于 70%设计水量。

② 水处理系统包含计量加药泵及紫外线消毒装置，控制管网末端余氯不小于 0.2mg/L。

③ 水池底部应设冲洗管道。排泥泵出水管排入就近的污水管。

④ 排泥及过滤器反冲洗采用潜水排污泵。供水泵、排泥泵、反冲洗泵等均采用不锈钢材质。

⑤ 采用 HDPE 室外埋地双壁波纹管，用于雨水管道系统之间的管路连接。变频供水泵出水管采用钢塑复合管（聚丙烯内衬）。

⑥ 采用离心变频供水泵作为供绿化浇洒及车库冲洗的动力。

（7）电气控制的原理及安装

1）采用自动监测和控制，动态监控雨量，控制弃流时间和弃流量。

2）变频供水泵每台分别带有变频控制器，水泵交替使用。

3）排污泵可实现手动启停、手动启动低液位停泵、手动启动 30min 自动停泵或远程控制启停等各种方式。

4）电控柜实时显示雨水系统的运行状态，包括雨量强度、阀门工作状态、水泵运行、停止、过载、缺相、面板漏电、电机进水、电流、电压等显示。并对泵进行全自动保护（过载、缺相、短路、渗漏）。

5）可根据现场环境确定电气控制柜具体放置位置，并可以配备遥控设施方便操控。

（8）调试及验收

1）模块化雨水储水池应做满水试验，储水池满水后静置 24h 观察，应无明显渗漏，池底、池壁浸润面的渗漏量不应大于 2L/（m^2·d）。

2）应逐段检查雨水供水系统上的水池（箱）、水表、阀门、给水栓、取水口等，落实防止误接、误用、误饮的措施，检查加锁、加箱情况和雨水警示标识情况。

3）模块化雨水系统应进行机电设备、控制设备等设备调试至安全、正常运行，并出具调试报告。

4）模块化雨水利用系统竣工交付时，系统供应商应编制、提供完整的系统使用说明、维护保养手册等资料，供日常运营、保养、维修用。

5.4.4　小结

模块式雨水收集处理系统作为水资源回收利用的新技术，利用 HDPE 材料作为模块进行蓄水调节池安装，比传统钢筋混凝土雨水收集池大大降低了施工成本，加快了施工周期，并且自带反冲洗功能，维护方便，有着广泛的应用前景。

5.5　自然光照明系统应用新技术

5.5.1　技术概况

自然光照明是一种绿色健康、节能环保的新型照明方式。系统采用一系列菲涅尔透镜，根据日光入射角度的不同捕获适量的阳光，通过安装在室外的集光器，将自然光采集到系统内，光线穿过表面镀有纯银材料的高反射率反光管，使光线得到传输和强化，再经过室内的散射装置，将光线在室内均匀分布。从黎明到黄昏，甚至是雨天或阴天，光导照明系统导入室内的光线仍然十分充足。系统原理见图 5.5-1。

自然光照明系统结构如图 5.5-2 所示，主要由采光装置、光导管、漫射装置三部分组成。

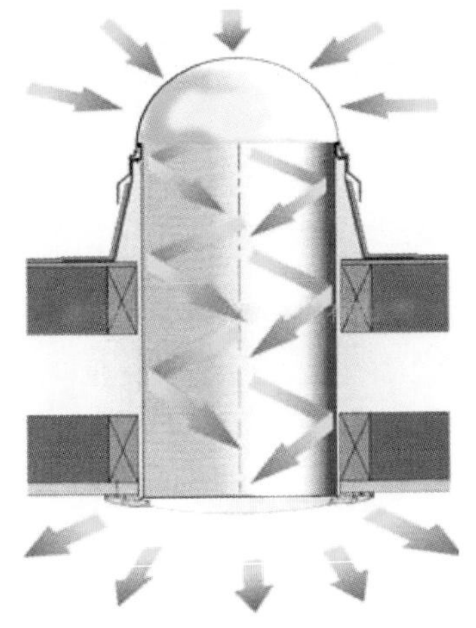

图 5.5-1　自然光照明系统原理

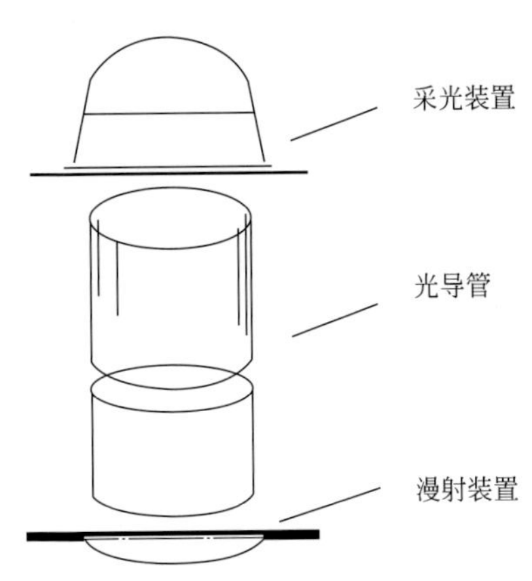

图 5.5-2　自然光照明系统结构示意图

各部件组成及特性见表 5.5-1。

自然光照明系统部件及特性一览表　　**表 5.5-1**

序号	部件名称		部件	部件特性
1	采光部件	采光罩		采光罩的外型主要为半球形或钻石形，表面平滑，灰尘不易存留，具有自洁功能。透光率高；抗老化、硬度高，抗冲击性、耐摩擦。能过滤 90%以上的有害紫外线，有利于人的健康；对室内物品不会产生影响
2		防雨装置		不同的防雨装置适合各种建筑屋面的防水需求。选用优质铝质金属制作，表面氧化、喷砂或喷塑、可任选各种颜色。重量轻、强度高、耐腐蚀

续表

序号	部件名称		部件	部件特性
3	导光部件	标准管		全反射率最高可达 99.7%； 显色性 97%以上； 不同管径传输距离不一样； 可任意转弯
4		弯管(角度适配器)		
5		延长管		
6	漫射照明部件	固定环		固定导光部件与吊顶等
7		漫射器装饰环		高透光，高扩散； 显色性好，光线柔和，无眩光
8	系统附件部件	增光装置		增加对早晚太阳光的利用。 该系统能够通过控制盒旋转悬臂，使悬臂上的反射镜始终迎向太阳的方向，从而通过镜片的反射提高光导管内的光通量。其核心是一个定位系统，该定位系统能够感应太阳的位置，并对镜片进行精确控制
9		调光装置		主要用于会议室和办公场所； 光导照明控制装置，可以遥控或手动控制

5.5.2 技术特点

(1) 自然光照明系统节能、环保、安全、健康、自清洁且无需配电。

(2) 自然光照明系统漫射器安装在装饰面上，安装外观要求高，导光管的点位布置经过综合排布深化设计后，与室内装修风格浑然一体，成排成线、整齐美观。

(3) 按施工工艺规范要求处理好导光管穿过屋面的防水密封，防止室内自然光照明系统点位出现漏水现象。

5.5.3 技术措施

1. 自然光照明系统点位布置及导光管选型

通过软件模拟自然光照明系统的光照度，按照室内的面积大小，光照需求，确定室内点位布置及导光管的尺寸，根据照明点位至屋面的距离，选择合适长度的光导管。

设置辅助照明，当室外阳光不足时，开启灯具达到日常使用功能。室外自然光照明布置见图 5.5-3，室内自然光照明布置见图 5.5-4。

图 5.5-3　室外自然光照明布置图

图 5.5-4　室内自然光照明布置图

2. 自然光照明系统安装

（1）导光管定位

自然光照明系统采用顶部采光形式，采光罩安装在屋顶，从屋面引下来，穿过整个吊顶区域直至吊顶漫射器。导光管现场施工前，采用 BIM 技术对吊顶区域内的水、电、风各系统管线进行空间管线综合管理，避开吊顶内的结构构件、空调风管、照明灯具、装修龙骨等设施，并根据系统室内照明安装位置在屋顶、外墙及天花板预留洞口，对导光管进行立体定位，避免与其他管线或设施的碰撞，确保各系统正常施工，减少返工。

（2）导光管安装

导光管采用 BIM 模拟结合现场测量尺寸，由工厂加工再安装的方式。导光管为内壁镀银的铝制金属管道，采用铝箔胶带连接，所有搭接的加长管接头使用专用紧固件。导光管屋面一端工厂加工时留有搭接面，能够固定在屋顶上。弯管部分采用 30°角度适配管来组合安装。

（3）屋面采光罩安装

采光罩选用能防紫外线辐射、防震的丙烯酸树脂材料注塑成型，0.143 英寸（2.5mm）厚，可见光透射率 92%，紫外线透射率 0.03%。采光罩可增强日光采集，捕获低角度入射阳光，从而增加其光输出，采光罩与导光管连接安装后，需用周围粘一层透气式采光罩密封条，此密封条可阻止灰尘和小虫进入，但能使湿气排出。

（4）采光罩环安装

采用高冲击强度 PVC 材料注塑成型，安放在采光罩上，防止在底座防水帽与管道之间形成热桥，将冷凝水从管道内引出。

（5）漫射器安装

漫射器选择棱镜漫射器，漫射器使用固定环安装在加长管底部的吊顶上。同时，吊顶龙骨也要避开导光管和漫射器。漫射器采用开放式泡沫密封条进行密封，最大限度地防止灰尘和小虫进入。

3. 自然光照明系统安装防水处理

（1）导光管保护套管保护层制作

将保护套管（HDPE 双壁波纹管）立于预留孔正上方，按图纸进行混凝土加固，沿管壁浇筑 100mm 高、50mm 厚的套管保护层。

（2）导光管穿屋面基础制作及防水处理

1）波纹管保护层周围的找平层做圆锥台，高约 30mm。

2）主防水层选用卷材，将卷材从孔洞半径 1m 范围内起铺，铺贴至保护层四周结束，然后再用卷材作出管道泛水。将屋面的卷材继续铺至垂直保护层面上，形成卷材防水，泛水高度不小于 250mm。在屋面与保护层的交接缝处，上刷卷材胶粘剂，使卷材胶粘密实，避免卷材架空或折断，并加铺一层卷材。泛水上口的卷材用密封材料封严，防止卷材在保护层上下滑动。

（3）防雨套圈的安装

将防雨装置套在波纹管上，并用自攻螺钉把二者固定在一起，然后将密封圈套在防雨装置上，密封圈的作用为采光装置与防雨装置之间的密封处理，防水处理见图 5.5-5、图 5.5-6。

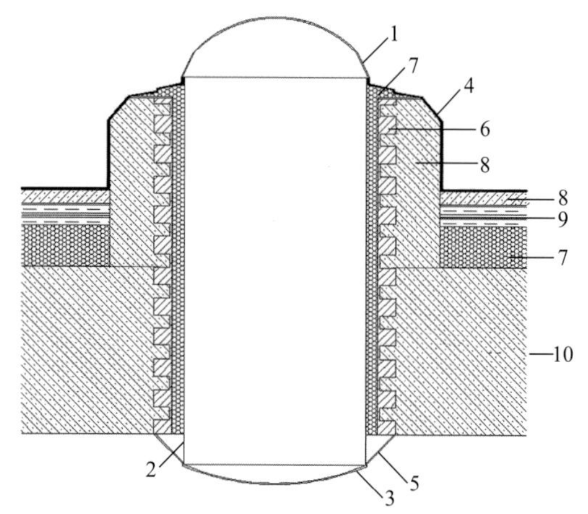

图 5.5-5　自然光照明系统防水处理示意图

1-采光罩；2-导光管；3-漫射器；4-防水板；5-保温密封圈；6-HDPE 双壁波纹管；7、8、9-屋面保温防水；10-屋面

图 5.5-6　屋面自然光照明系统防水

4. 调光系统安装

室外自然光会随着季节、天气、时间的变化面不停地变化。在光照过强时，就需要调光器来进行调节。调光系统可以根据室外照度的变化调节导光管的出光量保持室内照度的基本稳定。调光系统由调光器、线路、控制开关三部分组成。

（1）调光器包括遮光片和内部控制盒，控制盒内部旋转电动机构根据室外光照情况自由调整遮光片的闭合角度，达到室内光照需求。

（2）线路分为电源线路和控制线路，电源线路为每个调光器提供交流 220V 电源，控制线路连接控制开关和调光器控制盒，控制线路电压为 5V。

（3）控制开关为两联面板，可与电气开关、空调调节面板一样安装墙面上。

5. 系统调试

（1）自然光照明系统与常规照明系统一起检测与调试。

（2）自然光照明系统安装和调试完成后，晴天上午 7 时至下午 6 时通过照度仪进行光照测试，安装的点位开启后平均照度达到 450lx，能够达到日常需求。

（3）自然光照明系统安装完成后，通过光强、亮度及照度计算光通量，根据定义，已知光源周围空间一个闭合表面 A 的照度分布 E，可以按式（5.5-1）得出光通量 ϕ：

$$\phi = \int (A) E \mathrm{d}A \tag{5.5-1}$$

照度分布能通过分布光度计在光源的球面测量出来。

由于机械原因，球中心到光度计探头的最小距离取决于被测灯的最大尺寸。只要照度计能根据方向等条件正确地计算照度值（余弦响应），这个距离就可以小于极限测光距离。

（4）光强可以根据需要进行实时调节，全频谱、无闪烁、无眩光、无污染，并通过采光罩表面的防紫外线涂层，滤除有害辐射，能最大限度地保护身心健康。

室内自然光照明应用效果见图 5.5-7、图 5.5-8。

图 5.5-7　室内（格栅吊顶）自然光照明应用效果图

图 5.5-8　室内（普通吊顶）自然光照明应用效果

5.5.4　小结

采用自然光照明系统，光源取自自然光线，采光柔和、均匀，可替代白天的电力照明，节约能源。采光系统无需配带电气设备和配电线路，避免了因线路原因引起的火灾隐患。该技术可广泛应用于体育场馆、展览馆、会议室、厂房、超市、商场、仓库、学校、医院及地下车库等场所的采光或辅助照明，并能取得很好的照明效果，是太阳能光利用的一种有效方式。

5.6　智慧运维应用技术

5.6.1　技术概况

智慧运维应用技术依托拥有企业自主知识产权的智慧运维平台，以 BIM 技术为载体，面向建筑日常运维及管理需求，对产生的各类零碎、分散和动态的信息数据进行整合，为建筑运营方协同工作提供数据分析基础，提高运维效率，降低运维成本，提升建筑运维管理水平与建筑应用价值。智慧运维逻辑架构见图 5.6-1。

智慧运维平台统筹层级管理，汇集机电各子系统数据信息，主动预警、智能研判，形成智慧化处理方案，真正实现子系统远程自动化控制。根据管理人员职能，自动分配权限到各具体业务终端，实现系统数据共享、联动控制和业务协同，为使用者和管理者提供高效的信息服务和充分的决策依据。变配电监控管理系统见图 5.6-2，冷热源监控管理系统见图 5.6-3。

5.6.2　技术特点

1. 可视化

基于 BIM 技术将系统内的建筑、设备、设施、管线等，直观展示于运维管理平台上，帮助管理更直观的掌握各类设备的运行状态，使运维更加便捷。

2. 数字化

将建筑物内的人、设备、设施等要素数字化，实现不同系统之间的数据共享与收集，利用长时间整理的数据，为后期的大数据分析与人工智能提供数字基础。

图 5.6-1　智慧运维逻辑架构

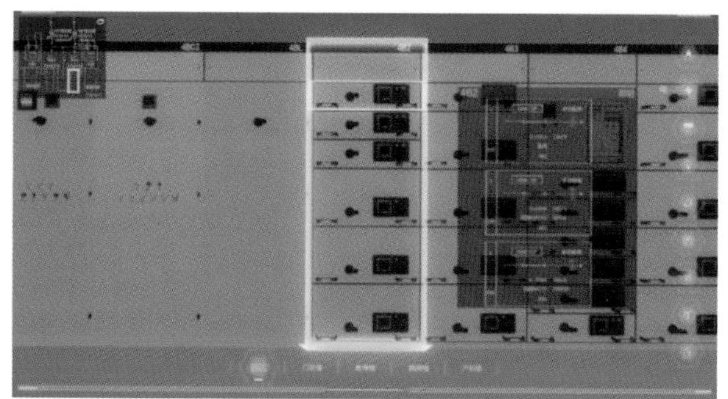

图 5.6-2　变配电监控管理系统

图 5.6-3　冷热源监控管理系统

3. 智能化

从原来的单一系统智能化升级为多系统之间智能联动，深度挖掘不同建筑的使用场景，从而达到最终的智慧化、自动化运维。

5.6.3　技术内容

1. 基础信息管理

智慧运维平台基础信息管理包括项目地理信息、建筑功能布局信息、系统设备信息、资料文件信息、系统之间的共享数据信息等。

2. 系统管理

智慧运维平台提供强大的系统管理功能，为整个系统流畅的运转提供支撑，包括人员管理、岗位体系管理、用户账号管理、权限分配、流程管理、安全管理、组织架构等模块。

(1) 人员管理是指企业干系人的管理，包括员工、客户、供应商、消费者、求职者等。通过人员管理功能可快速查询系统中的人员类型、人员属性、电话号码、邮箱等信息。

（2）岗位体系管理是指维护系统中的树状职务结构信息，包括职位上下级关系、职位类别、职位以及职务等信息，并实现查询、更新、删除、添加操作功能。

（3）用户账号管理是指维护系统内账号的基础信息，具有账号批量导入导出功能。

（4）权限分配与安全管理，通过用户角色分配相应功能模块权限，同时可查看实时登录用户信息。

（5）流程管理实现工作流管理功能，并可按照用户角色支持个性化脚本工作流定制。

（6）组织架构功能是指根据业态模式、区域、项目模式设定多种组织架构，组织架构数据在平台中展示为树结构，直观易理解且维护便捷。

用户账号管理见图 5.6-4。

图 5.6-4　用户账号管理页面

3. 工单管理

报修与派工是机电系统运维管理的日常基础工作，通过工单管理系统实现报修与派工的自动化、无纸化和追溯管理。其具体功能包括：

（1）授权人员登录管理平台报修交互界面，网上填写报修单，平台自动推送到服务中心故障池并通知对应的维修团队。同时，授权人员通过本部门报修单列表跟踪报修事项处理状态，对报修处理结果做出评价。

（2）平台可对各类申请及工单进行统计，便于对于各类业务进行综合分析。

（3）工单处理支持平台、手机 APP、小程序等多种方式。

工单管理页面见图 5.6-5。

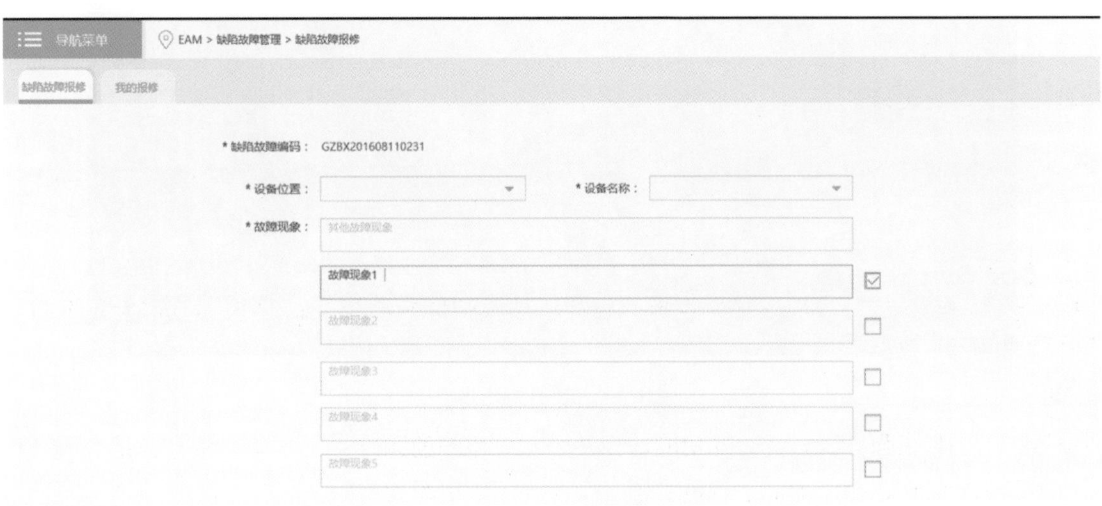

图 5.6-5　工单管理页面

4. 自动维保（维护保养）计划

各类设备的定期维保同样是机电系统运维管理的日常重要工作，系统以设备台账为基础数据，从两个刚性维度和两个参考维度出发，拟定设备维保计划，在即将到期时自动提醒运维人员进行维保。

（1）两个刚性维度

设备维保周期，比如：一个月清洗过滤网，三个月清洗表冷器等。

设备维保累计运行时间，比如：1000h 加机油，3000h 更换滤芯等。

（2）两个参考维度

两次维保期间发生的故障次数，当故障频发或发生重大故障需要提前维保。

设备平均负载率，当设备平均负载率比较少的情况下，可以适当推迟维保。

5. BIM 数据交互

智慧运维平台将建筑的空间信息、设备信息、管线路由信息等全部以 BIM 三维可视化的形式展示，建立一套详细的数据库资源，便于建筑信息的查询、检索与展示。具备在线模拟巡检，实时查看设备运行状况和动态的参数信息。具体功能包括：

（1）建筑空间管理可视化

基于 BIM 可视化直观地对空间定位，精细到每个建筑房间的物理位置以及空间信息，如部门名称、建筑面积、使用类别及安全级别等信息。同时根据建筑空间信息的变化，实现对数据的及时调整和更新。

（2）设备设施管理可视化

通过 BIM 可视化界面，准确查看空调、烟感温感、消火栓等设备相关信息，如生产厂商、使用寿命期限、联系方式、运行维护情况以及设备所在位置等。

（3）管线可视化

通过管线的 BIM 可视化，清楚的知道各系统管线路由，实现管线的故障排查、维修保养、改造升级等功能，大大简化管线管理难度。

BIM 数据交互见图 5.6-6。

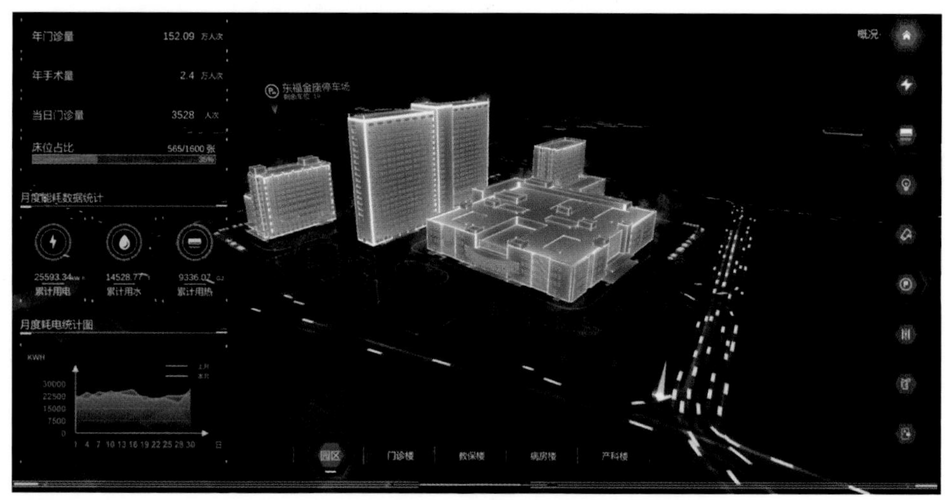

图 5.6-6　BIM 数据交互

6. 机电系统与设备运行监督功能

（1）全局监测、历史报表统计和趋势分析

实时监测各机电系统设备的运行状况，同时显示设备的当前健康指数和历史健康指数。数据库中保留运行状态的历史信息，可按管理员需求生成各类型统计图表，可按年、季度、月份等不同维度进行状态趋势分析。

（2）设备故障与报警管理功能

发生异常或其他重要事件，智慧运维平台都会收到故障和报警的提示，并且可根据故障和报警类型确定相应级别和顺序，通过 APP 消息、短信提醒等方式，通知到相应的管理人员进行快速响应和处理。

（3）流程综合管理

智慧运维平台支持工作流引擎，具备工作流程管理功能，可灵活定义管理流程，使系统能够随着应用业务的改变而做出灵活应对。

（4）系统日志

实现操作日志和系统日志的生成、储存、查询、统计管理。记录操作员的重要操作信息，便于统计和追溯。

（5）模式化管理

智慧运维平台对接入的各子系统进行模块化管理，根据各子系统特点显示相关设备参数，同时系统间的数据可实现共享，根据应用场景生成联动控制策略，最终达到自动控制和优化管理的目的。

机电系统与设备运行监督见图 5.6-7。

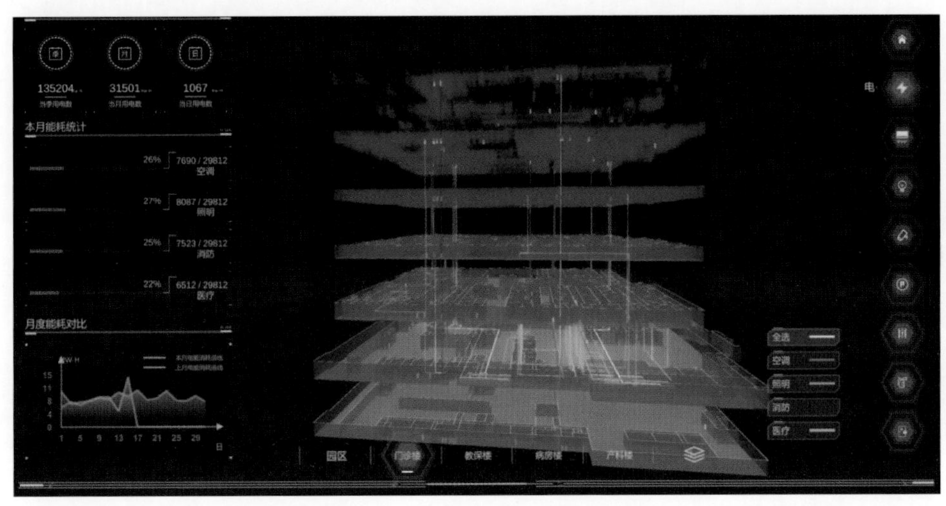

图 5.6-7　机电系统与设备运行监督

5.6.4　小结

智慧运维技术是以 BIM 技术为基础，以可视化、数字化、智能化理念为目标，构建建筑群、楼宇、室内结构、前端设备的逐级可视。对设备及管线可视化展现，对系统内设备进行数字化管理，对需要操作控制或应急处理的设备进行智能化控制，从而构建楼宇信息的可查、可管、可控的一体化的可视平台。

第6章

典型工程

中建安装集团有限公司承担了国内外诸多大型公建项目，涵盖办公建筑、商业建筑、旅游建筑、科教文卫建筑、通信建筑以及交通运输用房等。基于总结和推广大型公建机电安装关键技术的目的，筛选会展中心、会议中心、剧院场馆、文化中心等典型工程，通过对项目重难点、应用的关键技术及应用效果进行介绍，以图文并茂的形式展现技术的适用性、先进性和经济性。

6.1 深圳国际会展中心项目

项目地址：深圳市宝安区宝安机场以北，空港新城南部

建设时间：2018 年 5 月至 2019 年 9 月

建设单位：深圳市招华国际会展发展有限公司

设计单位：深圳市欧博工程设计顾问有限公司

项目简介：深圳国际会展中心（一期）地处粤港澳大湾区湾顶，是深圳市委市政府布局深圳空港新城“两中心一馆”的三大主体建筑之一。总建筑面积 150.7 万 m^2，总高度 42m，地下二层，地上局部四层。地上建筑由 11 栋多层建筑组成，其中：1 栋由 16 个标准展厅、2 个特殊展厅、1 个超大展厅、南北 2 个登录大厅及中央廊道构成；2～11 栋为会展仓储、行政办公、垃圾用房等配套设施。

项目建造成果：本工程荣获 2019 年 ISA 国际安全奖 Winner 奖、中国安装协会 BIM 成果奖。该项目已成为国内最大的会展中心，超过德国汉诺威会展中心，为全球规模最大的会展中心，并成功举办了中央电视台新年音乐会。

标准展厅

中央廊道

超大展厅

登录大厅

380V低压变配电室

制冷机房

6.2 中国博览会会展中心（上海）

项目地址：上海市虹桥商务区

建设时间：2013 年 10 月至 2015 年 5 月

建设单位：上海博览会有限责任公司

设计单位：清华大学建筑设计研究院有限公司、华东建筑设计研究院有限公司

项目简介：本工程是集展览、办公、商业等配套设施为一体的综合体，总体布局突破了以往大型展馆呈单元行列式布局的模式特征，形成了更具标志性和视觉冲击力的集中式构图，突出了展览与非展览功能的有机整合，通过会展配套功能的合理布局，创造出具有高效会展运营效率的新型会展模式。中建安装集团承建范围为 C0 区办公楼、C1 区展厅、D0 区酒店、F2 区展厅、E2 区商业、G 区人防地下室等，建筑面积约 60 万 m^2。作为立足长三角、服务全国、面向世界，以“一流场馆，一流配套、一流建设”为目标的重要标志性建筑，中国博览会会展综合体的空间大，造型新颖。

项目建造成果：本工程荣获 2014～2015 年度中国建设工程“鲁班奖”；2015～2016 年度中国土木工程“詹天佑奖”；2014 年度上海市建设工程“白玉兰”奖（C0 区办公楼、C1 区展厅、F2 区展厅），已成功举办两届中国国际进口博览会。

全景图

F2区展厅

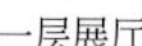

一层展厅

二层展厅

展厅8m步道

10kV变电站

6.3 杭州国际博览中心工程

项目地址：杭州市风情大道

建设时间：2009 年 12 月至 2016 年 4 月

建设单位：杭州奥体博览中心萧山建设投资有限公司

设计单位：杭州市建筑设计研究院有限公司（BT 主体设计）

北京市建筑设计研究院有限公司（改造主体设计）

杭州国美建筑装饰设计院（装饰设计）

浙江中新电力发展集团有限公司（变配电设计）

杭州园林设计院有限公司、悉地国际（园林、外网设计）

项目简介：杭州国际博览中心工程，位于奥体博览中心用地内东北角，在钱塘江南岸形成以体育、会展功能为主，集商务、旅游、休闲、文化、居住功能于一体，体现“精致和谐、开放大气”的城市新区。项目总建筑面积 850443m^2，其中地下部分 537111m^2，地上部分 313332m^2。地下两层，地上最高 17 层，室外地面以上高度为 99.95m。分为五大功能区：功能 1 区为地下车库及机房；功能 2 区为地下商场（地下一层）；功能 3 区为会展中心（包含展览、会议及城市客厅），地上三层（会议部分五个自然层）；功能 4 区为屋顶花园（会展中心顶部）；功能 5 区为上盖物业（A、B、C 三栋塔楼）。另有辅助功能设施：平台体系，屋顶造型及绿坡。我公司主要施工范围包括钢结构、BT 内机电及 BT 机电改造。

项目建造成果：杭州国际博览中心获得 2017 年度浙江省建设工程“钱江杯”、2016～2017 年度中国建设工程“鲁班奖”“国家优质工程金奖”“詹天佑奖”。《杭州国际博览中心综合施工技术》获得 2017 年度中国建筑总公司科学技术奖一等奖；《杭州国际博览中心综合施工技术 G20 杭州峰会主场馆施工关键技术研究与运用》获得 2018 年度华夏建设科学技术一等奖；获得建筑业协会 AAA 级安全文明标准化工地。

设备通道

屋面

冷冻机房

配电房

大厅

地下室

6.4　西安丝路国际展览中心项目

项目地址：西安市浐灞生态区

建设时间：2019 年 3 月至 2020 年 3 月

建设单位：西安丝路国际会展中心有限公司

设计单位：同济大学建筑设计研究院（集团）有限公司

项目简介：本工程位于西安市浐灞生态区，占地面积 376.6 亩，总建筑面积 50.08 万 m^2，其中地上建筑面积 16.7 万 m^2，地下建筑面积 33.4 万 m^2。项目以欧亚经济论坛为依托，围绕国家“一带一路”战略，按照“国家级、国际化”水准，打造“西北会展产业新极核，西安会展经济新引擎”，成为中国新丝路的开放窗口，大型高端国际会议举办地及外事活动承办地。本项目为丝绸之路沿线国家、地区、城市提供了一个举办展览、会议、交流、交易的大型综合性会展平台。

项目建造成果：①获 2018 年陕西省建筑业创新技术应用示范工程；②获 2018 年陕西省建筑业绿色施工示范工程；③获 2019 年西安市建设工程文明工地；④获第四届建设工程 BIM 大赛活动二类成果；⑤获 2020 年上半年陕西省建筑业创新技术应用工程领先工程。

登录大厅

标准展厅

机房装配化施工

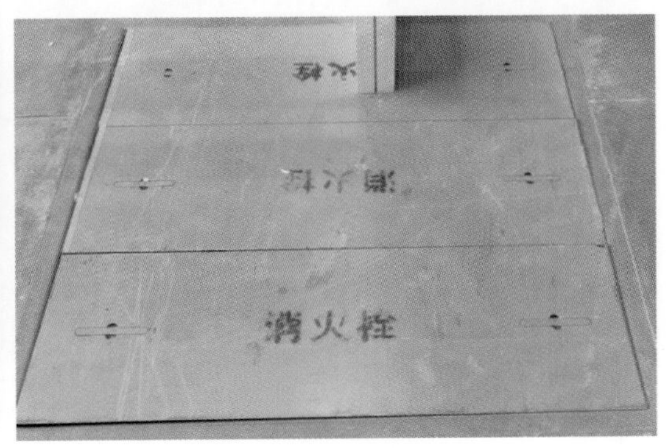

埋地消火栓

6.5　雁栖湖国际会展中心项目

项目地址：北京市怀柔区雁栖湖西岸

建设时间：2011 年 11 月至 2014 年 9 月

建设单位：北京北控国际会都房地产开发有限责任公司

设计单位：北京市建筑设计研究院（会议中心）

项目简介：本工程位于北京市怀柔区雁栖湖西岸，包括国际会议中心以及配套所需服务用房、设备和安保用房、运动休闲及娱乐设施和停车设施。本工程立足高端，作为新的国宾级会议接待地，是国际要人及其家人在北京进行主要国事访问的居住地，也是北京最为高端和体验自然生态特色的会议度假休闲目的地。

项目建造成果：本工程荣获 2014～2015 年度中国建设工程“鲁班奖”、2015 年度“中国安装之星”、2015 年度北京市安装工程优质奖。该项目 2014 年 11 月成功举办了亚太经合组织第 22 次领导人非正式会议（APEC 会议），并得到了国内外人士的一致好评，带来了良好的国际影响力。

会议中心外立面

会议室

地下车库

监控室

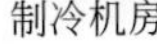
制冷机房

配电室

6.6　西安丝路国际会议中心项目

项目地址：西安市浐灞生态区会展大道以西

建设时间：2018 年 12 月至 2020 年 3 月

建设单位：西安丝路国际会展中心有限公司

设计单位：同济大学建筑设计研究院（集团）有限公司

项目简介：西安丝路国际会展中心项目位于浐灞生态区欧亚经济综合园区核心区，以欧亚经济论坛为依托，围绕国家“一带一路”倡议，建设集生态化、国际化、智能化为一体的会议中心。西安国际会议中心是西安国际会展中心的核心场馆之一，总建筑面积20.7万m^2，建筑高度51.05 m，地上三层，地下两层。分别设置净使用面积4300m^2左右会议厅、宴会厅、多功能厅三个主要功能大尺度空间。“高大上”的会议中心，可服务国际高峰论坛、双边及多边会议等功能需求，主要用于3000人左右的大型会议和宴会。填补了西安乃至西北地区缺乏相对专业及综合性大型会议中心场馆的市场空白。

项目建造成果：西安丝路国际会议中心项目成功承办了中国安装协会主办的2019年“全国创精品机电工程研讨会暨现场观摩会”。

入口大厅

U形休息廊

观景平台

宴会厅

会议厅

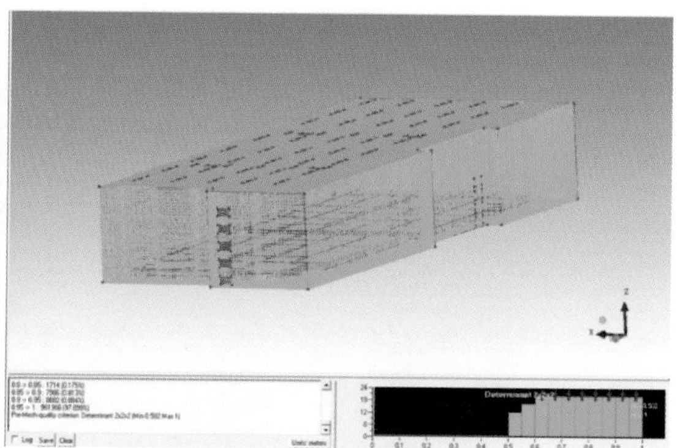

会议厅气流组织形式图

会议室

制冷机房

6.7 大连国际会议中心项目

项目地址：大连市中山区人民东路东港商务区

建设时间：2009 年 3 月至 2013 年 8 月

建设单位：大连国际会议中心有限公司

设计单位：奥地利蓝天组、大连市建筑设计研究院有限公司

项目简介：本项目占地 4.3 公顷，总建筑面积 14.68 万 m^2，建筑总高度 59m，工程投资总额 17.8 亿人民币。分为地下一层，地上主要使用层四层，划分为大厅、综合服务区、大剧院和会议厅、多种小型会议室等功能区。项目由奥地利蓝天组与大连市建筑设计研究院共同设计，建筑理念集雄伟、精美、时尚、和谐、绿色和人性化为一体。该设计方案体现了鲜明的地标性，行云流水般的建筑形态回应着海的召唤，尺度恢宏的室内共享空间展示了开放包容的城市性格体现着“城市中的建筑，建筑中的城市”。

项目建造成果：本工程荣获 2014～2015 年度中国建设工程“鲁班奖”，是举办夏季达沃斯会议等大型会议、展示大连现代化水平和城市形象的重要工程，是大连城市的又一标志性建筑，也是东部新区发展的起始点。

会议厅　休息廊

大厅　宴会厅

6.8　南京青奥会议中心项目

项目地址：南京市建邺区江山大街北侧

建设时间：2012 年 8 月至 2014 年 7 月

建设单位：南京市青奥城开发有限公司、南京奥体建设有限公司

设计单位：深圳华森建筑与工程设计顾问有限公司

项目简介：南京青奥会议中心地处南京河西南部青奥城地块，紧邻南京国际会展中心。项目总建筑面积 19.4 万 m^2，建筑总高度 46.9m。地下两层，主要功能为人防、停车库、设备机房和化妆间，建筑面积 8 万 m^2。地上六层，三层以下分为 4 个独立单体，三层以上联通为 1 个整体，建筑面积 11.4 万 m^2。主要设置 1500 座的大会议厅，500 座的音乐厅，多功能厅、中小会议室及部分商业、展览、餐饮等功能。

项目建造成果：本工程荣获 2014 年度中国钢结构金奖、2016～2017 年度中国建设工程“鲁班奖”、2017 年度华夏建设科学技术一等奖。项目作为南京青奥会期间的重点工程，至今已成功举办了多场大型国际交流活动，是南京河西新城市政基础设施投资的重要催化剂，更是 2014 年南京青奥会留下来的宝贵财富。

保利剧院

音乐厅

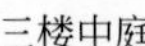

三楼中庭

南京厅

配电房

消防泵房

排风机房

地下室机电管线

6.9　宁夏国际会议中心项目

项目地址：银川市金凤区

建设时间：2012 年 10 月至 2015 年 8 月

建设单位：宁夏建筑设计研究院有限公司

设计单位：宁夏建筑设计研究院有限公司

项目简介：宁夏国际会议中心是中阿经贸论坛永久性会址，也是宁夏回族自治区具有重要国际影响力的大型会展建筑，建设地点位于银川市金凤区北部，东临亲水大街，北接览山剧场，西靠阅海湖，占地面积约 64000m^2。主要功能设置含 350 座的中心会议厅、1500 座的剧场式会议厅、600 座的阶梯报告厅、满足 3000 人会议宴会的多功能厅各一个，中、小会议厅 28 个，祈祷室 2 个，新闻发布厅 2 个及辅助用房。整体设计取义于“天圆地方”的构图理念，建筑外立面覆有一层薄纱网外壳，外观形态宛若回族的饰帽和面纱。会议功能区围绕一个大型露天庭院展开，首层东西向开畅通透，把阅海湖优美的自然景观巧妙引入建筑中，给人一种开放、迎接四方来客的印象。内部采用高效节能环保设备、智能照明系统等最先进技术，可大幅降低能耗，成为生态环保建筑。宁夏国际会议中心设计特色鲜明，功能齐全，建筑与环境融合、协调，其独特的造型具有明显的地域性，在国内同类会展建筑中具有独一性和不可复制性。

项目建造成果：本工程荣获 2016～2017 年度中国建设工程“鲁班奖”。

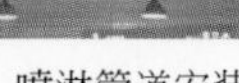

喷淋管道安装

湿式报警阀组安装

排水管道安装

变电所高低压设备安装

消防泵房水泵及管线安装1

消防泵房水泵及管线安装2

6.10 青岛国际会议中心

项目地址：山东省青岛市奥帆中心核心区域

建设时间：2017 年 9 月至 2018 年 4 月

建设单位：青岛旅游集团有限公司

设计单位：华南理工大学建筑设计研究院

项目简介：青岛国际会议中心位于美丽的黄海之滨、浮山湾畔，青岛奥帆中心内，是 2018 年上合

组织青岛峰会主会场。建筑以“腾飞逐梦、扬帆领航”为设计立意，展现了世界水准，中国气派，山东风格，青岛特色。工程是集高端会议、新闻发布、合约签署为一体的综合性国际场馆，作为青岛市的城市客厅长期使用。总建筑面积 53924m^2，建筑高度 22.6m，檐口最高处 26.4m。地下一层，地上两层，局部四层。地下一层主要为车库及配套机房，一层主要为迎宾大厅、小范围会议厅、双边会议厅，二层主要为新闻发布厅，大范围会议厅，1A、2A 层主要为同声传译控制室及配套机房。

项目建造成果：本工程荣获 2018～2019 年度中国建设工程“鲁班奖”、山东省建筑工程优质结构、山东省绿色科技示范工程、国家建设工程项目施工安全生产标准化工地，2018 年 6 月，上海合作组织青岛峰会在青岛国际会议中心顺利召开。

迎宾大厅

大范围会议室

双边会议室

新闻发布厅

UPS机房

地下室车库

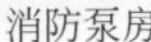

消防泵房

扶梯

6.11　厦门国际会议中心改建工程

项目地址：福建省厦门市思明区会展片区

建设时间：2016 年 12 月至 2017 年 6 月

建设单位：厦门嘉诚投资发展有限公司

设计单位：北京市建筑设计研究院有限公司

项目简介：厦门国际会议中心坐落在厦门最美的环岛路上，交通便利，面向大海，视野开阔，是2017年金砖国家领导人第九次会晤的主场馆。场馆总建筑面积14万m^2，由会议中心、五星级休闲度假酒店、音乐厅三部分组成，东西两侧各有一条迎宾长廊，是整个会场的“门面”，长廊融入了厦门市树凤凰木和厦门传统建筑山墙的造型，由48榀“几”字型铜梁组成，气势恢宏。工程是集高端会议、新闻发布、合约签署为一体的综合性国际场馆，一楼为五国大会议室、东长廊、迎宾长廊、迎宾厅、西门厅以及工商论坛、双边会谈、小会议厅，二楼为主会场、国宴厅。

项目建造成果：项目建成后，成功承办了2017年金砖国家工商论坛、金砖国家领导人第九次会晤、新兴市场国家与发展中国家对话会等重大国际活动。厦门国际会议中心外观造型充分体现厦门作为国际性港口风景城市的形象，成为厦门的标志性建筑之一。作为对外交流的重要窗口，厦门的企业从这里走向世界。

会议场馆主入口

迎宾长廊

迎宾大厅

鼓浪厅(主会场)

国宴厅

新闻厅

6.12 江苏大剧院项目

项目地址：江苏省南京市建邺区梦都大街181号

建设时间：2013年9月到2017年5月

建设单位：南京紫金文化发展有限公司

设计单位：华东建筑设计研究院有限公司

项目简介：江苏大剧院位于长江之滨南京河西新城核心区，东西向文体轴线西端。作为江苏省最大的文化工程，是弘扬高雅艺术，推动国际文化交流、群众文艺活动的重要场所。建筑以荷叶水滴造型矗立于长江之畔，深度契合“山水城林”的南京城市特色，完美诠释“水韵江苏”的设计理念。总建筑面积26.55万m^2，建筑高度47.3m，地下一层、地上七层；是一个集演艺、会议、展示、娱乐等功能为一体的大型文化综合体，分为2300座的歌剧厅、1500座的音乐厅、1000座的戏剧厅、2700座的综艺厅以及公共大厅等五部分。

项目建造成果：本工程荣获2018～2019年度中国建设工程“鲁班奖”、中国钢结构金奖、第四批全国建筑业绿色施工示范工程、中国金属围护系统工程“金禹奖”、全国青年文明号、2017年度江苏省建筑业新技术应用示范工程。项目建成后成为中国最大的现代化大剧院，亚洲最大的剧院综合体。

座椅台车

前后防火幕

歌剧厅

音乐厅

戏剧厅

综艺厅

国际报告厅

多功能厅

6.13 浙江影视后期制作中心一期影视后期制作综合大楼

项目地址：杭州市萧山区

建设时间：2012 年 3 月至 2019 年 9 月

建设单位：浙江广播电视集团

设计单位：浙江省建筑设计研究院

项目简介：浙江影视后期制作中心一期影视后期制作综合大楼项目由浙江广电集团投资兴建，是集影视节目拍摄、演播、后期制作、文化企业孵化、动漫会展旅游于一体的综合性文化创意产业园区。浙江国际影视中心规划占地 420 多亩，一期工程总建筑面积 28.5 万 m^2，总投资 20 多亿元，主要包括影

视后期制作核心区、影视文化综合服务区和影视独立制作区三大建筑群组。本工程作为影视后期制作核心区，其总建筑面积 190243m²，大楼主体地上共有 42 层，地下室二层，高 7.208m。中建安装集团主要施工内容包括供热通风与空调工程；建筑给水排水工程；建筑电气工程。

项目建造成果：浙江省优秀 QC 小组、2017 年浙江省优秀安装质量奖。

地下室

冷冻机房

6.14 无锡大剧院

项目地址：无锡市蠡湖大道东侧、五里湖南岸

建设时间：2009 年 12 月～2012 年 4 月

建设单位：无锡市城市重点工程建设办公室

设计单位：芬兰萨米宁建筑事务所/上海建筑设计研究院有限公司

项目简介：无锡大剧院项目位于秀丽的蠡湖南岸，占地面积约 6.76 万 m^2，建设规模约 7.8 万 m^2，建筑高度为 51.35m。大剧院建筑由一个大剧场，一个多功能剧场和相关配套设施组成，大剧院兼具歌剧院和音乐厅两种功能，有 1680 个席位，拥有先进设备的国际级舞台，可满足歌剧、戏剧、舞剧、芭蕾、交响乐、大型综艺等不同演出的需要，最多可容纳 115 人乐队，240 名演员同时演出，多功能剧场灵活多变，有 700 席位，可供室内乐、小型歌剧、实验剧、流行乐、时尚秀等演出。

大剧场建筑形态新颖独特，造型轻盈灵活，覆盖着两个剧场的八片飘逸的“翅膀”，形成了该建筑的主要建筑形象，结合建筑下部台阶状的石材基座创造出湖畔蜻蜓的意象。

无锡大剧院工程由芬兰 PES 建筑事务所和上海建筑设计院共同设计，该工程按照国内一流标准定位，整个建筑设施先进、功能完备。目前已经成为广大市民欣赏高雅艺术的殿堂，同时也成为无锡太湖新城的地标性建筑。中建安装集团承担无锡大剧院所有区域用房的给水排水、通风空调及电气系统的安装。

项目建造成果：无锡大剧院获得 2014 年度江苏省优质工程“扬子杯”，国际优质工程奖，江苏省工人先锋号。《无锡大剧院机电施工成套技术》获得中国施工企业协会科技奖二等奖。

空调机房

给水泵房

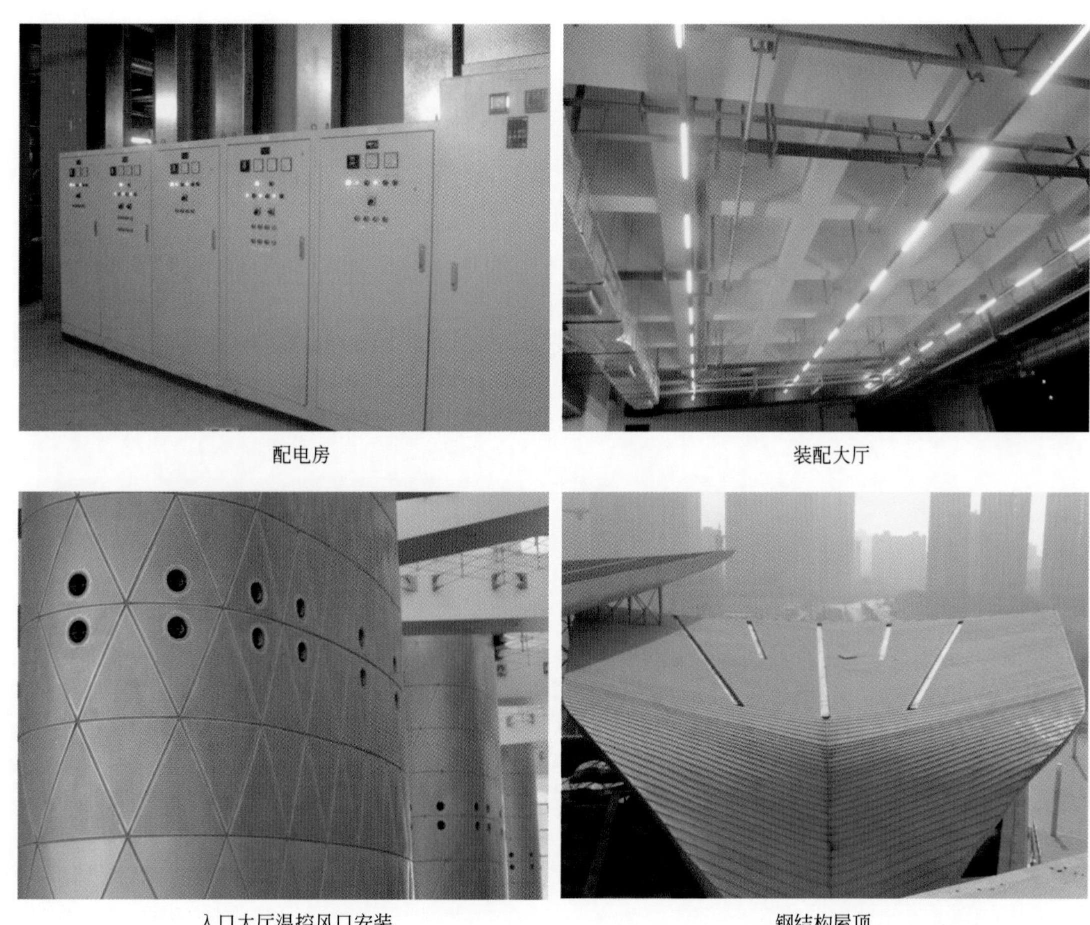

配电房　　装配大厅

入口大厅温控风口安装　　钢结构屋顶

6.15　现代传媒广场

项目地址：苏州工业园区湖东翠园路南，南施街东，中央河北

建设时间：2013 年 2 月至 2016 年 4 月

建设单位：苏州市广播电视总台

设计单位：株式会社日建设计/苏州工业园区设计研究院股份有限公司

项目简介：苏州现代传媒广场项目，位于苏州工业园区湖东，西临南施街，北靠翠园路，东、南侧均为河道，用地面积 37749m^2，总建筑面积 325657m^2。本项目由三层地下室及两栋 L 形塔楼组成，其中，地下室为 101784m^2，地下一层为中型超市或商业、餐饮及设备用房，地下二至三层为机动车停车场。主楼 42 层高 196.8m，为苏州广电总台用房及国际甲级写字楼；副楼 38 层高 164.9m，为商务酒店；主楼裙楼 9 层高 51.75m，为广电总台技术用房；副楼裙楼 5 层（局部 7 层）高 34m，为文化、娱乐、健身、商业、休闲等配套设施。中建安装集团承担现代传媒广场写字楼、酒店楼等所有用房的消防工程。

项目建造成果：苏州现代传媒广场荣获 2016～2017 年度中国建设工程“鲁班奖”；荣获 2014 年度江苏省建筑施工标准化文明示范工地。

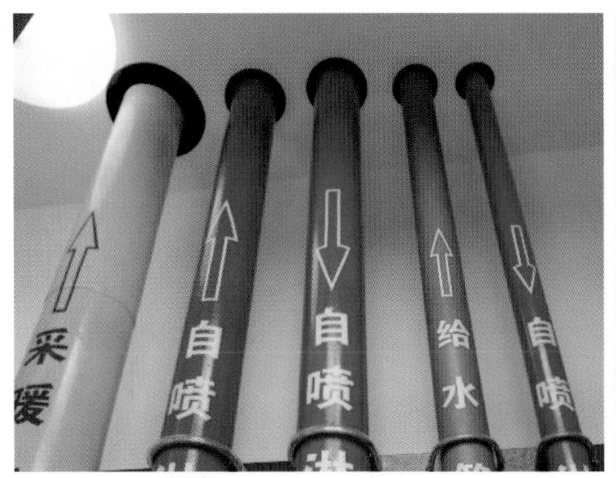

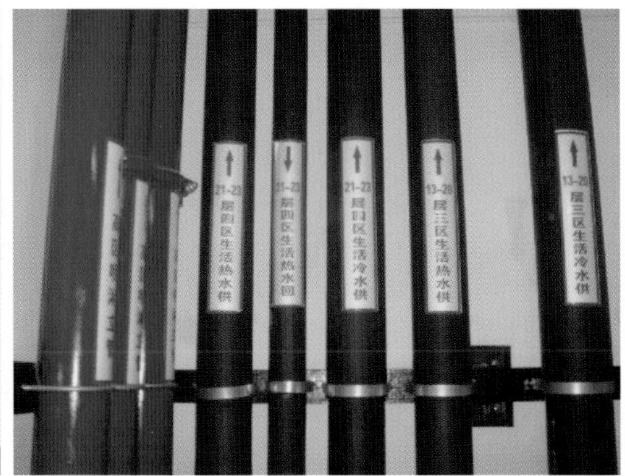

管道井

冷冻机房

桥架、风管穿墙

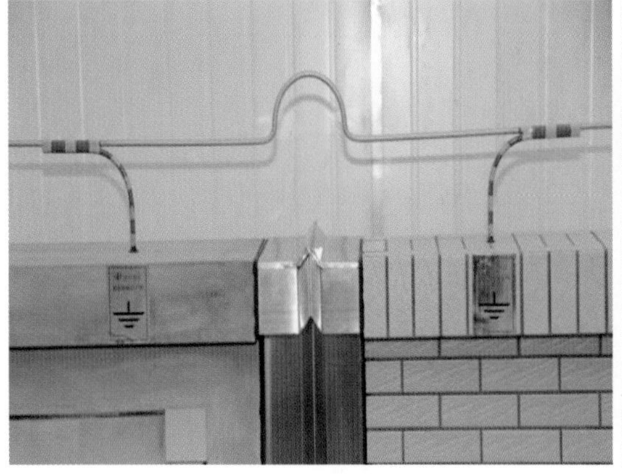

避雷带

配电箱

6.16　南通大剧院建设项目

项目地址：南通大剧院位于南通中央创新区二号路与十三路支路西南侧地块

建设时间：2019 年 10 月至 2020 年底

建设单位：南通市文化广电和旅游局、江苏盛和房地产股份有限公司南通分公司

设计单位：北京市建筑设计研究院有限公司

项目简介：南通大剧院位于南通中央创新区二号路与十三路支路西南侧地块，总建筑面积 11.2 万 m^2，地上建筑面积 75000m^2；地下建筑面积 37000m^2，地上八层（最高），地下两层（局部地下三层）。项目包括 1600 座歌剧院、1200 座音乐厅、600 座戏剧场、400 座多功能厅、300 座儿童剧院及琴房、地下车库等配套用房，包括电气工程、消防工程、通风空调工程、给水排水工程、智能化工程、泛光照明工程、电梯工程等工程。项目中标金额为 2.366 亿元，质量目标为确保“扬子杯”，争创“鲁班奖”，确保工程获得“江苏省省级文明工地”。“钧天广乐出琴山，泛舟涟漪在珠水”——南通大剧院设计概念为“琴山珠水”。大剧院沿湖一侧，起伏的屋面，舒展流畅，宛如两架协奏的钢琴，乐声悠扬，又如一只翩翩起舞的纸鸢乘风欲起。

项目建造成果：项目由国家大剧院的设计师、法国建筑大师保罗·安德鲁领衔设计，也是他在中国的“绝笔”之作。项目建成后，将成为南通市的城市新地标。

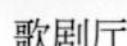
歌剧厅

音乐厅

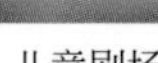
儿童剧场

新闻发布厅

大贵宾室

公共卫生间

弱电机房

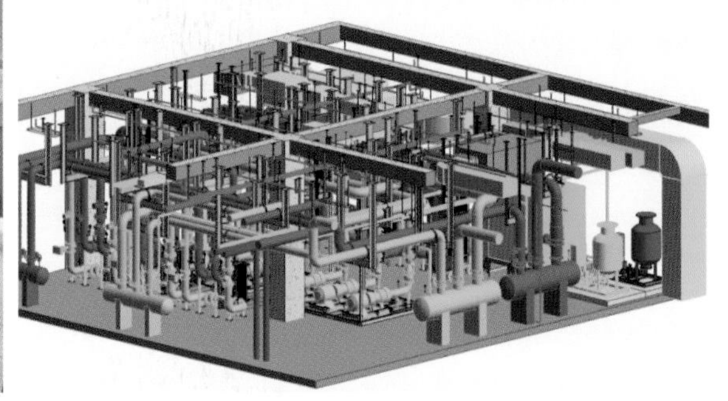
冷冻机房BIM模型

6.17 吉林省广电中心一期工程

项目地址：吉林省长春市经济技术开发区

建设时间：2005 年 4 月至 2007 年 8 月

建设单位：吉林省广播电视局

设计单位：吉林建筑工程学院设计院

项目简介：本工程分为 ABC 三个区，由一栋二十一层主体塔楼和四到六层不等的以多功能演播厅为主的裙房组成，设一层地下室。本工程的建筑功能为广播电视节目制作与办公一体，集电视节目演播、制作、传输并兼有对外开放的开展电视文化活动的大型综合性建筑。其中包括 1500m^2、800m^2 的演播厅各一个，400m^2 演播厅 2 个，5 个 240m^2 演播厅，一个 200m^2 演播厅和一个 150m^2 演播厅、电视设备技术用房、管理办公用房及配套的停车库和生活服务用房等，设备用房等设施设于地下一层。

项目建造成果：本工程荣获 2007 年度吉林省“长白山杯”、2007 年度“沈、哈、长”三市优质工程金杯奖、2007 年度中建总公司“中建杯”金奖、2008 年度中国建设工程“鲁班奖”。

大堂

演播厅

走廊

配电房

6.18　常州传媒项目

项目地址：常州市新北区太湖东路、惠山路口

建设时间：2010 年 5 月～2015 年 10 月

建设单位：常州广电置业有限公司

设计单位：上海建筑设计院

项目简介：常州现代传媒中心整个建筑设计理念来源于常州的天宁宝塔，整个项目地块建设用地面

积约35410m^2，建筑地上58层，地下3层，总建筑面积约309800m^2。本项目是集广电生产、五星级酒店、北侧两栋5A级商务办公楼，辅以7层的广电技术用房和造型别致的千人影剧院，特色商业街区、旅游观光为一体的城市综合体，是现代综合传媒中心、新闻采集发布中心、文化创意产业基地、高档商务休闲街区和城市形象标志建筑于一体的常州市历史性、地标性建筑。

项目建造成果：本工程荣获2014～2015年度国家优质工程奖，是常州市“十一五”期间社会事业重大项目和广电发展的历史性工程、全市50项重点工程之一，建成后已成为常州市城市新地标。

灯光效果

音响系统

控制台

调光硅柜

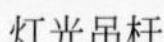

灯光吊杆

拼装式水箱

消防可视化运维

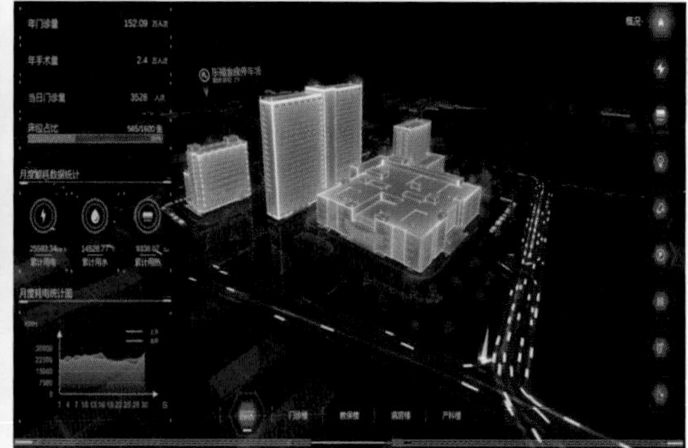

BIM数据交互

6.19　江苏广电项目

项目地址：南京市玄武区北京东路 4 号

建设时间：2005 年 11 月～2007 年 12 月

建设单位：江苏省广播电视总台

设计单位：华东建筑设计研究院有限公司

项目简介：江苏广电城位于南京市北京东路 4 号，南京鼓楼广场东南方，总建筑面积为 115000m^2，是江苏省电视中心和江苏省广播电视总台（集团）总部大楼。本工程包括一座主楼、一座裙楼和两层地下室。主楼采用钢筋混凝土框架－核心筒体系，裙楼采用钢筋混凝土框架－抗震墙体系，主楼和裙楼之间是 36m 高、玻璃顶的中庭。2～8 层的主、裙楼之间有钢结构连廊相通。主要施工内容包括江苏广电

城第一期工程新建的主楼、裙楼和两层地下室的电气、弱电、给水排水、暖通空调、动力、人防电气、人防通风、人防给水排水及工艺井内屏蔽。

项目建造成果：本工程荣获 2009 年度中国建设工程“鲁班奖”。江苏广电城是现代信息的载体，现代文化的殿堂和现代传媒的象征，已成为江苏广电事业发展的里程碑。

大演播厅

荔枝大剧院

剧院灯光

新闻发布厅

全媒体演播室

非诚勿扰演播厅

6.20　苏州湾文化中心

项目地址：苏州市吴江区湖景街以西、阅湖台以东

建设时间：在建

建设单位：苏州市吴江城市投资发展有限公司

设计单位：中衡设计集团股份有限公司

项目简介：苏州湾文化中心位于苏州市吴江区太湖新城湖景街以西，阅湖台以东，处于太湖新城核心区的滨水黄金地带，由苏州大剧院和吴江博览中心组成。总用地面积约 10.7 公顷，总建筑面积 20.6 万 m^2，分为北、南两区共四栋单体。

苏州大剧院北侧毗邻餐饮一条街用地，东侧毗邻湖景街，西侧临太湖，南侧临吴江博览中心。大剧院地上 7 层，地下 1 层，建筑高度 40.5m，用地面积约 5.8 公顷，建筑面积约 10.4 万 m^2。主要功能为 1600 座的大剧院、600 座的小剧场、若干电影放映厅及部分商业空间。

吴江博览中心位于苏州大剧院以南，用地面积约 4.9 公顷，建筑面积约 10.2 万 m^2，主要功能为吴江博物馆、城市规划展示馆、会议中心及部分商业空间。中建安装集团承担大剧院及博览中心所有用房的给水排水、通风空调、电气及火灾报警系统的安装工程。

项目建造成果：苏州湾文化中心荣获 2018 年江苏省建筑施工标准化星级工地；《苏州湾文化中心大剧院机电安装 BIM 应用》获得第八届“龙图杯”全国 BIM 大赛施工组二等奖。

大厅

机房

6.21 南京牛首山文化旅游区一期工程

项目地址：南京市江宁区牛首山

建设时间：2012 年 09 月～2015 年 8 月

建设单位：南京牛首山文化旅游集团有限公司

设计单位：华东建筑设计研究院有限公司

项目简介：本工程位于南京市江宁区西南侧的牛首祖堂风景区的牛首山核心区域，佛顶宫作为牛首山文化旅游区的核心建筑，位于牛首山东西两峰之间深 60m 的矿坑中。整个佛顶宫南北长 220m，东西宽 160m。其建筑总面积约 13.6 万 m^2，建筑高度 89.3m，分为地下六层和地上四层。佛顶宫为佛教释迦牟尼顶骨舍利日常供奉地，同时兼具文化、旅游、商业、宗教等多重功能及属性。

项目建造成果：本工程荣获 2016～2017 年度中国建设工程“鲁班奖”、2017 年度中国土木工程“詹天佑奖”。项目集文化、旅游、生态、佛教、建筑等元素于一体，充分体现了建筑与文化、旅游、生态、佛教的和谐，是南京文化战略工程和标志性工程，对推进南京历史文化整体脉络的系统保护，全面彰显南京历史文化风采，意义重大、影响深远，具有巨大的发展潜力和美好的发展前景。

室外穹顶

禅境大观

千佛殿

舍利藏宫

穹顶风管

穹顶内消防水炮

冷冻机房

消防泵房

6.22 上海迪士尼乐园项目

项目地址：上海市浦东新区申迪北路 753 号

建设时间：2012 年 7 月～2014 年 7 月

建设单位：上海国际主题乐园有限公司

设计单位：上海市政工程设计研究院总院（集团）有限公司

项目简介：本工程总占地面积为 1.13km^2。上海迪士尼乐园初始拥有六大主题园区：米奇大街、奇想花园、探险岛、宝藏湾、明日世界、梦幻世界，2018 年新增第七主题园区—玩具总动园；两座主题酒店：上海迪士尼乐园酒店、玩具总动员酒店；一座地铁站：迪士尼站；并有多个全球首发游乐项目。

项目建造成果：本工程是中国内地首座迪士尼主题乐园，位于中国上海市浦东新区川沙新镇，于 2016 年 6 月 16 日正式开园。它是中国第二个、亚洲第三个、世界第六个迪士尼主题公园。

主城堡

主入口

探险岛

明日世界

6.23　军博展览大楼工程

项目地址：北京市海淀区复兴路 9 号

建设时间：2014 年 4 月～2017 年 5 月

建设单位：中央军委政治工作部直属工作局

设计单位：中南建筑设计院股份有限公司

项目简介：中国人民革命军事博物馆是中国第一个综合类军事博物馆，位于北京市复兴路 9 号。展览大楼 1958 年 10 月兴建，1959 年 7 月建成，1960 年 8 月 1 日正式开放，是向国庆 10 周年献礼的首都十大建筑之一。2012 年 9 月，军事博物馆对展览大楼加固改造，2017 年 7 月竣工。加固改造后，军事博物馆展览大楼建筑面积 15.9 万 m^2，陈列面积近 6 万 m^2。

项目建造成果：本工程荣获 2016～2017 年度中国建设工程“鲁班奖”；2016～2017 年度北京市建筑长城杯金质奖、北京市建筑业新技术应用示范工程。扩建后军博成为革命军事历史特色鲜明、基础设施和陈列宣传水平先进的国际国内一流军事博物馆。

冷凝热回收机组

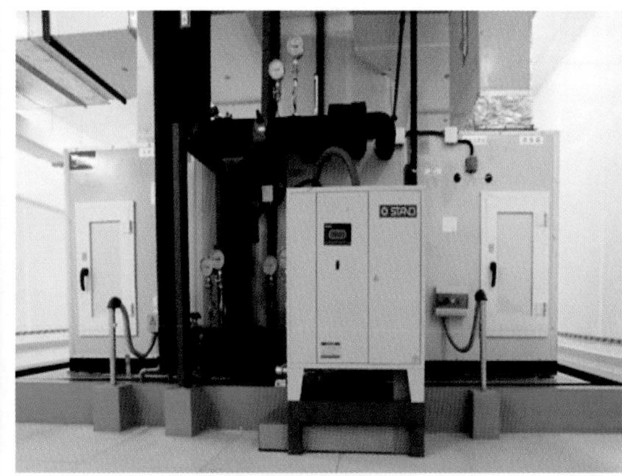

四管制恒湿空调机组

制冷机房

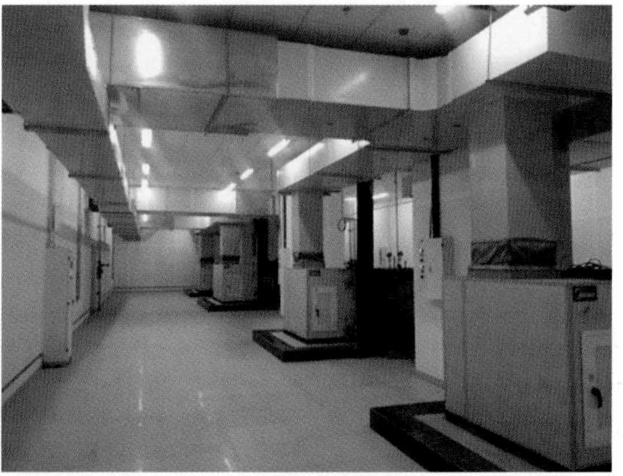

空调机房

藏品库

藏品库

6.24　中国科技馆新馆工程

项目地址：朝阳区北辰东路5号

建设时间：2006年11月～2009年9月

建设单位：中国科学技术馆

设计单位：北京市建筑设计院

项目简介：本工程位于北京市朝阳区奥运公园内东北侧（B01地块），东临北辰东路、西临湖边东路、南临北二路、北临北一路。本工程地下一层、地上四层。除满足展陈、收藏、研究、维修等功能外，还提供办公、图书资料、学术报告厅、多功能厅、影像观摩厅（4D、动感、球幕、IMAX等）、地下车库、咖啡厅、餐厅等配套设施。总建筑面积102280m^2。建筑层数及高度：地下一层（含地下一层夹层），地上四层（局部五层），建筑高度45m。

项目建造成果：本工程荣获2010～2011年度中国建设工程"鲁班奖"、2011年度中国土木工程"詹天佑奖"、2011年度北京市安装工程优质奖。中国科技馆是我国唯一的国家级综合性科技馆，是实施科教兴国战略、人才强国战略和创新驱动发展战略，提高全民科学素质的大型科普基础设施。

外观图

自然光照明采光帽

冰蓄冷系统

4D影院

制冷机房

展厅

参考文献

[1] 中华人民共和国建设部等，关于加强大型公共建筑工程建设管理的若干意见（建质［2007］1号）［EB/OL］，http：//www. gov. cn/gzdt/2007-01/11/content _ 492868. htm.

[2] 王斌斌. 公共建筑工业化建造推广的影响要素［A］. 中冶建筑研究总院有限公司. 2020年工业建筑学术交流会论文集（中册）［C］. 中冶建筑研究总院有限公司：工业建筑杂志社，2020：5.

[3] 中共中央宣传部. 习近平总书记系列重要讲话读本［M］. 北京：学习出版社，2016：230.

[4] 陆孙浩. 浦东机场卫星厅工程复杂交通枢纽弧形管道预制施工技术［J］. 安装，2018（09）：46～48.

[5] 王呈方，胡勇. 数控弯管机的回弹补偿起弯点修正和精确下料的处理方法［J］. 造船技术，1996（12）：15～18＋47.

[6] 李振武. 回转窑安装调试过程分析［J］. 中国高新技术企业，2013（26）：54-56.

[7] 范玉杨，崔正清，王爱军. 极早期火灾烟雾探测的应用分析［J］. 机电设备，2014，31（01）：24-26.

[8] 陆亚俊. 建筑冷热源（第2版）［M］. 中国建筑工业出版社，2015.

[9] 曹勇，徐伟. 建筑设备系统全过程调适技术指南［M］. 中国建筑工业出版社，2013.

[10] 李志生. 中央空调施工与调试［M］. 机械工业出版社，2010.

[11] 张学勋，王天富，杨忠德，陈泰仁. 空调试调（第二版）［M］. 中国建筑工业出版社，2012.

[12] 付小平，杨洪兴，安大伟. 中央空调系统运行管理（第2版）［M］. 清华大学出版社，2008.

[13] 赵艳文，邱振成，杨宇，李文华，李欢，程炯. 定静压变风量空调系统风平衡调试技术［J］. 安装，2017，3期（总第294期）.

[14] 刘成毅，毛辉. 空调系统调试与运行（第二版）［M］. 中国建筑工业出版社，2016.